국방품질보증방법론

Defense Quality Assurance
Methodology & Applications

백승호, 최재승, 우 순, 김인식, 이계림, 김덕환, 이상석 공편저

法 文 社

머리말

품질은 물과 공기와 같다. 우리의 삶에 있어서 물과 공기가 얼마나 중요한지는 학습이나 경험을 통해 익히 알고 있으나 평상시에는 그 중요성에 대해서 잊고 살기 마련이다. 품질의 경우도 평소에는 그 중요성을 느끼지 못하다가 품질 문제가 생겼을 때 비로소 그 중요함을 깨닫게 된다. 국방 분야에서 품질은 병사의 생사, 전쟁의 승패, 나아가서는 국가의 존폐와 직결된 가장 중요한 요소이다. 이러한 이유로 국방품질보증을 위한 기법이 끊임없이 발전되어 왔으며 산업 전반의 품질보증 기법을 선도해왔다. 실제로 오늘날 민수분야에서 시행되고 있는 ISO 9000 시리즈의 품질경영시스템 요구제도나 신뢰성 공학, 6시그마 등과 같은 품질보증 기법은 그 근간을 군수품 품질보증에 두고 있다.

군수품은 계약조건에 따라 계약자인 업체가 품질에 대한 책임을 가지고 있다. 하지만 민수품과 달리 군수품은 그 품목의 치명성, 안전 등을 감안하여 사용자인 군을 대리한 전문기관이 업체의 품질보증 활동을 관리하고 품질보증 활동을 수행한다. 품질보증 전문기관은 군수품 사용자의 만족도 보장과 규정된 품질 요구 조건과의 일치성을 보장하기 위해 양산단계 품질보증을 주 활동으로 수행하면서 양산품질 보장을 위한 개발단계 참여, 운영유지단계 품질정보의 피드백 등을 통해 군수품 총수명주기에 걸친 품질보증 활동을 수행하고 있다.

본 책에서는 총수명주기에 걸쳐 정부품질보증기관에서 수행하고 있는 다양한 품질활동을 12개의 주요 과제로 구분하여 구성하였다. 먼저 제 1장에서는 국방품질보증 제도 및 정책의 변천과정과 함께 국방품질보증 활동을 통한 성과의 활용 예를 제시하여 국방품질보증의 개념을 정립할 수 있도록 하였다. 제 2장에서는 군수품의 개발단계부터 양산성을 보장하기 위해 시행하는 생산준비검토에 대하여 획득단계 간 연계의 중요성과 함께 서술하였다. 3장과 4장에서는 각각 품질시스템 인증과 제품인증에 대하여 논하면서 현행 국방품질경영시스템 인증의 전신이라 할 수 있는 업체 절차평가 제도를 설명함으로써 품질시스템의 이해를 돕고자 하였으며, 국방 분야 제품인증에 대해서는 사례를 중심으로 설명하였다. 제조과정에서 발생되는 경규격 불일치 물자의 조치를 위한 물자 심의 활동의 주요 요소에 대해서는 5장에서 서술하였다. 6장에서는 무기체계 내장형 소프트웨어의 개발과정별로 수행되어야 할 품질보증 활동을 중점사항 위주로 서술하였다. 7장과 8장에서는 품질성과지표를 활용한 업체 품질수준평가 체계와 고객만족지수를 활용한 고객만족도 평가체계를 중심으로 정부품질보증기관의 고유한 기능 중 하나인 품질평가 기능을 설명하였다. 9장에서는 개발과 양산의 연계성 강화를 위한 대표적인 동시공학적 접근법인 품질기능전개에 대하여 기본적인 개념을 설명하고 국방 분야에 적용하기 위한 방안을 살펴보았다. 10장에서는 국방품질보증의 중요한 활동 중 하나인 지속적인 품질개선에 대하여 다양한 사례 제시를 통해 활용도를 제고하고 발전방향을 제시하여 그 중요성을 강조하고자 하였다. 마지막으로 11장과 12장에서는 무기체계의 총수명주기 체계 관리를 위해 정부품질보증기관에서 수행하고 있는 부품단종 관리와 군용항공기 감항인증에 대하여 주요 요소를 중심으로 설명하고 각각의 발전방향을 제시하여 정부품질보증 활동의 시야를 확대하고 총수명주기에 걸친 품질의 역할을 이해하는데 도움이 되도록 하였다.

마지막으로 품질은 저절로 좋아지는 것이 아니다. 좋은 품질은 기획단계부터 개발, 생산, 운영단계까지 총수명주기에 걸쳐 기획되어 설계되고 구현되며, 유지되어야 한다. 또한 이해관계자 모두가 좋은 품질을 위해 노력해야 한다. 품질에 관해서는 개발자, 생산자, 운용자 모두가 관계자이다. 마지막으로 문화와 시스템, 제도와 정책이 이를 뒷받침하여야 한다. 이러한 것이 갖추어졌을 때 품질이 경쟁력을 갖게 되고 고객이 만족할 수 있는 제품을 제공할 수 있다. "품질은 시스템의 산물이다."라는 데밍의 말은 국방품질보증의 도약을 위해 되새겨 보아야 할 의미있는 말이다. 본 책의 발간이 국방품질보증의 발전에 작은 밑거름이 되기를 바란다.

2011년 6월

편저자 일동

차 례

제 3 장 품질시스템 인증

제 4 장 제품인증

제 5 장 물자심의

CHAPTER 1

제 1 장
국방품질보증의 이해

"좋은 품질을 만들기 위해서는 먼저 문화를 창조해야 한다."

CHAPTER 1

본 장에서는 국방품질보증 방법론의 이해를 위해 국방품질보증의 개념을 정립하고 국방품질보증 제도 및 정책의 변천과정과 성과의 활용분야를 서술하였다. 제1절과 2절에서는 국방품질보증의 개론과 제2자 입장에서의 정부품질보증활동의 개념을 민간 유사분야와 비교하여 정립하고, 제3절에서는 정부품질보증원의 자질과 역할을 정리하였다. 제4절에서는 정부품질보증 활동의 법적근거와 국방품질보증 제도가 품질정책으로 진화해온 과정을 연대별로 정리하였다. 제5절에서는 생산기술 분야와 사업관리 및 계약관리 분야에서 생산현장의 국방품질보증활동 성과를 활용하는 사례를 제시하여 국방품질보증활동의 중요성을 강조하였다.

1.1 국방품질보증 개론

품질보증(Quality Assurance)이라는 용어에서 '보증(Assurance)'이라는 말은 '책임진다'라는 뜻으로 이해할 수 있으며, 유사한 의미로는 'Guarantee' 또는 'Warranty'가 해당된다고 볼 수 있다.

그러나 품질관리 면에서는 이 용어를 '품질에 대하여 수요자의 요구를 만족시킨다.'는 의미로 사용되는 것이 일반적인데, 품질에 대한 수요자의 요구란 '사용하는데 적합한 것'을 의미하며 이는 제품의 품질특성이 적절하게 확보되어 있어야 한다는 것이다. 수요자의 입장에서의 가장 적합한 품질이란 반드시 최고 상태, 최상의 품질을 뜻하지 않을 수도 있을 것이다. 따라서 수요자가 요구하는 성능과 가격, 납기 등을 포함해 적합한 품질을 만족하도록 책임지는 것이 품질보증의 본질이다.

군수품의 경우 수요자가 군이라는 특수집단이기 때문에, 가격이나 납기 등 제품성능 외적인 품질특성들은 거의 고정적인 것이라고 볼 수 있다. 따라서 군수품에서의 품질보증이라 함은 민수품과 같이 광의의 해석보다 제품성능에 대한 보증 정도의 비교적 제한된 의미를 가진다고 할 수 있다.

미국 국방성은 국방품질보증을 'DoD Directive 4155.1' 지침에서 다음과 같이 정의하고 있다.

"A planned and systematic of all actions necessary to provide confidence that adequate technical requirements are established ; products and services conform to established technical requirements ; and satisfactory"

위와 같은 정의에서 내포하고 있는 군수품 품질보증의 주요역할을 분석하면 다음과 같은 요소가 복합적으로 이루어져 있다.

첫째, 품질특성이 확보됨을 보증
둘째, 확보된 품질특성이 설계된 품질과 동일함을 확인
셋째, 확보된 품질에 불만이 있다면 책임지고 보상

품질확보란 '사용상 적합한' 제반 품질특성을 확보함을 의미한다. 군수품에서는 기본품질요건인 작전운용성능(Required Operational Capability, ROC)이 확보되어야 할 품질특성의 요소이다. 품질특성이 확보되려면 먼저 최적의 품질이 실현 될 수 있도록 설계가 되어야 할 것이다. 따라서 품질보증의 첫걸음은 품질설계에 대한 보증행위이며 다음은 품질실현에 대한 보증이라 하겠다.

계발단계는 일반적으로 개념연구, 탐색개발, 체계개발로 구분할 수 있으며 주요 수행업무범위는 다음과 같다. 개념 연구 과정에서는 소요제기단계에서 제기된 신규소요제기서를 검토하고 작전운용성능 검토, 유사 무기체계와의 품질특성 비교분석, 신뢰성 및 정비성에 대한 개념분석 등을 통하여 품질보증 개념을 설정한다. 탐색개발 과정에서는 개발품목에 대한 품질특성을 구체화하고, 개발 및 평가 방법에 대한 기술적 타당성을 검증한다.

아울러 개발품 품질보증 계약요구조건 설정, 수락검사장비 및 시험장비 소요판단과 시험장비에 대한 검·교정 절차 등을 수립한다. 체계개발 과정에서는 요구성능 품질요구조건과 생산제작 품질요구조건을 만족시킬 수 있도록 설계 및 시제품을 제작, 시험평가를 통하여 이를 입증하며 주요 수행내용은 다음과 같다.

- 제품의 생산성 및 품질기술 검토·분석
- 수락검사 장비 및 시험장비 확보
- 시제품 성능 및 품질평가
- 시험평가 결과의 검토 및 보완
- 기술자료묶음 및 규격 제정
- 양산시 품질저하 예방대책 수립

품질확인이란 실질적으로 좁은 의미에서는 검사에 해당되는 역할이다. 그러나 군수품에서는 이 용어를 단순히 검사에 국한되지 않고 오히려 확증하는 것으로 이해해야 한다. 다시 말하면 단순히 제품자체에 대한 품질확인을 검사에 의해서만 하는 것이 아니고 설계 품질특성이 수요자의 요구품질에 부합 되는지, 또한 제작된 제품이 설계된 품질특성을 모두 포함하고 있는지를 확인하는 제반절차를 말한다. 일반적으로 군수품 품질보증 활동에서 제품생산 중 품질에 영향을 미치는 요소에 대한 타당성은 자료를 검토하거나, 검사, 시험, 검증 및 입회 확인 등의 수단을 사용한다.

- 검사(Inspection): 측정, 시험 또는 계측을 적절히 활용한 관찰 및 판정에 의한 적합여부 평가

- 시험(Test): 절차에 따라 하나 또는 그 이상의 특성을 결정하는 것
- 검증(Verification): 규정된 요구사항이 충족되었음을 객관적 증거의 제시를 통하여 확인하는 것

민수품에서는 품질확약 기능만을 품질보증의 의미로 사용하고 있는 경우가 많다. 즉 "이 제품은 품질보증을 한다."라는 의미를 "불량품으로 판정되면 새로운 제품으로 교체해줄 것을 약속한다." 혹은 "만약에 제품이 마음에 안 들면 환불해준다."라는 등의 제품에 대한 배상책임만을 품질보증이라고 말할 때가 많다. 그러나 군수품에서는 제품에 대한 배상책임이라는 것은 별 의미가 없다. 물론 평상시라면 설계품질을 만족시키지 못한 군수품이 제조되어 이로 인한 사용자의 불만이 제기될 때에는 민수용품과 마찬가지로 교체하거나 수리를 해 줄 수는 있지만 전시 중에는 그렇게 할 수가 없기 때문이다.

여기서 품질확약은 군수품에 대한 품질보증을 제2자적 입장에서 정부 측에서 주도하므로 이 기능은 민수품에서 적용하는 사후 서비스나 금전적인 책임배상 문제와는 그 의미가 다른 일종의 품질에 대한 보고행위(reporting)이라 볼 수 있다. 즉, 품질확약 활동은 군수품의 성능, 신뢰도 및 사용편의성 등이 사용자의 요구도를 충족시키지 못하여 제기되는 사항을 처리하는 과정으로, 체계적으로 진행되고 있다는 사실을 확인하고 평가하여 수요자 또는 주문자에게 보고하는 역할이라 할 수 있다.

군수품 품질보증으로 인한 책임관계를 살펴보면 정부품질보증기관은 품질에 대한 감독과 검사권한에 행정적·관리적 범위에 한하며, 원천적인 책임은 계약을 이행하는 자인 계약업체에 있다. 방위사업법에서 정부품질보증의 개념은 획득단계별 품질보증의 형태 및 적용기준 등을 정하고, 이에 따라 군수품의 품질을 검사하는 것으로 정하고 있다. 따라서 이 품질보증의 내용은 품질보증의 대상인 내용에 대하여 법률적 의미의 보증계약(Guarantee Agreement)으로 보장한다는 의미가 아니라 품질에 대한 일정한 확인절차를 거치도록 하여 일정 수준의 품질이 나오도록 정부차원의 조치를 약속하는 의미로 이해해야 한다. 이러한 품질확인을 거쳐 나온 군수품이 기준품질을 충족하지 못하는 것을 이유로 계약의 주체가 되는 업체가 아닌 국가를 대리한 정부품질보증기관에게 법적인 책임과 의무를 부담시킬 수는 없는 것이다.

우리나라의 국방품질보증에 대한 기본적인 정책방향은 개발, 조달, 생산, 재생 및 폐기되는 모든 군수물자, 자료 및 용역이 한국군의 요구조건에 부합되고 규정된 요구조건을 충족할 수 있으며 임무에 부적합한 요소와 사용자의 불만요소를 방지 또는 제거 하는 것이다. 그리고 군수품의 품질보증개념은 제품 전수명주기(Total life cycle)에 걸쳐 품질보증을 위한 활동을 전개하는 것이다. 이를 위해서 제품(하드웨어 및 소프트웨어) 및 용역에 대한 사용자 만족 보장을 목표로 각 단계별로 방침을 구체적으로 설정하고 있다.

개발단계에서는 제품성능, 신뢰성, 정비유지성, 제품시험·생산 및 정비시의 품질관리, 제품 품질 확인, 시험 및 측정장비 검교정, 계측공학 등에 대한 종합적인 검토와 시험평가를 통하여 사용자 요구사항 반영 및 만족도 보장을 추구한다. 아울러 제품을 생산하는데 적용될 재료, 제품 또는 용역에 관한 기술적인 요구사항과 요구하는 필요조건에 일치성 여부를 판단 결정하는 절차와 방법을 설명하는 기준인 국방규격을 설정한다.

양산단계에서는 정부품질보증기관이 계약업체의 자체 품질보증에 대한 감독 및 확인을 위하여 품질위험도 평가결과에 따라 품질보증 활동계획을 수립 시행한다. 군수품 품질보증활동간에 업무의 효율을 위해 품질특성이 인체의 안전과 환경에 미치는 영향, 계약품목의 기술적 중요성 및 관련장비에 미치는 영향, 업체의 품질관리능력 및 계약금액 또는 생산량 등을 고려하여 활동 범위를 조정하여 수행한다. 이 경우 정부와 업체 간에 맺는 계약서는 다양한 군수품의 효율적인 조달과 규정된 품질 요구조건과의 동일성 보장을 위하여 계약품목의 품질특성에 따른 품질보증 요구형태 등을 계약조건에 명시하여 업체가 품질에 대한 책임을 질 수 있도록 하고 있다.

운용단계에서는 관리하고 있는 군수품의 품질유지를 위하여 보급, 저장, 정비 및 운영에 있어 규정된 방법과 절차에 따라 취급·사용하여 장비의 성능을 유지한다.

국방품질보증은 양산하는 제품에 대해서 검사에 의해서만 품질보증이 이루어질 수 없으며, 개발과정에서 사용자가 요구하는 품질을 형성시키고 배치, 운용 그리고 폐기될 때까지 품질에 지속적으로 유지관리 되어야 하며, 품질특성에 대한 정보를 공유하고 상호 유기적으로 환류시켜야 궁극적인 품질목표를 달성할 수 있을 것이다.

국방품질보증은 군수품 사용자의 만족도 보장과 규정된 품질 요구 조건과의 일치성을 보장하는 것으로써 정의할 수 있다. 하지만 고객의 요구를 충족시키는 제품 또는 서비스의 특성인 품질이 생산되는 시점에 실체적으로 형상화되기 때문에 국방품질보증이란 양산단계에서 품질보증을 주활동으로 하면서 종합 품질보증 실현을 위해 전순기에 걸쳐 관련부서와 긴밀히 협조하여 품질보증 목표를 달성하는 것으로 협의적인 개념도 함께 사용하고 있는 실정이다.

우리나라 양산단계 품질보증은 초도양산과 후속양산으로 구분할 수 있으며 정부품질보증기본방침은 다음과 같다.

- 품질보증의 목표는 군수품 사용자의 만족도 보장과 군수품의 개발(품질설계), 양산(설계품질실현), 배치 및 운영(품질유지), 폐기(품질도태)에 이르는 전순기에 걸쳐 규정된 품질요구조건과의 일치성을 보장하는 것이며, 종합 품질보증 실현을 위해 전 순기에 걸쳐 업무수행한다.
- 양산단계의 정부 품질보증활동은 계약업체의 품질보증결과를 확인하고, 우수품질의 군수품 생산을 위해 업체 품질경영시스템 평가와 품질개선 및 원가절감 등 생산공학 활동을 통한 군수품의 품질을 제고하는 데 있다.
- 정부품질보증은 계약업체와의 문서 송수신 및 품보업무 수행내역의 관리 등에 있어서 전산시스템을 최대한 활용하여 업무의 신속화, 정보화 및 경제성을 추구하고 관련기관과 품질정보를 공유한다.
- 정부품질보증기관은 양산 계약품목의 품질보증활동을 위하여 체계개발단계 참여, 규격서 검토 및 기술자료 확보, 품질위험도평가 등 사전준비활동과 계약업체의 계약요구조건 이행여부를 평가하는 품질경영시스템 평가, 제품확인감사 활동 등을 수행한다.
- 정부품질보증기관은 계약업체의 품질경영시스템과 제품규격의 요구사항에 대하여 계약업체의 모든 이행사항을 확인할 권한을 가지며, 품질보증형태, 품질경영시스템 인증 여부, 품질위험도 평가결과 등에 따라 품질활동의 범위 및 심도를 차등화하여 정부 품질보증활동을 수행한다.
- 군수품 품질에 대한 원천적 책임은 계약업체에 있으며, 계약업체는 자체 품질경영을 통하여 계약요구조건에 일치하는 제품만을 정부 확인 및 평가시 제시하여야 하며, 자체 품질경영 내용은 제반 기록으로 유지하여 정부품질보증원의 확인 요구시 제품의 품질이 계약조건에 일치한다는 객관적인 증거로 제시하여야 한다.

- 계약업체는 품질경영시스템을 구축하여 계약품목의 생산 및 품질보증에 필요한 조직, 절차, 설비, 검사/시험시설 등의 확보와 함께 자체 품질경영시스템 개선과 향상을 위해 노력하여야 하며, 정부 품질보증활동 시 필요한 제반 시설의 제공과 협조를 해야한다.
- 계약된 제품이나 용역이 계약업체가 아닌 하도급업체 등의 시설에서 제조될 경우, 품질보증에 대한 책임은 계약업체에 있으며 필요시 정부품질보증원은 하도급업체 등의 실제 생산지에서 정부품질보증활동을 수행할 수 있다

특히 군수품이 초도생산되는 시기에서는 설계한 품질 요구사항이 완성된 국방규격에 따라 양산으로 재현되는지, 품질 안정화 조치를 해야 하는지 등 품질관리가 필요한 전환과정으로 집중적인 품질보증활동이 이루어지며, 주요 수행내용은 다음과 같다.

- 양산품 품질수준 및 개발품질 충족여부
- 생산장비, 치공구, 시설 및 시험장비 등의 완비여부
- 기술도입생산의 추가요구사항 충족여부
- 개발과정에서의 운용시험시 발견된 경미한 결함사항의 보완여부
- 기술자료의 충분성 및 적합성

1.2 정부 품질보증활동

제품을 생산하는 자는 자기가 만든 제품이 어떠한 성능과 기능을 가져야 할지를 결정하고 설계를 거쳐 생산하고 있지만, 사용자는 그 제품을 직접 사용하지 않고는 성능을 알 수 없다. 성능과 기능을 알고 있다 하더라도 제품의 성분까지 알기는 어렵다.

더욱이 오늘날과 같이 제품의 구조가 복잡하고 재질이 다양하며 각종 기기가 서로 복합적인 형태로 사용되고 있는 시대에는 이러한 내용의 전달표시가 없이는 제품의 성능을 식별하기는 외견상으로 불가능하다. 또한 각종 상품이 범람하고, 인간생활이 집단화 되는 현대생활에서 한 상품의 위해가 있을 때에는 전 집단에 해를 끼칠 것이다. 따라서 인명 재산상의 피해가 대형화 되고 있는 현실에 제품

에 대한 생산자의 표시에 만족하지 않고 신용있는 전문기관에 의해 제품의 품질을 보증하게 하거나 인정하는 것이 요구되고 있다. 물론 제조자나 판매자가 스스로 보증하는 방법이 있겠으나 공신력을 가진 타인에 의해 보증받는 것이 일반적이며, 또한 국가에만 국한하지 않고 국제적 협력을 통하여 양국관계의 협약에 의한 경우로서 지역적 또는 국제기구를 통하여 보증하는 방법도 있다. 이처럼 타인에 의한 품질보증 방식은 법규에 의한 공권력을 가진 기관에서 행하는 경우가 대부분이며 국가 단체가 행정으로 소비자를 적극적으로 보호하는 것이 일반적이라 할 수 있다. 이와같이 품질보증은 인명과 재산을 위해로 부터 보호하고 품질에 대한 적절한 조치의 방편으로 필요할 뿐만 아니라 국내 상행위 질서의 확립과 국제간의 무역 마찰을 피하기 위해서도 품질인증과 품질보증 제도는 필요하다.

품질인증을 나타내는 형태 또는 종류는 관점에 따라 여러 가지로 분류할 수 있다. 품질표시의 성격에 따라 강제표시, 임의표시 및 제조자 또는 판매자에 의한 표시로, 표시의 내용에 따라 안전표시와 품질표시로 구분하고 대상에 따라 완제품에 대한 표시, 부품에 대한 표시, 미치는 영향에 따라 지역표시나 국제표시로 구분할 수 있다. 우리나라는 강제적 인증과 임의적 인증으로 나누어 사용하는 것이 통상적이다. 강제적 인증은 법에 근거를 두고 제조, 판매, 수입에 있어서 반드시 법에서 정하는 요구조건을 구비하여야만 소비자에게 양도할 수 있는 것으로 보통 특정검사기관 또는 감독기관의 통제를 거치게 되어있다. 임의적 인증은 법에 근거를 반드시 둔 것은 아니나 대부분 법에 의하여 실시되고 있으며 반드시 법의 규정을 따르지 않아도 판매가 가능한 것을 말한다.

물론 임의적 인증에는 전혀 법의 제한을 받지 않는다는 뜻이 아니고 협의의 검사가 따르는 것을 의미한다. 강제적인 인증은 예컨대 계량기에 관한 계량법에 의하면 상거래 또는 증명용 계량기를 제조 판매 수리 수입하고자 하는 자는 반드시 검정에 합격하여야 한다고 규정하고 있어 계량기를 제작하고자 하는 자는 우선 법정 구비조건을 갖추어 제작업 허가를 득해야 하고, 허가에 의한 제작업자는 제작하고자 하는 계량기를 검정을 받도록 되어있다. 또한 임의적 인증제도는 KS(Korea Industrial standards)제품의 경우와 제품과 품질 등급의 기준이 거의 동일하거나 또는 1등급과 2등급으로 구분 실시하는 경우, 국제인정 제품의 경우에 적용한다.

품질보증이란 "제품 또는 서비스가 주어진 품질요구를 만족하고 있다는 타당한 신뢰감을 주는데 필요한 모든 계획적이고 체계적인 활동"이라고 KS규격에서 정의하고 있다. 또한 위 정의의 활동 주체가 누구냐에 따라 제1자 품질보증(1ST Party Quality Assurance), 제2자 품질보증(2nd Party Quality Assurance), 제3자 품질보증(3rd Party Quality Assurance)으로 구분할 수 있다. 참고로 인증업무 수행 과정에서 문서나 행위가 적법한 절차로 이루어졌다는 것을 공적기관이 증명하는 실행주체에 따라 분류하면 다음과 같이 일반적으로 정의한다.

- 제1자 품질보증: 피인증기관이 인증기관과 동일
- 제2자 품질보증: 인증기관이 피인증기관과 조직적으로 다르나 사업적 관계가 있는 경우
- 제3자 품질보증: 피인증기관과 조직적, 사업적으로 완전히 분리되어 있는 공적으로 인정(Accreditation)을 받은 인증기관이 인증하는 것을 말하며, 구속력이 있는 통상적 의미의 인증개념임

제1자 품질보증은 생산자 자신의 주어진 품질요구를 만족시키기 위한 계획적인 활동으로써 업체 자체에 의해 수행되는 것을 의미한다. 제2자 품질보증은 그 활동이 구매자 또는 구매자를 대리하는 어떤 기관 또는 인원에 의해 행해지는 것으로 군수품의 경우는 계약서에 명시하여 위임된 전문기관이 품질보증을 수행하므로 이에 해당한다. 제3자 품질보증은 생산자와 생산자 외의 제3자인 독립기관 또는 공인기관에 의해 수행되는 것을 의미하는 것으로 민수품에서 그 대표적인 예는 품질표시 제품과 품질인증제도 등을 들 수 있다.

군수품에 대한 정부품질보증은 제2자 품질보증 방식이다. 제2자 품질보증은 고객이나 고객을 대리하는 인원에 의해 수행함에 있어 크게 2단계로 이루어 진다. 그 첫 단계는 어떠한 수준의 품질을 요구하는 것으로 이러한 품질요구는 통상적으로 규격서 및 계약요구조건 등에 의하여 이루어진다. 두 번째 단계는 요구한 품질을 만족하고 있다는 신뢰를 확보하기 위한 활동, 즉 생산자가 주어진 요구사항을 만족시키고 있는가를 제품, 공정 및 품질을 만드는 제반 조건을 확인한다. 여기서의 확인활동은 주로 검사 행위에 의하여 이루어진다. 그러나 검사는 이미 만들어진 제품을 대상으로 하기 때문에 여러 가지 약점과 한계를 가지고 있다. 즉 아무리 완벽하고 발전된 검사시스템을 동원한다 하더라도 제품에 내재된 모든 결함과 모든 불량품을 완전히 제거한다는 것은 불가능한 것이다. 전수검사를 한다는 것은 경제적인 이유로 혹은 효율성 측면에서 사실상 어렵다.

또한 샘플링검사의 경우도 근본적으로 100%의 신뢰도를 확보할 수 없다. 즉 검사의 방법을 통해 합격된 제품(로트) 중에는 항상 불합격품이 포함될 가능성을 갖고 있다. 대상 제품이 복잡해지고 정밀화 될수록 완성된 제품 또는 부품에 대하여 검사의 수단만으로 품질 신뢰성을 완전히 확보한다는 것은 어렵다. 검사를 엄격하게 하거나 강화하면 할수록 품질비용은 더 증가되고 특히 고도 정밀장비에서는 그 효율성이 한계에 이른다. 따라서 제2자 품질보증에 있어서 신뢰성을 확보하는 접근방법은 생산자 스스로 잘 만들 수 있도록 하기 위하여 품질을 형성하는 제반 조건인 시스템에 대한 기준으로 규격을 설정하여 요구하고, 생산자는 스스로 지키도록 규율하는 것이다.

군수품에 대한 정부품질보증은 계약조건에 따라 계약자인 업체가 수행함은 물론이며, 민수품과는 달리 그 품목의 치명성, 안전성 그리고 군수품의 고유특성을 감안하여 수요자인 군을 대리한 전문기관이 품질보증을 맡고 있다. 이는 우리나라뿐만 아니라 미국, 나토국가 등 모든 국가가 동일한 방식으로 군수품에 대한 정부품질보증기관을 운영하고 있다.

정부는 군수품과 유사한 특성을 가진 민수품 역시 법적인 장치를 마련하여 제2자 품질보증 관점에서 관리하고 있다. 즉 민수분야의 철도차량, 항공기, 선박 등은 군수품과 비슷한 수준의 안전성과 치명성을 가져 국민의 안전을 보장할 필요가 있다.

철도분야는 철도안전법에 따라 정부가 지정한 전문기관으로부터 철도차량과 철도용품에 대해 품질보증(성능시험, 품질인증 등)을 받아 고품질과 안전성을 확보하고 있다. 선박분야는 선박안전법에 의한 정부를 대리한 검사 및 위임업무를 수

| 표 1-1 | 각국의 군수품 계약기관 및 품질보증기관 현황

국가명	계약기관	정부품질보증기관	운영방식
미 국	각군, 국방부 산하 국방 군수본부(DLA)	국방부 산하 국방계약관리본부 (DCMA)	국방부 산하 국직기관으로 운영
영 국	국방부 산하 국방물자청 (DE&S)	국방부 산하 국방물자청(DE&S) 内局의 안전기술국(Saftey & Engeering)	
프랑스	국방부 산하 병기본부 (DGA)	국방부 산하 병기본부(DGA) 内局의 품질국(SMQ)	
터 키	국방부	국방방산기술원(SSM)	

행하고 있다. 선박의 제조 과정에서 받는 검사는 물론 선급에 등록된 선박이 계속 선급을 유지하기 위해서 유효성을 입증받는 검사, 각종 선박용 기자재의 제품검사 등을 통해 제2자의 품질보증을 받고 있다. 항공기분야는 항공법에 따라 항공기가 안전하게 비행할 수 있는 성능이 있다는 보증(증명)을 받아야 하며 그 세부대상은 다음과 같다.

- 항공기 등을 제작하고자 하는 경우 설계에 관하여 받는 형식증명
- 형식증명을 받은 항공기 등을 제작하고자 하는 경우 기술기준에 적합하게 항공기 등을 제작 할 수 있는 기술·설비·인력에 관하여 받는 제작증명
- 감항증명을 받은 항공기 또는 장비품·부품에 대하여 수리·개조하고자 하는 경우
- 항공기 등의 안전성 확보를 위하여 정부가 관리하는 기술표준품을 설계·제작하고자 하는 경우

군에서 군수품 구매를 위하여 계약을 체결하면 계약자인 업체는 생산하는 제품에 대한 책임과 보증의 의무가 있으며, 정부품질보증기관은 계약 이행 과정에서 구매자인 수요군을 대리하여 제2자 품질보증의 관점에서 계약서·설계서 기타 기술자료에 의하여 검사와 감독 업무를 수행한다. 방위사업법에서 의미하는 품질보증의 개념에서도 획득단계별 품질보증의 형태 및 적용기준 등을 정하고, 이에 따라 군수품의 품질을 감독 및 검사하는 것으로 정하고 있다.

따라서 군수품 정부품질보증 전문기관은 획득 과정에서 대단히 중요한 역할을 수행하며 군수품의 첨단화 및 품목의 다양성을 고려할 때 기술적 전문성의 보유가 필연적이라 할 수 있다.

1.3 정부품질보증원

1.3.1 정부품질보증원의 역할

영국의 금언 중에서 "구두제조의 명인이 되고 싶다면 가죽을 잘 다루는 것보다 먼저 사람의 발에 대해서 더 잘 알아야 한다."고 한 말이 있다. 이 의미는 기술세

계에서 종사하는 모든 사람들은 반드시 마음에 새기고 있어야 할 명언이다. 사실 사람의 발을 제대로 모르는 사람이 아무리 가죽을 잘 다룰 수 있다고 해도 결코 구두명인이 될 수는 없을 것이다.

정부품질보증원(Quality Assurance Representative, QAR)도 전문기술직으로 이 금언이 그대로 적용된다. 품질보증 대상품목의 품질설계 개념과 사용 환경, 그리고 그것을 직접 생산하는 업체를 잘 모르는 상태에서 생산되는 제품을 어떻게 객관적으로 품질보증 할 수가 있을 것인가? 누가 무엇에 대해서 보증한다는 것은 그 대상에 관한 것을 속속들이 알고 있어야 가능한 일이므로, 어떤 제품을 보증하려면 그 제품의 품질특성에 관련되는 모든 것을 인지하고 있어야 할 것이다. 따라서 계약업체의 자체 품질보증활동 결과의 신뢰성과 계약품질 요구조건에 일치여부를 확인, 평가, 감독을 하는 정부품질보증원의 자질과 역할은 매우 중요하다.

정부품질보증원은 계약품목의 품질특성에 관해서 누구보다 잘 알고 있어야 하며, 업체의 품질경영 상태에 대한 평가도 계약조건상의 관점에서 정확하게 분석하여 생산품목의 정부수락여부 판단뿐만 아니라, 적절한 계약이행을 위한 품질경영정보를 업체대표자 뿐만 아니라 고객에게도 제공할 수 있어야 하고, 잘못된 점에 대해서는 시정을 요구해야 한다. 정부품질보증원의 품질보증활동 과정에서 갖는 책임과 권한은 다음과 같다.

- 정부품질보증원은 합리적인 판단에 따라 공정하고 객관성 있게 임무를 수행하여야 한다.
- 정부품질보증원은 기술자료묶음의 이해 능력, 품질관리 기법에 관한 지식 등 품질보증활동 수행에 필요한 전문지식을 갖추어야 한다.
- 정부품질보증원은 계약업체가 계약요구조건을 성실히 이행하는가를 감독, 평가하고 확인할 권한을 갖는다.
- 정부품질보증원은 업무를 수행함에 있어서 자신이 결정할 사항에 대하여 직속 상급자 이외의 타인의 간섭을 받지 아니한다.

1.3.2 정부품질보증원의 보유 역량

고객을 대리한 제2자 품질보증 방식 하에서의 정부품질보증원의 활동은 모든 과정에서 공정성과 전문성을 바탕으로 객관적인 판단에 근거해야 하며, 정부품질보증원은 모든 행위를 전적으로 자기의 책임 하에 보증 여부를 판단하여야 한다. 이러한 모든 업무과정에는 결국 개인의 법적, 도덕적 책임이 따르게 되므로 자기가 결정하는 사항에 대해서는 타인의 영향을 단연코 거부할 수 있는 전문가로서의 실력과 권위를 지니고 있어야 하는 것이, 정부품질보증원이 갖추어야 할 기본적인 자질이다.

품질보증 대상이 되는 제품들 중에는, 정확한 검사만을 통하여 수락 여부를 판정할 수 있는 단순한 것도 있지만, 대부분의 경우 복잡하고 정밀한 무기체계들로 전수명주기에서 시스템적으로 품질보증활동을 해야만, 최종적으로 해당 제품이 의도된 설계품질을 보유하고 있는지 또는 수락 후 납품이 가능한지를 결정할 수 있다.

따라서, 제품위주의 검사활동만으로는 제품의 신뢰성 보유여부를 확인할 수 없으므로, 정부품질보증원의 품질보증활동은 제품확인 활동 이외에 업체의 품질경영시스템의 적절성 평가를 중심으로 이루어져야 한다. 그러므로, 정부품질보증원은 제품에 대한 전문지식뿐만 아니라, 생산업체의 품질경영 상태 및 효과를 분석, 평가할 수 있는 역량도 갖추고 있어야 한다. 여기에는 제품의 물성적, 이화학적 특성을 분석할 수 있는 전통적인 공학적 지식뿐만 아니라, 제조공정의 적절성을 분석할 수 있는 산업공학적 지식이 포함된다. 심지어는 계약관리 및 원가관련 현장정보를 정부품질보증원에게 요구하는 실정이므로 경영학적 지식까지도 요구된다.

사용자가 만족할 수 있는 맞춤형 품질보증활동을 전개하기 위해 정부품질보증원에게는 공학적 전문지식 이외에도 담당업체의 조직문화, 업무 관계자들의 성격, 습성 등 인과관계를 분석할 수 있는 사회심리학적 기초역량까지, 무리할 정도로 다방면의 지식을 보유하도록 요구되는 실정이다. 이러한 이유로 정부품질보증원은 전문지식을 포함한 지적능력과 도덕적, 인격적 자질 또한 엄격히 검증되고 있다.

참고로 이스라엘의 경우, 고객의 요청을 만족시키기 위해 필요한 권한과 자원을 가지고 정부품질보증원을 정하며 임명된 자는 관련 규정을 숙지하고 기술을 보유하고 있어야 하며, 필요한 역량과 경력을 가지고 있어야 한다고 규율하고 있다. 그리고 정해진 교육과 자질을 갖춘 전문인력은 '정부가 공인한 정부품질보증원(Certified Quality Assurance Representative)'으로 부르고 있다.

군용항공기 감항인증, 즉 군용항공기가 안전하게 비행할 수 있는지의 성능 인증에 필요한 사항을 정하여 군용항공기의 안전성을 확보하기 위해 전문기관에 종사하는 자의 자격과 능력을 법률에서 다음과 같이 규율하고 있다.

- 감항인증 관련 분야의 기술업무책임자는 관련된 분야에서 8년 이상의 경력을 보유하고 있을 것
- 그 밖에 감항인증 관련 분야의 기술업무를 담당하고 있는 사람은 관련 분야에서 5년 이상의 경력을 보유하고 감항인증 관련 교육을 이수할 것

정부품질보증원은 품질보증활동의 주체자이며 평가자이다. 기본적으로는 관련 법령에 의해서 모든 계약업체는 자체적으로 품질보증 체제를 구성하고, 또 정해진 운영시스템대로 업무를 진행하는 등, 품질경영을 하도록 규정되어 있으므로, 업체의 품질경영실태는 정부품질보증원에 의해서 모니터링 되어 업체에 적합한 업무체계와 절차가 구축되었는지, 그것이 제대로 가동되어 제품생산이 되는지를 감독하며, 최종적으로는 업체에서 생산되어진 계약품목이 적용규격을 만족하는지 수락여부를 최종적으로 판단하고, 품질개선 등 수행할 수 있는 기술적 역량을 보유하여야 한다.

1.4 국방품질보증제도

1.4.1 국방품질보증활동의 법적근거

우리나라가 방위산업 물자를 본격적으로 자체 생산하기 시작한 것은 70년대 이후였으며, 이는 자주국방이란 국가정책의 결실이었다. 그 당시는 대남 무력 적화통일을 위한 북한의 지속적인 군사력 증강 움직임, 아시아 방위는 아시아의 힘으로 수행한다는 내용을 골자로 한 닉슨독트린에 따른 미군 제7보병사단 철수 등 미국의 대외군사정책 변화에 기인하여 자주국방이 국가적 최우선 정책으로 떠올랐다. 자주국방력의 확보를 위해서 우리군의 편제장비인 기본 화기류를 모방개발하는 방식으로 방산물자가 최초로 생산되기 시작하였다. 이를 위해 미국으로부터 기술자료의 도입과 견본장비의 역설계를 통한 시제품을 제작하고, 시험사격을 실시하면서 발생한 문제점에 대해 성능을 개선, 수정, 보완하는 과정에서 품질에 대한 이슈가 부각되었고 그 중요성을 인식하게 되었다. 또한 군수품의 연구개발에

따라 방산업체에서 점차 대량으로 생산하는 체제에 이르자, 군수품은 고도의 신뢰성·가용성·정비성 및 내구성이 필수적으로 요구된다는 사실을 새롭게 인식하게 되었으며, 이와 함께 국방품질보증 체제의 구축이 필수적인 사안으로 대두되었다.

국방부는 국방품질보증에 관한 법적근거 마련을 위해서 방위산업에 관한 특별조치법(약칭 방산특조법, 제정당시 법령명은 군수조달에 관한 특별조치법임)을 73년에 제정하여 품질관리 및 지도에 관한 사항을 명시하였다. 국방품질보증의 목적과 필요성에 관한 입법 취지를 살펴보면 다음과 같다.

국가계약에 있어 품질보증행위는 제조물의 하자를 사전에 방지하고 안전 및 성능을 보장하기 위한 계약사무의 일종이다. 민수품의 경우 매도인이 매수인에게 품질보증을 하여야 하는 것이고 제품인도 후 제품에 하자가 발생하는 경우 사후적으로 하자담보 계약해제 혹은 손해배상 등의 책임을 지면 될 것이지만, 군수품과 같은 제조물은 전장에 곧바로 사용되는 물품이므로 사후 하자구상 등에 의한 보완은 그 목적달성에 곧바로 지장을 초래하므로 정부 일반 조달품목보다 한층 더 엄격한 검사와 품질보증이 필요하다. 한편, 군수품 조달계약의 경우 개별 군수품의 품질을 어떻게 할 것이고 누가 그것을 검사할 것인지는 법령상 감독 및 검사에 따라 정해진다.

국가를 당사자로 하는 계약에 관한 법률(약칭 국계법)을 살펴보면, 원래 국가계약에 있어 계약담당공무원은 그 계약의 적정한 이행을 확보하기 위하여 필요하다고 인정할 때에는 계약서·설계서 기타 관계서류에 의하여 스스로 이를 감독하거나 소속공무원에게 그 사무를 위임하여 필요한 감독 및 검사를 하게 하여야 하나 전문적인 지식 또는 기술을 필요로 하거나 기타 부득이한 사유로 인하여 계약담당공무원이 감독 또는 검사를 할 수 없는 제조 기타 도급계약의 경우 전문기관을 따로 지정하여 필요한 감독·검사를 하게 할 수 있도록 하고 있다

또한 방산특조법령에서 방산물자를 생산하는 방산업체 및 연구기관에 대하여는 국유재산대부, 보조금지급, 조세감면, 계약특례 인정 등 각종의 특혜를 부여하는 대신 방산업체 또는 연구기관은 방산물자의 품질을 보장하기 위하여 필요한 조치를 해야 할 뿐만 아니라 정부는 방산물자의 생산·조달 및 연구·개발을 함에 있어서 필요한 때에는 대통령령이 정하는 바에 따라 방산업체 또는 연구기관으로부터 보고를 받거나 방산시설 기타 필요한 장소에 감독요원을 파견하여 품질경영 또는 기술지도를 하게 할 수 있도록 하고 그에 따라 파견된 감독요원은 방산업체

또는 연구기관의 경영자에게 방산물자의 품질경영상황 등에 대하여 시정이나 기타 필요한 조치를 요구할 수 있도록 하고 있다

국계법 및 방산특조법이 정한 감독 및 검사권한의 위임에 따라 각종 군수품에 대한 품질보증활동을 할 수 있도록 법적 정당성을 확립하였다. 방산특조법의 적용 대상자는 위 방산특조법에 의하여, 기타 일반계약의 경우라도 계약상대자는 계약서에 따라 정부품질보증기관의 검사 및 감독에 응하도록 법적인 근거를 마련하였다. 1973년에 제정된 방산특조법으로부터 2006년 방위사업법에 이르기 까지 국방정책 및 방침, 군수품 제조환경과 국내외적 여건의 변화 등에 따라 수차례 법령이 제·개정되면서 발전하고 있다. 본 법적인 기반을 통하여 정부측는 임무와 권한을 명확히 하고, 업체측에서는 품질을 위해 갖추어야 할 제반사항을 규율하고 있다.

또한 미국의 병기류가 엄격한 군사규격에 의해 생산되고 품질보증이 이루어지고 있음을 인지하고, 국방부 및 관련기관이 합동으로 생산업체의 생산 준비 상황을 점검하여 제조기반을 점검하였다. 모든 군수품의 전순기에 걸친 국방품질보증 실현을 위한 기본제도로써 군수품 품질보증방침을 규정화하였다.

이는 미국 국방성 조달규정, 미군사규격서인 검사제도·품질프로그램제도·교정제도 요구서를 참고로 하였으며 국방품질보증의 기본방침과 절차를 정립하는 계기가 되었다. 이 방침에서는 정부품질보증 관련업무에 관한 협의 및 검토를 위해 품질보증심의회를 두도록 하여 품질업무에 대해 국방부가 수행하는 기능을 부여하였다. 이어서 78년에는 군수품의 지정과 규격 제정에 관한 군수품 표준화규정을 국방부 훈령으로 제정하였다. 이 규정에서는 국방부에 표준화심의회를 두어 국방 표준 및 규격의 제정, 개정 및 폐지에 관한 사항을 심의토록 함으로써 규격에 규정된 기술적 요구사항의 충족 여부를 확인할 수 있게 되어, 국방품질보증활동을 효율적으로 수행하는데 크게 기여하였다.

이와 같이 국방품질보증 제도가 정립되면서 군수품 품질보증 관련업무를 수행하는 주체들은 법령과 규정 및 방침에 따라 자체 품질보증 제도를 발전과 함께 군수품의 품질을 향상시켜 나갔다. 군수품의 개발이 활발하게 추진되어 품질보증 물량이 급격하게 증가되고 품질보증 관련인원이 많아지게 됨에 따라 품질보증 활동에 필요한 일정한 기준과 절차가 요구되어 품질보증세부 활동사항, 품목별 계약품질요구 범위, 교정활동, 양산 품질보증 기술지원 요령, 품질보증 보충규정(SQAP: Supplement Quality Assurance Procedure) 작성지침 등이 수록된 자체 품질

보증방침을 제정하여 78년도부터 시행하였다.

군수품의 품질은 이를 생산하는 업체의 제조·관리·기술 능력에 의해 결정되기 때문에 우수한 업체가 군수품 생산에 참여하게 하는 것은 매우 중요하다는데 착안하여 77년도에는 우수 품질업체 유인을 위해 업체 자격기준서를 만들어 획득업무에 활용하였다.

1970년대는 방위산업에 관한 특별조치법의 제정을 통해 법적 기반 마련, 미국의 선진품질보증 제도를 참고로 정립한 품질 기본방침의 설정 등 국방품질보증 제도 기반을 마련한 시기였다. 그러나 품질에 대한 개념 및 필요성에 대한 이해 부족과 방산업체의 여건 미흡 등으로 인해 검사위주의 품질보증활동에서 벗어나지 못한 실정이었다. 국방품질보증 제도는 1981년도에 정부품질보증기관이 조직화되면서 품질관리, 품질경영 등 기법과 절차의 연구를 통해 지속적으로 발전하였다.

| 표 1-2 | 국방품질보증 관련 법적 의미(방위산업(군수조달)에 관한 특별조치법, 방위사업법)

주요 의미	방위산업(군수조달)에 관한 특별조치법령	
• 정부품질 보증원의 권한/ 파견근거 명시	군수조달에관한 특별조치법 [법률 제2540호, 1973] 제17조 (감독관파견등)국방부장관은 군수물자의 생산, 조달 및 연구를 함에 있어 필요한 때에는 대통령령이 정하는 바에 따라 군수업체 또는 연구기관의 경영자로부터 보고를 받거나 군수시설 기타 필요한 장소에 감독관을 파견하여 품질관리 및 기술지도를 하게 할 수 있다.	군수조달에관한특별조치법시행령 [대통령령 제6870호, 1973] 제23조 (감독관 파견등) ① 군수업체 또는 연구기관의 경영자는 국방부장관에게 매분기별로 군수물자의 생산 또는 연구현황과 국방부장관이 정하는 사항을 보고하여야 한다. ② 국방부장관은 필요하다고 인정할 때에는 군수업체 또는 연구기관의 경영자에 대하여 당해업체 또는 기관의 운영 및 보안현황에 관하여 법 제17조의 규정에 의한 보고를 받거나, 관계공무원으로 하여금 이를 조사하게 할 수 있다. ③ 국방부장관은 군수물자의 생산 및 연구에 관한 기술지도와 생산관리 및 품질관리의 감독을 위하여 필요하다고 인정할 때에는 군수업체 또는 연구기관에 감독관을 파견할 수 있다. ④ 제3항의 규정에 의한 감독관은 군수업체 또는 연구기관의 경영자에게 군수물자의 생산 및 품질관리 상황에 대하여 시정이나 기타 필요한 조치를 요구할 수 있다.
• 품질관리 및 지도 기준마련 • 업체검사원의 자격 명시	군수조달에관한 특별조치법 [법률 제3003호, 1977] 제17조 (품질관리 또는 지도) ① 군수업체는 군수물자의 품질을 보장하기 위하여 검사원의 확보 등 대통령령이 정하는 조치를 하여야 한다.	군수조달에관한특별조치법시행령 [대통령령 제8750호, 1977] 제36조 (품질관리 및 지도) ① 국방부장관과 상공부장관은 상호 협의하여 군수물자의 품질보장에 필요한 다음 각호의 사항에 관한 기준을 정한다. 1. 품질보장체계 2. 품질관리기구 3. 품질관리시설

	② 정부는 군수물자의 생산·조달 및 연구·개발을 함에 있어서 필요한 때에는 대통령령이 정하는 바에 따라 군수업체 또는 연구기관으로부터 보고를 받거나 군수시설 기타 필요한 장소에 감독관을 파견하여 품질관리 또는 기술지도를 하게 할 수 있다. ③ 제1항의 규정에 의한 검사원의 자격에 관하여 필요한 사항은 대통령령으로 정한다.	4. 검사원의 정원 5. 기타 품질관리에 관하여 필요한 사항 ② 군수업체는 제1항의 기준에 따라 필요한 조치를 하여야 한다 ③ 법 제17조제1항의 규정에 의한 검사원은 검사기사 및 검사사로 구분하되 그 자격기준과 자격종목은 별표1 및 별표2와 같다. ④ 검사원에 대한 자격검정은 국방부장관이 행하되, 검정의 기준·방법 및 절차는 상공부장관과 협의하여 정한다. ⑤ 군수업체 또는 연구기관의 경영자는 국방부장관 또는 상공부장관이 정하는 바에 따라 매분기별로 군수물자의 생산 또는 연구현황을 보고하여야 한다. ⑥ 국방부장관과 상공부장관은 상호 협의하여 군수물자의 생산 및 연구개발에 관한 기술지도와 생산관리 및 품질관리의 감독을 위하여 군수업체 또는 연구기관에 감독관을 파견할 수 있다. ⑦ 제6항의 규정에 의한 감독관은 군수업체 또는 연구기관의 경영자에게 군수물자의 생산 및 품질관리 상황 등에 대하여 시정이나 기타 필요한 조치를 요구할 수 있다.
• 군수조달 → 방위산업 • 품질관리 → 품질경영 *품질보증체계는 ISO의 국제기준과 일치 • 업체검사원자격의 자율화	방위산업에관한 특별조치법 [법률 제4619호, 1993년] 제17조 (품질경영등) ① 방산업체 또는 연구기관은 방산물자의 품질을 보장하기 위하여 대통령령이 정하는 품질경영에 필요한 조치를 하여야 한다. 〈개정 1979·4·17, 1983·12·31, 1993·12·27, 1998·12·31〉 ② 정부는 방산물자의 생산·조달 및 연구·개발을 함에 있어서 필요한 때에는 대통령령이 정하는 바에 따라 방산업체 또는 연구기관으로부터 보고를 받거나 방산시설 기타 필요한 장소에 감독요원을 파견하여 품질경영 또는 기술지도를 하게 할 수 있다. 〈개정 1983·12·31, 1993·12·27〉 ③ 제1항의 규정에 의한 검사원에 관한 사항은 대통령령으로 정한다.	방위산업에관한특별조치법시행령 [대통령령 제14330호, 1994년] 제36조 (품질경영등) ① 국방부장관과 상공자원부장관은 상호 협의하여 방산물자의 품질경영에 필요한 품질보증체제등의 확보를 위하여 다음 각호의 사항에 관한 기준을 정한다. 〈개정 1994·7·20〉 1. 조직 2. 문서관리 3. 제조관리 4. 구매관리 5. 검사, 시험 및 시험장비 6. 규격불일치 물자관리 7. 취급, 저장 및 물자관리 8. 품질기록 9. 기타 품질경영에 필요한 사항 ② 방산업체 또는 연구기관은 제1항의 기준에 따라 필요한 조치를 하여야 한다 〈개정 1980·1·15, 1984·8·30〉 ③ 법 제17조제1항의 규정에 의한 검사원은 전문대학졸업자 또는 이와 동등이상의 학력이 있다고 인정되는 자로서 당해 기술분야에서 1년이상 실무에 종사한 경험이 있고 국방부장관이 상공자원부장관과 협의하여 정하는 품질관리교육을 이수한 자로 한다. 〈개정 1994·7·20〉 ④ 삭제 〈1994·7·20〉 ⑤ 방산업체 또는 연구기관의 경영자는 국방부장관 또는 상공자원부장관이 정하는 바에 따라 매분기별로 방산물자의 생산 또는 연구현황을 보고하여야 한다. 〈개정 1984·8·30, 1993·3·6〉

• 업체검사원제한/규제사항 삭제	방위산업에관한 특별조치법 [법률 제5614호, 1998년] 제17조 (품질경영등) ① 방산업체 또는 연구기관은 방산물자의 품질을 보장하기 위하여 대통령령이 정하는 품질경영에 필요한 조치를 하여야 한다. 〈개정 1979·4·17, 1983·12·31, 1993·12·27, 1998·12·31〉 ② 정부는 방산물자의 생산·조달 및 연구·개발을 함에 있어서 필요한 때에는 대통령령이 정하는 바에 따라 방산업체 또는 연구기관으로부터 보고를 받거나 방산시설 기타 필요한 장소에 감독요원을 파견하여 품질경영 또는 기술지도를 하게 할 수 있다. 〈개정 1983·12·31, 1993·12·27〉 ③ 삭제 〈1998·12·31〉	방위산업에관한특별조치법시행령 [대통령령 제제16147호, 1999년] 제36조 (품질경영등) ① 국방부장관과 상공자원부장관은 상호 협의하여 방산물자의 품질경영에 필요한 품질보증체제등의 확보를 위하여 다음 각호의 사항에 관한 기준을 정한다. 〈개정 1994·7·20〉 1. 조직 2. 문서관리 3. 제조관리 4. 구매관리 5. 검사, 시험 및 시험장비 6. 규격불일치 물자관리 7. 취급, 저장 및 물자관리 8. 품질기록 9. 기타 품질경영에 필요한 사항 ② 방산업체 또는 연구기관은 제1항의 기준에 따라 필요한 조치를 하여야 한다. 〈개정 1980·1·15, 1984·8·30〉 ③ 삭제 〈1999.3.3〉 ④ 삭제 〈1994.7.20〉 ⑤ 삭제 〈1999.3.3〉 ⑥ 국방부장관과 상공자원부장관은 상호 협의하여 방산물자의 생산 및 연구개발에 관한 기술지도와 품질경영의 감독을 위하여 방산업체 또는 연구기관에 감독요원을 파견할 수 있다. 〈개정 1984·8·30, 1993·3·6, 1994·7·20〉 ⑦ 제6항의 규정에 의한 감독요원은 방산업체 또는 연구기관의 경영자에게 방산물자의 품질경영상황등에 대하여 시정이나 기타 필요한 조치를 요구할 수 있다.

주요 의미	방위사업법	
• 품질보증/품질경영 개념 재정립 *품질보증 방법 구체화 • 품질경영 제도 선진화 • 품질인증 제도 시행근거/방법 명문화 • 품질보증	방위사업법 [법률제7845호, 2008년] 제28조 (품질보증) ① 방위사업청장은 군수품을 획득하고자 하는 때에는 연구개발 및 구매의 각 단계별로 당초 사용자가 요구한 조건에 부합하는지 여부를 확인하기 위하여 군수품의 품질을 검사하고 그에 따른 미비점에 대한 수정·보완방안이 포함된 품질보증에 대한 계획을 수립·시행한다. 제29조 (품질경영) ① 방위사업청장은 지식경제부장관과 협의하여 방산물자의 생산에 있어서 그 품질을 보장하기 위하여 방산업체 또는 전문연구기관의 책임경영 및 자원관리 등에 관한 기준을 정한다. 〈개정 2008.2.29〉	방위사업법 시행규칙 [산업자원부령 제598호, 2006년] 제24조 (품질보증) ① 방위사업청장이 법 제28조에 따라 품질보증업무를 수행하는 경우에는 다음 각 호의 사항을 고려하여 단계별 품질보증의 형태 및 적용기준 등을 정하고, 이에 따라 군수품의 품질을 검사하되, 국방부장관 또는 소요군의 요청이 있는 경우에는 미리 이에 관한 의견을 들어 반영하여야 한다. 1. 한국산업규격 등 국가공인기관의 품질인증의 존재여부 2. 군수품에 적용되는 기술의 난이도 3. 군사력에 미치는 영향의 정도 4. 민군겸용 또는 군전용 품목인지 여부

② 방산업체 또는 전문연구기관은 제1항의 규정에 의한 기준에 따라 방산물자의 품질경영에 필요한 조치를 하여야 한다. 경영 등에 대한 필요한 조치를 요구할 수 있다. 제28조 (품질보증) ③ 지식경제부장관과 방위사업청장은 협의하여 방산물자의 연구개발·구매 및 생산을 함에 있어서 필요한 경우에는 방산업체 또는 전문연구기관으로부터 보고를 받거나, 방위산업시설(이하 "방산시설"이라 한다) 그 밖에 필요한 장소에 관계 공무원 등을 파견하여 품질경영 또는 기술지도를 하게 할 수 있다. 〈개정 2008.2.29〉 ④ 제3항의 규정에 의하여 파견된 관계 공무원 등은 방산업체 또는 전문연구기관의 경영자에게 방산물자의 품질경영 등에 대한 필요한 조치를 요구할 수 있다.	② 각군은 영 제29조에 따른 부대조달 군수품에 대하여 그 형상·국방규격의 확인 등 품질보증에 관련된 업무를 행함에 있어 필요한 경우에는 방위사업청장에게 지원을 요청할 수 있다. 제25조 (품질경영) ① 방위사업청장은 법 제29조제1항에 따른 방산업체 또는 전문연구기관의 책임경영 및 자원관리 등에 관한 기준에 따라 산업자원부장관과 협의를 거쳐 방산업체 또는 전문연구기관에 대하여 품질인증제도를 시행할 수 있다. 제24조 (품질보증) ② 제1항에 따라 품질인증을 받은 방산업체 또는 전문연구기관에 대하여는 군수품의 조달 또는 용역계약의 체결에 있어 가산점을 부여하는 등의 인센티브를 부여할 수 있다. ③ 품질인증의 기준·인증방법 및 절차, 인센티브의 대상·방법 그 밖에 인센티브를 부여함에 있어 필요한 사항은 방위사업청장이 정하여 고시한다.

1.4.2 국방품질보증 제도 발전과정

국방품질보증 제도의 발전과정을 시대별로 정리하면 다음과 같다.

【1980년대】

품질보증형태별로 구분하여 정부품질보증 수행

- 군수품의 품목 특성별 계약요구조건 및 정부품질보증 활동 범위 설정으로 품질보증 업무의 효율화를 추구
- 군수품의 구조, 중요도 및 용도에 따라 품질보증 형태를 Ⅰ~Ⅳ형으로 구분하고, 품질보증 형태별로 품질보증의 활동 범위를 달리하여 효율적인 품질보증 활동을 유도

업체 절차평가 제도

- 재래식 병기의 모방생산으로 부터 독자적 한국형 방산물자의 개발과 양산착수가 되는 시기로, 미국의 규격과 절차에 따라 수행하던 품질보증 활동을 국내 실정에 맞게 재정립
- 품질보증 제도와 기법을 품질보증 대상 무기체계에 맞도록 개선 발전시킨 제도로, 업체의 품질시스템(절차)을 검토하고 평가하는 제도

※ 미 국방부가 1990년도에 품질정책으로 채택한 전사적 품질관리(TQC: Total Quality Control)개념이 국내에 전파됨에 따라 국내 방산업체에 확산되었으며, 정부품질보증을 한 단계 발전시킨 선진제도임.

정부 품질검사 정립

- 업체 스스로 합격한 제품만을 제출토록 하고, 정부품질보증원은 이의 신뢰성을 확인·검사하는 활동으로 제품확인검사 기법

우수군수품의 정부검사 생략

- 품질이 안정된 일반 군수품에 대한 서류검토 및 확인 후, 정부품질보증기관은 제품의 수락여부 결정

【1990년대 전반】

개발단계 참여를 통한 정부품질보증 범위 확대

- 양산단계의 효율적인 품질보증활동 수행을 위하여 개발단계부터 참여하도록 참여근거 마련
- 품질형성 단계인 개발초기부터 정부품질보증기관의 참여를 명시하여 국방품질 확보에 위한 기본정책 방향의 정립

임가공업체 관리에 관한 규제완화

- 임가공업체에 대한 국방품질보증 방침이 정부관리에서 원청업체 관리 방식으로 변화되어 정부품질보증기관이 임가공 관련 업체와 품목을 승인(부분 임가공)하던 제도 폐지
- 계약자인 주계약업체 책임 하에 품질을 관리토록 제도개선

국가공인 시험분석 기능으로 발전

- 국방부 산하 유일의 이화학시험분석 기능으로 활용한 정부품질보증기관은 한국공인시험 검사기관 인정기구(KOLAS; Korea Laboratory Accreditation Scheme)으로부터 1995년도에 국가공인 시험검사기관으로 인정을 받음

【1990년대 후반】

정부품질보증의 주체를 정부주도형에서 업체주도형으로 전환하고, 업체와 상호협력 및 파트너십을 이루며, 품질검사 위주에서 품질시스템을 평가하고 품질개

선 활동을 위주로 하는 방식으로 패러다임을 변경하였다. 이에 따라 민간의 ISO 9000 품질시스템 규격의 국방분야 접목과 품질경영시스템 인증제도가 도입되었으며, 그 동안의 정부주도 방식의 품질보증 업무도 산업발전에 걸맞게 업체의 책임과 자율성을 강조하는 형태로 발전되어 국방품질경영 정책 및 제도가 급진적으로 성장된 시기였다.

군수품 품질시스템 규격의 선진화

- '96년 미국의 MIL-Q-9858A 등 기존 품질시스템 규격서의 폐지와 ISO 9000 민간 품질시스템규격의 시리즈 채택, 유럽의 AQAP 100 품질규격 개정 등 대내외적 국방품질보증 환경의 변화에 따라 '98년 국방품질보증을 위해 고유의 품질시스템 규격을 제정

형상관리 업무주관 수행

- 양산단계 형상관리 업무를 정부품질보증기관이 주관하여 품질보증활동 과정에서 발생되는 기술변경, 규격완화 및 면제의 신속한 처리 및 현장 적용 가능
- 지속적인 품질개선과 국방규격의 연계성 있는 체계적인 관리
- 양산단계 형상관리 업무의 주관과 함께 '96년 이후 국방규격화 업무도 수행

정부품질보증업무 차등화

- 계약업체 및 품목별로 품질위험도를 평가하여 정부품질보증 활동을 강화하거나 완화할 수 있도록 정부품질보증활동의 범위를 차등화

국방품질시스템 인증

- 방산업체의 자체 품질시스템 구축 유도 및 품질향상을 위하여 업체의 품질시스템을 심사후 우수업체에게 인증, 혜택 부여
- 국방품질시스템 인증은 국방규격의 요구조건에 적합한 업체에 대하여 문서로서 공인하는 제도로 업체 스스로 품질보증 능력을 갖추도록 함.

【2000년대 전반】

내장형 소프트웨어 품질보증의 신규 제도화

- 무기체계 내장형 소프트웨어는 무기체계의 성능을 좌우하는 그 중요성에 비해 체계적인 관리가 되지 않아서 배치 및 운용 과정에서 유지보수의 어려움은 물론 형상관리가 되지않아 개발관련 문서, 개발 소스파일, 관련 라이브러

리 등 내장형 소프트웨어의 기술자료 방치로 인해 노하우를 축적하지 못하고 막대한 국방자산의 손실을 초래하는 실정에 대하여 정책적·제도적 관리 필요성 제기

- 2000년, 내장형 소프트웨어에 대한 관리업무를 규정화하여 하드웨어 위주로 수행되던 품질보증 및 규격화 업무에 소프트웨어를 추가
- 2003년, 하드웨어 개발과 병행하여 개발단계부터 소프트웨어에 대한 시험평가, 품질보증, 형상관리 및 양산단계 유지보수 활동 등 무기체계 획득 총수명주기에 걸친 소프트웨어 품질보증의 기틀을 마련

국방품질경영상 시행

- 방산 및 군수업체의 품질수준 향상을 위한 제도의 발전 사항으로는 국방분야의 우수 품질경영시스템 업체의 자긍심을 고취하고, 산업계에서 국방품질상 수상업체는 품질경영분야의 리더로서의 역할을 수행토록 함

품질 위험관리 기반의 품질경영활동

- 계약품목 및 업체의 위험도에 따라 품질보증 활동의 범위 및 심도를 조절하는 품질위험도를 평가하는 개념으로 본 제도는 위험관리(Risk Management) 기반의 품질경영으로 발전

【2000년대 후반 】

총수명주기체계관리(TLCSM: Total Life Cycle Sysem Management)의 국방정책의 추진과 연계하여, 국방품질보증 또한 총수명주기 관점에서 효율화하는 방향으로의 변화가 요구되었다.

이에 따라 국내 획득 환경에 적합하도록 국방품질보증의 개념도 총수명주기에 걸친 "균형적 품질경영"으로 변화하였다. 국방품질보증 방향은 개발, 양산 및 운영유지 단계의 연계성 강화를 목적으로 하며, 균형적 품질경영은 "획득 단계별로 고객만족의 영향요인을 균형적으로 고려하여 고객가치를 효율적·효과적으로 창출하는 품질경영활동"으로 정의하였다. 균형적이란 말은 기존에 성능만을 고려하는 것뿐만 아니라 수명주기 비용, 운용단계 신뢰성, 서비스, 사회적 책임, 전략 등을 함께 고려하는 것을 의미한다.

균형적 품질경영은 고객만족 요인을 효과적이고 효율적으로 고려하기 위하여 양산단계뿐만 아니라 기획, 개발, 양산, 운영유지 및 폐기로 이어지는 제품의 총수

명주기 각 단계 간의 원활한 연계가 이루어져야 한다.

균형적 품질경영의 실행 전략은 개발단계 참여 확대를 통한 설계검토의 강화, 개발자나 사업관리자의 관점이 아닌 생산공학자의 관점에서 개발단계부터 생산을 준비하고 점검하기 위한 생산준비 점검의 시행, 개발 및 운용시험평가 참여를 강화하는 것이다.

양산단계에서는 위험관리 기반의 품질보증 활동을 지속 발전시키고 업체 품질 수준을 평가하고 진단하여 업체 자율적인 품질보증 기반을 마련하기 위해 품질 분석·평가 기능을 강화하고 국방품질경영시스템 인증 업무의 내실화를 추진하고 있다.

운영유지단계의 신뢰성 증대를 위한 활동의 일환으로 야전운용 및 품질정보를 모니터링하고 분석·지원하는 품질정보의 환류체계 구축을 추진하고 있다.

1.5 국방품질보증 성과의 활용

정부품질보증기관은 양산 및 운영단계에 습득된 품질정보를 환류시켜 군수품의 품질개선, 품질기술향상 등 생산기술 활동을 수행한다. 아울러 수명주기 연구, 가치공학 활동 등과 국방규격 개선·부품국산화·성능개량 제안 등을 통해 국방예산의 효율성을 증대시킨다. 정부품질보증원은 다양한 군수품으로부터 획득한 기술, 생산업체 계약이행관리를 통한 경영학적 각종 경험 등을 가지고 있기 때문에 생산기술능력을 보유하고 있다고 할 수 있다. 그리고 총수명주기의 국방품질보증 활동 과정에서 확보한 야전품질정보는 기술적 활용 외에 획득 및 군수분야의 사업관리 과정에서 의사결정, 지원 등 관리적 분야에도 광범위하게 활용되고 있다.

방위산업에서 생산기술은 군수품의 특성상 중요한 의미를 가지고 있다. 군수품의 대표적인 특성으로는 2가지를 들 수 있다. 첫째, 일반적으로 무기체계 일생동안에 실제로 투입되는 비용(out of pocket money)은 개발단계에서 15%, 개발이후 도태까지 85% 정도로 알려지고 있다. 둘째, 군수품의 사용수명은 평균 30년 이상으로 민수품에 비해 장기간 운용된다는 특징이다. 양산과 운용단계에서 대부분의 비용이 사용되므로 원가절감 차원에서의 효율화가 필요하다는 것과 장기간 사용으로 인해 필연적으로 발생하게 되는 기술적 진부화로 인한 기능저하 또는 사용불능

상태를 막아야 하고, 군수품이 폐기될 때까지 성능에 대한 신뢰성을 보장하기 위해서는 군수품의 품질을 개선·개량하는 공학적 활동이 필수적이라 할 수 있다.

생산기술이란 "기업이 제품 및 용역을 생산하는데 관련되는 기술적 지식의 총체"라고 일반적으로 정의하고 있다. 좀더 구체적으로는 공정기술, 제품기술, 시스템 기술 및 생산기법 기술 등이 포함되고 과학기술을 실제 생산현장에서 적용하는 과정 즉 상업화 및 실용화 단계에서 가장 경제적인 방법으로 제조하는 기술이다.

국방품질보증과 연계된 생산기술 활동을 간단히 살펴보면 다음과 같다. 첫째, 개발단계에서 유사장비와 품질특성 비교분석, 신뢰성 및 정비성의 적정 수준 판단, 설계 제품의 생산성(공차의 적정성, 검사수준 등), 원자재 및 공정상 원가절감요소 판단 등 개발과정에 생산기술 지원을 통해 최적의 제품설계가 되도록 한다. 둘째, 개발완료후 양산단계에서는 업체의 제조요소 및 공정의 관리, 가치공학(Value Engineering) 활동을 통한 원가절감 및 성능개선 등 그 업무의 범위는 실로 광범위하다고 할 수 있다.

국방품질보증의 성과는 일차적으로 군수품의 기술과 품질로 환류되는 생산기술이 있으며, 부수적으로 사업관리, 계약관리분야 등에 광범위하게 활용되고 있다.

1.5.1 사업관리분야 - 국방품질보증 활용

❶ 수출품의 정부품질보증

- 군수품 수출시 수출업체나 구매국이 품질보증을 요청시 정부품질보증기관이 이를 수행 후 수출하며, 특히 주요 방산물자중 총포, 탄약류 등 안전에 관한 군수품은 수출 선적 이전에 의무적으로 정부품질보증 절차를 거친다.
- 정부차원의 품질보증으로 품질취약 군수품 수출을 사전예방하고, 수출품의 품질신뢰성 확보를 통한 국가브랜드를 제고시킨다.

❷ 비축용 원자재의 기술검사

- 정부품질보증기관은 방산업체가 다음의 비축용 원부자재 품목을 수입 또는 매입할 경우 규격 및 품질검사를 수행한다.

• 수입에 의존하는 품목 중 수입기간이 장기간 소요되는 품목
• 국산 대체가 가능하더라도 그 공급이 필수소요를 충족할 수 없는 품목

- 종류가 많고 수량이 적은 품목으로 경제성이 희박하여 국산화를 위한 연구개발 및 시제생산이 곤란한 품목
- 원자재의 국제가격이 높아지고 있어 미리 구입하는 것이 경제성이 높을 것으로 예상되거나, 앞으로 수입이 곤란할 것으로 판단되는 품목

❸ 방위산업육성을 위한 자금융자 필요성 판단

– 방위산업육성을 위한 자금 융자사업 추진시 기술검토를 지원한다.

- 방산시설의 설치·이전·개체(改替)·보완 또는 확장 여부
- 유휴시설 유지 필요성
- 원자재 및 부품의 비축 필요성
- 부품국산화 개발의 중복 개발 여부
- 방산물자 수출 여부
- 핵심기술 및 부품 개발의 필요성 등

❹ 방산물자 및 업체 지정 관련 판단

– 방산물자 및 업체 지정은 방위사업법에 따라 방위산업을 지도육성하기 위해 무기체계 또는 군용물자중 군 전략상 중요하거나 주요 구성품등을 대상으로 생산업체를 보호 육성하는 제도로서 정부에서 지정업체에 대한 연구개발 지원 및 생산제품의 조달을 보장해주고 있다.

– 정부품질보증기관은 생산현장에서 확보한 다양한 품질정보를 활용하여 방산물자 지정 및 취소와 관련된 업무를 기술지원한다.

– 방산물자 지정 요청된 품목이 2개 이상의 업체에서 조달이 용이하고 품질을 보증할 수 있다고 인정되는지, 생명과 직접 관련된 품목으로서 엄격한 품질보증 필요성 여부를 검토한다. 아울러 군수품의 운용특성상 후속군수지원 등을 위해서 방산물자 지정여부를 검토한다.

– 방산업체 추가 지정을 위해서 제조·시험·품질관리 능력 등에 관한 생산능력 판단서 작성하고, 현장실사 등을 참여한다.

❺ 부품국산화 개발 기술관리

국내 전력화장비 및 물자의 군수지원능력 제고와 국방과학기술 향상 등을 위해 국외에서 수입하는 구성부품 및 결합체의 국산화시 일정기간 의무사용 또는 수의

계약형태로 우선 조달해주는 제도로서 군 운용유지상 국산화가 불가피하거나 수입대체 및 기술 파급효과가 높고 성능개량이 필요한 품목을 대상으로 하며, 부품국산화 개발시험평가 및 규격화 등 기술관리한다.

1.5.2 계약관리분야 - 국방품질보증 활용

❻ 업체 생산능력 확인 기준서 작성 및 실사

- 국가를 당사자로 하는 계약에 관한 법률에 근거한 물품적격심사 기준에 따라 입찰 참여업체의 계약이행능력을 심사하기 위해 군수품 입찰적격심사에 반영하는 제도로 업체 생산능력 확인대상 품목은 다음 각 호와 같다.

- 군 특수규격품으로 성능보장이 필수적이거나 전투긴요 품목
- 계약불이행, 납품지체 또는 하자발생, 수의계약에서 경쟁계약으로 전환, 신규 조달 등에 해당되는 품목 중 업체생산능력이 필요한 품목

- 업체 생산능력확인 기준서는 해당품목에 소요되는 제조시설, 검사시설, 기술인력이며, 필요시 시제품 제작능력에 대해 사전검증을 요구하는 등 특수조건을 명시한다.

❼ 방위산업전용시설 여부 검증

- 방산물자의 원가계산 용도로 다음의 시설에 대해 생산현장에서의 실제 활용여부를 검증한다.

- 방산물자를 전용으로 생산 또는 연구개발하는 시설
- 방산물자를 전용으로 생산 또는 연구개발 하면서 방산물자의 수출을 위하여 사용하는 시설과 민수물자(용역을 포함)를 일시적으로 생산하는데 사용하는 시설

- 방산업체가 새로 구입한 자산이 다음 각 호의 요소를 고려하여 판단하여야 한다.

- 방산물자의 생산에 필수적인 자산인지 여부
- 당해 기계장치 등을 민수물자 생산에 활용 여부

❽ 방산물자의 원가계산용 감손량 산정

계약목적물의 감손율(손실률, 불량률 및 시료율)을 실측, 기술적 계산, 생산현장의 실제 데이터확인을 통하여 확인한다.

- 손실률: 제품단위당 투입 원재료의 중량에서 실제 생산된 제품단위당 원재료 중량의 차감량을 실제 생산된 제품단위당 원재료 중량으로 나눈 비율
- 불량률: 총생산량에 대한 생산 또는 검사 과정에서 발생하는 불량품수량의 비율
- 시료율: 총생산량에 대한 원재료와 제품의 품질 및 성능시험을 위하여 사용되는 시료량의 비율

❾ 기초 품질정보를 활용한 계약업무관리 요소

⑨ – 1. 업체별 경영노력 평가

– 방산업체에 대한 수요자의 만족도를 평가하여 만족도가 낮은 기업에 대해서는 이윤을 차등하여 지급하기 위한 방산업체의 경영노력 평가기준의 하나이다.

– 정부품질보증기관은 수요자 요구사항의 미준수로 하자발생 사례, 하자발생 시 사후관리의 미흡 여부, 납기일정의 미준수에 관한 품질정보를 활용한다.

⑨ – 2. 물품 적격심사기준 적격 산정

– 물품 적격심사 항목 중 신인도 평가 시 제조계약의 경우는 계약이행 성실도를 평가하며, 그 세부사항은 품질하자(최근 1년 이내 하자 발생여부)와 납품지연(최근 1년 이내 지체상금 부과여부)에 관한 품질정보를 활용한다.

– 물품 적격심사 항목 중 기술능력 정도를 평가하기 위해 국방품질경영시스템 인증 여부를 활용한다.

❿ 하자원인규명 기술조사

– 정부품질보증기관은 하자원인을 규명하기 위한 기술조사를 실시하고, 발생된 하자품에 대한 처리는 다음과 같이 조치한다.

- 계약업체 또는 보증업체가 현물보상이 불가능하여 현금으로 변제하고자 하는 경우
- 계약업체 또는 보증업체에서 하자처리를 거부함으로써 법에 의한 조치가 불

가피한 경우

- 계약업체 및 보증업체가 도산, 폐업 등으로 사실상 하자처리가 불가능한 경우

－각 군의 소요군 검사품목에 대해 하자원인 규명을 위한 기술지원이 요청되는 경우, 계약기관에서 하자여부 및 하자내용의 경중에 대한 재조사를 요구하는 경우는 하자원인을 규명하기 위한 기술조사를 실시하고 품질정보를 활용토록 관련기관에 조치한다.

⑪ 생산중 발생한 규격불일치품 정보 제공으로 감액처리시 활용

－규격불일치품이란 계약 기술요구조건과 불일치하는 특성이 포함된 원부자재, 부품, 완제품 등을 말하는 것으로 정부품질보증활동간 확인된다

－규격불일치품은 원칙적으로 수용하지 않지만, 품질요구사항의 허용 범위를 초과하는 경우라도 그 자체로 사용함에 있어 목적수행이 가능하고 경제성, 긴급성 등을 고려 수요군의 동의하에 수납하는 것이 바람직하다고 판단되는 경우에는 예외로 할 수 있다.

－규격불일치품을 군으로 납품할 경우 성능이 저하된 정도를 고려하여 계약기관은 감액조치를 수행한다.

⑫ 원가절감 성과평가

－정부품질보증기관은 계약기관의 요청에 의해 계약목적물의 본질적인 기능이나 특성을 저하시키지 않고 원가를 절감한 성과에 대하여 평가한다.

－원가절감 평가요소는 새로운 기술 및 공법의 개발, 국산화 개발, 규격 및 공정의 개선, 품질 및 성능의 개선, 기타 원가를 절감할 수 있는 사항 등 이다.

CHAPTER 2

제 2 장
생산준비검토
Production Readiness Review, PRR

검사에 의존하지 말고 "처음부터 제대로 만들어라."

(Do it right the first time)

CHAPTER 2

본 장에서는 개발단계부터 군수품의 양산성을 보장하기 위해 가장 대표적으로 시행하고 있는 생산준비검토에 관하여 서술하였다. 생산준비검토는 체계공학의 기술검토 중 하나로 생산자가 개발의 진행에 맞추어 제조와 관련된 사항을 갖추어 나가고 있는지를 점검하는 체계적인 활동이다. 생산준비검토는 생산단계 시작 전에 생산가능성(Producibility)의 관점에서 개발결과물과 업체의 생산준비 상태를 평가하는 것으로 개발 문제로 인해 발생될 수 있는 생산단계의 품질문제를 사전에 예방할 수 있는 장점을 가진 제도이다.

제1절에서는 생산준비검토의 개요에 대하여 살펴보고, 제2절에서는 획득단계간 연계의 중요성에 대하여 미국의 사례를 중심으로 서술하였다. 제3절에서는 생산준비검토와 관련한 국내외의 제도 조사 결과를 정리하였고, 4절에서는 국내 생산준비검토 체계를 구축하기 위해 수립한 개념 정의부터 체크리스트 개발 과정, 운영정의서의 활용, 세부 시행절차를 상세히 서술하여 생산준비검토 체계에 대한 올바른 이해를 돕고자 하였다.

2.1 생산준비검토 개요

일반적으로 제품은 개발, 생산, 운영 및 폐기의 단계를 거친다. 품질은 제품의 전 수명주기를 통해 점진적으로 생성 및 유지되는 것으로 제품의 높은 품질을 보장하기 위해서는 총수명주기에 걸쳐 품질의 제반 요소를 고려해야 한다.

국내 무기체계 관리는 개발단계는 개발기관이, 양산단계는 정부품질보증기관이, 운용단계는 사용자인 군으로 각 단계간 품질보증 활동의 주체가 분리되어 있다.

주어진 사업 기한 내에 설계, 시험평가, 규격화 및 생산을 위해서는 모든 활동이 동시에 추진되어 양산성을 확보하여야 하나, 개발자의 주 관심사항은 생산보다는 개발의 성공에 있기 때문 양산단계에서 발생 가능한 많은 문제점들의 해소는 다소 미흡한 점이 있다. 이러한 문제점을 보완하기 위해서는 생산공학자 관점에서 개발초기단계부터 PRR을 실시하여 개발단계부터 양산성을 확보하는 활동이

그림 2-1 DoD SE Technical Review framework

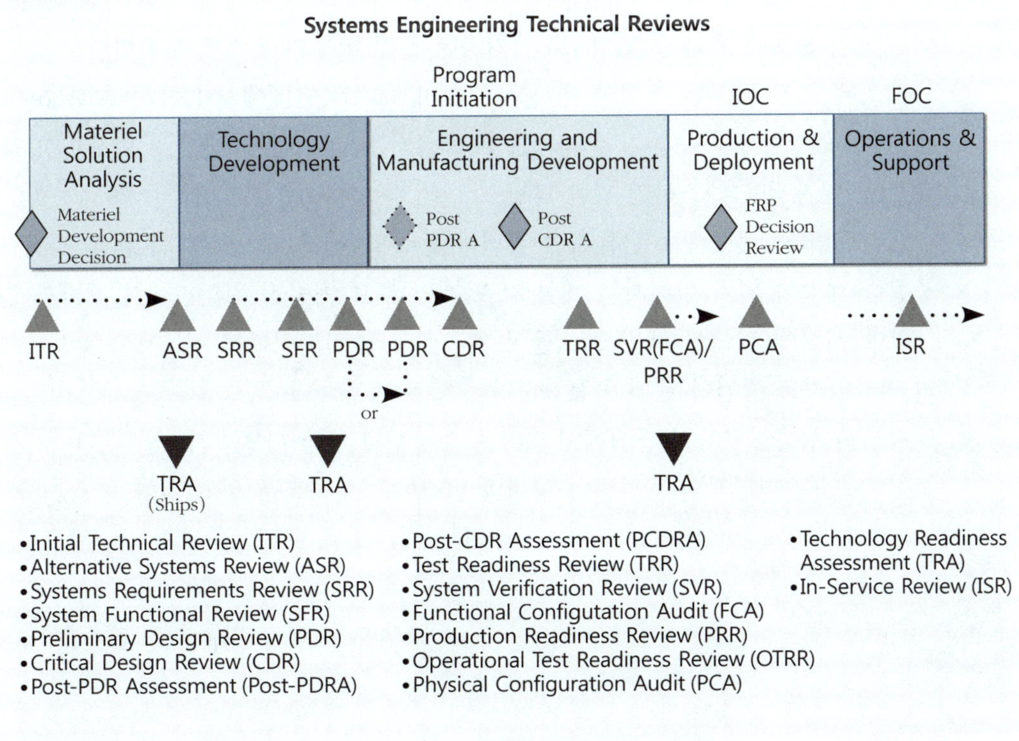

중요하다.

PRR은 체계공학의 PDR, CDR, TRR 등과 같은 여러 설계 및 기술검토 중 하나로 양산착수 이전에 생산준비 상태를 검토하는 기술검토 활동이다.

PRR은 그 목적을 달성하기 위해 개발과정에서 이루어지는 PDR, CDR 등의 설계검토와 병행하여 반복적이며 점증적으로 수행하는 것이 바람직하다.

〈그림 2-1〉은 2008년 12월 개정된 미 국방부의 획득지침 DoD Instruction 5000.02의 획득 Framework와 획득단계별 수행되어야 할 체계공학의 설계 및 기술검토들을 나타내고 있다.

미 국방부의 획득 Framework이 변경된 내용을 살펴보면 가장 눈에 띄는 부분은 과거에는 SD&D(System Development & Demonstration) 단계로 불리던 체계개발단계가 E&MD(Engineering and Manufacturing Development) 단계로 명칭이 변경된 것이다.

SD&D에서 E&MD로 명칭이 변경된 이유는 무기체계 획득의 본래의 목적과도 그 궤를 같이한다고 볼 수 있다. 획득의 목적이 사용자의 요구를 충족하는 장비를 합리적인 가격으로 적기에 공급하는 것이므로 제조의 측면을 강조하여 체계개발의 개념을 SD&D 보다는 E&MD로 가져가는 것이 획득의 목적에 부합한다.

제조에 초점을 두는 이러한 변화는 종래의 SD&D 단계에서 P&D(Production & Deployment) 단계로 넘어가는 과정에서 발생되는 수 많은 기술변경 발생현상 등과 같은 문제점을 해소하기 위한 방편으로 볼 수 있다.

이는 PRR을 수행하는 근본적인 목적과도 동일한 것으로, 획득의 본래 목적상 충실한 개발이 되기 위해서는 개발 각 단계의 주요 기술적 전환점에서 개발과 병행하여 생산에 필요한 제반 요소들이 계획대로 준비되어야 하며, 생산준비 상태가 적절한가를 점검하는 것이 중요하다.

따라서 생산공학자의 관점에서 PRR을 수행함에 따라 사업관리자의 관점에서는 놓칠 수 있는 실질적인 생산준비 상태의 점검이 가능하도록 하고 있다.

2.2 획득단계간 연계의 중요성

2.2.1 군수품 품질 특성

국방품질보증은 그 대상인 군수품이 국가의 존폐에 직접적인 영향을 미치기 때문에 매우 중요하다. 군수품은 일반적으로 군에서 사용하는 모든 물품을 통칭하는 것으로, 군수품 관리법에서는 군수품을 "국방부와 그 직할기관과 육, 해, 공군에서 관리하는 물품"으로 정의한다. 군수품은 크게 전비품과 통상품으로 구분된다. 여기서 전비품은 ① 군사기밀에 속하는 군수품, ② 국방부장관이 지정하는 군사시설보호구역에 보관되거나 배치된 군수품, ③ 전투장비 및 전투지원장비와 이들의 운용에 필요한 보조 장비(탑재 또는 장착되는 장비 포함), 수리부속품 및 탄약류를 일컫는다. 그리고 통상품이란 전비품을 제외한 군수품을 말한다.

군수품은 일반적으로 민간에서 사용되는 민수품과 비교되는 고유한 특성을 지닌다. 다양한 특성이 있겠지만 군수품과 민수품의 가장 대표적인 차이는 군수품은 전쟁 및 훈련이라는 특수한 목적을 위해 사용되는 물품이기 때문에 그 성능에 문제가 있는 경우 나라의 존립에 위협을 가할 정도로 그 파급력이 크다는 것이다.

또한 군수품의 사용자는 주로 군인이란 특수한 계층에 국한되나 개별적으로는 군인이 수시로 교체되는 특성상 불특정 다수에 의해 공유되어 사용되고, 전장과 같은 극한 상황에서 사용되기 때문에 군수품은 거칠게 사용되는 것이 일반적이다.

그리고 비교적 단기간인 수년에 걸쳐 수시로 사용되는 민수품과 달리 군수품의 경우 상대적으로 긴 수명인 수십 년 동안 전쟁 또는 훈련 시에 사용되므로 그 사

| 표 2-1 | 군수품과 민수품의 차이

항 목	군수품	민수품
사용용도	• 전쟁 등 특수목적에 사용	• 생활 편의성 등을 위해 사용
파급력	• 전쟁 승패 요인, 치명적	• 편의성 상실, 개인의 손해정도
사용자특징	• 주로 군인, 수시 교체	• 필요한 개인, 주로 1인 사용
취급 상태	• 불특정 다수 사용으로 거침	• 개인 소유로 조심해 다룸
사용 조건	• 전장의 극한조건	• 일상생활 환경 등 비교적 양호
사용 수명	• 상대적으로 장기간 (수십 년)	• 상대적으로 단기간
사용 빈도	• 전쟁/훈련 시로 빈도 낮음	• 수시 사용
가 격	• 상대적으로 고가	• 상대적으로 저가

용빈도가 상대적으로 낮다.

마지막으로 군수품은 특수 목적을 위해 개발되고 양산되기 때문에 제품의 개발, 양산, 운용 시 소요되는 비용 측면에서 민수품에 비해 상대적으로 많은 비용을 필요로 한다. 이러한 군수품과 민수품의 차이는 〈표 2-1〉에 정리되어 있다.

군수품은 전쟁 등의 국가 안보를 위한 목적으로 사용되기 때문에 정부가 구매하여 사용자인 군에게 전달하게 된다. 즉, 양산된 군수품 중 정부품질보증을 거친 군수품은 정부가 100% 구매하게 된다. 이 때 제공자인 업체가 정해진 납기에 군수품을 생산하지 못하면 납기지연에 따른 부과금을 부담하게 된다.

이러한 이유 때문에 군수품을 개발하고 생산하는 제공자는 납기를 충족하는데 최우선의 노력을 하게 된다. 그리고 이윤 창출을 위하여 계약금액에 맞추어 생산하는데 주안점을 둔다. 하지만 고객의 요구가 반영되어 품질보증의 핵심이라 할 수 있는 규격(Specification)에 대한 고려는 소극적으로 이루어진다. 규격을 소극적으로 고려한다는 것은 개발단계의 결과물인 규격이 고객의 요구를 제대로 반영하고 있는지에 대한 검토 없이 규격을 기준으로 이에 부합하는 제품 생산에 주력하는 것을 의미한다. 군수품과 민수품의 획득환경 차이는 〈표 2-2〉와 같다.

품질의 목적을 고객 요구의 충족 및 고객 만족 달성으로 볼 때, 품질경영은 기획, 개발, 생산, 운용의 전 단계에 걸쳐 유기적으로 이루어져야 한다.

국방품질경영에서 군수품은 〈그림 2-2〉와 같이 기획, 개발, 생산, 운용 단계의 수명주기를 가지게 된다. 총수명주기는 소요제기, 선행연구, 탐색개발, 체계개발, 초도양산, 후속양산, 배치, 운용, 폐기로 구체화 할 수 있다. 이러한 총수명주기 동안 군수품의 품질수준은 〈그림 2-3〉에 나타낸 것과 같이 개발단계에서 대부분 결정되며 양산단계에서 품질개선 활동 등을 통해 품질이 향상된다. 그리고 운영단계에서는 양산 완료후 결정된 품질수준을 유지하기 위한 노력이 이루어진다.

| 표 2-2 | 군수품과 민수품의 획득환경 차이

항 목	군수품	민수품
구매자 특성	• 정부(≠사용자)	• 개인(≒사용자)
구매결정	• 생산후 정부가 100% 구매	• 시장에서 경쟁품과 비교 결정
제공자 주안점	① 납기지체 벌금에 대한 우려(D) ② 계약금액내에서 생산(C) ③ Spec. 충족에만 주안(Q)	① 고객 요구 충족에 주안(Q) ② 비용절감에 지속적 노력(C) ③ 시장선점을 위한 납기단축(D)
품질에 대한 태도	• 개발단계 품질에 대해 소극적 대처	• 개발단계 품질에 대해 적극적 대처

그림 2-2 군수품의 총수명주기

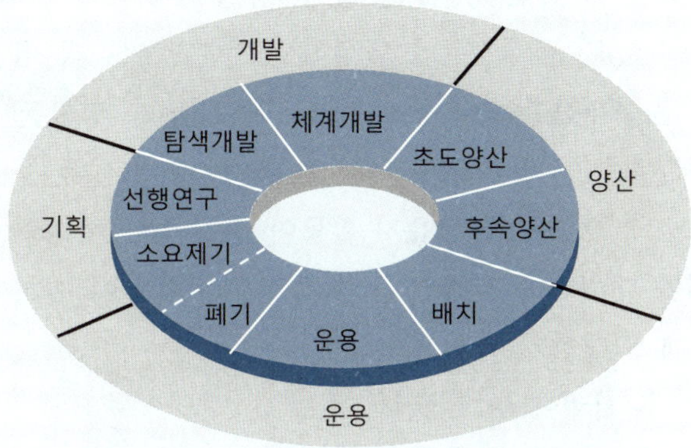

그림 2-3 군수품의 총수명주기와 품질수준

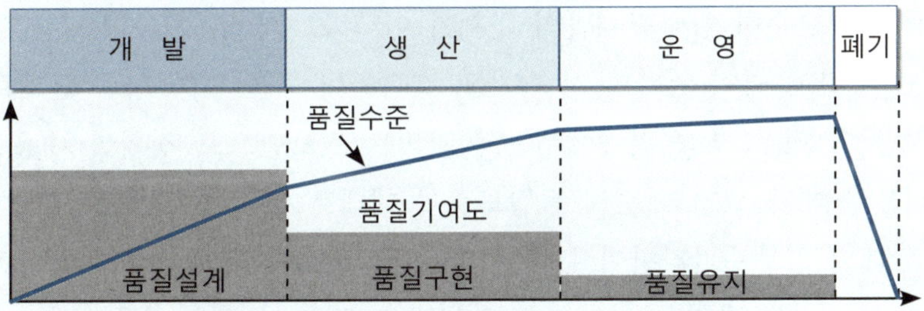

이와 같은 기획, 개발, 양산 및 운용으로 이루어지는 군수품의 총수명주기는 민수품과 크게 차이가 나지 않는다. 하지만 군수품 획득과정은 사용고객이 군이라는 특수성과 국가안보와 관련되어 있는 기밀성 등으로 인해 일반적인 민수품과는 다른 형태를 나타나게 된다. 국방품질보증은 총수명주기 상의 각 획득단계에 따라 상이한 주체에 의해 이루어지는 특징이 있다. 무기체계를 사용하는 군이 미래의 작전수행을 위해 필요한 무기체계의 소요를 제기하면 이를 바탕으로 선행연구 후 군수품에 대한 기획을 수행한다. 직접 개발하는 경우 군의 소요제기에 대해 개발단계에서 개발기관 또는 업체가 군이 제기한 요구 성능에 맞는 군수품을 설계 및 개발하고, 시험평가를 추진한다. 각종 기술적·운용적 시험평가를 통하여 최초 요구사항과의 일치성을 확인하고 전투용 사용가능 여부에 대한 심의를 거쳐 양산의 품질기준이 되는 국방규격을 확정한다.

개발이 완료되면 업체가 국방규격을 바탕으로 생산을 수행하며, 이 과정에서 정부품질보증기관이 양산 중 품질보증 활동을 수행하게 된다. 이때 품질보증 활동은 개발 시 완성된 품질수준을 달성하는 것뿐만 아니라 더 우수한 품질이 형성되도록 하는 품질개선활동을 병행하게 된다. 이렇게 생산된 군수품은 야전에 보급, 배치된다. 운용 단계에서는 군의 정비창 등에서 정비 활동을 통해 최상의 전력으로 유지될 수 있도록 품질유지 활동이 진행된다. 즉, 적기 보급, 적절한 정비유지, 유사시를 대비한 저장관리 등의 품질유지 활동이 전개되고 비용 대비 효과면에서 적기에 도태시키는 활동이 수행된다. 마지막으로 운용 단계에서 획득된 품질정보는 이후 사업에 피드백된다.

2.2.2 개발-양산 연계성 강화를 위한 품질패러다임 확장

품질은 단순히 양산단계만의 문제가 아니다. 〈그림 2-4〉에 나타낸 것과 같이 각 단계 간에 벽이 있다면 각 단계의 결과물이 벽을 넘어 다음 단계로 던져진다. 하지만 이 경우 후속 단계에서는 이관되는 정보만으로 정확한 내용을 파악하기 어려운 문제가 있기 때문에 품질보증이 제대로 이루어지지 않는다. 뿐만 아니라 각 단계별 업무주관기관이 분리된 경우 각 주체의 주안점이 서로 다르기 때문에 각자 서로 다른 방향으로 업무를 추진하게 된다. 이 경우 제품의 총수명주기 관점에서 품질, 비용, 납기 상의 전체 최적화가 어렵게 된다. 예를 들어 개발기관이 비용절감과 납기준수를 중요하게 고려하면, 납기와 비용문제로 인해 품질수준이 충

그림 2-4 단계간 단절의 문제점

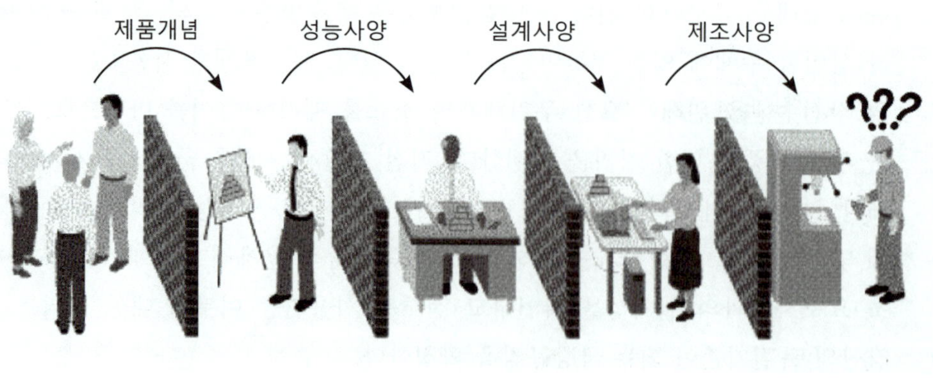

분한 수준에 도달하지 않은 상태에서 개발을 종료하고 양산단계로 이관되는 현상이 발생할 수 있다.

각 단계간 연계가 부족하면 품질과 비용 관점에서 다양한 이슈가 발생할 수 있다. 첫째, 제품의 품질 측면에서 문제가 발생할 수 있다. 단계간 연계가 원활하지 않으면, 개발단계에서 고려한 고객의 요구사항이 여러 단계를 거치면서 왜곡될 수 있고, 불완전한 개발사항이 양산에 이관되어 최종적으로는 고객이 요구하지 않은 제품이 양산되어 인도될 수 있다. 이와 같은 왜곡을 단순한 예로 설명하면 〈그림 2-5〉와 같다. 〈그림 2-5〉에서 보는 것과 같이 고객은 나무에 달려있는 그네를 요구했지만, 단계간의 단절로 인해 최종 제품은 고객이 원하지 않은 전혀 다른 제품이 생산되게 된다. 이러한 단절로 인한 왜곡은 단계간의 단절이 심화되고, 단계간 단절 횟수가 많을수록 그 왜곡 정도가 심해진다. 이는 물류 분야에서 말하는 채찍효과(Bullwhip Effect)와 유사하다.

※ 채찍 효과(Bullwhip Effect)는 원재료 수급에서부터 고객에게 제품을 전달하는 전 공급망 과정에서 각 공급자의 단절로 인해 정보전달이 왜곡, 지연, 확대되는 현상을 의미한다.

둘째, 비용측면에서 비효율성이 발생할 수 있다. 개발을 담당하고 있는 기관은 전체 사업의 비용이 아닌 개발단계의 성과 목표만을 고려하기 때문에 양산을 통해 구현되는 제품의 성능 및 품질보다는 개발완료시점, 개발비용에 우선순위를

그림 2-5 단계간 단절로 인한 고객 요구의 왜곡

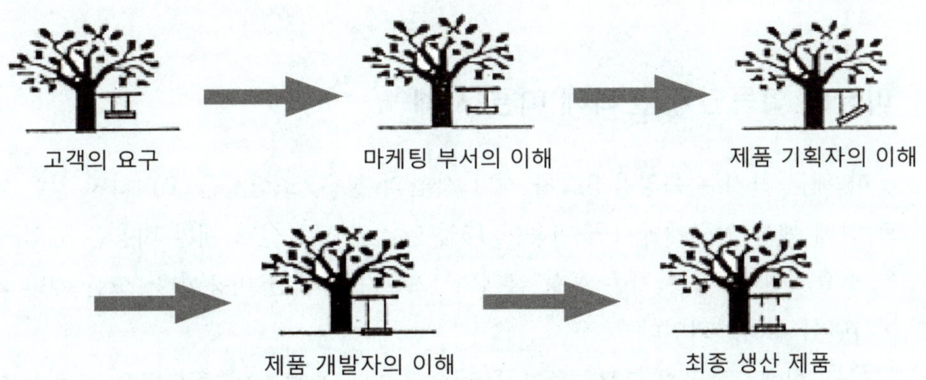

두게 된다. 이러한 경우 양산단계의 제조성능과 안정된 품질 상태를 고려하지 않아 부품 수급 문제, 조립성 저하 등 양산실현성의 문제를 야기할 수 있다. 이에 따라 양산단계에서 품질을 바로 잡기 위해 막대한 비용이 소모되는 현상이 생길 수 있다. 즉, 각 단계 주체의 분리로 인해 제품의 총 수명주기를 종합적으로 고려하지 못하고 단계별 부분 최적화만 이루어진다.

국방품질보증 활동에서 개발단계와 양산단계 품질의 연계성 강화를 위하여 다양한 제도적 접근이 이루어졌다. 가장 대표적으로 알려진 접근 방식이 동시공학(Concurrent Engineering, CE)과 제조를 고려한 설계(Design For Manufacturing & Assembly, DFMA)이다.

CE는 제조 및 지원을 포함하여 제품 및 관련 프로세스의 통합 및 동시설계를 위한 체계적 접근 방법으로 제품 개발 초기부터 개발자들이 품질, 비용, 납기 및 사용자 요구를 포함하여 제품 개념부터 폐기에 이르는 제품 수명주기의 모든 요소를 고려하여 제품을 설계하는 방법론이다. 실제로 이러한 체계공학과 동시공학은 단계간 단절 문제를 극복하기 위하여 대두된 접근 방식의 하나이다.

DFMA는 제조 및 조립성, 즉 생산을 보다 용이하게 하는 방향으로 제품을 설계하는 개념을 의미한다. 이를 위하여 다음과 같은 몇 가지 규칙이 제안되고 있다.

- 설계의 단순화 및 필요 부품수를 줄인다.
- 사용 부품을 표준화한다.
- 양산이 용이한 설계를 한다.
- 생산능력을 고려한 설계를 한다.
- 실수 방지를 위한 제품 설계를 한다.

2.2.3 미국의 획득단계 분리에 따른 사례

미 해군 차기 수륙양용장갑차 개발 사업의 경우, 조립성을 고려하지 않은 개발로 인해 예상 연구개발시험 비용이 15억 달러였으나 실제 개발 비용은 35억 달러가 소요되었다. 이는 기존 예상 금액의 127%가 증액된 비용이다. 또한 개발 기간이 4년이나 지연되었다.

미국 회계감사국인 GAO 보고서(GAO-05-301, 2008.3)의 주요내용을 보면 54개

주요 획득사업에 대한 감사결과 비용증가 및 사업일정 지연현상이 보고되고 있는데 이는 사업의 핵심 기점에서 사업관리자의 지식부족에 기인하는 현상으로 이에 대한 대책을 미 국방부에 요구하고 있다.

GAO보고서에서는 Technology Maturity, Design Maturity, Production Maturity를 3가지 Knowledge Point로 제시하고 있으며, 이를 통한 지식 기반의 획득과 생산의 중요성을 지속적으로 강조하고 있다.

2008년 발간된 GAO의 보고서를 살펴보면, 72개 획득 사업에 대하여 미국 국방부에서 제출한 자료를 분석한 결과 사업의 핵심기점인 개발착수, 설계검토, 생산착수 기점에서 Best Practices와 비교하였을 때 매우 낮은 비율의 성취도를 나타내고 있는 것으로 보고하고 있다.

생산착수 단계에서는 앞의 두 기점에서 달성되어야 할 핵심기술의 성숙도와 도면의 완성도가 갖추어지지 않은 사업이 다수이고 핵심공정의 통계적 관리까지 포함할 경우 0%의 달성도를 나타내고 있다. 이는 양산단계에서의 비용 및 일정지연을 초래하는 가장 큰 요인으로 지적되고 있다.

〈그림 2-6〉은 72개 무기체계 획득사업에 대한 GAO의 분석결과를 나타낸다.

개발착수 단계, 설계 검토단계, 생산 착수단계에서 달성되어야 할 부분이 미흡할 경우 발생되는 위험을 도식화하여 나타낸 그림은 아래의 〈그림 2-7〉과 같다.

그림 2-6 무기체계 획득사업에 대한 GAO 분석결과

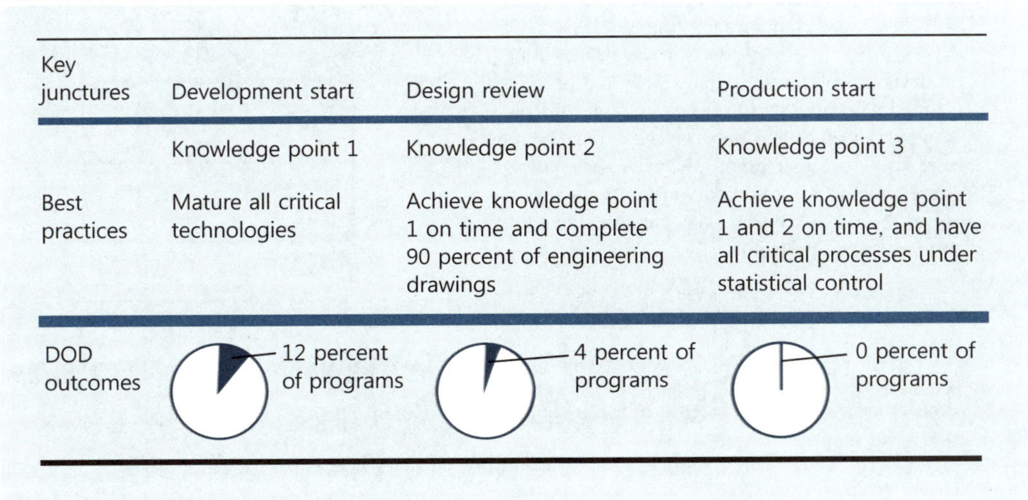

Source: GAO snslysis of DOD data

그림 2-7 핵심기점의 성숙도 미달에 따른 위험

GAO Finding: Immature Technologies

Programs sought to mature technologies well into system development when they should have been focusing on maturing the system design and preparing for production.85% of the programs moved forward before the technologies were mature. There was a major gap between what they should have known at that point and what they knew. Going forward required a "leap of faith" that somehow a miracle would occur to solve these gaps. But the miracle failed to appear and it caused problems.

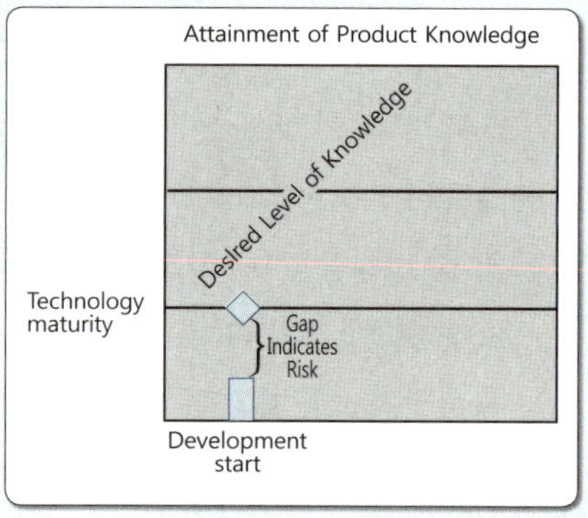

GAO Finding: Design Instability

Fifty-eight of programs held design reviews achieving design stability. They made a decision to move forward with unstable designs. There was a major gap between what they should have known at that point and what they knew. Going forward required a "leap of faith" that somehow a miracle will occur to solve these gaps.

- Programs with immature designs had a 46% increase in cost and a schedule slip of 29 months.
- Mature programs only experienced a 6% increase in costs

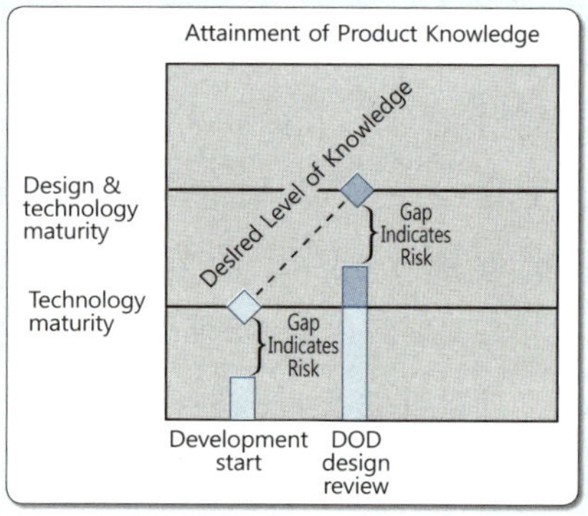

GAO Finding: Production Immaturity

Successful programs use statistical process control (SPC)control manufacturing processes. Of the 19 programs in production or approaching production, only two programs collected or even planned to collect statistical process control data. There was a major gap between what they should have known at that point and what they knew. These programs moved forward to production before the manufacturing processes were mature, and there were problems.

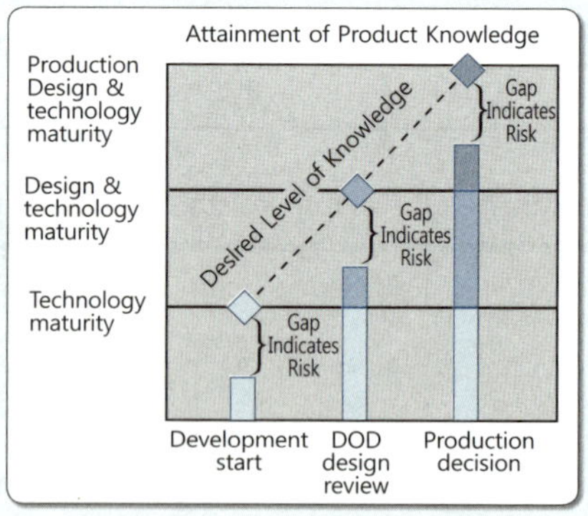

또한 GAO에서는 주요 사업에 대하여 도면의 완성도가 사업의 비용과 일정에 미친 영향에 대한 분석결과도 포함되어 있는데 그 내용은 〈표 2-3〉과 같다.

GAO 보고서에서도 나타나 있는 것과 마찬가지로 무기체계의 획득은 소요제기, 개념연구, 기술개발, 설계, 생산 순으로 완성되어 가는데, 요구단계부터 운영

| 표 2-3 | 모범 사례와 실패사례 비교표〈GAO-02-701 Best Practices〉

Table 2: Attainment of Design and Manufacturing Knowledge in DOD Programs and the Program Outcomes

Weapon system	Percentage of drawings completed prior to manufacturing	Percentage of critical manufacturing prosessws in control at production	Program experience since system demonstration started
Best practice	At least 90 percent of drawings completed	All critical processes in statistical control	Meet cost and schedule targets
AIM-9X(air to air missile)	95 percent	Unknown°	4 percent unit cost increase, 1-month productlon delay
FA-18 E/F fighter	56 percent°	78 percent	No unit cost increase, 3-month production delay
F-22 fighter	26 percent	44 percent	23 percent unit cost increase, 18-month production delay
Patriot Advanced Capability (PAC-3) missile	21 percent	35 percent	159 percent unit cost increase, 39-month production delay
Advanced Threat Infrared Countermeasures/Common Missile Warning System (ATIRCM/CMWS)	21 percent	0	182 percent unit cost increase, 34-month production delay

유지 단계를 고려하는 완성도가 높을수록 생산 시 위험, 비용과 일정의 차질 발생이 줄어들게 됨을 알 수 있다. 이는 곧 단계간 연계성 강화의 중요성을 의미한다. 필연적으로 단계간 주체가 분리되어 있는 국방 획득의 현실에서 군수품 획득의 본래 목적인 양질의 군수품을 적절한 비용으로 적기에 전력화하기 위해서는 단계별 수행 업무의 성숙도 제고와 함께 개발 초기단계부터 양산성을 고려하는 개발이 이루어져야 하며 이를 위한 단계간 연계성 강화가 무엇보다 중요하다.

2.3 생산준비검토 관련 국내외 제도

2.3.1 미국의 생산준비검토 제도

미국은 무기체계 획득단계에 체계공학을 적용하며 체계공학 활동 중 기술검토의 한 단계로 PRR이 포함되어 있다. 미국의 국방획득대학(Defense Acquisition University, DAU)의 가이드북에는 PRR의 경우 개발초기단계부터 각 기술검토와 병행하여 여러번 실시하도록 권장하고 있다. 또한 PRR과 유사한 제도로 현재 미국에서 연구 중인 제도로는 제조준비평가(Manufacturing Readiness Assesment, MRA) 제도가 있다. MRA는 개발부터 양산까지 제조준비 상태를 10단계의 제조준비수준(Manufacturing Readiness Level, MRL)으로 분류, 개발과정에서 각 수준의 요구조건 충족 여부를 평가하여 다음 개발과정으로의 진입 여부에 대한 의사결정을 지원하는 도구로 기술준비평가(Technical Readiness Assessment, TRA)와 병행하여 시행하는 제도이다. 평가분야는 기술/산업기반, 설비, 제조인력, 생산계획, 자재, 품질관리, 공정관리, 설계, 비용/예산 등 9개 분야로 구성되어 있고, 개념연구부터 선행연구, 탐색개발, 체계개발 및 양산단계에 걸쳐 양산준비 상태의 성숙도가 총 10단계의 수준으로 분류되어 있다.

그림 2-8 PRR 점검표의 구성요소들

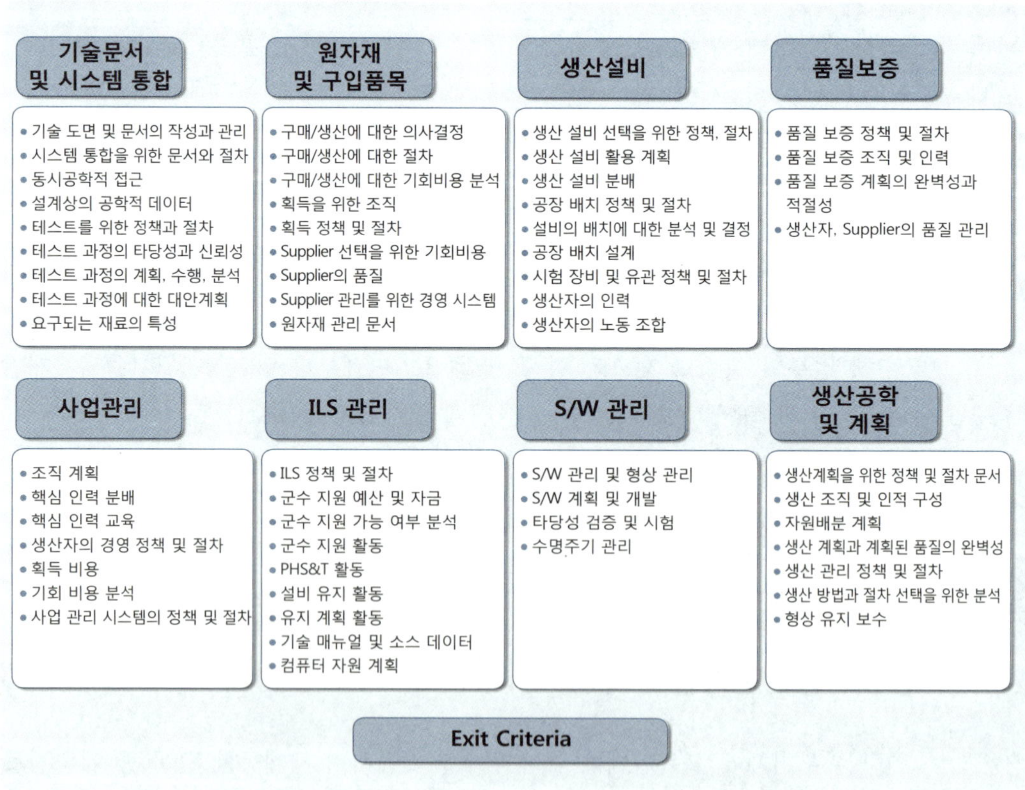

미 국방부에서 제공하는 PRR 체크리스트는 9개 대분류의 610개 점검항목으로 구성되어 있다.

〈그림 2-8〉은 미국의 PRR 제도에서 활용되고 있는 체크리스트를 요소별로 분류한 내용이다.

미 국방부의 체크리스트의 일부를 〈표 2-4〉에 나타내었는데, 표에서 보는 것과 같이 미 국방부의 체크리스트는 각 항목의 준비상태에 대해 "R(Red): 심각", "Y(Yellow): 보통", "G(Green): 양호", "U(Unknown): 알 수 없음", "NA(Not Ap-

| 표 2-4 | 미 국방부의 PRR 체크리스트 예시(DoD, 2007)

	R	Y	G	U	NA
1. Engineering and Product Design	2	0	1	0	1
a. Technical Documentation, Systems Integration, and Coordination	2	0	1	0	1
(1) Are the contractor's engineering drawings and documents complete for describing the equipment and the applicable software to be delivered under this program?	R				
(2) Are there provisions to assure that obsolete drawings are removed and discarded?	NA				
(3) Are there procedures to assure that all engineering drawings are consistently prepared and that all revisions and Class I engineering changes are incorporated into the drawings?	R				
(4) Is there an effective system for managing standards such as drawings, engineering changes, and specifications?	G				
(중략)					
2. Materials and Purchased Parts	0	0	0	2	0
a. Contractor Make/ Buy Decision	0	0	0	2	0
(1)What is the involvement of all appropriate functional areas such as engineering, manufacturing, quality assurance, procurement, contracts, and pricing in the make/buy decision?	U				
(2) What is the Program Manager's role in make / buy decisions?	U				
(중략)					
3. Industrial Resources					
4. Quality Assurance					
5. Program Management					
6. Integrated Logistics Support (ILS)					
7. Software Management					
8. Production Engineering and Planning					
9. Exit Criteria					

plicable) : 평가안함"로 평가하게 된다. 그리고 각 대분류, 중분류 별로 R, Y, G, U, NA의 개수를 종합하여 보여주게 된다.

미국의 PRR 제도를 살펴보면 다음과 같은 특징이 있다. 첫째, 미국의 PRR 체크리스트는 사업관리 측면에서 주로 이루어져서 사업관리를 전담하는 통합사업관리팀을 위한 점검항목이 많은 부분을 차지한다. PRR의 목적을 고려할 때 사업관리 측면뿐만 아니라 품질측면도 포함하고 있어야 한다.

둘째, 미국의 체크리스트에는 긍정 또는 부정의 정도로 답할 수 있는 단답형의 질문뿐만 아니라 주관적으로 대답해야 하는 정성적인 질문을 함께 포함하고 있다. 예를 들어 〈표 2-4〉의 1. a 분류의 점검항목은 단답형으로 준비상태를 R, Y, G로 평가하기에 용이하다. 하지만 〈표 2-4〉의 2. a 분류의 점검항목은 "What ~"과 같이 주관식형으로 질문하게 되어 있어 준비상태를 R, Y, G의 형태로 평가하기가 매우 어렵다.

셋째, 미국의 체크리스트는 점검자의 지식, 주관적 견해에 따라 다르게 이해되고 평가될 수 있는 여지가 다분히 존재한다. 미 국방부의 체크리스트는 별도의 운영정의서를 제공하지 않기 때문에 점검자에 따라 다르게 이해될 수 있다. 즉, 점검항목에 대한 구체적인 의미, 확인기준, 확인방법 등의 정보를 함께 제공함으로써 보다 객관적인 평가가 이루어지도록 해야 할 것이다.

2.3.2 독일의 생산준비검토 제도

독일도 미국과 유사한 PRR 체크리스트를 운영하는 것으로 알려져 있으며, 〈그림 2-9〉는 독일이 운용하고 있는 체크리스트의 예를 나타내고 있다.

그림 2-9 독일의 PRR 점검표 예시

Checklist P3.4/e-Gate 4/Quality Gate 9

Production Readiness Review(PRR)

(To determine that full production/System integration can start)
Observe the following rules :

- With this review the review team certifies process compliance and project performance.
- The Review Team(Decision maker BL and Engineering) has to decide whether independent experts have to be involved to give their technical expertise prior to the Review.
- The column "required" allows tailoring in some cases. If "no, because" was chosen instead of "yes" a justification is mandatory.
- In the column "Responsible person/executing unit" the executing units are to be named.
- The PQM has to be involved in the planning/tailoring for process assurance purpose.
- The checklist shall be completed by the project manager. After the decision-maker has released the review milestone, the project manager shall add the checklist into the project documentation and achieve it.
- Evidence has to be given for every checklist item.

The form is to be completed electronically and continued manually(completion remarks, release). Change in form or content have to be applied for in accordance with the defined change procedure.

Project title : Order number :
Quality Gate mandatory(according to "Vorhabenssteckbridr ⇄ Project outline") : *yes
*yes : selective

Yes
Responsible for
- attaining the milestone Project Manager : (name)
- process assurance PQM : (name)
- the decision/acceptance PB-/FU-/Progr.-LD : (name/s)

Engineering ; Che/Line Manager of PVE :
(name/s)
Production ; Line Manager of PvPro :
(name/s)

Checklist opened on : by: abbr:
Checklist closed on : by: abbr:

Reason/requirement(alternatively)	applicable	short mark
Milestone P3.3 released	☐	

	Project Management	require	Responsible Person/ex-ecuting unit	date(target)	completed on/ short mark
1.1	Confirm that action plan from P3.3 Re-view is completed	Yes			
1.2	Confirm that project Management Docu-mentation is up to date(e.g. : PHB, PPL, QMP, CMP, WBS, PdSp, Risk-MP)	Yes			
1.3	Confirm that required resources with the necessary skills are provided	Yes			
1.4	CAX Report is consistent/Plausible (represents current project status)	Yes			
1.5	Opportunity and risk report is adequate	Yes			
1.6	Claim and waiver report is adequate	Yes			
1.7	Internal orders/work packages are defined and released	Yes			
1.8	Status of supplier contracts(e.g.: orders placed acc. to project needs, long lead items, performance is on Time/Cost/ Quality)	*yes			
1.9	Status of training courses(initiated/per-formed)	*yes			
1.10	Deliverables acc. to Data Requirements List(DRL)	*yes			

	Design	require	Responsible Person/ex-ecuting unit	date(target)	completed on/ short mark
2.1	Confirm Production Baseline(PBL) is actual	Yes			
2.2	Qualification is completed	*yes			
2.3	Qualification Record(Nachweisakte, DDP) is released	Yes			
2.4	Manufacturing Data Package is release (including Test Specification/Procedure)	Yes			
2.5	System Acceptance Test Report(incl. Environmental, Safety, Human Factor Review) is released	Yes			
2.6	Compliance with Contractual and Legal obligations	Yes			
2.7	Production concept is implemented/ realized	Yes			
2.8	Test Concept for production(STTE, ...) is available	yes			
2.9	Test Environment completed for volume production	yes			
2.10	Production Target Costing Verification is performed	yes			
2.11	First Article Inspection is scheduled.	*yes			

Process assurance	Yes	No/Substantiation	Signature/date PQM
Process conformity ensured	☐	☐	

Project title :	Order number :

Milestone decision	Yes	No	Signature/date Decision-maker acc. to cover sheet		
			BL(Business Line)	Engineering	Production
Review minutes see document	☐	☐			
Milestone P3.4 released	☐	☐			
Scope of funding determinated until milestone P4	☐	☐			
Continuation of work authorized until milestone P4	☐	☐			

Milestone decision/Quality Gate release	Yes		No	Signatures/date Assessor
The work results for P3.4 were appraised and are accepted	☐		☐	
Status Quality Gate	☺	😐	☹	* ☐ Action plan agreed
Milestone P3.4/Quality Gate 9 release(start for P4)	☐			
P3.4 release(start for P4), Gate 9 released on condition*		☐		
P3.4 and gate 9 not released, Review must be repeated*			☐	Decision-maker
Repeat review accepted, P3.4/Gate 9 released (start for P4)	Decision-maker			

2.3.3 민수분야 생산준비검토 제도

PRR은 민수 제조업의 다양한 분야에서도 유사하게 적용된다. 예를 들어 S전자의 경우 PRB(Project Review Board)라는 심의회를 통해 생산전 개발 결과를 검증하고 이후 진행 여부를 결정하는 제도를 운영하고 있다. L전자의 경우에도 DRBDP(Design Review Between Development & Production)라는 과정을 두어 생산전 개발 결과물을 검토하고 있다. 이러한 과정은 체계공학의 PRR과 그 목적이 유사한 활동들이라 볼 수 있다.

그림 2-10 민간 기업의 Stage-Gate 제도

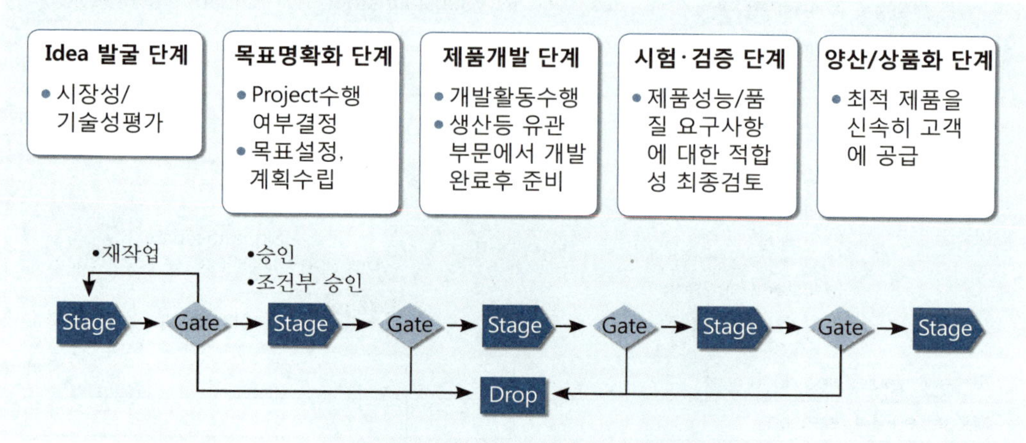

일부 국내 민간 기업에서는 Stage-Gate 제도를 운영하고 있는데 제품개발 시 개발 제안부터 생산까지의 개발 전 과정을 관리하는 프로세스로 Stage와 Gate로 구성되어 각 Stage에서 달성되어야 할 목표에 도달하지 못한 경우에는 다음 단계로 진입을 허용하지 않거나 조건부로 허용하는 제도이다.

〈그림 2-10〉은 국내 민간기업에서 적용하는 Stage-Gate 제도를 나타낸다.

2.4 생산준비검토 체계의 구성

2.4.1 생산준비검토 목적

PRR은 생산공학자의 관점에서 사업의 양산준비 상태를 점검함으로써 사업의 비용, 일정, 성능 및 설정된 기준에 대한 잠재적인 위험요소를 제거하고 계획된 양산을 차질 없이 착수할 수 있도록 하기 위해 실시한다.

PRR을 통해 군 요구조건이 완전하고 정확하게 설계에 반영되었는지 확인하고, 도면 등 생산에 필요한 기술자료의 내용이 생산에 적합하도록 작성되었는지 점검하며, 생산자가 양산성이 보장 되도록 적절한 생산계획(인력, 설비, 치공구, 시험장비, 제조공정, 작업절차, 자재관리, 협력업체 관리 등)을 수립하여 관리하고 있는지를 점검한다.

PRR은 생산 위험요소를 식별하고 경감하기 위해 개발관리 과정에서 진행되는 설계검토와 동시에 반복 점검 방식으로 실시하며, 양산 착수 이전에 체계개발 마지막 단계(국방규격화 전)에서 최종점검을 실시한다. PDR, CDR, 규격화 단계는 각각 탐색개발단계에서 확보된 기술이 설계로 전환되고 설계한 내용이 생산으로 전환되는 핵심적인 전환 기점이라 할 수 있다.

각 단계별로 PRR 주요점검 사항을 식별하기 위해 먼저 PDR, CDR, 규격화 단계의 목적과 수행 방법 그리고 관련기관 간의 수행업무를 정리하면 다음과 같다.

PDR은 요구조건(Requirement)이 기술(Technology)로 적절히 전환되어 무기체계의 기본설계 결과물이 상세설계에 진입해도 되는지를 확인하고 기술된 성능 요구사항이 비용, 성능, 위험 및 기타 제약사항에 부합하는지를 검토하는 단계로 정의할 수 있다. PDR을 수행하는 목적은 아래와 같다.

- 개발형상이 기능, 성능조건에 부합하도록 개발추진 방법이 적절한지 확인
- 상세설계 접근 방법이 명확하고, 위험관리 활동이 평가되고 있는지 확인
- 요구조건 달성능력 판단을 위해 체계의 하위구조 설계 접근 방법 평가
- 상위수준의 형상품목 평가를 통한 구성부품의 요구조건 충족 여부 확인

PDR 단계에서 관련 기관별로 수행해야할 업무를 요약하면 〈표 2-5〉와 같다.

PDR 단계에서 점검해야할 사항을 살펴보면 사업관리기관에서는 비용, 일정, 성능 등 사업관리의 관점에서 산출물에 대한 검토를 수행하며, 정부품질보증기관은 양산성에 영향을 주는 항목에 대해 중점적으로 점검한다.

| 표 2-5 | PDR 단계 수행업무

구 분	수행 업무 요약
사업관리 기관	• 설계시 요구성능 충족, 운용성 및 정비용이성 확인, 감독 • PDR/ICD/개발규격서 등 공식 기술검토 주관, 검토, 후속조치
개발기관 또는 업체	• 조립체 수준까지의 기본형상, 인터페이스 기준 설정 - 산출물 : PDR(예비설계검토), ICD(인터페이스 통제문서), 개발규격서 • 산출물 작성 / 기술검토 / 후속조치
정부 품질보증 기관	• 향후 양산을 위해 PDR 단계에서 준비하여야 할 사항 위주로 검토 - 핵심공정이 식별되어 정의되었는지 - 필요한 치공구와 전용시험장비가 식별되었는지 - 모든 공정이 식별되었는지 등

| 표 2-6 | PDR 단계 주요 점검 사항

구 분	주요 점검 사항
사업관리 측면	• 기술적 활동 및 설계가 운영상 적합하고 효과적인가 • 기본설계가 체계성능규격서의 내용을 만족하는가 • 체계에 할당된 형상기준은 적절한 형상관리와 함께 상세설계에 사용가능하도록 수립되었는가 • 개발 및 운용시험에 대한 위험요소가 식별되고 관리 가능한가 • 기술 및 비용 리스크를 고려할 때 일정은 실행 가능한가 • 사업에 대해 주어진 예산 내에서 실행 가능한 형상기준인가 • 예측된 비용은 주어진 예산 내에 맞추어져 있는가 • 가용한 예산 내에서 기본설계 관련 품목이 생산 가능한가 • 체계에 할당된 형상기준의 소프트웨어 기능성은 소프트웨어의 기법과 자원, 일정을 고려할 때 적절한가
PRR 측면	• 특수공정 및 소요기술이 식별되었는지 • SEP에서 제조관련 사항이 지속적으로 update가 되고 있는지 • 제조관련 치공구, 시험장비, 설비, 인력 등의 계획이 적절한지 • 제조 위험이 식별되어 지속적으로 평가되고 있는지 • 도면 등 기술자료가 치공구, 설비 등의 준비에 차질이 없도록 협력업체를 포함하여 효과적으로 배포되는지

PDR 단계에서 점검하여야 할 사항을 사업관리 측면과 PRR 측면으로 구분하면 〈표 2-6〉과 같이 나타낼 수 있다.

CDR은 기술(Technology)이 설계(Design)로 전환되어 체계가 제작, 시연, 시험 단계로 진입해도 되는지를 점검하는 단계이며, 수행하는 목적은 아래와 같다.

- 세부 설계가 개발규격의 성능과 요구조건을 충족하는지 확인
- 세부 설계와 생산 관련 요소(시설, 인원 등)들과의 적합성 확인
- 성능, 비용, 일정에 기초한 위험범위 확인
- 소프트웨어 형상품목 설계의 요구조건 충족 및 문서의 적절성 여부 확인
- 하위부품 수준까지 설계도면 완성 여부
- 원자재의 기계·물리적 성질(재질 등) 및 가공방법, 조립절차 수립 여부 확인

CDR 단계에서 관련 기관별로 수행해야 할 업무를 요약하면 〈표 2-7〉과 같다.

CDR 단계에서 점검해야할 사항을 살펴보면 사업관리기관에서는 비용, 일정, 성능 등 사업관리의 관점에서 산출물에 대한 검토를 수행하며, 정부품질보증기관은 양산성에 영향을 주는 항목에 대해 중점적으로 점검한다.

| 표 2-7 | CDR 단계 관련 기관별 수행 업무

구 분	수행 업무 요약
사업관리 기관	• 기술변경 승인 등 형상관리 활동, 설계도면 검도 등 수행 • CDR/각종 규격서 등 공식기술검토 주관, 검토, 후속조치 • 형상변경, 기술검토 등 의사결정
개발기관 또는 업체	• 상세 설계, S/W 코딩 - 산출물 : CDR(상세설계), 생산규격서, 공정규격서, 원자재규격서 • 산출물 작성 / 기술검토 / 후속조치
정부 품질보증 기관	• 향후 양산을 위해 CDR 단계에서 준비하여야 할 사항 위주로 검토(체계 및 하위구성품 포함) - 도면의 작성내용은 적절한 지 - 핵심공정이 통계적으로 관리되고 있는지 - 식별된 치공구들의 확보 계획이 적절한지 - 식별된 전용시험장비 확보 계획이 적절한지 - 전문인력이 적절히 확보되었는지 등

CDR 단계에서 점검하여야 할 사항을 사업관리 측면과 PRR 측면으로 구분하면 〈표 2-8〉과 같이 나타낼 수 있다.

규격화 단계는 설계(Design)가 생산을 위한 준비가 되었는지 그리고 생산자는 적절한 생산계획을 완성했는지를 점검하는 단계이다. 이 단계에서 관련 기관별 수행 업무를 요약하면 〈표 2-9〉와 같다.

| 표 2-8 | CDR 단계 주요 점검 사항

구 분	주요 점검 사항
사업관리 측면	• 기술적 활동 및 설계가 운영상 적합하고 효과적인가 • 상세설계가 체계규격서 또는 적용문서의 요구조건을 만족하는가 • 사업의 성공을 위한 적절한 프로세스와 기법이 적용되었는가 • 개발시험 및 운용시험에 대한 위험요소가 식별되고 관리 가능한가 • 기술 및 비용 리스크를 고려할 때 일정은 실행가능한가 • 예측된 비용은 주어진 예산내에 맞추어져 있는가 • 가용한 예산내에서 상세설계 관련 품목이 생산 가능한가
PRR 측면	• SEP에서 제조관련 사항이 지속적으로 최신화되고 있는지 • 중요한 특성에 영향을 미치는 핵심 제조공정이 식별되었는지 • Pilot Line을 통해 공정능력이 입증되었는지 • 치공구, 시험장비, 설비, 인력 등 제조관련 계획이 수립되어 검증되고 있는지 • 제조 위험이 식별되어 지속적으로 평가되고 있는지 • 치공구, 설비 등의 준비에 차질이 없도록 협력업체를 포함하여 도면 등 기술자료가 효과적으로 배포되는지

| 표 2-9 | 규격화 단계에서 관련기관별 수행 업무

구 분	수행 업무 요약
사업관리 기관	• 기술자료 검토 및 관련기관 검토 의뢰 • 규격(안) 군수조달분과위원회 심의 의뢰
업 체	• 국방규격(안) 작성
정부 품질보증 기관	• ROC, 시험평가결과 등에 대한 기술자료 반영내용의 적절성 • 양산을 위해 필요한 요건의 충족 여부 위주로 검토 - 물리적 형상확인(PCA) 완료 여부 - 핵심 공정 절차서의 완전성 등 - 치공구 도면은 확보되어 있는지 - 전용시험장비가 규격화 기술자료에 포함되었거나, 자체 도면을 보유하고 있는지

규격화 단계에서 점검해야 할 사항을 사업관리 측면과 PRR 측면으로 구분하면 〈표 2-10〉과 같다.

체계개발 각 단계에서 수행한 PRR 결과는 사안의 중요도에 따라 단기간에 보완 요구하거나, 사업관리기관에 통보하여 지속적으로 보완할 수 있도록 요구하는 것이 필요하다.

PRR을 효과적으로 실시하기 위해서는 앞에서 검토한 체계개발 각 단계별 주요 점검사항이 반영된 체크리스트가 필요하며, 각 점검항목에 대해 객관적인 점검이 가능하도록 정량적 기준과 세부 설명을 제공하는 운영정의서(Operational Defini-

| 표 2-10 | 규격화 단계 주요 점검 사항

구 분	주요 점검 사항
사업관리 측면	• 체계의 제품 베이스라인(Product Baseline)이 수립되었는가 • 하드웨어 제작 및 소프트웨어 코딩이 적절한 형상관리 절차를 통해 진행되었는가 • 사업의 성공을 위한 적절한 절차와 기법이 적용되는가 • 시험과 관련된 위험은 무엇이고, 그에 대한 대처가 되었는가 • 기술 및 비용 리스크를 고려할 때 일정은 실행 가능한가 • 양산을 위한 예산 내에서 상세설계의 결과물이 생산가능한가
PRR 측면	• 생산에 영향을 주는 핵심요소가 식별되었는지 • 양산공정 최적화를 위한 전략이 수립되었는지 • Pilot Line이 시험되었으며 수율과 신뢰성이 검증되었는지 • 치공구 및 전용시험장비가 검증되었는지 • BOM(Bill Of Materials)이 완전하게 작성되었는지 • 자재 수급계획이 완전한지 • 특수공정이 검증되었는지 • 생산성 분석 활동이 완전한지

tion)가 필요하다. 또한 점검결과를 지속적으로 축적하여 효과적으로 활용하기 위한 인트라넷 기반의 정보체계가 구축되어 있어야 한다.

2.4.2 생산준비검토 체크리스트의 개발

체크리스트는 〈그림 2-11〉의 절차에 따라 개발하였는데 크게 문헌조사(Survey), 분석(Analysis), 발상(Idea Generation), 검증(Validation)의 네 단계로 구분된다.

1) 문헌 조사

체크리스트를 개발하기 위해 먼저 기존의 체크리스트와 관련 문헌을 검토하였다. 기존의 체크리스트는 미 국방부의 PRR 체크리스트 외에 S전자의 PRB 체크리스트 등을 조사하였다. 그리고 점검 영역을 설정하기 위하여 생산에 영향을 미치는 요인에 대해 IDEF0, 5M1E, FMEA 등에 관한 자료도 함께 조사하였다.

그림 2-11 체크리스트 개발 절차

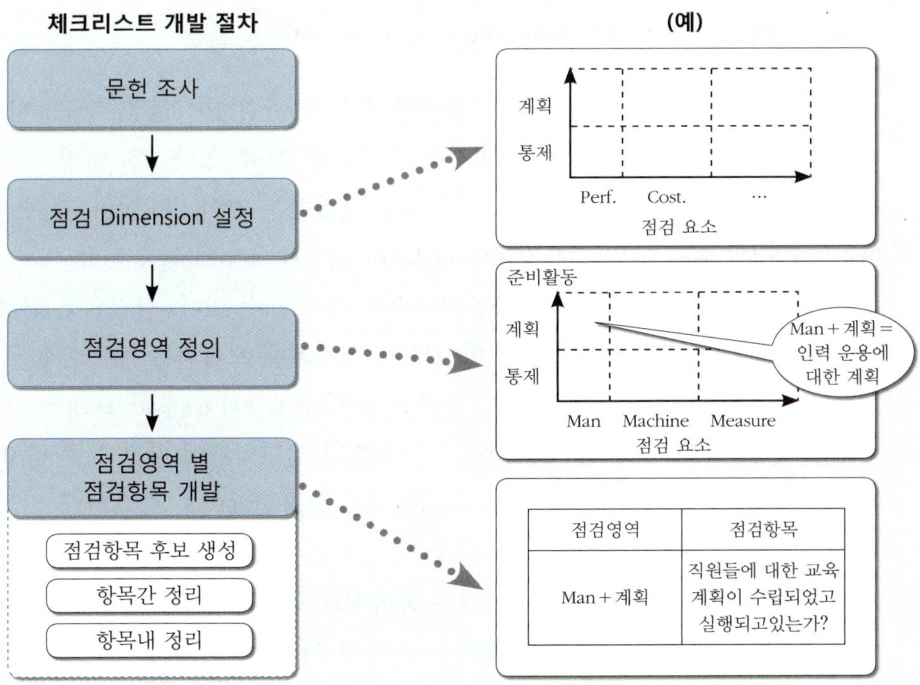

2) 점검 영역 설정

수집된 자료를 바탕으로 점검 영역을 설정하였다. 체크리스트를 개발하기에 앞서 체크리스트의 포괄성 확보를 위하여 점검 영역을 먼저 설정하였다. 여기서 점검 영역은 이후 단계의 체크리스트 개발에서 활용될 점검영역의 축을 나타낸다. 즉, 통상적으로 받아들여질 수 있는 점검 영역을 바탕으로 점검영역을 미리 설정하고, 각 점검영역에 대해 점검 항목을 개발함으로써 중요한 점검항목이 누락되는 것을 최소화하였다.

점검 영역을 설정하기 위하여 먼저 PRR의 의미에 대해 살펴보았다. PRR은 용어 그대로 '생산'에 관해 어떠한 '준비'를 하고 있는지를 살펴보는 활동이다. 따라서 '생산'과 '준비'의 측면에서 점검 영역을 설정하였다. 하지만 생산이라는 개념은 매우 추상적이기 때문에 이를 보다 구체화하기 위하여 PRR에서 고려하는 요인을 살펴보았다. 미국 DCMA(Defense Contract Management Agency)의 PRR에 대한 서술을 살펴보면 아래와 같다.

The PRR examines risk; it determines if production or production preparations incur unacceptable risks that might breach thresholds of schedule, performance, cost, or other establish criteria. (DCMA, 2009)

위에서 서술한 것과 같이 PRR은 군수품 획득과 관련하여 일정, 성능, 비용 등에 영향을 미치는 위험을 사전에 점검하는 것임을 알 수 있다. 즉, 일정, 성능, 비용 측면에 영향을 미치는 요인을 찾아 이를 점검하는 것이 PRR이라 할 수 있다. 따라서 PRR의 점검 영역으로 일정(Schedule), 성능(Performance), 비용(Cost) 등으로 구성된 점검 요소를 하나의 점검 영역으로 설정할 수 있다. 점검요소 영역에는 앞서 언급된 일정, 성능, 비용뿐만 아니라, 무기체계에 포함되는 소프트웨어(SW), 실제 운용 환경에서 영향을 받는 종합군수지원(Integrated Logistics Support, ILS)의 개념이 포함된다. 소프트웨어의 경우 무기체계가 첨단화됨에 따라 점차 중요해지는 요소이다. 또한 종합군수지원은 무기체계의 운용단계에서 중요하게 고려되는 요소이다.

여기서 성능에 영향을 미치는 요인은 통상적으로 알려진 5M(Machine, Man, Material, Measure, Method) 1E(Environment)로 다시 세분하여 생각할 수 있다. 여기서 5M 1E에 대한 정의는 다음과 같다.

- Machine: 투입물을 산출물로 변환시키는 유형의 요인
- Man: 생산 과정에 참여하는 인적 요인
- Material: 원자재 및 생산 과정에 필요한 유형의 재화
- Measure: 생산과정을 정량화 하는 행위
- Method: 투입물을 산출물으로 변화시키기 위한 원리 및 관련 정보
- Environment: 5M 이외의 환경적 요인

그리고 준비라는 측면에서 위험 영향 요인에 대해 어떠한 준비 활동을 취하고 있는가를 또 다른 점검 영역으로 고려하였다. 준비 활동은 크게 위험 상황이 발생하기 전 수행하는 계획활동과 위험 상황이 발생한 후 수행하는 통제 활동으로 구분이 가능하다. 위험에 대한 계획활동은 위험 요인이 발생하기 이전에 이에 대한 계획을 수립하고 있는지를 나타내며, 통제 활동은 위험 요인이 발생한 경우 이에 대한 대응책이 있는지를 나타낸다. 이와 같이 설정된 점검 영역을 바탕으로 〈그림 2-12〉와 같이 2차원의 점검영역을 나타낼 수 있다.

즉, 〈그림 2-12〉에서 보는 것과 같이 PRR에서 고려해야 할 점검 영역은 성능, 비용, 일정, 소프트웨어, 통합군수지원성으로 구성된 점검 요소와 Plan과 Control로 구성된 준비활동의 두 축으로 구성이 가능하다. 또한 점검 요소 중 성능은 다시 5M1E로 구분이 가능하다. 이에 따라 20개의 점검영역이 설정될 수 있다.

3) 점검영역 정의

〈그림 2-12〉와 같이 설정된 20개의 점검영역에 대해 각 영역의 의미를 정의함

그림 2-12 체크리스트 개발을 위한 점검 영역 설정

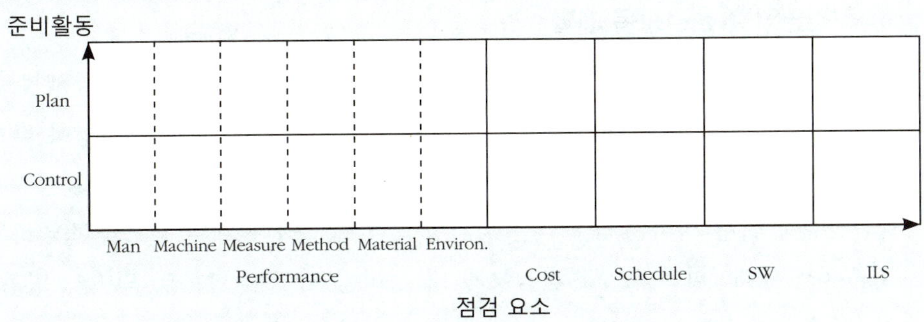

| 표 2-11 | 점검영역의 정의 및 개발된 점검항목 수

점검요소 \ 준비활동		Plan(계획활동)	Control(통제활동)	개발된 점검항목 수
Perform-ance	Machine	설비에 관한 위험요인식별 및 관리계획	위험요인별 통제 및 사후 대처 방안 수립	37
	Man	인력 운용에 관한 위험요인식별 및 관리계획 수립	위험요인별 통제 및 사후 대처 방안 수립	35
	Material	자재 수급에 관한 위험요인식별 및 관리계획 수립	위험요인별 통제 및 사후 대처 방안 수립	27
	Measure	측정에 관한 위험요인식별 및 관리계획 수립	위험요인별 통제 및 사후 대처 방안 수립	26
	Method	생산 방법에 관한 위험요인식별 및 관리계획 수립	위험요인별 통제 및 사후 대처 방안 수립	44
	Environ.	외부환경요인 식별 및 관리계획 수립	위험요인별 통제 및 사후 대처 방안 수립	5
Cost		비용 증가에 영향을 미치는위험요인 식별 및 관리계획	위험요인별 통제 및 사후 대처 방안 수립	9
Schedule		일정 지연에 영향을 미치는위험요인 식별 및 관리계획	위험요인별 통제 및 사후 대처 방안 수립	11
Software		SW에 관한 위험요인식별 및 관리계획 수립	위험요인별 통제 및 사후 대처 방안 수립	24
ILS		군수지원에 관한 위험요인 식별 및 관리계획 수립	위험요인별 통제 및 사후 대처 방안 수립	20
총 합				238

으로써 보다 효과적으로 점검항목 개발이 가능하다. 각 점검영역은 점검요소와 준비활동의 두 영역에 의해 결정된다. 따라서 각 점검영역의 의미는 '각 점검요소에 영향을 미치는 위험 요인에 대한 준비활동'의 형태로 나타낼 수 있다.

각 점검영역의 정의는 〈표 2-11〉과 같다.

4) 점검영역별 점검항목 개발

점검항목 개발은 〈그림 2-11〉에 나타낸 것과 같이 점검항목 후보 생성, 점검항목 간 정리, 점검항목 내 정리의 세부 단계를 거쳐 수행된다. 점검항목 후보 생성은 각 점검영역에 대하여 가능한 많은 아이디어를 생성하는 발상단계를 나타내고, 점검항목 간 정리는 중복되는 점검항목 후보, 포함관계의 후보를 정리하는 과정을 나타낸다. 마지막으로 점검항목 내 정리는 각 점검항목의 의미가 명확하도록 문구를 수정하는 단계를 나타낸다. 점검항목 후보 생성 과정에서는 체크리스트의 포괄성을 위하여 가능한 다양한 의견을 생성하고, 점검항목 간 정리 및 점검항목 내 정리 단계에서는 이를 정리하여 체크리스트의 간결성을 제고하였다. 이와 같은 아이디어 발상 후 정리 과정은 유사한 연구에서 자주 활용되는 방법이다.

먼저 점검항목 후보 생성을 위하여 〈표 2-12〉에 정의된 각 점검영역에 대하여 Brain-Writing 기법을 활용하였다. 브레인라이팅 기법은 조직 내의 상하관계로 인한 브레인스토밍의 한계를 극복하기 위한 방법으로 자신의 생각을 글로 적어내는 창의적 발상기법이다. 각 점검영역 당 2～30개의 점검항목 후보를 생성하였다.

생성된 점검항목 후보에 대해 친화도법(Affinity Diagram)을 적용하여 유사한 항목을 통합하고, 구조화하여 점검항목 간 정리를 수행하였다. 점검항목 간 정리는 체크리스트의 점검항목이 가능한 상호 배제와 전체 포괄(MECE: Mutually Exclusive and Collectively Exhastive)적이 되도록 하기 위함이다. 이 과정에서 유사한 점검항목 후보는 통합하여 하나의 점검항목 후보로 나타내었다. 그리고 지나치게 구체적인 점검항목 후보는 보다 일반적으로 수정하고, 추상적인 점검항목 후보는 보다 구체적으로 서술하여 점검항목 후보의 수준을 균등하게 하였다. 이러한 과정을 통해 각 점검항목 후보는 상호 배제적이며, 유사한 수준으로 나타날 수 있었다.

마지막으로 정리된 점검항목 후보의 개별 서술을 검토하면서 실무자가 쉽게 점검할 수 있는지에 대해 확인하였다. 앞서 언급한 미 국방부의 예와 같이 주관식으로 답하게 되는 경우 실무자들이 이들의 준비상태를 쉽게 점검할 수 없는 문제가 있다. 따라서 모든 점검항목은 점검이 용이하도록 객관식 형으로 나타내었다.

이와 같은 과정을 통해 20개 점검영역에서 238개의 점검항목을 개발하였다. 각 점검요소 별로 최종 개발된 점검항목의 수는 〈표 2-12〉의 '개발 점검항목 수' 열에 나타내었다. 도출된 점검항목의 대표적인 예는 다음과 같다.

Performance

- Machine: 소요시설/장비에 대한 사양 확정 후 구매발주서를 발의 하는가?
- Man: 직원들에 대한 교육계획이 수립되었고, 실행되고 있는가?
- Material: 원자재 확보 및 운용계획은 수립되었는가?
- Measurement: 모든 시험항목(게이지검사 포함)은 시험수행이 가능한가?
- Method: 기술자료의 작성은 적절한가?
- Environment: 천재지변(태풍, 지진, 화재, 장마, 낙뢰 등)에 의해 민감한 영향을 받는 시설 및 장비가 있는 경우 그에 대한 대책 방안이 수립되었는가?

Cost

– 비용에 영향을 주는 자재 및 구성품이 식별되었는가?

Schedule

– 모든 Long Lead Item이 식별되었는가?

SW

– 개발단계 소프트웨어의 형상변경은 하드웨어 변경과 같이 형상통제 절차에 따라 승인/배포/최신화가 이루어지는가?

ILS

– 지원장비의 예비품목과 수리부속에 대한 요구사항이 수립되었는가?

2.4.3 운영정의서의 활용

2.4.1에서 개발된 체크리스트의 각 점검항목에 대하여 운영정의서를 개발하였다. 운영정의서는 각 점검항목과 관련된 정보를 제공함으로써 점검에 참여하는 실무자가 객관적으로 점검을 수행할 수 있도록 해준다.

또한 지속적으로 관련정보가 추가될 수 있도록 함으로써 기존에 산재되어 있는 노하우를 지식화하여 지속적으로 관리할 수 있게 해준다. 노하우를 지식화한다는 것은 기존에 개발, 생산단계에 참여하던 전문가가 개인적으로 알고 있던 정보를 정형화된 형식으로 정리함으로써 지식화하는 것을 의미한다.

운영정의서는 각 점검항목에 대하여 〈그림 2-13〉과 같이 전문분야, 정의, 기준, 확인방법, 관련지식, 연관업무, 후속 조치, 변경이력으로 구성된다.

여기서 전문분야는 각 점검항목이 해당되는 군수품의 분류를 의미한다. 일반적으로 군수품은 방탄복, 전투화 등의 전투물자 분야, 로켓, 추진제 등의 탄약 분야, 전차, 장갑차 등의 기동화력 분야, 미사일, 레이더 등의 유도전자 분야, 항공기, 헬기 등의 항공분야, 전투함, 잠수함의 함정 분야로 분류가 가능하다. 각 분류에 따라 PRR에서 고려해야 하는 점검항목에 차이가 있다. 따라서 각 점검항목이 활용될 수 있는 전문분야를 사전에 선정하여 명시함으로써 점검항목의 활용성을 높일 수 있다.

그림 2-13 각 점검항목별 운영정의서 예시

<table>
<tr><td>순위</td><td colspan="2">CODE</td><td>항목명</td><td>전문분야</td></tr>
<tr><td>001</td><td colspan="2">MET-001</td><td>기술자료의 작성은 적절한가?</td><td>All</td></tr>
<tr><td>항목정의</td><td>1</td><td colspan="3">도면 등 기술자료에 대해, 점검시점에서 작성된 내용이 제안된 기준과 비교하였을 때 유사하거나, 그 이상인지를 점검한다.</td></tr>
<tr><td rowspan="2">제안된 기준</td><td>1</td><td colspan="3">• PDR단계: WBS level 1~2수준 또는 시스템 수준의 15%이상 도면이 작성되어야 한다.</td></tr>
<tr><td>2</td><td colspan="3">• CDR단계: WBS level 1~2수준 또는 시스템 수준의 90%이상 도면이 작성되어야 한다.</td></tr>
<tr><td rowspan="2">확인방법</td><td>1</td><td colspan="3">• 제시된 도면의 작성 수준을 제안된 기준과 비교한다.</td></tr>
<tr><td>2</td><td colspan="3">• 개발업체 또는 사업관리부서에서 제시한 도면작성 계획 이행 여부를 점검하는 것도 하나의 방법이다.</td></tr>
<tr><td rowspan="2">관련지식</td><td>1</td><td colspan="3">• 작성된 WBS를 근간으로 군수지원, 목록화 등이 고려되어 형상품목이 식별되어야 하며, 식별된 형상품목에 대해서는 도면이 작성되고 기능적, 물리적 형상확인이 실시되어야 한다.</td></tr>
<tr><td>2</td><td colspan="3">• PDR단계에서 약 15%의 도면이 배포됨 (Acquisition Guide Book P106)
• CDR단계에서 최초 85%의 설계가 완성됨 (Acquisition Guide Book P107)
• CDR단계에서 시스템 수준의 90% 이상 도면 완성 요구(DAU 교육자료)</td></tr>
<tr><td>연관된 업무</td><td>1</td><td colspan="3">• 초도양산 단계에서 기술변경 과다 발생의 직접적 원인이 될 수 있다.</td></tr>
<tr><td>후속조치
(권고)</td><td>1</td><td colspan="3">• PDR단계 점검결과는 향후 CDR 점검 준비를 위한 경고로 활용
• CDR점검결과가 제안된 기준에 현저히 미달될 경우 규격화 부실로 이어질 가능성이 높으므로 IPT에 별도의 대책을 마련하고 Action Item으로 선정하여 점검토록 요구한다.</td></tr>
<tr><td>변경이력</td><td>1</td><td colspan="3">• 변경일/변경내용: '09.9.17/최초작성</td></tr>
</table>

그리고 정의, 기준, 확인방법, 연관업무 등의 관점에서 각 점검항목의 의미를 세부적으로 서술함으로써 실제 점검에 참여하는 실무자가 객관적으로 점검을 수행할 수 있도록 해준다. 또한 확인 방법을 제시하여 점검자 간에 발생할 수 있는 편차를 줄임으로써 객관적인 점검이 가능하도록 한다. 뿐만 아니라 〈그림 2-13〉에 나타난 것과 같이 운영정의서의 수정에 대하여 변경이력을 함께 관리함으로써 지식관리 차원에서 운영의 효율성을 제고하였다.

2.4.4 생산준비검토 실행 절차

PRR을 수행하는 업무절차는 〈그림 2-14〉와 같다.

그림 2-14 PRR을 위한 업무 절차

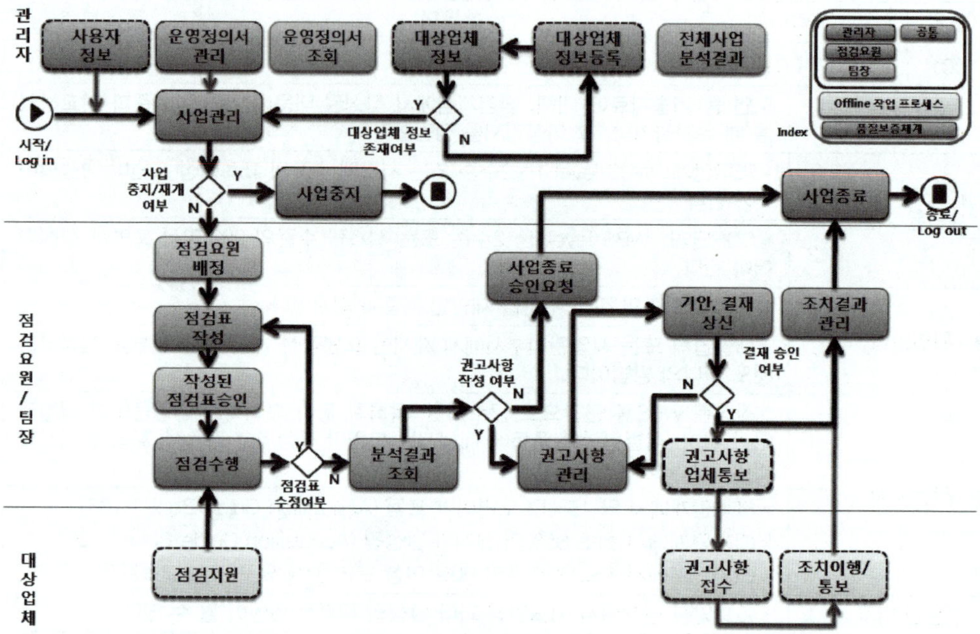

PRR은 점검 대상이 되는 생산업체, 실제 점검을 수행하는 점검요원, 점검요원이 속한 부서의 장, 그리고 전체 사업을 관리하는 총괄부서의 장이 참여한다. 먼저 점검부서장이 각 사업에 대해 PRR 수행을 요청하게 되면 총괄부서장이 이를 승인한다. 그리고 점검부서에서 점검요원을 할당하면 할당된 점검요원이 사업에 대한 사전조사를 실시한다.

사전조사 실시 후 본격적인 PRR 수행을 하게 된다. 먼저 검토에 활용할 점검항목을 선정한다. 점검항목의 선정은 앞서 개발된 체크리스트의 항목 중 각 사업에 적합한 점검항목을 결정하는 단계이다.

앞서 개발한 체크리스트는 범용적인 측면에서 개발된 것이기 때문에 각 사업의 특성에 따라 다소 활용의 차이가 있을 수 있다. 그리고 선정결과를 기반으로 점검부서장의 승인을 얻어 점검을 수행하게 된다. PRR에서는 생산 위험영향도와 준비상태의 두 가지 측면에서 〈그림 2-15〉와 같이 평가하게 된다.

〈그림 2-15〉에서 우상향(준비상태-취약, 영향도-심각)으로 갈수록 준비상태가

그림 2-15 각 점검항목별 평가 차원(생산위험영향, 준비상태)

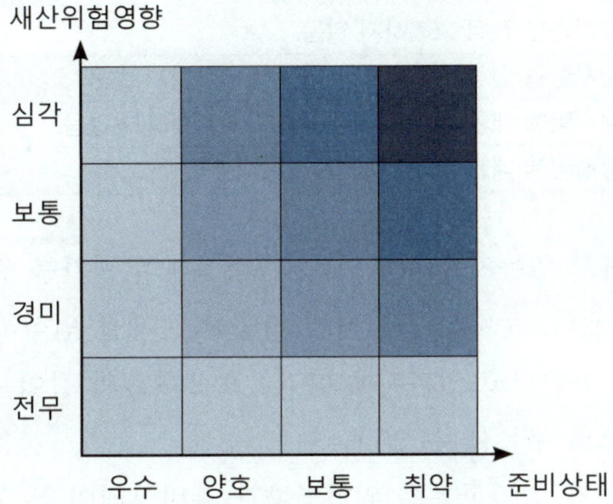

올바르게 이루어지지 않고 있음을 나타낸다.

여기서 생산 위험영향은 각 점검항목의 내용이 생산단계에 얼마나 '심각한 영향을 미치는가?' 라는 관점에서 평가된다.

예를 들어 Schedule의 '모든 Long Lead Item이 식별되었는가?'라는 항목의 경우, Long Lead Item이 제대로 식별되지 않으면 생산단계에서 생산 일정에 매우 심각한 영향을 미칠 수 있다. 이와 같이 각 점검항목이 생산에 영향을 미치는 정도를 평가하는 것이 생산 위험영향이다.

보다 객관적인 평가를 위하여 생산을 통해 얻어지는 군수품의 성능, 생산 일정, 생산 비용 측면에서 〈표 2-13〉과 같은 기준도 함께 제시된다.

〈표 2-13〉의 기준은 위험관리 기반의 사업관리에서 활용되는 위험영향의 수준 분류 기준을 참고하였다.

그리고 준비상태는 각 점검항목에 대하여 현재 생산업체와 개발결과물이 어떠

표 2-13 생산위험영향의 평가기준

구 분	성 능	일 정	가 격
심 각	기술성능 매우 약화	중요일정 충족불가	10%이상 예산증가
보 통	기술성능 약화	최단일정에 영향	예산증가 10% 이하
경 미	기술성능 감소	낮은 일정지연	예산증가 5% 이하
전 무	영향 없음	영향 없음	영향 없음

| 표 2-14 | 준비상태의 평가기준

구 분	서 술
취 약	해당사항을 전혀 고려하지 않음.
보 통	해당사항을 인식하고 있으나 대책이 마련되지 않음.
양 호	해당사항에 대한 대책을 마련하였으나 완벽하지 않음.
우 수	해당사항에 대한 고려와 대책마련이 완벽함.

한 준비를 하고 있는지를 나타낸다. 준비상태의 평가를 위하여 〈표 2-14〉와 같은 기준이 제시된다. 준비상태는 발생 가능한 문제를 인식하고 있는지, 그리고 이에 대한 대책을 마련하고 있는지에 따라 〈표 2-14〉와 같이 취약, 보통, 양호, 우수의 4가지 등급으로 구분할 수 있다.

이와 같이 각 점검항목은 위험영향과 준비상태의 두 가지 측면에서 평가되고, 이 결과를 종합하면 현재 생산준비가 부족한 분야를 파악할 수 있다. 그리고 낮은 등급으로 평가된 점검항목을 선정하여 운영정의서에 제시된 후속조치(권고)사항을 바탕으로 생산업체에 권고사항을 제시할 수 있다. 그리고 권고사항에 대해 생산업체는 후속조치를 수행하여 그 결과를 통보하도록 한다.

이러한 과정을 통하여 체계적으로 PRR을 수행하여 개발단계와 양산단계의 연계성을 강화함으로써 품질·납기·비용의 품질 목표를 구현할 수 있을 것이다.

CHAPTER 3

제 3 장

품질시스템 인증

Quality Management System Certification, QMSC

3.1 국방품질경영시스템 인증제도

3.2 업체 절차평가

CHAPTER 3

"좋은 시스템이 좋은 품질을 낳는다."

본 장에서는 국방품질경영시스템 인증제도와 업체절차평가 제도에 대하여 서술한다. 국방품질경영시스템 인증은 업체의 품질보증 능력 향상과 정부품질보증 활동을 효과적으로 수행하기 위하여 업체의 품질시스템을 심사하여 적합한 업체에 인증을 부여하는 제도이다. 국방품질경영시스템 인증 제도의 전신은 업체 절차평가 제도라고 할 수 있다. 품질시스템 인증을 이해하기 위해서는 품질경영시스템의 규격을 먼저 이해해야 한다. 품질경영시스템의 규격은 미군의 MIL-Q-9858A를 토대로 국방분야에서부터 개발되어 NATO 규격으로 전파되었고 항공, 원자력 산업 등의 민간으로 확산되었다.

품질시스템 인증의 이해를 위해 제1절에서는 국방품질경영시스템 규격의 변천과정과 특징을 서술하고, 품질시스템의 구축과 인증심사 과정, 국방품질보증활동에 인증의 적용 및 규격 요구내용별 주요 관심사항 등에 대하여 서술하였다. 제2절에서는 국방품질경영시스템 인증 제도의 전신인 업체 절차평가 제도를 중심으로 품질시스템 규격을 비교하여 정리하였고, 절차 검토 및 평가의 개념과 점검표를 포함한 세부 점검절차에 대하여 서술하였다.

3.1 국방품질경영시스템 인증제도

최근의 정부품질보증활동은 단순한 제품검사에서 벗어나 제품기능 확인 및 공정 확인뿐만 아니라 업체의 품질경영시스템에 대한 평가까지 포함하고 있다. 이러한 변화는 시대적인 환경의 변화에 기인한다. 먼저 군수품에 대한 군의 인식이 계속 높아지고 있는 상황에서 업체는 효율적으로 군수품을 제공하기 위해 품질경영시스템의 도입과 인증 획득에 관심을 기울이게 되었다. 또한 무기체계의 복잡첨단화에 따라 체계적 관리가 요구되고 있는 상황에서 규격에 대한 적합성 판단만으로는 품질보증에 한계가 있기 때문에 품질경영시스템에 대한 평가의 필요성이 대두되었다. 마지막으로 품질보증업무의 효율성이 강조되고 있는 상황에서 정부품질보증기관은 품질경영시스템 인증을 통해 품질보증 활동의 효율성 제고를 꾀하고 있다.

3.1.1 국방품질경영시스템 규격

국방품질경영시스템 규격의 발전 과정은 〈그림 3-1〉과 같다.

국방품질경영시스템 규격의 효시는 1970년대 제정된 미국 군사규격 (MIL-Q-9858)이다. 이후에 이 규격은 미국, 유럽, 일본에서 다양한 형태로 발전되게 되었다. 1990년대 세계 무역 시장의 급격한 성장과 더불어 품질경영시스템 규격에

그림 3-1 국방품질경영시스템 규격의 발전과정

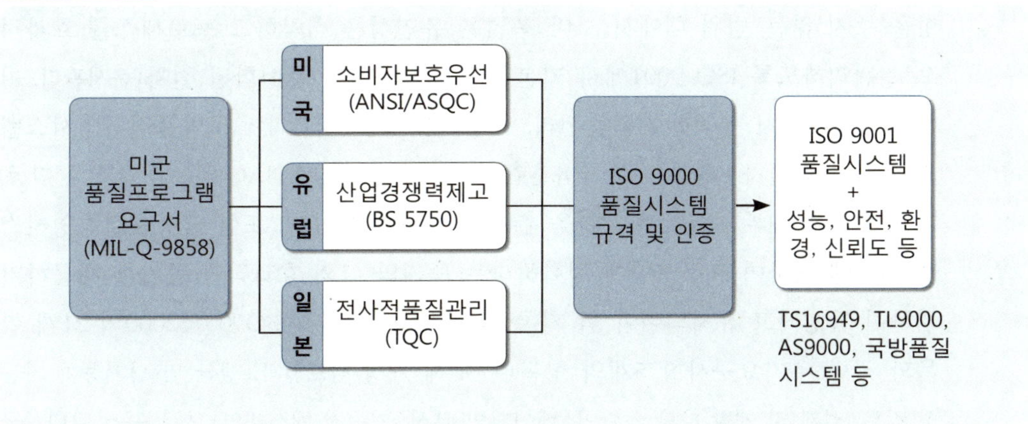

대한 세계적 표준화의 필요성이 대두되었고 이에 따라 ISO 9000시리즈 규격이 제정되었다. 국내에서는 ISO 9000시리즈 규격과 NATO 지역에서 품질시스템으로 사용하던 AQAP(Allied Quality Assurance Publication) 시리즈 및 미 육군의 계약자 품질인증프로그램(Contractor Performance Certification Program)을 참고하여 1998년 국방품질시스템 규격서를 제정(규격번호: KDS 0050-9001, 9002, 9003, 9004)하였다. 이후 품질경영시스템규격(ISO 9001:2000) 개정과 더불어 2002년 7월 국방품질경영시스템 요구서를 KDS 0050-9000 규격으로 제정하여 운영하게 되었다.

이러한 발전을 통해 정부품질보증기관은 국방품질경영시스템의 요구사항을 명확히 하였고, 정부품질보증활동의 범위를 단순 제품 검사뿐만 아니라 프로세스 검증, 품질경영시스템 평가로 확대하였다.

국방품질경영시스템 규격의 특징을 살펴보면 다음과 같다.

국방품질경영시스템 요구서(국방 0050-9000:2002.7.19)는 KS-A-ISO 9001:2001을 근간으로 하여 군수품 품질보증에 필요한 요구사항과 정부품질보증원의 권한 보장을 위한 요구사항을 추가한 규격이다. 국방품질경영시스템 규격서의 특징은 업체 품질경영시스템에 대한 고객 혹은 고객대리인의 접근권한과 품질경영시스템 운영시 정부의 승인, 통보 및 필요한 정보의 이용 권한을 보장하는 것이다. 이는 정부의 품질보증 활동과 2자 인증에 필요한 요구사항을 추가한 기관규격으로서, 군수분야의 특성과 정부 품질보증 활동의 특성을 고려한 형상관리 기능, 품질계획서의 문서화 및 정부 이용권 보장, 국방품질경영시스템 효과성 향상을 위한 요구사항 강화 및 명확화 등의 사항도 포함하고 있다.

그리고 국방품질경영시스템 요구사항은 문서화된 절차가 품질경영시스템에 영향을 주지 않는 범위 내에서 보다 폭넓은 유연성을 허락하고 프로세스를 효과적으로 관리하도록 ISO 9001에서 기본적으로 요구하는 문서화된 절차(문서관리, 기록관리, 내부 심사, 부적합 제품의 관리, 시정조치, 예방조치) 외에 국방품질경영시스템의 문서화된 절차 8항목(내부 교육훈련, 품질계획서, 형상관리, 예방보전, 인도 후 활동, 손상 및 열화, 내부교정, 내부시험)을 추가로 요구하고 있다. 또한 국방품질경영시스템 이행에 대하여 요구사항에 적합하다는 증거와 그외 효과적인 증거를 제공하기 위하여 작성되고 유지되어야 할 기록 관리 사항은 KS-A-ISO9001:2000의 21개 항목과 국방 추가요구사항 5개의 항목(문서 제·개정 검토결과, 생산 및 납기충족 가능성 검토, 설계 및 개발 타당성 확인, 데이터의 분석, 지속적 개선내역)으로 구성된다. 국

| 표 3-1 | 국방품질경영시스템 조항별 추가사항

요 구 항 목		추가반영 내용
1장 적용범위	1.1 적용	• 군수품 생산업체에 적용
	1.2 다른 요구 조건과의 관계	• 계약서, 법규 및 규제 요구사항이 본 규격서 요구조건 보다 우선함
2장 적용문서	2.1 적용문서	• ISO 9000:2000 적용규격 인용
	2.2 개정규격적용	• 규격개정시 업체 선택 및 의무사항
3장 용어정의		• ISO 9000 용어 공통적용, 추가용어 정의
4장 품질경영 시스템	4.2 문서화 요구사항	• 법규 및 규제사항 문서화 반영요구(4.2.1.f) • 품질보증원의 권한 보장(4.2.1) • 문서 제, 개정관리 요구내용 강화(4.2.3) • 기록관리 및 고객 이용 가능(4.2.4)
5장 경영책임	5.1 경영의지	
	5.2 고객중심	• 의사소통 절차 문서화 요구(5.2.1)
	5.3 품질방침	
	5.4 기획	
	5.5 책임, 권한 및 의사소통	• 품질에 관련된 문제해결이 독립성 강조(5.5.2) • 품질성과 종업원 전파요구(5.5.3)
	5.6 경영검토	• 검토기록 정부제출 요구(5.6.1)
6장 자원관리	6.1 자원확보	
	6.2 인적자원	• 자격조건, 교육훈련 요구조건 강화(6.6.2)
	6.3 기반구조	
	6.4 업무환경	• 작업장 환경조건 강화
7장 제품실현	7.1 제품실현의 기획	• 기획단계에서 품질계획서 문서화 요구(7.1.1) • 형상관리의 문서화된 절차 요구(7.1.2)
	7.2 고객관련 프로세스	• 생산 및 납기준수기능성 검토 강조(7.2.2.1) • 고객불만 피드백절차 문서화 요구(7.2.3.1)
	7.3 설계 및 개발	• 설계 및 개발관리 조항 요구(7.3.2.1) • 설계검토/검증 요구조건 명확화(7.3.5) • 설계타당성 확인결과 문서화 요구(7.3.6.1) • 설계검증/변경시 정부승인 요구(7.3.5/7)
	7.4 구매	• 정부지정 업체에 대한 계약업체 품질책임 강조(7.4.1) • 구매정보 포함사항 명확화 요구(7.4.2 d~e) • 구매품 검증 요구조건 강화(7.4.3)
	7.5 생산 및 서비스제공	• 설비의 예방보전 문서화 된 절차요구(7.5.1.1) • 인도 후 활동 문서화 된 절차요구(7.5.1.2) • 고객포장표준 준수 요구조건 추가(7.5.5.1) • 손상 및 열화 요구조건 추가(7.5.5.2)
	7.6 모니터링 및 측정장치 관리	• 내부 교정관리 요구조건 강화(7.6.1)
8장 측정,분석 및 개선	8.2 모니터링 및 측정	• 고객만족도 성과측정 내용추가(8.2.1.1) • 내부심사 결과 정부이용 보장(8.2.2) • 모니터링 및 측정의 문서화 요구(8.2.4.1) • 내부시험 문서화된 절차요구(8.2.4.2)
	8.3 부적합제품의 관리	• 부적합제품 사용시 고객승인 및 기록유지
	8.4 데이터 분석	• 데이터 분석 내용 기록유지 및 고객이용 보장
	8.5 개선	• 지속적 개선 내역 기록유지(8.5.1) • 공급자에 대한 시정조치 요건 추가(8.5.2 g) • 고객 및 고객대리인 시정조치 방법추가(8.5.2 h)

방품질경영시스템 요구서(국방 0050-9000:2002)에 대하여 조항별 추가 요구사항을 종합하면 〈표 3-1〉과 같다.

품질경영시스템의 기본사항은 〈표 3-1〉 KS-A-ISO 9001의 요구사항과 국방품질경영시스템 요구서의 추가 요구사항을 바탕으로 조직의 규모나 특성에 따라 결정한다. 따라서 〈표 3-1〉의 항목들은 제품 특성에 관계없이 어떤 조직에도 적용 가능하다. 그러나 기술시방서, 제품규격, 프로세스 규격, 계약서 및 법규에 의한 규제 요구사항 등과 같은 제품에 대한 요구사항은 고객 또는 관련 조직 및 법규에 의하여 결정된다. 국방품질경영시스템에서는 제품 요구사항의 대부분을 계약 조항의 해당 규격서 등에 규정하고 있으며, 관련되는 기관의 법규나 업무규정을 참조해야 한다.

3.1.2 국방품질경영시스템 구축

국방품질경영시스템의 구축은 국방품질경영시스템 규격의 요구사항을 문서화하고 검토·승인하는 것을 의미한다. 국방품질경영시스템은 ISO 9001:2000의 전반적인 내용 및 그 기본사항에 따라야 하며 프로세스 관리가 가능하도록 문서화되어야 한다. 여기서 프로세스 관리는 단순한 문서관리가 아니다. 문서가 요구되기는 하지만, 그 문서는 프로세스와 프로세스의 출력에 대한 정보를 수집하거나 전달하는 수단이어야 한다. 프로세스를 관리하기 위해서는 프로세스가 갖고 있는 고유특성을 관리할 필요가 있고, 프로세스 출력이 고객 및 이해관계자의 요구사항을 충족시키도록 관리되어야 한다. 즉 정보, 자원, 행동양식, 결과 등의 관리를 의미한다.

품질경영시스템을 구축하는 과정에서 필요한 핵심적인 활동을 정리하면 다음과 같다.

① 고객 및 기타 이해관계자의 요구 및 기대 사항을 결정
② 조직의 품질방침 및 품질목표를 수립
③ 품질목표를 달성하는데 필요한 프로세스 및 책임을 결정
④ 품질목표를 달성하는데 필요한 자원의 결정 및 제공
⑤ 각 프로세스의 효과성 및 효율성을 측정하는 방법을 수립

⑥ 각 프로세스의 효과성 및 효율성을 결정하기 위한 방법의 적용
⑦ 부적합을 예방하고 그 원인을 제거하는 수단을 결정
⑧ 품질경영시스템의 지속적인 개선을 위한 프로세스를 수립하고 적용

품질경영시스템의 효과적 구축을 위해서는 몇 가지 제반사항이 필요하다. 이를 정리하면 다음과 같다.

- 프로세스 간의 상호작용의 이해
- 품질방침과 품질목표의 설정
- 최고경영자의 리더십과 의지
- 문서화를 통한 일관된 의사소통
- 주기적인 품질경영시스템의 평가
- 지속적인 품질경영시스템의 개선
- 통계적 기법의 활용

3.1.3 국방품질경영시스템 인증심사

국방품질경영시스템 인증심사는 프로세스의 시험 운영과 통합을 거친 후 심사 신청과 더불어 시작된다. 인증심사의 단계는 심사준비, 문서심사, 현장심사, 부적합 보고서 작성, 심사후속조치의 순으로 이루어진다.

인증심사 신청을 받은 후에 인증기관에서는 신청조직의 인증 목적과 범위가 국방품질경영시스템 인증업무의 기본방침과 일치하는지를 최초 심사를 통해 살펴야 한다. 인증단위는 국방품질경영시스템이 일관성 있게 실질적으로 적용될 수 있는 조직 단위로서 인증 신청분야 및 품목 생산에 관여되는 공장단위로 하는 것을 원칙으로 한다. 최초심사에서는 제출 서류를 접수하여 품질시스템 문서의 구비와 인증 신청 품목의 생산실적 현황에 대하여 적절성과 사실여부에 대한 검토를 수행한다.

그리고 문서심사를 통해 문서의 규격 요구사항에 대한 적합성을 확인한다. 문서심사는 현장에서 이루어지는 심사로 신청업체의 품질경영시스템 매뉴얼과 관련문서에 국방품질경영시스템 요구사항의 반영과 문서 간 상호연계에 대하여 검토하고, 내부심사 및 경영검토 실시 여부를 확인한다. 또한 인증신청 품목에 대한 QC공정도, 작업표준서, 지침서 등의 적용성과 규격 요구사항의 적용 제외 사항의

정당성 등을 심사하여야 한다. 문서심사 결과 보완사항에 대하여 조치결과를 제출하고, 보완 사항이 적합할 경우 현장심사를 준비한다.

현장심사는 심사계획서 및 일정표에 의하여 신청업체의 품질방침, 절차 등 품질경영시스템이 적절하게 조직에서 이행 및 유지되고 있는지 확인한다. 현장심사는 일반적으로 시작회의, 현장순회, 경영자 면담, 심사, 종료회의 순으로 진행한다.

이러한 인증심사 과정에서 발견된 부적합 사항에 대해 데이터에 의한 객관적 증거를 도출하여 부적합을 정리한다. 여기서 부적합이란 국방품질경영시스템 요구사항중 하나 이상의 시스템이 결여되었거나 불이행되는 경우, 객관적인 증거나 평가에 의해 공급자가 공급하는 제품의 품질에 중대한 불신이 초래되는 경우, 객관적인 증거나 평가에 의거 사업자의 활동이 환경에 중대한 문제를 초래할 수 있는 경우 등을 의미한다.

부적합 내용을 정리하는데 있어서 주의할 점은 부적합의 결론을 단순히 징후를 발견하게 외형적 증상만을 확인하는 심사가 되어서는 안 된다는 것이다. 시스템의 문제점은 조직의 일부분이 아닌 전체를 대상으로 공간적, 시간적 흐름에 대응하여 조사하는 것이 바람직하다.

이러한 부적합은 경부적합, 중부적합으로 구분된다. 경부적합은 시스템 요구사항 중 하나의 항목에 대하여 단순한 요건의 불만족 사항이 있는 경우와 객관적 증거 수집이 곤란하거나 미흡하고 규정된 요구사항을 만족시키기 위하여 시정조치를 하는 것이 필요하다고 판단되는 경우에 해당한다. 중부적합은 업체의 시스템이 규격의 요구사항을 만족에 누락되거나 현저한 부족이 있는 경우, 동일 내용의 업무나 동일 적용 규격의 요구사항에 대하여 다수의 경부적합이 발생되어 시스템의 유효성에 문제가 있다고 판단되는 경우, 판단과 경험으로 보아 부적합이 품질시스템의 실패를 초래하거나 관리된 공정 또는 제품을 보장하기 위한 품질시스템 능력을 현저히 감소시킬 수 있는 경우 및 회사 시스템의 중요기능이 가동되지 않는 경우에 해당한다.

심사 후에 부적합의 해소 여부, 부적합의 근본원인에 대한 조사, 유사 부적합의 존재 여부 및 확인 조치에 대한 수평전개, 재발방지 대책의 수립 및 실시 확인, 조치결과의 효과성 등 시정조치에 대한 검증을 수행한다. 지적된 부적합에 대한 시정조치결과 및 이행상태의 적합성을 확인하여 최종적인 인증 여부를 판단하게 된다. 만약 시정조치 확인 결과 시정조치가 부적절한 경우 재 시정조치를 요구할 수 있다.

3.1.4 군수품 품질보증 활동에 인증의 적용

품질경영시스템 인증을 받으면 인증을 취득하지 않은 조직에 비해 생산 제품의 품질 신뢰도가 높다는 것이 일반적 인식이다. 특히 국방품질경영시스템 인증은 군수품의 품질향상과 정부품질보증원의 효율적인 관리를 목적으로 시행하고 있는 제2자 개념의 인증 제도이므로 인증을 취득한 업체에 대한 품질보증활동은 미인증 업체와 다르게 수행된다.

정부품질보증원은 국방품질경영시스템 요구사항을 이해하고 품질보증활동 현장에서 국방품질경영시스템의 이행에 대한 모니터링을 해야 한다. 특히 품질시스템 관련 문서, 품질기록, 경영검토 결과, 품질계획서, 형상관리 절차, 내부심사 기록, 데이터 분석 자료에 대하여 정부품질보증원이 활용 가능하므로 그에 대한 정보를 수시로 열람하거나 활용하여 품질보증 활동에 참조하여야 한다. 국방품질경영시스템 요구사항 중에서 고객 또는 고객대리인이 접근하여 열람 혹은 이용 가능한 사항에 대하여 정부품질보증원이 착안해야 할 내용은 〈표 3-2〉와 같다.

| 표 3-2 | 품질 보증 시 국방품질경영시스템에 대한 고려 사항

분류	내용
품질경영시스템 문서(4.2.1 일반사항)	① 업체에서 계약이행을 위하여 제출한 품보계획서에 포함되어 있지 않은 품질시스템 문서 중에서 필요한 자료 접근 및 이용 ② 품질시스템 문서의 최신화 여부, 개정 및 폐지 문서의 근거 확인
품질경영시스템이행 증거가 되는 품질기록(4.2.4 기록관리)	① 품질기록에 대한 관리상태 및 필요한 기록자료 열람 ② 기록문서의 보유기간의 요구사항 충족 및 식별, 보관, 보호 상태의 확인
주기적으로 실시한 품질경영시스템 경영 검토 기록 (5.6.1 경영검토)	① 경영검토의 주기적 이행여부와 결과의 적절성, 충족성/효과성 파악 ② 고객 불만 및 만족도 조사 자료 등 고객피드백 활용 ③ 프로세스 모니터링 측정결과 및 제품 적합성의 계획 대비 실적 자료를 통한 취약부분 및 개선점 파악 ④ 개선 대상에 대한 지속적 개선 활동 실시여부 ⑤ 예방조치 및 시정조치에 대한 현황/후속조치 점검과 재발여부 확인 ⑥ 경영자의 지시사항 및 이행에 대한 사항 확인 ⑦ 품질경영시스템에 영향을 줄 수 있는 변경사항 및 변경관리 점검
제품실현을 위하여 작성한 품질계획서 (7.1.1 품질계획서)	① 제출한 품보계획서에 포함된 품목별 QC공정도, 작업표준서, 검사기준서 확인과 업체 보유 품질계획서를 비교하여 제출누락 여부 확인 ② 계약품목별 QC공정도에 관련된 표준서/기준서 등 기술문서의 확보 ③ 품목별 QC공정도에 관련된 표준서, 기준서 등 기술 문서의 현장 적용에 대한 점검 ④ 제품 보증을 위하여 작성된 검사기준 및 성적서와 품질계획서의 내용 일치성 여부 확인
형상관리 체계 (7.1.2 형상관리)	① 형상통제 규정의 이행 및 이행 결과의 타당성 확인 ② 형상확인 및 형상자료 유지관리에 대한 실적 점검

조직과 고객 또는 고객대리인이 관련되는 공급자시설 및 품질기록(7.4.2 구매정보)	① 외주/구매에 포함된 계약정보(제품, 절차, 프로세스, 장비, 인원의 승인사항)에 대한 확인 ② 품질경영시스템의 요구사항 및 배포된 도면, 기술자료 등의 식별 표시와 최신문서 여부 확인 ③ 구매 업체의 목록과 주기적 평가실시 여부 및 평가결과 품질보증 능력 및 협력업체 이행상태의 수준에 대한 파악과 관리실태 ④ 품질보증원의 협력업체 시설 및 품질기록 접근에 대한 권한보장 여부 확인
내부심사 결과 및 기록 (8.2.2 내부심사)	① 내부심사 계획에 대한 실시 결과보고서 확인 ② 내부심사 결과 부적합사항의 내용 및 시정조치 상태 확인 ③ 품질경영시스템의 취약부분 파악 및 개선점 파악 ④ 필요시 외부심사 결과 자료 확인 및 후속조치 내용 파악
데이터 분석 내용 및 기록 (8.4 데이터의 분석)	① 고객불만 및 고객만족도 조사 결과확인 및 취약부분 개선사항 파악 ② 품질계획서에 의한 제품 적합성 즉, 수입검사, 공정검사, 완제품 검사 결과에 대한 품질목표 대비 달성 수준 파악 ③ 제품 품질 적합성에 대한 층별, 주기적 분석 등 경향분석과 예방조치 가능성의 판단과 실시여부 확인 ④ 공급자 품질관리를 위한 데이터 분석과 개선활동의 타당성 여부확인 ⑤ 가능하면 업체의 품질동향분석 자료를 공유하여 실시간으로 시정 혹은 예방조치 활동이 이루어지는지 수시로 모니터링
지속적 개선 내역 및 기록 (8.5.1 지속적 개선)	① 품질방침, 품질목표, 시스템 심사결과, 데이터 분석, 시정조치 및 예방조치, 경영검토 자료를 통한 지속적 개선 여부 확인 ② 업체 경영검토 자료 및 사업분석 자료를 이용하여 연도별 목표의 달성과 지속적 개선여부 파악

3.1.5 품질경영시스템 규격 요구내용별 주요 관심사항

품질경영시스템 규격의 요구내용별 주요 관심사항을 개략 정리하면 다음과 같다.

【4.1항 품질경영시스템 일반사항】

조직은 이 규격의 요구사항에 따라 품질경영시스템을 수립, 문서화, 실행 및 유지하고 품질경영시스템의 효과성을 지속적으로 개선해야 한다.

주요관심사항

✓ 누락된 품질경영시스템 문서 파악
 – 현장순회 또는 부서관찰 중에 발견하거나 질문을 통해 확인

✓ 표준화의 달 운영 여부
 – 사내표준의 정기적인 제정, 개정, 폐기토록 유도

✓ 사내표준화 장단기 계획 수립
 – 현재의 표준 정도로 품질보증이 충분히 되고 있는가를 면밀히 따져서 필요한 표준을 제정하고 불필요한 표준은 개정 또는 폐기토록 함

✓ 품질계획의 정기적 고려
 – 체크리스트를 활용하여 자원이 필요하면 자원을 갖추어야 하고, 미흡한 사항 및 누락된 문서를 보완

【5.1항 경영자 의지】

최고경영자는 품질경영시스템의 개발 및 실행, 그리고 품질경영시스템의 효과성을 지속적으로 개선하기 위한 의지의 실행증거를 다음을 통하여 제시하여야 한다.

a) 법적 및 규제 요구사항 뿐 아니라 고객요구사항 충족의 중요성을 조직과 의사소통

b) 품질방침의 수립

c) 품질목표 수립의 보장

d) 경영검토의 수행

e) 자원의 가용성 보장

주요관심사항

✓ 품질방침이 교육의 교과목에 포함되도록 제도화
✓ 품질방침과 품질목표의 연계성 보장 - 목표의 명확화
✓ 품질방침 및 품질목표의 전개 - 연도별, 부서별 실천계획수립
✓ 조직변경 시 변경관리 시스템 구축
✓ 내부공문에 해당절차서 인용 습관화

【7.3.1항 설계 및 개발기획】

조직은 제품에 대한 설계 및 개발을 계획하고 관리하여야 한다. 설계 및 개발을 기획하는 동안 조직은 다음 사항을 결정하여야 한다.

a) 설계 및 개발 단계

b) 각 설계 및 개발 단계에 적절한 검토, 검증 및 타당성 확인

c) 설계 및 개발에 대한 책임 및 권한

주요관심사항

✓ 설계 및 개발계획서 관리
 – 설계 및 개발 타당성 평가, 개발일정 및 설계검토, 설계검증, 설계유효성 확인 시행계획

– 제품의 측정, 시험방법 및 합격기준
– 설계자, 설계검토자, 설계검증자, 설계유효성 확인자, 설계/개발팀장 임명 및 선정
– 설계/개발계획서 변경 또는 갱신 방법
✓ 설계자 자격요건 타당성 확인 - 설계, 설계검토, 설계검증
✓ 조직적 및 기술적 연계성의 강화
✓ 설계입력, 출력, 검토용 체크리스트의 개발 또는 보완
✓ 설계검증 수단의 확인

【7.4.1항 구매 프로세스】

조직은 구매한 제품이 규정된 구매 요구사항에 적합함을 보장하여야 한다. 공급자 및 구매한 제품에 적용되는 관리의 방식 및 정도는 구매한 제품이 후속되는 제품 실현이나 최종 제품에 미치는 영향에 따라 달라져야 한다.

주요관심사항

✓ 외주업체의 범위확인 - H/W, S/W, 가공된 소재, 서비스
– 외주업체 선정을 위한 체크리스트의 실현성 보장
✓ 외주업체의 능력여부에 대하여 평가 가능여부를 검토
✓ 외주업체 선정 평가용 체크리스트 내용 확인
✓ 사후관리시스템의 가동여부 확인
✓ 자재 및 장비 자료의 등록상태와 최신본유지 여부
– 외주업체 또는 후보업체로부터 입수된 각종 정보의 유지관리상태
✓ 외주업체 방문실사자의 자격
✓ 외주업체와 품질관리를 위한 협약

【7.5.1항 생산 및 서비스 제공의 관리】

조직은 생산 및 서비스 제공을 관리 조건하에서 계획하고 수행하여야 한다. 해당되는 경우 다음 사항을 포함하여야 한다.

a) 제품의 특성이 기술된 정보의 가용성
b) 필요에 따른 업무지침서의 가용성,
c) 적절한 장비의 사용
d) 모니터링장치 및 측정장치의 가용성 및 사용
e) 모니터링 및 측정의 실행

f) 불출, 인도 및 인도 후 활동의 실행

주요관심사항

✓ 작업자의 작업수행기준의 확인
✓ 작업자 교육실시-상주 외주업체 직원 포함
✓ 서비스 공정에 대한 서비스계획, 관리상태 확인
✓ 특별공정의 지정여부확인
✓ 자격부여가 필요한 인원, 장비 확인 및 장비 자재의 고유번호 확인(계측장비 포함)
✓ 장비 적합성 평가기준의 설정
✓ 작업환경에 대한 요구사항 파악 - 안전 및 환경시스템
✓ 자주검사, 감시와 통제에 대한 교육 실시

【7.5.3항 식별 및 추적성】

조직은 제품 실현의 모든 단계에서 해당되는 경우, 적절한 수단으로 제품을 식별하여야 한다. 조직은 모니터링 및 측정 요구사항과 관련하여 제품상태를 식별하여야 한다. 추적성이 요구사항인 경우, 조직은 제품의 고유한 식별을 관리하고 기록하여야 한다.

주요관심사항

✓ Coding, Numbering, Naming 규칙의 문서화 확인
 – 문서화된 절차에 포함
 – 하나의 절차서에 모든 식별 규칙을 통합하거나 개별 절차서에 작성 가능
✓ 식별대상과 추적성이 필요한 경우를 설정
✓ 통계적기법과 부적합품(불량)분석과 연계
✓ 법적요구사항 파악
✓ 장비, 자재에 대한 고유번호 확인 - 계측장비 포함
✓ 추적이 필요한 경우 "3차원 추적"(WHY-〉WHY-〉WHY)을 실시

【7.6항 모니터링장비 및 측정장비의 관리】

조직은 수행하여야 할 모니터링 및 측정을 결정하고, 결정된 요구사항에 대한 제품 적합성의 증거제공에 필요한 모니터링 장비 및 측정장비를 결정하여야 한다.

조직은 모니터링 및 측정이 모니터링 및 측정 요구사항에 일치하는 방법으로 수행되도록 보장하는 프로세스를 수립하여야 한다.

주요관심사항

✓ 검교정시스템 교육실시
✓ 개인소유, 외주업체 소유, 고객소유의 측정기 파악
✓ 자체교정의 경우 교정시스템 확인
✓ 교정기관에 의뢰하는 경우의 교정업무의 신속화 유도
✓ 교정기관이 발급한 교정성적서의 검증
✓ 검사용 H/W, S/W의 파악
✓ 교정절차서의 요건 충족 여부 확인
✓ 교정기준 벗어난 경우와 교정주기 초과 시 대응방안

【8.2.2항 내부심사】

조직은 다음 사항을 결정하기 위하여 계획된 주기로 내부심사를 수행하여야 한다.

a) 품질경영시스템이 계획된 결정사항(7.1참조), 이 규격의 요구사항, 그리고 조직이 수립한 품질경영시스템 요구사항에 적합한지 여부

b) 품질경영시스템이 효과적으로 실행되고 유지되는지 여부

심사의 계획, 수행, 심사의 독립성 보장, 결과의 보고 및 기록유지(4.2.4참조)에 대한 책임과 요구사항은 문서화된 절차에 규정되어야 한다.

심사대상 업무에 책임을 지는 경영자는 발견된 부적합 및 원인을 제거하기 위한 조치가 적시에 취해질 수 있도록 보장하여야 한다. 후속조치는 취해진 조치의 검증 및 검증 결과의 보고를 포함하여야 한다(8.5.2 참조).

주요관심사항

✓ 내부 품질감사원 양성을 위한 장단기계획의 확인
  – 장기적으로는 전 간부사원의 내부품질감사원화를 유도하고, 단기적으로는 매년 일정한 인원을 외부교육기관에 파견하여 양성
✓ 부적합 내용과 시정조치계획 작성방법
  – 규정된 요구사항, 객관적 증거, 부적합 상황의 세 가지가 모두 포함되도록 작성
  – 정확성, 명료성, 간결성, 완전성(4C: Correct, Clear, Concise, Complete)을 검토
✓ 예방조치시스템 확인 - 요구서발행기준, 시점 및 발행자
✓ 내부 품질감사의 부적합에 대한 분석

【8.2.4항 제품의 모니터링 및 측정】

조직은 제품 요구사항이 충족된다는 것을 검증하기 위하여, 제품의 특성을 모니터링하고 측정하여야 한다. 이는 계획된 결정사항(7.1 참조)에 따라 제품실현 프로세스의 적절한 단계에서 수행되어야 한다. 합격판정기준에 적합하다는 증거가 유지되어야 한다. 기록에는 제품의 불출을 승인하는 인원(들)이 나타나야 한다.(4.2.4 참조)

관련된 권한을 가진 자가 승인하거나, 해당되는 경우, 고객이 승인한 경우를 제외하고는, 제품 불출 및 서비스 인도는 계획된 결정사항(7.1 참조)이 만족스럽게 완료되기 전에 진행되어서는 안된다.

주요관심사항

✓ 검사의 개념에 관한 교육 실시
✓ 검사 및 시험관련 절차서 확인 - 판정기준, 빈도, 주기 등
✓ 최종검사 및 시험관련 절차서 보완 - 요건의 충족여부
✓ 검사 및 시험관련 지속적 검토
- 법적요건과 고객의 요구사항에 대하여 시간의 흐름에 따른 요구의 변화를 확인
- 품질이 안정되고 있는 공정의 검사 및 시험 필요성을 주기적 검토
✓ 통계적 기법의 적용 권장

【8.4항 데이터의 분석】

조직은 품질경영시스템의 적절성 및 효과성을 실증하고 품질경영시스템의 효과성을 지속적으로 개선할 수 있는지를 평가하기 위하여 적절한 데이터를 결정, 수집 및 분석하여야 한다. 이는 모니터링 및 측정의 결과로 생성된 데이터 및 다른 관련 출처로부터 생성된 데이터를 포함한다.

다음에 관한 정보를 제공하기 위하여 데이터를 분석하여야 한다.

a) 고객만족(8.2.1 참조)

b) 제품 요구사항에 대한 적합성(8.2.4 참조)

c) 예방조치에 대한 기회를 포함한 프로세스 및 제품의 특성과 경향(8.2.3 및 8.2.4 참조)

d) 공급자(7.4 참조)

조직은 데이터 분석내용을 기록으로 유지하고 고객 또는 고객대리인이 이용 가능함을 보장하여야 한다.

주요관심사항

✓ 통계적 기법의 범위 확인
✓ 통계적 기법의 교육실시 - 최적기법의 발굴
  - 기업의 업무특성을 파악하여 유용하게 사용될 수 있는 최적기법을 발굴
✓ 통계적 기법의 필요성 파악
  - 통계적기법의 적용범위를 전부서의 전업무로 확대
  - 집계, 분석, 보고업무 등 주기적인 업무 파악하고 사용되고 있는 기법을 조사
  - 통계적 기법 적용 목록표 기재
✓ 통계적 기법의 소요는 교육훈련 계획 수립시 반영

【8.5.2항 시정조치, 8.5.3항 예방조치】

조직은 부적합의 재발방지를 목적으로 부적합의 원인을 제거하기 위한 조치를 취하여야 한다. 시정조치는 당면한 부적합의 영향에 대하여 적절하여야 한다.

조직은 부적합의 발생 방지를 위하여 잠재적 부적합의 원인을 제거하기 위한 예방조치를 결정하여야 한다. 예방조치는 잠재적인 영향에 대하여 적절하여야 한다.

주요관심사항

✓ 시정조치와 예방조치 교육실시
✓ 시정조치 시스템 확인 - 요구서 발행기준, 시점 및 발행자
✓ 예방조치 시스템 확인 - 요구서 발행기준, 시점 및 절차
✓ 경영자 검토와 시정 및 예방조치의 연결여부
✓ 제품, 공정, 시스템 부적합의 종합분석
✓ 개선제안 및 소집단활동의 권장

3.2 업체 절차평가

업체 절차평가(Procedure Evaluation, PE)는 계약시 요구된 MIL-Q-9858 등 절차 및 시스템 규격을 생산업체가 준수하고 있는 가를 검토하고 평가하는 제도로 90년대까지 국방품질보증활동의 주 수단으로 활용한 품질보증 제도이다.

현재는 품질경영시스템 평가 또는 인증으로 업무수행 기법이 변경되었지만, 모

든 제품의 품질은 생산업체가 제품생산 처음 단계부터 우수한 시스템 및 절차에 의해 만들어져야 우수품질의 확보가 가능하다는 본원적인 개념은 동일하다. 업체 절차평가는 품질경영시스템 평가에 비하여 품질요소별로 통제와 관리가 강화된 정부주관의 평가방식이다.

3.2.1 품질보증과 품질시스템 규격

MIL-Q-9858 품질시스템 요구서는 미국의 군수품 신뢰성 향상 연구의 일환으로 50년대에 제정된 규격으로 모든 제품의 품질은 생산업체가 제품생산 처음 단계부터 우수한 시스템 및 절차에 의해 만들어져야 우수 품질의 확보가 가능하다는 이유로 군수품 생산업체와의 계약시 제품 규격 외에 우수한 생산시스템을 요구하기 위하여 만들어진 군사용 규격서이다. 이러한 품질시스템 보증활동이 발전하여 근래에는 품질경영시스템 규격인 ISO 9000 시리즈로 국제표준화 되었고, 군수품에도 국방품질경영시스템 규격을 제정하여 적용하고 있다. ISO 9000규격이나 국방규격(품질경영시스템)을 근간으로 한 품질경영시스템을 인증하는 방법과 절차는 과거의 업체 절차평가 제도와 그 뿌리가 같으며 계속 발전하고 있는 실정이다.

품질보증에 대해 Dr. Juran은 "모든 관계자들에게 품질기능이 적절하게 수행되고 있다는 확신을 갖도록 하는데 필요한 증거를 제시하는 활동"이라고 정의하고 있다. 즉 품질을 보증하기 위해서는 품질에 대한 객관적인 증거가 제시되어야 한다.

대상 제품이 천연산물이나 단순한 공산품일 경우 인간의 감각에 의한 검사나 간단한 특성시험만으로도 품질보증에 별 문제가 없다. 그러나 제품이 점점 복잡해지면 성능시험, 환경시험 및 수명시험 등의 각종 시험과 검사를 철저히 실시할 지라도 그 결과만 가지고서는 완전한 품질보증을 할 수 없게 된다. 제품이 만들어지는 전 과정- 제품설계, 제조, 포장, 수송 및 설치에서 모든 활동들이 설정된 작업방법에 따라 수행되고 그 결과들이 기록에 의해 객관적으로 입증되어져야 한다. 제품 설계로 부터 제조 및 설치에 이르기까지 품질에 직접적인 영향을 미치는 요소뿐만 아니라 시장 조사, 계약검토 등 간접적인 영향을 주는 요소들도 합당하게 관리되어야 부적합 사항이 예방되어 소요 기간 내에 계획된 비용으로 고객이 원하는 제품을 생산할 수 있게 된다.

따라서 이와 같은 품질보증의 개념에 입각하여 공급자(또는 계약업체)로 하여금 구매자의 품질요건을 충족시키고 있다는 객관적인 증거를 제시할 수 있도록 하는데 필요한 요구사항들을 규정하여 놓은 것이 품질시스템규격이다.

품질시스템규격을 분류하면 크게 특정산업규격과 범용규격으로 나눌 수 있다. 특정산업관련 품질시스템규격은 공급업자로 하여금 해당 산업의 품질요구 사항을 충족시킬 수 있도록 하기 위해 구매자에 의해 개발된 규격이다. 한편 범용규격은 불특정 다수의 업체들을 대상으로 하여 품질보증시스템 개발에 필요한 일반적인 지침을 주기 위하여 정부기관 등에 의해 발행된 규격이다. 그러나 품질시스템규격이 어떤 특정 산업용 규격이거나 어느 국가의 범용규격이건 간에 이들 규격들이 목표로 하는 바는 같고, 요구사항의 주요내용에 있어서도 큰 차이가 없다. 만약 어느 특정산업에 적용하는 품질시스템규격 상에 다른 규격들과 공통적이지 않은 부분이 있다면, 이는 해당 산업의 특수성으로 인하여 강조된 부분이다.

일반적으로 품질시스템규격을 규격에서 요구하고 있는 요구사항의 범위를 기초로 하여 분류하면 아래와 같이 3가지 형태로 구분된다.

- 형태 1: 설계, 개발, 제조 및 설치에서의 품질보증 모델
- 형태 2: 제조 및 설치에서의 품질보증 모델
- 형태 3: 최종검사 및 시험에서의 품질보증 모델

하지만 모든 경우에 있어서도 형태 1의 품질시스템 규격은 '설계, 개발, 제조 및 설치'에 이르기까지의 활동과 관련한 광범위한 요건을 규정하고 있다.

원자력 산업용 품질시스템 규격은 형태 1과 유사한 규격만을 보유하고 있으며 미국의 방위산업용 품질시스템 규격은 형태 1 및 형태 3과 유사한 두 종류를 운용한다.

3.2.2 품질시스템 규격 비교

【MIL-Q-9858A】

MIL-Q-9858A(Quality Program Requirement)는 고도로 정밀하고 구조가 복잡한 군수품의 품질보증활동을 위하여 미국 국방성에 의해 발행된 일종의 산업규격이다.

미국의 군수산업용 규격은 형태 1에 해당하는 MIL-Q-9858A와 형태 3에 해당하는 MIL-I-45208A(Inspection System Requirement)의 2종이 제정되어 있다. MIL-Q-

그림 3-2 품질시스템 변화과정

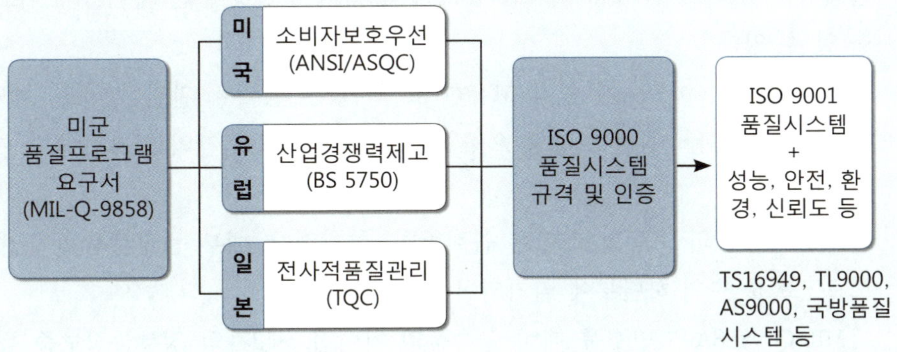

9858A는 항공기, 미사일 등 무기체계에, MIL-I-45208A은 일반군수품에 적용하는 품질시스템 규격이다. MIL-I-45208A는 제품이 품질요구조건에 일치함을 보증하기 위하여 검사 및 시험운영의 효과적인 관리만을 필요로 하는 제품에 적용한다. 한편 MIL-Q-9858A는 검사 및 시험만으로 계약요구조건의 완전한 이행을 효과적이고 경제적으로 달성할 수 없기 때문에 검사 및 시험관리 뿐만 아니라 작업방식과 제조공정까지 관리한다. 따라서 제품설계와 고도로 정밀한 제조과정을 수행하는 품목에 적용하기 위한 것으로, 최초품질계획, 품질비용(Cost Related to Quality), 설비 및 표준, 최신도량형의 요구, 구매관리, 생산공정 및 제조, 완제품 검사 및 시험, 통계적 품질관리 및 분석 등의 광범위한 요구사항들을 포함하고 있다.

MIL-Q-9858A에 의한 품질프로그램 요구서는 검사 위주의 품질보증방식에서 탈피하여 시스템에 의한 체계적 품질보증활동의 기반을 마련하였으며, ISO 9000 품질보증시스템 규격의 모체가 되었다. 품질시스템의 효시라고 일컫는 미군사규격인 품질프로그램을 시작으로 하여 ISO 품질경영시스템규격으로 변화된 과정은 〈그림 3-2〉와 같다.

【MIL-Q-9858A와 ISO 9001의 조항 비교】

군사 규격인 MIL-Q-9858A를 같은 수준의 ISO 규격인 ISO 9001과 비교 검토하기 위해 먼저 MIL-Q-9858A의 개개 조항에 ISO 9001의 상응되는 조항을 연결지으면 다음 〈표 3-3〉과 같다.

상호 비교가 불필요한 항목들을 제외시키고 나서, 상호 연관되는 항목을 연결시키면 상호 1:1 연결이 가능한 항목은 10개 항목이고 나머지 10개의 조항들은 일대다(一對多)의 관계를 보이고 있어 두 규격이 구성상에 큰 차이를 보이고 있음을 알 수 있다.

한편, MIL-Q-9858A에 있어 고유한 요구사항은 품질에 관련된 비용, 계약업체 검사장비의 이용, 최신 도량형 요구 및 정부와 계약업체간의 협조사항 등 5개 조항이다.

ISO 9001만의 고유한 조항은 품질방침, 설계관리, 내부 품질감사 등 6개 조항으로 〈표 3-3〉의 하단부에 열거되어 있다.

MIL-Q-9858A은 민수품 대비 군수품의 차이점, 제2자의 정부품질보증 등 사유에 따라 민간분야의 ISO 9001 품질시스템 규격과는 다른 요구특성을 가지고 있다. MIL-Q-9858A의 특징에 대한 분석결과는 다음과 같다.

첫째, 군수품은 품질에 영향을 미치는 주요 사항에 대해서는 정부의 사전검토 또는 승인을 받도록 요구하고 있다.

－계약업체의 품질시스템에 대한 정부의 승인, 불승인 권한이 명확하게 명시되어 있다.

－규격불일치물자 처리와 관련하여, ISO 9001에는 계약업체가 규격불일치품의 검토 및 처리 절차를 확립하고 문서화하여 이에 따라 업체가 자율적으로 업무를 처리하도록 규정하고 있다. 또한 계약 시 구매자에 의해 요구되지 않은 한 규격불일치품의 특채사용 또는 수리에 대해서 계약업체가 자체적으로 결정할 수 있도록 되어 있다. 그러나 MIL-Q-9858A는 규격불일치물자의 수락 여부에 대한 결정을 정부의 권한으로 규정하고 있으며, 규격불일치물자의 수리 또는 재작업절차도 정부에 의해 검토 후 승인된 문서화된 절차를 준수하도록 요구하고 있다.

－통계적 품질관리와 관련하여 ISO 9001에는 적절한 경우 계약업체가 제품특성의 합격여부를 검증하는데 필요한 적당한 통계적 수법을 사용하게 되어 있으나, MIL-Q-9858A는 정부에 의해 승인된 샘플링방식을 사용하도록 명시하고 있으며 이와 다른 샘플링방식을 적용하기 위해서는 사전에 정부의 검토를 받도록 되어 있다.

둘째, MIL-Q-9858A는 정부품질보증기관이 계약업체를 대상으로 하여 원활한 품질보증활동을 수행할 수 있도록 정부의 활동 권한 및 감독, 계약업체가 협조해야 할 사항들이 명시되어 있다.

| 표 3-3 | MIL-Q-9858A와 ISO 9001 조항간의 비교표

MIL-Q-9858A	ISO 9001
1. 적용범위 1.1 적용	○ 비교 불필요
1.2 계약상의 목적	4.1.2.1 책임 및 권한 4.2 품질시스템 4.4.1 설계관리개요
1.4 다른 계약 요구 조건과의 관계	○ 비교 불필요
1.5 검사제도 요구서와의 관계	○ 비교 불필요
2. 적용문서 및 수정규격서의적용	○ 비교 불필요
3. 품질프로그램 관리 3.1 조직	4.1.2.1 책임 및 권한 4.1.3 경영자에 의한 재검토
3.2 최초 품질계획 수립	4.1.2.2 검증의 수단 및 인원 4.2 품질시스템 4.3 계약내용의 재검토 4.11 검사, 측정 및 시험의 장치
3.3 작업지시서	4.5 문서관리
3.4 기록	4.10.4 검사 및 시험의 기록 4.16 품질기록
3.5 시정조치	4.10 시정조치
3.6 품질에 관련된 비용	※ MIL-Q-9858만의 고유한 조항
4. 설비 및 표준 4.1 도면, 문서 및 변경	4.4 설계관리 4.5 문서관리
4.2 측정 및 시험장비	4.11 검사, 측정 및 시험의 장치
4.3 검사매체로 사용되는 생산공구	4.11 검사, 측정 및 시험의 장치
4.4 계약업체 검사장비의 이용	※ MIL-Q-9858만의 고유한 조항
4.5 최신 도량형의 요구	※ MIL-Q-9858만의 고유한 조항
5. 구매관리 5.1 책임	4.6.2 외주업체의 평가
5.2 구매 제원	4.6.3 구매 데이터
6. 제조관리 6.1 자재 및 자재 관리	4.8 제품의 식별 및 추적성 4.10.1 구입검사 및 시험
6.2 생산공정 및 제조	4.9 공정관리 4.10.1 구입검사 및 시험
6.3 완제품 검사 및 시험	4.10.3 최종검사 및 시험
6.4 취급, 저장 및 인도	4.15 취급, 보관, 포장 및 인도
6.5 규격불일치 물자	4.13 부적합품의 관리
6.6 통계적 품질관리 및 분석	4.20 통계적 수법
6.7 검사상태의 표시	4.12 검사 및 시험의 상태
7. 정부와 계약업체간의 협조사항 7.1 임가공업체 또는 판매업체 시설에서의 정부 검사	4.6.4 구매제품의 검증
7.2 정부재산	4.11 검사, 측정 및 시험의 장치
8. 주기	○ 비교 불필요
	4.1.1 품질방침 4.1.2.3 관리책임자 ※ISO 9000의 4.4 설계관리 고유한 조항 4.17 내부품질감사 4.18 교육, 훈련 4.19 서비스

| 표 3-4 | MIL-Q-9858A 품질프로그램 요구서 정의

조항 번호	명 칭	ISO9001 대비 MIL-Q-9858A의 특징을 이루는 세부 요건
1.	적용범위	• 정부품질보증기관은 계약업체의 품질 시스템에 대한 승인, 불승인 권한을 보유
3.4	기록(Records)	• 계약업체의 모든 기록들은 정부품질보증기관이 검토할 수 있도록 준비되어야 하며 요구시 사본을 제출하여야 함. (ISO에서는 계약시 합의가 된 경우에 한해 구매자가 품질기록을 평가할 수 있음)
3.5	시정 조치 (Corrective Action)	• 시정조치는 모든 임가공업체와 판매업체의 작업성과에도 적용
3.6	품질에 관련된 비용 (Costs Related to Quality)	• 규격 불일치품(부적합품)의 예방과 시정에 소용되는 각각의 비용자료를 품질시스템의 관리수단으로 활용하도록 요구 • 정부 요청시 품질 비용자료를 제출토록 명시
4.2	측정 및 시험장비 (Measuring and Testing Equipment)	• 측정 및 시험장비의 교정은 교정제도 요구서 따르도록 요구)
4.4	계약업체 검사장비 이용 (Use of Contractor's Inspection Equipment)	• 계약 요구조건에의 일치 여부를 판단하기 위하여 필요한 경우 계약업체는 측정 및 시험장비등을 정부 품보원에게 제공하도록 요구.
4.5	최신 도량형의 요구 (Advanced Metrology Requirement)	• 현재의 기술 수준보다 앞선 정밀 측정의 필요성 여부확인 및 정부로 통보하도록 요구
6.5	규격 불일치 물자 (Nonconforming Material)	• 규격불일치 물자의 수락여부는 정부의 권한이며 정부의 소정 규정에 따라 금액을 조정할 수 있음을 명시 (ISO 규격에서는 계약시 요구된 경우에 한하여 부적합 제품의 특채 또는 수리에 대해 구매자의 승인을 받도록 명시)
6.6	통계적 품질관리 분석 (Statistical Quality Control and Analysis)	• 국방규격서나 승인된 샘플링 방식과 다른 샘플링 방식을 사용하려면 정부의 검토를 받도록 규정
6.7	검사 상태의표시 (Indication of Inspection Status)	• 계약업체에서 사용할 검사상태 식별표시의 고안은 정부의 검사확인 표시와 뚜렷이 구분되도록 요구
7.1	정부와 계약업체간의 협조 사항 (Coordinated Government/Contractor Action)	• 정부(구매자 또는 구매자 대리인)는 계약업체 시설에서 생산되지 않는 제품/서비스를 생산 현장에서 검사할 수 있는 권한을 보유 (ISO 규격에서는 계약서에 명시된 경우에 한하여 구매자가 외주업체공장에서 검증을 실시할 수 있는 권한을 갖게 됨) • 계약업체는 정부 품질보증기관이 요구시 모든 구매문서의 사본을 제출하여야 함 • 계약업체는 정부에서 원천검사(Source Inspection)를 실시한 제품중에서 결함을 정부품질보증기관에서 검토할 수 있도록 허용하여야 하며, 또한 이와 관련하여 공급업체로 하여금 정부품질보증원과 협력하여 시정조치 하도록 업체에게 조치함.
7.2	정부 재산 (Government Property)	• 관급자재 관리절차를 구체적으로 제시하고 있음.

－ISO 9001 규격에는 품질보증과 관련하여 실시한 모든 활동들에 관한 실시 결과를 기록으로 남기도록 권유하고 있으나, MIL-Q-9858A에는 계약업체로 하여금 자체 품질보증결과에 대한 객관적인 증거를 정부에 제시하도록 요구함으로써 각종 품질기록들의 활용을 통한 계약업체의 관리감독에 필요한 근거를 확보하고 있다. 또한 계약업체로 하여금 정부품질보증활동에 필요한 업체의 협조사항을 명확히 서술하고 있다.

－정부와 계약업체간의 협조사항으로 계약업체의 시설은 물론 임가공업체의 시설에서도 정부품질보증활동을 실시할 수 있도록 정부의 권한 조항을 명시하고 있다.

셋째, MIL-Q-9858A는 규격불일치품의 예방과 시정과 소요되는 품질비용을 기록하여 품질경영의 요소로서 활용하도록 요구하고 있다.

넷째, 군수품 품질보증에 필요한 계측 및 정밀측정 방법이 현재의 기술 수준이나 기존 측정 장비의 능력범위를 초과하게 되는 경우를 예상해서 이를 정부 품질보증기관으로 제출하도록 최신 도량형 요구조항이 명시되어 있다. MIL-Q-9858A에서 포함하고 있는 품질요구사항을 중심으로 ISO 9001 품질시스템 규격과 비교한 내용은 〈표 3-4〉와 같다.

【AQAP】

AQAP(Allied Quality Assurance Publication) 규격은 북대서양 조약기구(NATO)가입국간에 군수품에 대한 상호 품질보증을 제공하기 위하여 미국의 MIL-Q-9858A와 MIL-I-45208와 동일한 기능을 하는 품질시스템 규격이다.

AQAP 규격은 품질보증을 위한 계약요구사항을 기술하고, 계약과 관련된 정부품질보증기관의 활동범위를 정하기 위하여 작성되었으며 그 규격의 종류는 다음과 같다.

- AQAP-110 ·설계, 개발 및 생산에 대한 나토 품질보증 요구사항
- AQAP-120 ·생산에 대한 나토 품질보증 요구사항
- AQAP-130 ·검사에 대한 나토 품질보증 요구사항
- AQAP-131 ·최종검사에 대한 나토 품질보증 요구사항
- AQAP-150 ·소프트웨어 개발에 대한 나토 품질보증 요구사항

그림 3-3 AQAP-110 규격의 구성

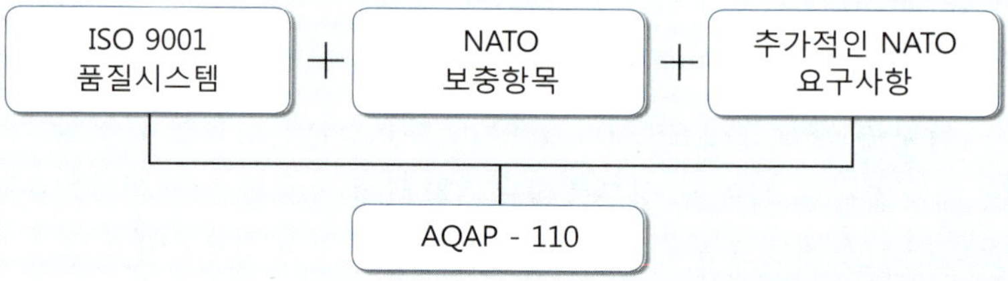

AQAP-110 규격의 요구내용은 〈그림 3-3〉과 같이 ISO 9001 요건을 기반으로 NATO 보충사항 항목과 추가적인 NATO 요구사항 항목으로 구성되어 있다.

NATO 보충항목은 군수품의 특수성을 고려하여 정부품질보증기관에 의한 감독 및 관리가 필요한 사항들이 서술되어 있으며 주요 내용은 다음과 같다.

정부의 사전승인이 요구되는 사항

- 품질시스템(Quality System)
- 품질계획(Quality Plan)
- 일솜씨 표본(Workmanship Sample)
- 부적합품의 보관장소(Holding Area) 및 처리절차
- 모든 수리 또는 특채처리 관한 사항

정부품질보증원에게 제시하도록 요구하는 품질기록

- 품질시스템이 효과적이라는 객관적인 증거
- 경영자 검토 결과
- 계약검토 기록
- 모든 품질 기록
- 내부 품질감사의 결과

기타 요구사항

- 합격 제품만이 정부에 제출되도록 보장
- 품질관리 계획의 수립 및 문서화
- 외주업체에서의 정부 품질보증활동 관련 요구사항
- 정부 관급품 관련 문제점 보고
- 내부 품질감사 시 발견된 주요 결함사항 통보 등

추가적인 NATO 요구항목은 ISO 9000 규격의 어느 조항과도 관련시킬 수 없는 추가적인 사항들로서, 형상관리에 대한 요구사항과 정부 품질보증 활동 수행에 필요한 계약업체의 조력을 기술하고 있다. 따라서 AQAP-110 규격은 ISO 9001의 대부분의 장점을 갖고 있는 동시에 제2자 품질보증 개념의 정부품질보증활동을 수행함에 있어 승인 및 정부제출내용 등이 보완되어 있다.

AQAP-110 품질보증요구서의 요구사항은 ISO 9001 품질시스템 규격을 기준으로 할 때 다음 〈표 3-5〉와 같다. 이상을 종합하여 검토할 때 AQAP-110은 ISO 9001 만으로는 군수산업에 적용하기에 부족한 많은 부분들이 추가 및 보완되어 있으므로, 민수산업과 군수산업에 겸용할 수 있는 새로운 군수산업용 품질시스템 규격을 제정할 때에 좋은 참고 자료가 될 것이다.

| 표 3-5 | AQAP 110 품질보증요구서의 특징

조항 번호	명 칭	ISO 9001 대비 AQAP 110의 특징을 이루는 세부내용
4.	품질시스템 요구사항	• 효과적이고 경제적인 품질시스템을 요구 • 품질시스템에 대해 품질보증기관으로부터 승인을 받도록 요구 • 품질시스템이 효과적이라는 객관적인 증거를 품보원에게 제시하도록 요구
4.1	경영자의 책임	ISO와 동일
4.1.1	품질 방침	ISO와 동일
4.1.2	조 직	• 경영자 대리인에게 권한 부여 및 독립성을 보장하도록 요구
4.2	품질시스템	• 합격제품만이 정부에 제출되도록 보장하도록 요구 • 품질관리계획을 수립하고 문서화하도록 요구 • 품질계획을 수립하고 정부승인을 받도록 요구
4.3	계약의 검토	• 계약검토 기록을 품보원에게 제시하도록 요구
4.4	설계 관리	ISO와 동일
4.4.1	개 요	ISO와 동일
4.4.2	설계 및 개발계획	ISO와 동일
4.4.3	설계 입력 자료	• 설계 및 개발관리 대상항목이 규격에 명시됨
4.4.4	설계 출력자료	ISO와 동일
4.4.5	설계 검증	• 설계검토요령, 기능시험, 입증시험, 형상검토 등의 조항이 추가됨
4.4.6	설계 변경	• 설계변경에 대한 승인권자를 명시하도록 요구
4.5	문서관리	ISO와 동일
4.5.1	문서의 승인 및 발행	ISO와 동일
4.5.2	문서의 변경과 수정	ISO와 동일

조항 번호	명 칭	ISO 9001 대비 AQAP 110의 특징을 이루는 세부내용
4.6	구 매	ISO와 동일
4.6.1	개 요	ISO와 동일
4.6.2	외주업체의 평가	ISO와 동일
4.6.3	구매데이터	• 구매문서에 AQAP 요구사항을 명시하도록 요구 • 외주업체 시설에서의 정부 품질보증활동 조항을 구매문서에 명시하도록 요구
4.6.4	구매품의 검증	• 외주업체에서의 정부품보활동 관련 조항 추가
4.7	구입자에 의한 지급품	• 관급품 관련 문제점을 보고하도록 요구
4.9	공정관리	• 일솜씨의 표본을 검사하고, 품보원의 승낙을 받도록 요구
4.9.1	개 요	ISO와 동일
4.9.2	특수공정	ISO와 동일
4.10	검사 및 시험	• 검사 및 시험 지침서를 작성, 유지하도록 요구 • 합부 판정기준을 문서화하도록 요구
4.10.2	공정검사 및 시험	ISO와 동일
4.10.3	최종검사 및 시험	• 검사 및 시험과정상의 애로점을 보고하도록 요구
4.10.4	검사 및 시험의 기록	ISO와 동일
4.11	검사, 계측 및 시험장비	• 계측 및 제도는 ISO 10012-1에 따르도록 요구
4.12	검사 및 시험의 상태	ISO와 동일
4.13	부적합품의 관리	• 부적합품의 보관장소 및 처리절차에 대해 품보원의 동의를 받도록 요구
4.13.1	부적합품의 검토 및 처리	• 부적합품의 처리절차를 문서화하도록 요구 • 모든 수리 또는 특채처리는 정부의 사전승인을 받도록 요구
4.14	시정조치	ISO와 동일
4.15	취급, 보관, 포장, 및 인도	ISO와 동일
4.15.1	개 요	ISO와 동일
4.15.2	취 급	ISO와 동일
4.15.3	보 관	• 격리 또는 보세 보관장소를 마련하도록 요구
4.15.4	포 장	ISO와 동일
4.15.5	인 도	ISO와 동일
4.16	품질 기록	• 모든 품질기록을 품보원에게 제시하도록 요구
4.17	내부 품질검사	• 나토 보충사항에 언급된 사항들이 내부품질 감사 시 포함 검토되도록 요구 • 내부 품질감사시 발견된 주요 결함사항을 통보하도록 요구 • 내부품질감사 결과를 품보원에게 제시하도록 요구
4.18	교육 , 훈련	ISO와 동일

3.2.3 절차서 검토

【PR 개념】

정부품질보증원은 계약서 요구조건에 의거 업체가 작성하고 제출한 모든 품질·검사 이행절차서를 검토한다.

업체는 품질이행절차서를 작성할 때 절차서 내용이 해당 계약서 또는 업체실정에 맞도록 한다. 작성된 절차서가 불충분하거나 적절치 못하면 그 여파는 계약요구 사항인 품질에까지 미치게 되고, 반면 과도하게 작성된 절차서는 비능률적인 업무를 초래할 수가 있기 때문이다. 품질이행절차서의 검토는 해당 계약품목 생산 기간 중에서 가능한 한 초기에 이루어져야 한다. 절차서에 포함될 업체 생산활동이 현장에 투입 되는데도 불구하고, 업체가 품질이행 절차서를 정부품질보증원에게 제출하지 않으면, 정부품질보증활동을 중지할 수 있다. 절차서가 미비할 경우 업체에 통보해서 조치한다. 품질이행 절차서 제출시기에 대해서는 별도의 제약은 없지만, 업체는 절차서에 담긴 생산활동을 투입시키기 전에 절차서 작성을 완료하여 정부품질보증원이 검토할 수 있도록 해야 한다.

업체 품질이행 절차서가 MIL-Q-9858A 또는 MIL-I-45208A 요구사항을 만족하면, 정부품질보증원은 절차서의 수락 통보서를 업체로 발행한다. 수락 통보서는 업체 생산설비, 생산 제반요건 또는 생산 라인을 대상으로 발행할 수가 있으나, 업체가 시정조치를 제대로 수행하지 못하면 언제든지 수락을 취소한다는 단서조항이 포함되어야 한다. 또한 수락 통보서 내용에는 통보서 발행일자로부터 효력이 있으나 신규계약 또는 해당절차서 적용 결과에 따라 수락 근거가 변경될 수도 있다는 내용을 담고 있어야 한다. 정부품질보증원이 업체 품질이행 절차서를 검토해 본 결과 절차서가 계약요구 조건을 모두 충족시키지 못할 것으로 판단되면 불승인 사실을 업체에게 서면으로 통보한다. 아울러 품질이행 절차서가 불충분하다고 판단되면, 정부품질보증원은 업체 측에 서면으로 보완요구를 해야 한다.

계약품목 생산 중 특정 분야가 정부 측 승인이 필요하다고 규격서에 명시되어 있으면, 정부품질보증원은 업체가 해당 분야에서 다음의 필수요구조건을 갖추었는지 확인한다.

- 인력, 장비, 공정라인에 대한 자격인정(Certification), 또는 품질인증(Qualification).

- 기타 특수조건들.

【PR 절차】

업체 품질이행절차서는 계약 이행요구조건에 따라 작성되며 절차평가시 효율성을 기하기 위해 구성요소별로 알파벳 식별부호를 〈표 3-6〉과 같이 부여한다. 정부품질보증원은 절차서 검토시 다음 지침에 따른다.

| 표 3-6 | 품질 이행절차서 식별부호

식별 부호	품질 이행 절차서 구성요소
A	최신 기술을 초월한 측정 항목(Advanced Metrology Requirement)
B	정부-소유, 업체-임대 생산설비(Bailed Property)
C	완성품 검사/시험(Completed Item Inspection and Test)
D	시정 조치(Corrective Action)
E	품질 비용(Cost Related to Quality)
F	기술자료 묶음 관리(Drawings, Documentation, and Change)
G	관급자재 관리(Government Furnished Material)
H	임가공 업체에서의 정부검사 (Government Inspection at Subcontractor or Vendor Facilities)
I	제품 취급절차(Handling Storage, and Delivery)
J	검사상태 표시법(Indication of Inspection Status)
K	원자재/가공품 입고검사(Materials and Materials Control)
L	측정 및 시험 장비(Measuring and Test Equipment)
M	규격 불일치품 처리절차(Nonconforming Material)
N	업체 조직(Organization)
O	품질보증 계획 수립(Planning)
P	공정 관리(Process Control)
Q	제품검사에 이용되는 치공구(Production Tooling Used as Media of Inspection)
R	생산 공정/제조 관리(Production Processing and Fabrication)
S	업체 간 체결되는 사급 계약서에 들어갈 내용(Purchasing Data)
T	품질보증 증빙자료(Records)
U	품질보증 책임(Responsibility for Control Purchases)
V	통계적 기법을 이용한 검사(Statistical Quality Control and Analysis/Sampling Inspection)
W	업체검사 장비 이용 권리(Use of contractor's Inspection Equipment)
X	지침서 관리 운용(Work Instructions/Inspection and Testing Documentation)
Y	입고 검사(Receiving Inspection)
Z	특수 안전 관리(Specialized Safety)

- DoD H-50, Evaluation of a Contractor's Quality Program.
- DoD H-51, Evalution of a Contractor's Inspection System.
- DoD H-52, Evaluation of a Contractor's Calibration System

복잡한 품목 및 공정의 경우, 업체 품질이행 절차서는 폭넓은 기술적 내용을 담고 있게 마련인데, 정작 정부품질보증원의 지식은 광범위한 절차서를 심도 있게 평가하는데 부족할 수도 있다. 따라서 정부품질보증원은 전문가와 함께 팀을 편성할 수 있다. 절차서 항목중 미흡한 내용이 발견되면 정부품질보증원은 서면으로 업체 측에 이 사실을 통보한다. 이때 주의할 사항은 절차서 항목 중 어느 항목이 계약 요구조건에 위배된다는 사실만 통보 할 뿐 바로잡는 '방법'까지 알려주지 않는다. 그 사유는 첫 번째, 업체가 정부품질보증원 지시대로 절차가 결국 실패로 끝났을 때 업체가 실패의 책임을 정부쪽에 전가할 수 있기 때문이다. 두 번째 이유는, 정부품질보증원의 머릿속에 있는 특정업체의 고유한 '방법'을 절차서 평가를 받는 해당업체에게 가르쳐 줌으로써, 결과적으로는 이것이 특정업체의 산업비밀을 노출시켰다는 오해의 소지가 있기 때문이다.

업체가 계약서 요구대로 품질이행 절차서를 작성하지 않거나 시정을 요구한 부적절한 절차서를 바로 잡는데 성의를 보이지 않으면 정부품질보증원은 '시정조치 C' 또는 '시정조치 D' 방법을 조치한다.

품질이행 절차서 검토시 유의할 것은 정부품질보증원의 절차서 검토가 업체 생산활동의 지나친 지체 요인이 되지 않도록 검토가 이루어져야 한다는 점이다.

3.2.4 절차서 평가

【PE 개념】

절차 평가는 업체의 품질이행 절차서를 정부품질보증원이 계약 요구조건을 충족시킬 수 있는 지 여부를 평가하는 것이다. 절차 평가는 업체 생산활동이 품질이행 절차서에 따라 이루어지고, 절차서 구성요소가 제품품질 관리라는 본래의 목적에 부합되는가를 확인하는 현장입증 활동이다. 이러한 현장입증의 방법은 점검표에 의한 조사활동이다.

절차 평가는 새로 작성되거나 개정된 품질이행 절차서를 대상으로 업체 생산활동 초기 단계에서부터 시작하는 것이 일반적이다. 절차 평가는 제품을 중심으로 한 평가(Product oriented Methods of Evaluation)와 현장을 중심으로 한 평가로 이루어진다. 제품중심 평가는 제품의 공정 진행, 조립, 생산장비, 또는 치공구에 관련된 업체 절차서를 평가하는 것이고, 현장중심 평가는 제품 검사기능이 포함된 각 생산구간 별 기능평가를 위주로 한다.

절차 평가는 충분한 시간적 여유를 두고 실시해서 최종제품 납품에 지나친 지체요인이 되지 않도록 계획을 수립해야 한다. 평가는 업체 계약이행 기간을 통하여 전반적으로 이루어져야 하므로 정부품질 보증원은 업체가 스스로 정한 절차를 꾸준히 지키도록 감독하고, 정해진 절차를 거쳐나온 제품이 목표로 삼았던 품질 상태를 벗어나면 적절한 절차서 보완이 뒤따르도록 조치한다.

【PE 절차】

정부품질보증원은 새로 작성되거나 도중에 수정 변경된 업체 품질이행 절차서를 대상으로 생산 현장이 절차서대로 운영되는가 확인하기 위하여 현장 입증을 수행한다. 절차서 작성 후 처음 실시하는 초도평가와 개정된 절차서를 대상으로 하는 수시평가로 나누어진다. 초도 평가의 주목적은 현장입증을 통하여 업체절차서의 적절성과 업체의 절차서 준수를 확인하기 위함이다. 초도평가는 점검표상에 나와 있는 모든 절차서 평가장소 별로 해당되는 모든 평가항목들이 현장입증 대상에 포함되며, 개정된 평가항목을 대상으로 하는 수시평가 입증 시에는 해당 평가항목들이 입증대상이 된다. 한 개의 평가항목에 절차서 평가장소가 다수인 경우 아래 〈표 3-7〉과 같이 평가장소를 무작위 샘플링해서 현장입증을 할 수 있다.

절차서 평가 주기를 정할 때, 정부품질보증원이 고려해야 할 사항은 절차서 구성요소와 평가 항목 상호간의 상대적 중요성을 고려해야 한다.

평가항목들의 상대적 중요성이 본질적으로 서로 같으면, PE점검표 한 장에 해

| 표 3-7 | 평가항목당 절차서 평가장소 수량

평가항목당 입증 해야할 절차서 평가장소 수량	현장입증시 최소로 필요한 평가항목당 절차서 평가장소 수량
5	모두 적용
6-19	5
20-34	7
35 또는 그 이상	9

당 평가 항목들을 기록한 다음 똑같은 PE 주기를 부여할 수 있다. 그러나 하나의 절차서 구성요소에서 파생된 여러 개의 평가 항목들이라도, 어느 특정 항목은 별도의 PE 주기를 부여 할 수도 있다. PE 실시결과 업체의 품질이행 절차서 준수상태가 양호한 것으로 판단되면, 정부품질보증원은 개별적 절차서 구성요소 기준으로 최대 180일마다 실시하여 주기를 줄일 수가 있다. 절차서 평가장소를 대상으로 하는 평가항목인 공정관리 항목의 현장입증은 최소 60일마다 한번 씩은 평가해야 한다.

업체 품질이행절차서의 적합성과 업체의 준수상태의 확인은 해당절차를 거쳐서 나온 제품을 확인함으로써 절차서의 완벽성을 입증할 수도 있다. 예를 들면, 도금 처리와 같은 특수 공정에서 도금두께는 흔히, 지속시간, 온도, 전류세기, 및 도금액들과 함수관계를 이루는데, 이러한 도금공정 절차대신에 결과치인 도금두께를 측정함으로써 대체할 수 있다. 열처리 시간과 온도의 적합성을 입증하기 위해, 이들 제조과정을 거쳐서 나온 제품의 경도를 확인하여 절차서의 적합성을 알 수 있으며, 이 경우 평가방법 란에 제품 확인이라고 기록한다.

절차서 평가는 정부품질보증원 단독으로 수립할 수도 있고 또는 각계각층의 전문기술자들과 팀을 이루어 할 수도 있다. 팀으로 구성된 절차서 평가방식은 초도평가 단계에서는 유익하게 활용할 수 있다.

정부품질보증원은 평가결과, 업체 절차서가 부적합하거나 업체 실태가 평가항목기준에 불일치되는 것으로 판명되면, 이것으로 해서 PE점검표에 나와 있는 PE 주기를 굳이 바꿀 필요는 없다. 절차서상에 잘못된 것이 발견되면, 업체에게 시정조치를 요구한다. 잘못된 절차로 인해서 결함제품을 생산할 소지가 있거나, 이미 공정이 진행됐다면, 업체 측에 통보하여 잘못된 절차서 또는 결함을 내재한 제품을 상대로 신속한 시정조치가 취해지도록 요구한다.

【PE 점검표 작성】

PE점검표 작성을 위해서는 업체 품질이행절차서를 차지하고 있는 절차서 구성요소들을 면밀히 검토하여 계약요구 품질에 직접적인 영향을 줄 수 있는 특성을 찾아 평가항목을 작성해야 한다. 평가 항목은 업체 품질 이행절차서와 상호연관성을 맺어주기 위하여 절차서 구성요소 별로 아래내용을 점검표에 기입한다.

- 평가장소(Evaluation Locations)

- 문서번호(Contractor's Procedures Number)
- 항목번호(Paragraph Number)
- 페이지 번호(Page Number)
- 작성일자(Date)

점검표에 기입될 평가항목은 업체 품질이행절차서 내용을 그대로 옮겨놓거나 절차서 내용을 정리하여 평가 항목 란에 적어놓을 수 있다. 평가항목을 작성하는 과정에서, 어느 생산공정의 특성이 중요하여 평가항목으로 선정해야 함에도 업체 절차서에서 언급이 없다면 정부품질보증원은 업체로 하여금 품질이행절차서를 보완토록 요구한다.

물자심의 제도가 업체 자체적으로 허용된다면 물자심의 제도 기준 보다는 반복되는 물자심의 상정 건을 줄이기 위한 시정조치 절차를 먼저 고려해야 하고, 사용자 불만이 접수되면 불만해소 차원보다는 재발 방지를 위한 시정조치에 역점을 두어야 한다. 그리고 정부가 발견해서 업체로 하여금 시정하도록 요구한 결함 사항은, 업체의 조치이행이 확실한지 알아보기 위하여 정부품질보증원은 조치과정까지 지켜봐야 한다. 이상과 같은 배경으로, 점검표의 평가 항목 란에 기입될 내용은, 일상 업무로는 지나쳐 버리기 쉬운 부분을 업체 절차서가 뒷받침 해줘야 될 시정조치 제도로서 기록되어야 한다.

절차서 구성요소를 평가하기 위한 평가항목 작성이 끝나면, 직접 확인해야 할 업체 설비가 있는 절차서 평가장소를 기록한다. 예를 들면 정밀 측정실과 같이 업체설비가 있는 구체적인 장소를 기록한다.

PE 평가항목에 대한 평가방법 란에는 평가요령을 기술하는 것으로 업체 실태와 만족여부 점검을 위하여 각 절차서 평가장소 별로 확인해야 할 사항을 평가요령으로 기록한다. 현장확인 범위는 제품 평가항목의 중요성을 감안하여 결정한다. 예를 들어, MIL-Q-9858A의 'I. 제품취급절차' 평가항목을 가공 투입을 위해 장기 보관하고 있는 원자재의 업체 저장관리 상태와 장거리 수송을 위해 대기 중인 원자재 관리상태로 정했다고 가정해 보자. 그러면 평가 방법란에는 아래 요령으로 기록한다.

- 장기 보관 시 저장환경에 예민하거나 시한성 원자재 위주로 점검해서 확인대상 원자재 종류를 명시한다.

- 자재 식별과 표시방법이 업체 절차서대로 적용되었는지 확인 대상 원자재 종류별로 기록한다.

그리고 평가 방법란에는 판정기준을 설정하여 업체의 생산현장 실태가 품질 이행 절차서에 만족되는지 여부를 가릴 수 있도록 한다.

PE 점검표에 절차서 구성요소와 해당 평가항목들을 나열시키는 방식은 다음과 같다.

- 주어진 하나의 절차서 구성요소를 기준으로 삼고, 여기에 해당되는 평가항목들을 나열한다.
- 여러 개의 절차서 구성요소 별로 제조현장 평가를 실시했을 때, 결과적으로 얻어지는 개별적 절차 평가의 중요도에 따라 구분한다.
- 절차서 구성요소 중의 하나인 업체 생산 활동범위는 지역적으로 서로 가깝게 또는 서로 멀리 떨어져 있는가 하는 계약이행 활동의 지역적 분포에 따른다.

개별적 절차서 구성요소에 소요되는 생산현장 평가 업무량이 그리 많지 않거나 이들 절차서 평가장소들이 한 곳에서 몰려 있다면, PE 점검표 기입방식은 공통 평가항목을 기준으로 해당 절차서 구성요소들로 짜여진 점검표를 이용하는 것이 합리적이다. 예를 들면, 'L. 측정 및 시험 장비' 와 'Q 제품검사에 이용되는 치공구'의 절차서 구성요소는 유사한 내용으로 하나로 묶을 수가 있다. 유사성이 있는 'G. 관급자재 관리' 와 'B. 정부-소유, 업체-임대 생산설비'는 공통의 점검표를 활용할 수 있는 경우이다.

업체 설비가 있는 한 장소를 거점으로 절차서 구성요소에 대한 평가 항목들과 현장 평가 업무량이 한정되어 있다면, 절차서 평가장소 기준으로 짜여진 점검표 이용이 바람직하다. 그 이유는 평가장소 한 곳에서 이루어지는 해당 절차서 구성요소와 평가항목들을 장소를 바탕으로 점검표 한 장에 작성할 수 있기 때문이다.

아주 특수한 경우로서, 업체의 생산 활동이 지리적으로 크게 떨어진 장소에서 각각 이루어진다면, 점검표 작성도 지리적 특성대로 각각 만들면 편리할 때가 있다. 가령, 계약품목 특성이, 지방에 있는 공장에서는 대부분 부품들을 생산하고 서울에 있는 본사는 완성품 조립공장 역할을 한다면, 점검표도 서로 떨어진 공장별로 각각 작성하면 되는 것이다. 즉, 지방에 있는 부품생산 공장을 평가하려면 아래 절차서 구성요소들로 작성된 PE점검표를 가지고 현장 입증하면 될 것이다.

- T. 품질보증 증빙자료
- D. 시정 조치
- F. 기술자료 묶음 관리
- L. 측정 및 시험 장비
- M. 규격 불일치품 처리절차
- V. 통계적 기법을 이용한 검사
- J. 검사상태 표시법

【PE 점검표 구성】

품질이행절차서 평가 점검표는 미 국방부 표준양식(DD Form 1709)을 사용하며 작성방법은 다음과 같다.

① 절차서 구성요소: 알파벳 식별부호와 절차서 구성요소 명칭

② 절차서 평가장소: 정부품질보증원이 해당 평가항목을 현장 입증해야 할 업체 설비가 있는 장소

③ 절차서 문서번호, 저차서 항목번호, 절차서 페이지번호, 절차서 작성일자: PE점검표 상의 평가항목과 업체가 제출한 품질이행 절차서를 서로 연결

③-1 절차서 문서번호: 업체가 제출한 품질이행 절차서의 문서번호

③-2 절차서 항목번호: 품질이행 절차서 내용 중 PE점검표에 적혀진 평가항목을 언급하고 있는 목차번호 또는 항목번호

③-3 절차서 페이지번호: 품질이행 절차서 내용 중 PE점검표상의 평가항목을 규정하고 있는 해당 페이지

③-4 절차서 작성일자: 업체가 품질이행 절차서를 작성 완료한 날짜

④ 평가항목: 평가해야 할 특성 또는 기준

⑤ 평가방법: 업체의 품질이행절차서 준수여부 평가를 위한 방법으로 간략하게 기술하고 개별적 절차서 평가장소에서 현장 입증 시 취해야 할 업무요령을 순서별로 나열

업체 절차 검토결과 미 국방부 표준양식(DD Form 1711)을 사용하며 작성방법은 다음과 같다.

〈 양식 앞면 〉

① 계약번호/ 절차서 구성요소: 알파벳 식별부호와 절차서 구성요소 명칭 혹은 PVI 결과표로 사용될 경우에는 계약번호

② 활동 명칭: PE 또는 PVI

③ 작업 명칭/장소: PE결과표로 사용될 경우 미적용하고 PVI결과표로 사용될 경우 업체 자체 검사장소 명기

④ 합 계: PE결과표로 사용될 경우 미적용하고 PVI결과표로 사용될 경우 'E 세로칸' 과 'F 세로칸' 의 합계를 기록

⑤ 공정 평균값: 기록 여부는 작성자 임의사항

⑥ 확인 건수: PE(또는 PVI)를 실시한 총 확인건수(Number of Observations)로 PE기록표로 사용될 경우 점검한 총 '평가항목' 수량이고 PVI기록표로 사용될 경우는 검사한 총 '검사항목'수량이다. 기록 방법은 'PE/PVI 실시결과'가 기록되는 ' */ ' 에서 수평상으로 ' * ' 수치를 전부 합하여 기록한다.

⑦ PE(또는 PVI)실시결과 발견된 총 결함 건수(Number of Defective Observations made)로, PE기록표로 사용될 경우 점검한 총 '평가항목' 중에서 결함으로 판명된 건수를 기록하고, PVI기록표로 사용될 경우 검사한 총 '검사항목'중에서 결함으로 발견된 건수를 기록한다. 기록 방법은 'PE/PVI' 실실결과가 기록되는 ' / * ' 에서 수평상으로 ' * ' 수치를 전부 합하여 기록한다.

⑧ 결함 %: 결함 비율이며 '100X(F칸 수치)/)(E칸 수치)' 으로 계산하여 기록한다.

⑨ 총 불량 수량: PE 결과표로 사용될 경우 미적용

⑩ PE결과표로 사용될 경우에는 용도에 따라 활용

⑪ PE/PVI 실시결과 (확인건수/결함건수): PE(또는 PVI) 실시결과 얻은 개별적 데이터로, PE 결과표로 사용될 경우 개별적 '평가항목'당 확인한 건수와 그 중에서 결함으로 판명된 건수를, 대각선 위, 아래에 각각 적는다. PVI결과표로 사용될 경우 개별적 '검사항목'당 실시한 검사 건수와 그중에서 결함으로 발견된 건수를, 대각선 위, 아래에 각각 기록한다.

양식 위쪽 세로 칸에 적을 내용은, PE기록표로 사용될 경우 PE점검표상의 '평가항목 순위'들을 옆으로 차례대로 하나씩 기록하며, PVI기록표로 사용될 경우 조립체/구성품/작업장 명칭과 개별적 검사항목/부품번호들을 옆으로

차례대로 하나씩 기록한다.

⑫ 확인 이력: PE기록표로 사용될 경우 미적용하며, PVI결과표로 사용될 경우에는 초도생산품 검사한 검사결과를 기록

⑬ 기타 결점: PE(또는 PVI)와 직접적인 관련이 없었던 결점(Defects) 수량을 기록

⑭ 총 확인 수량: PE 결과표로 사용될 경우 미적용하고 PVI결과표로 사용될 경우에는 PVI로 확인했던 총 제품/부품 수량을 기록

〈 양식 뒷면 〉

① 발견 일자: PE결과표로 사용될 경우 시정조치 요구를 야기 시킨 또는 원인제공을 했던 날짜를 기록하고 PVI결과표로 사용될 경우 규격 불일치가 발생한 날짜를 기록

② 시정 조치 방법: 해당되는 시정조치 방법란에 '✓ ' 표시

③ 발견된 결점내용: 발견된 결점내용을 요약하여 기록

DD Form 1709

품질이행 절차서 평가 점검표		계약업체		점검표 작성일자
① 절차서 구성요소		④ 순위____. 평가항목	⑤ 평가방법	
② 절차서 평가요소				
③-1 절차서 문서번호	③-3 절차서 페이지번호			
③-2 절차서 항목번호	③-4 절차서 작성일자			
절차서 구성요소		순위____ 평가항목	평가방법	
절차서 평가요소				
절차서 문서번호	절차서 페이지번호			
절차서 항목번호	절차서 작성일자			
절차서 구성요소		순위____. 평가항목	평가방법	
절차서 평가요소				
절차서 문서번호	절차서 페이지번호			
절차서 항목번호	절차서 작성일자			
절차서 구성요소		순위____. 평가항목	평가방법	
절차서 평가요소				
절차서 문서번호	절차서 페이지번호			
절차서 항목번호	절차서 작성일자			
절차서 구성요소		순위____. 평가항목	평가방법	
절차서 평가요소				
절차서 문서번호	절차서 페이지번호			
절차서 항목번호	절차서 작성일자			

DD Form 1711

1. 계약 업체												⑪ PE/PVI 실시결과 (확인 건수/ 결함건수)																		확인이력 ⑫	기타결함 ⑬	총확인수량 ⑭
2. 계약번호/ 구성요소 ①																																
3. 활 동 명 칭 ②																																
4. 작업명칭/ 장소 ③																																
일련번호	성명	일자	소요시간	확인건수 ⑥	결함건수 ⑦	결함%G ⑧	총불량수량 ⑨	⑩	⑩	⑩	⑩																					
5. 합 계																																
6. 공정 평균값																																

※ PE: 업체절차평가

PVI: 제품확인감사(Product Verification Inspection)

① 발견 일자	② 시정 조치 방법					③ 발 견 된 결 점 내 용	
	A	B	C	D	E		

CHAPTER 4

제 4 장
제품인증
Qualified Product List, QPL

"품질 투자비용은 품질향상으로 얻는 엄청난 이익에 비하면 공짜다."

(Quality is Free)

CHAPTER 4

본 장에서는 특정 제품(소재, 제품, 생산프로세스)의 사양, 성능, 안전성 등이 해당규격에 맞도록 제조되었는지를 평가하여 적합성을 보증해 주는 제품인증 제도에 대하여 서술하였다. 제1절에서는 국방제품인증 제도의 이해를 돕기 위해 제품인증의 개요에 대하여 서술하였으며, 제2절에서는 민간분야에서 운영되고 있는 제품인증 제도 조사결과를 정리하였다. 제3절에서는 미국의 QPL(Qualified Product List)/QML(Qualified Manufacturer List) 제도를 포함한 국방분야의 제품인증 제도와 그 발전방향을 제시하였고, 제4절에서는 국방제품인증의 일환으로 시행하고 있는 업체 생산능력 확인 및 자율 품질보증 제도에 관하여 서술하였으며, 업체 자율 품질보증 품목 지정 과정을 사례로 포함하였다.

4.1 제품인증 개요

일반적으로 '적합성평가'로 지칭되는 활동에는 제품인증, 시험 및 교정기관인증, 시스템인증이 포함되며, 정부 혹은 공인된 제3자 기관이 표준규격으로 정하여진 기준, 절차, 방법 등의 적합 여부를 평가하여 인증하는 제도로 대상에 따라 크게 시스템인증과 제품인증으로 분류되고 성격에 따라 강제인증과 자율인증으로 나눌 수 있다.

시스템인증은 특정 제품, 공정 또는 서비스를 제공하는 조직(기업, 단체 등)의 경영시스템이 국제규격(ISO 9001 등)에 따라 적합하게 경영방침을 정하고 그에 따라 운영되고 있는지를 평가하여 적합성을 보증해 주는 제도로 품질경영시스템(Quality Management System), 환경경영시스템(Environmental Management System)이 그 대표적인 예이다.

제품인증은 특정 제품(소재, 제품, 생산프로세스)의 사양, 성능, 안전성 등이 해당규격에 맞도록 제조되었는지를 평가하여 적합성을 보증해 주는 제도로 KS, UL, CE마크 인증제도 등이 있으며, 제품인증에는 강제인증과 자율인증으로 구분할 수 있다.

강제인증은 공공의 안전 및 이익에 관련되는 제품의 경우 인증을 받은 제품에 한해 자국의 소비자를 상대로 판매 및 유통할 수 있는 제도이다. EU의 CE 마크는 제품의 안전과 사용자의 건강, 환경 및 소비자 보호와 관련한 유럽통합 규격의 요구사항에 충족된다는 표시로 유럽연합 내에서 유통되는 모든 제품에는 인증기관의 승인을 받거나, 자체 선언에 의해 반드시 CE마크를 부착해야 하는 강제인증제도이다.

자율인증은 의무사항은 아니나 소비자의 선택을 돕기 위해 시행하는 인증제도이다. 미국의 UL마크는 자국내에서 유통되는 대부분의 제품에 적용되는 제도로 사용자의 신체장애, 인명 및 재산피해를 최소화할 목적으로 운영되고 있는 자율인증제도이다.

정보의 확산과 통신기술의 발달로 지리적, 물리적 제약이 극복됨에 따라 국경 없는 무한경쟁이 가속화되면서 국가별로 자국민의 안전확보와 자국 산업의 보호 등을 위한 각종 장벽이 대두되고 있으며, WTO체제에서 관세장벽 등 고전적인 수입규제 수단이 제약을 받으면서 각종 표준 및 기술규격 등의 인증제도를 통한 비관세 장벽이 확산되고 있는 추세이다. 특히 선진국들은 그들이 선점한 기술 우위를 바탕으로 개발도상국의 관련 산업에 막대한 영향을 미치는 환경기준과 더불어 제품인증 분야에 이러한 움직임을 취하고 있다.

인증제도가 수입 규제수단으로 이용됨을 방지하기 위해 WTO 협정에서 인증은 자국내 생산자와 같이 국외 생산자에게도 동등한 조건으로 적용될 수 있도록 공정성을 보장하여야 하며, 제품불량으로 인한 위험을 고려하여 적용규격에 충족된다는 확신을 주는 것 이상으로 과다하게 적용되거나 국제무역에 불필요한 장애를 유발할 목적으로 적용되지 않도록 요구하고 있다.

최근의 인증제도 동향을 보면 각종 표준화 단체 차원의 인증제도로는 ISO 9000, 14000 series 등이 있으며 국제적으로 품질경영시스템(ISO 9000), 환경경영시스템(ISO 14000)의 준수를 필수적으로 요구하고 있고, ISO에 의한 규격 및 가이드가 품질인증에 대한 요구사항으로 변화되고 있다.

또한, 국가에서 주도하지 않더라도 각종 민간 시험 기관 또는 협회 차원의 인증제도인 친환경성 제품에 대한 환경마크 (Eco mark), 전자/전기 제품 등의 안전성 확보를 위한 미국의 UL 마크 또는 유럽의 CE 마크, 각종 형식승인 제도 등이 일종의 수입규제 수단으로서 이용되고 있는 실정이다.

이와 같은 인증제도는 시장에서 제품의 평가기준이 마련되지 않은 상황에서 일반 소비자들과 바이어들에게 가장 손쉽게 인정받을 수 있기 때문에 인증제도 운영에 따른 전세계 시장 주도권을 확보하고, 이를 통해 경제적인 이익을 얻을 수 있다. 이는 이러한 인증제도가 일반 소비자들이나 제품 구매자들에게 적극적으로 수용될 수 있는 장점을 지녔다는 것을 의미한다.

4.2 민간분야 제품인증제도

제품(제조물) 또는 서비스(용역)를 생산하기 위해서는 생산성(Producibility), 품질(Quality), 안전(Safety)의 관리대상 3요소가 있으며, 품질은 제품(서비스포함)의 기능과 수명에 관한 품질을 의미하는 성능품질(Performance quality)과 안전에 관한 품질을 의미하는 안전품질(Safety quality)의 두 종류로 구분할 수 있다.

기존에 우리나라에서는 성능품질에 초점을 맞추어 정부의 관리정책을 전개하여 왔으나 최근의 국제적인 추세는 성능품질은 시장의 자율적인 가격에 맡기고 안전품질에 대하여 중점적인 관리를 전개하는 방향으로 정책을 추진하고 있다.

제품안전은 제조물 또는 서비스 자체의 품질을 관리하여 사용자 또는 이용자의 생명과 건강 또는 재산을 보호하는 안전분야를 말하며, 최근에 도입된 제조물 책임(PL: Product Liability)제도는 구입한 제품으로 인하여 사용자 또는 이용자의 손해에 대하여 제조자의 배상책임을 명시함으로써 손해에 대한 보상을 보장하는 제도이다.

선진국의 안전관리체제는 안전관련 법령과 보험제도에 의해 뒷받침되는 자율안전 관리체제를 바탕으로 하고 있으며, 안전관리방법은 관리주체에 일임하고, 공공 및 민간전문기관은 인증체계를 통하여 감시하며, 정부는 민간 안전전문기관의

| 표 4-1 | 국내 강제인증 제도

순	대상분야	운영방식	주관기관	법적근거
1	전기용품	안전인증	기술표준원	전기용품안전관리법
2	공산품	안전검사	기술표준원	품질경영 및 공산품안전관리법
3	압력용기	안전검사	기술표준원	고압가스안전관리법
4	가스용품	안전검사	지식경제부	액화석유가스 안전 및 사업관리법
5	자동차	형식승인 제작인증	(환경부) 국토해양부	자동차관리법 대기환경보전법, 소음진동규제법
6	건설기계	형식승인		건설기계관리법
7	항공기	형식승인 성능검사		항공법 항공우주산업개발촉진법
8	유선기기	형식승인	지식경제부	전기통신기본법
9	무선기기	형식검정		전파법
10	전자파장애기기	적합등록		전파법
11	환경측정기기	형식승인	환경부	환경기술 개발 및 지원에 관한 법률
12	정수기	품질검사		먹는물관리법
13	선박 및 선박용 물건	형식승인	국토해양부	선박안전법
14	해양오염방지설비	형식승인		해양오염방지법
15	의료용구	안전검사	보건복지부	약사법
16	보호구	검정	고용노동부	산업안전보건법
17	유해 위험기계, 기구	성능검사		
18	소방용 기계, 기구	형식승인	행정안전부	소방법

| 표 4-2 | 국내 자율인증 제도

구분	인 증 명	주관기관	법적근거
산업표준	KS제도	한국표준협회	산업표준화법
	계량기	기술표준원	계량 및 계측에 관한 법률
품질	품질보증마크(Q마크)	한국생활용품시험연구원 등 6개 기관	
	자본재 우수품질인증제도(EM마크)	기술표준원	산업발전법
	K마크	산업기술시험평가연구소	산업발전법
	중소기업 우수제품 마크제도(GQ마크)	기술표준원	중소기업진흥 및 구매 촉진에 관한 법률
	농산물품질인증제도	농림수산식품부	농수산물 가공산업 육성 및 품질 관리에 관한 법률
	우수산업디자인 마크제도(GD마크)	산업디자인 진흥원	산업디자인진흥법
	사후봉사우수기업인증제도(AS마크)	기술표준원	품질경영 및 공산품안전관리법
	고객만족인증제도(CS마크)	한국능률협회	
	위생가공 보증마크(SF마크)	한국원사직물시험연구원	
에너지 이용	고효율기기 보급지원제도	에너지 관리공단	에너지이용 합리화법
	에너지 소비효율 마크제도		에너지이용 합리화법
신기술	국산신기술인정제도(KT마크)	한국산업기술 진흥협회	기술개발촉진법
	신기술상품표시제도(NT마크)	기술표준원	공업발전법
	우수 신기술인증제도(IT마크)	정보통신 연구관리단	정보화촉진 기본법
환경	환경설비 품질인증제도	산업기술시험평가연구소	환경친화적 산업구조로의 전환촉진에 관한 법률
	환경마크	환경마크협회	환경기술개발 및 지원법률
	우수재활용품질인증제도(GR마크)	기술표준원	자원의 절약과 재활용촉진에 관한 법률
	재활용제품질보증제도	한국자원재생공사	
안전	S마크	한국산업안전공단	산업안전보건법
	안전초일류기업제도	고용노동부	
단체	단체표준인증제도	한국전기공업협동조합외62개단체	산업표준화법

감독, 안전관련 산업육성, 안전관련 지식연구/개발 지원, 안전관련 정보를 지원하는 체제이다.

국내의 제품인증 제도는 법률에 근거하여 제품의 품질, 소비자의 안전, 보건 및 환경 등의 확보를 목적으로 〈표 4-1〉과 같이 18개 분야에 대한 강제 인증 제도를 시행하고 있다.

산업표준규격의 확산, 품질향상, 신기술개발, 에너지의 효율적인 이용을 유도하기 위해 〈표 4-2〉와 같이 25개 분야에 대한 자율인증제도를 운영하고 있으며, 한국전기공업 협동조합 등 63개 단체에서 단체표준 인증제도를 운영하고 있다.

4.3 국방분야 제품인증제도

국방분야 제품인증의 가장 대표적인 제도는 미국의 제품인증 목록(Qualified Product List, QPL)/제조자인증 목록(Qualified Manufacturer List, QML) 제도라고 할 수 있다. 미국의 군수품에 대한 제품인증(QPL) 및 제조자인증(QML) 제도는 능력이 있는 기업으로부터 신뢰성 있는 제품의 지속적인 조달을 보장함으로써 군수품의 조달기간 단축과 조달비용을 절감하기 위해 시행하는 제도이다.

QPL/QML 제도는 국방부법령(10 United States Code 2452: Duties of Secretary of Defense, 10 United States Code 2319: Encouragement of New Competition), 연방조달규정(FAR 9.2조: QPL요구조건)과 국방부 표준화규정(DoD 4120.24-M)에 따라 조달계약 이전 또는 이와 무관하게 제품, 프로세스 또는 재료가 규격요구조건에 충족되는지를 평가하여 요구조건에 충족되는 업체의 제품, 프로세스, 소재를 등록하는 제품인증 제도이다.

QPL/QML 제도는 군수품 표준화정책의 일환으로 시행되는 제도로서 표준화관리기관에서 인증제도를 관리하며, 〈그림 4-1〉과 같이 국방부에 표준화사무국(DSPO)을 두어 국방분야의 표준화정책과 QPL/QML제도를 총괄하여 관리한다.

또한 각군 및 국방부 산하 기관별로 〈그림 4-2〉와 같이 표준화정책과 QPL/QML제도를 계획하고 관리하는 표준화사무국(DPSO)을 두어 국방부 표준화 정책에 따라 산하 기관별 표준화와 인증업무 범위를 결정하고 시행시 발생되는 문제

그림 4-1 미국 국방부 QPL/QML관리 기관

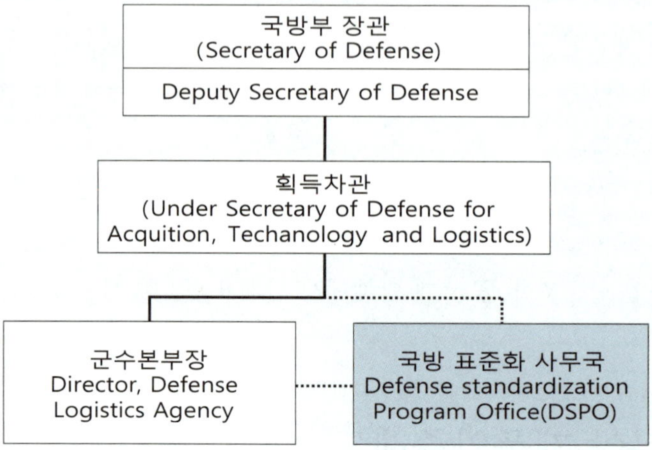

점 및 개선사항을 국방부 표준화사무국에 보고 및 건의하여 표준화정책에 반영하는 기능을 수행한다.

인증대상은 국방부 표준화규정(DoD 4120.24-M)에 아래와 같이 4가지 기준에 따라 분류하고 있으며, 크게 제품인증(QPL)과 제조자인증(QML)으로 구분되는데, 기존에는 특정제품(Specific item)에 대한 인증(QPL)에 역점을 두었으나 최근에는

그림 4-2 미국 국방부 표준화 관련 기관

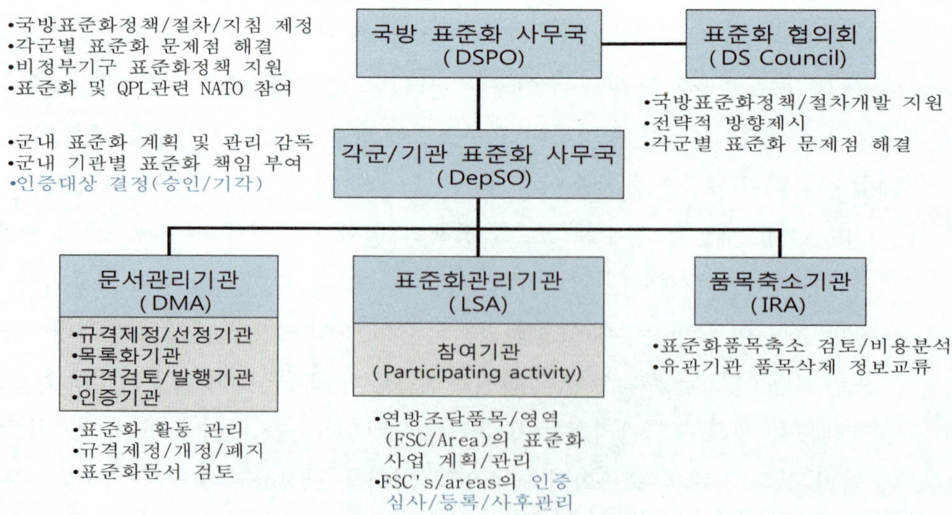

지정된 프로세스(Process) 및 재료(Material)분야에 대한 인증(QML)에 역점을 두고 있으며, 완성장비 시스템 또는 서브시스템, 인증대상 및 희망업체가 1개 업체만 해당되는 경우와 해당품목의 시험장비 및 자원의 활용이 불가한 경우는 인증대상에서 제외된다.

- 인증시험에 소요되는 기간이 30일(720시간)을 초과하는 경우
  - 시험평가에 따른 납기지연 초래 가능 시(생산과정에서 일상적으로 수행하는 품질확인 시험에 포함될 경우 인증시험조건으로 선정 불가)
- 인증시험을 위해 일반 상용장비 활용이 불가하여 특수 시험장비가 요구되는 경우
- 인증시험이 요구되는 생존 및 긴급 인명보호 장비(Survival or emergency life-saving equipment)
- 연방군수정보시스템(Federal logistics information system)에 안전 취약품목(Safety Critical)으로 지정된 품목

제품인증(QPL)은 일반적으로 안정적인 설계와 구조를 가지고 있는 적절한 공급품목으로 장기간 광범위하게 활용이 가능하며, 과도한 시험비용을 유발하지 않고 개별제품의 품질인증이 가능한 제품과 그 계열제품을 대상으로 하며, 현재 국방규격 660품목(육군 56, 해군 314, 공군 66, 국방부 조달본부 198, 연방정부 26), 상용규격 188품목(항공 16, 호스 및 피팅 47, 전기전자 59, 검사 및 시험장비 66), 비정부규격 8품목이 QPL대상으로 지정되어 있다.

제조자인증(QML)은 제품보다는 급속하게 발전된 기술, 변화요인이 다양한 기술, 개별제품의 인증이 무의미하거나 고비용이 요구되는 전문기술을 대상으로 하며, 일반적으로 아래 기준을 충족시키는 프로세스와 소재에 적용되는데, 현재 5개 분야(조달본부 3, 해군 2)가 QML대상으로 지정되어 있다.

- 등록된 부품번호가 없다.
- 광범위한 기술분야에 적용되는 규격에 따라 획득된다.
  (예: Hybrid Microcircuit)
- 유사한 특성을 가지는 제품계열이다.(예: Printed Wiring Boards)

제품인증(QPL) 및 제조자인증(QML) 제도를 시행하기 위해 대상품목별로 인증,

시험평가 및 인증 유지조건이 포함된 정부, 군사 또는 비정부 규격을 보유하고 있어야 하며, 인증기관은 2년마다 인증요구조건이 포함된 규격에 대한 타당성 검토를 통해 인증요구조건을 지속할 필요가 있는지 결정하며, 새로운 제조기술 및 품질관리기법의 도입 또는 시험장비 및 기술의 발전에 따라 인증이 불필요하다고 판단되면 인증대상에서 제외한다.

인증관리는 〈그림 4-3〉과 같이 인증대상 품목, 프로세스 및 재료에 대하여 사전에 인증요구조건이 포함된 규격을 제정하여 전파하고 희망업체로부터 신청서를 접수받아 시험 및 평가를 실시한 후 규격요구조건에 충족되면 제품, 프로세스 또는 재료를 등록하여 군수품 조달에 활용한다.

판매업체가 인증을 희망하는 경우 해당제품을 생산하는 제조업체가 동의시 인증을 받을 수 있으나, 이 경우 QPL등록은 가능하나 QML등록은 불가능하며 제조업체의 승인서를 제출하여야 한다.

그림 4-3 QPL/QML 인증관리 절차

기능 \ 조직	규격작성기관	조정기관	검토기관	군표준화기구(각군)	지정시험기관	국방통합관리기관	획득기관	국방부표준화기구	계약기관	계약외주업체	제조업체
① 인증요구조건이 포함된 규격개발	①										
② 규격에서 인증 적격기준 승인				②				②			
③ 규격반영	③										
④ 규격조건 의견수렴 및 동의		④	④								④
⑤ 의견수렴결과 반영 및 규격제정	⑤										
⑥ 규격발행 및 배포						⑥					
⑦ 응시업체 공모 및 정보제공	⑦										
⑧ 시험신청서, 샘플, 프로세스 데이터 제출											⑧
⑨ 인증시험 실시					⑨						
⑩ 시험검증, 평가 및 인증 추천 또는 기각	⑩								⑩		
⑪ QPL/QML등록 심의 및 주기적으로 등록업체 최신화 발행	⑪										
⑫ QPL/QML 배포						⑫					
⑬ 조달시 QPL/QML활용, 제품 및 프로세스의 주기적 검토 및 타당성 확인							⑬			⑬	
⑭ 제품 및 프로세스의 주기적 검토 및 타당성 확인	⑭										
⑮ 프로세스 변경 및 부적합 발견시 규격제정 기관 통보 변경내용 평가후 QPL/PML 유지 및 취소	⑮						⑮		⑮	⑮	⑮
⑯ 변경내용 평가후 QPL/PML유지 및 취소	⑯										

신청된 제품, 프로세스 및 재료에 대한 시험평가는 규격 요구조건에 따라 규격 제정기관이 인정하는 장소 및 대행기관에서 실시하며, 시험평가 완료시 시험결과와 함께 인증승인 여부를 인증업체에 통보한다. 제품이나 프로세스에 대한 인증을 기각할 경우 인증기관은 기각 사유와 함께 결과를 통보하며, 승인할 경우 규격에 명시된 관련기관, 신청업체, 정부기관(연방 규격인 경우)등에 통보한다.

인증기관이 공장심사를 실시할 경우에는 인증시험 이전에 실시하며, 국내외 업체에 동일하게 적용한다. 공장심사는 규격에 명시된 경우 또는 제품이 규격요구

그림 4-4 QPL/QML 인증관리 절차

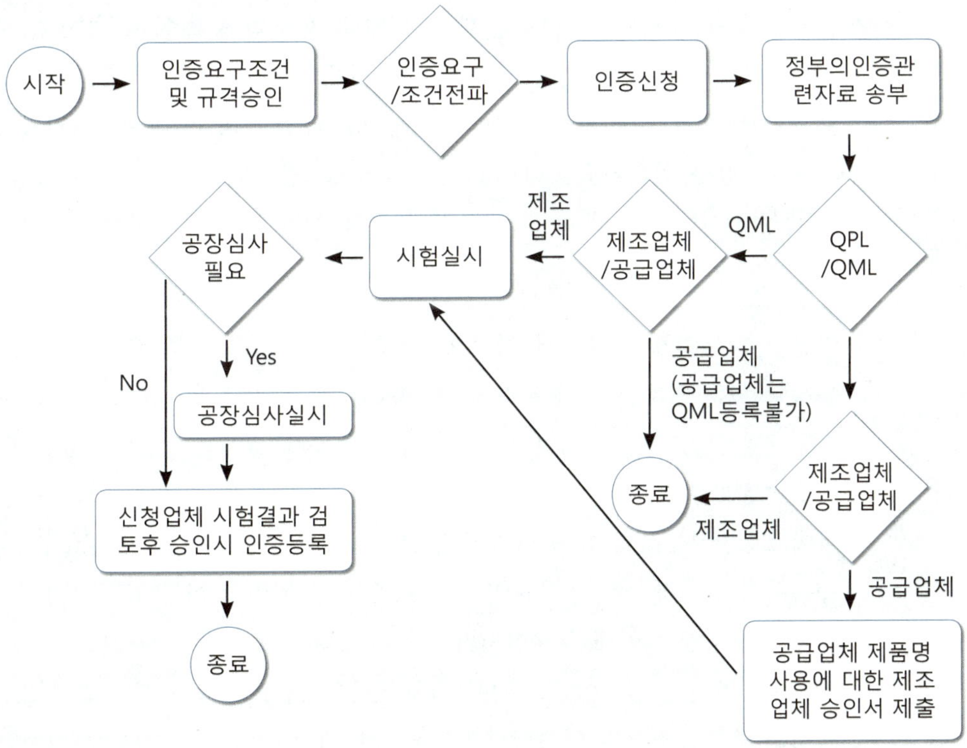

ㅇ자료 포함사항
- 규격서 최신본
- SD-6
- 시험비용 산출일정(해당될 경우)
- 공장심사요구조건(해당될 경우)
- 제출서류 완비시까지 시험 미실시 주의사항 통보
- 필요시 추가정보

ㅇ공급업체는 원제조업체의 제품 식별표시 또는 부호 포함
ㅇ공급업체 제품이 인증된 제품과 동일하게 생산되는 제품임을 제조업체가 보증할 경우 추가 시험 없이 공급업체 제품까지 인증승인

조건에 충족됨을 보장하기 위하여 필요하다고 판단될 경우(예: 부정행위, 규격불일치 등)에 실시하며, 신청업체의 검사제도, 품질 및 신뢰성보증 시스템, 시험시설, 프로세스, 재료, 생산설비, 시험능력, 수입검사 등을 심사하며, 제조업체가 효과적인 자체심사 기능을 가지고 있는지를 검증한다. 이에 대한 QPL/QML 인증심사 세부절차는 〈그림 4-4〉와 같다.

인증기관은 인증제품이 규격의 모든 요구조건에 충족될 수 있도록 인증업체가 품질관리절차와 프로세스를 유지하며, 최초인증 시와 동일한 조건으로 생산되고 있는지 확인하기 위해 2년 단위 또는 규격에 명시된 조건에 따라 인증업체로부터 주기적으로 시험결과를 제출 받거나 재시험을 통해 사후관리를 실시한다.

제품인증제도 시행시 발생된 문제점에 대해 제도적인 보완을 하여 왔으며, QPL/QML제도가 업체간 경쟁을 제한하고 규격에 명시된 인증요구조건이 강제사항이 아니라는 소기업(Small business)의 불만제기와 의회의 여론수렴 결과를 토대로 1984년 국방부 인허가법(DoD Authorization Act)을 제정하였고 이를 바탕으로 연방조달규정(Federal Acquisition Regulation: FAR 9.2조)에 아래와 같이 4개항을 부가하였다.

- 입찰전 제조업체가 규격서 인증요구조건에 충족됨을 인증하지 않더라도 가능성이 있는 업체는 계약요구조건을 충족시킬 수 있음을 입증할 수 있다.(이 경우 국방부는 잠재 가능성이 있는 업체를 인증업체로 등록되지 않은 이유로 입찰기회를 거부할 수 없다.)
- 마이크로전자부품과 같이 급속하게 발전하는 기술에 대하여 인증요구조건을 충족시키기 위해서는 생산관리를 위한 업체의 능력이 더 중요시되는 분야에 대하여 특정제품에 대한 시험평가 대신에 QML제도를 추가하였다.
- 인증요구조건의 시행이 불가(면제)하여 최초생산품시험을 실시했을 경우 규격서 인증요구조건은 최초생산품시험으로 대체하며, 추후 필요시 인증을 시행할 경우 재반영하여야 한다. (긴급 상황시 예외 가능)
- QPL 대상품목 중 승인된 공급원이 2개 이하일 경우 정부는 추가 공급원 확보가 경쟁력 증대로 비용을 절감할 수 있다고 증명되면 소기업을 위한 시험비용을 제공할 수 있다.

군수품의 품질확보를 위해서는 제조업체의 자체 품질경영시스템에 대한 신뢰성 확보뿐만 아니라 기능 및 품질보증상 문제점이 예상되는 주요 품목에 대해서는 기술 및 생산능력이 사전에 검증되어야 한다. 군수품 생산업체의 기술 및 생산능력의 사전 검증을 위해서는 국내 국방분야에도 제품인증제도 도입이 필수적이다. 이러한 제품인증제도의 효과적인 운영을 위해서는 정부의 조달정책 기본방향을 가격 외에 기술 및 품질보증 능력에 대한 요소가 충분히 검토될 수 있도록 법률적 제도 보완이 필요하다.

우선, 제품인증을 하고자 하는 제품규격별로 인증심사 기준이 마련되어야 하고, 전문적이고 기술적 판단을 필요로 하는 인증심사를 수행하기 위한 심사원의 양성 및 이를 전담할 전문기관이 필요하다.

또한, 국내 여건에 맞는 독자적인 국방분야 제품인증 시스템 구축이 필요하다. 미국의 QPL 대상품목은 시장성과 경제성이 있는 공통 표준품목들로 운영목적에 부합한다고 볼 수 있으나, 국내의 경우에는 기술 여건이나 경제성 등으로 QPL 공급업체의 확보 여건이 좋은 편은 아니다.

따라서 QPL/QML 등과 같은 미국의 제도를 답습하기 보다는 국내 국방분야에서 기 시행중인 제품인증 성격의 업무를 발전시켜 국내 여건에 맞는 독자적인 국방분야 제품인증 시스템을 구축하는 것이 바람직하다.

제품인증으로 발전시킬 수 있는 것으로 판단되는 업무 중 하나는 일반군수품 계약입찰 전에 실시하는 업체 생산능력 확인 업무이다. 업체 생산능력 확인 업무를 국방 제품인증으로 전환하는 방안으로는 생산능력 확인 대상 품목 중 제품인증 적용이 적합한 품목을 선정하여 규격을 보완 또는 개정하는 방안을 고려해 볼 수 있다. 현재도 특정품목에 대해서는 선별적으로 '적용규격에 따른 시제품 합격업체'가 입찰에 참여하도록 규정되어 제한경쟁을 실시하고 있으므로 제도적인 연구를 통해 제품인증의 한 부분으로 발전할 수 있을 것이다.

국방 제품인증으로 전환이 가능할 것으로 판단되는 또 하나의 분야는 부품국산화 개발품목 및 비무기체계 개발품목에 대한 제품인증의 추진이다. 현재는 개발완료 후 일정기간 개발수의계약 형태로 당해 품목을 조달하고 있으나, 부품국산화나 비무기체계 개발 승인 당시부터 제품인증 제도와 연계하여 대상품목을 선정하고 시험평가 및 규격작성 시 품질인증 시험항목을 반영하여 인증시험을 실시하고 합격한 품목에 대하여 인증서를 부여하여 조달 참여 및 사후관리하는 형태로 추진한다면 제품인증의 한 형태로 발전이 가능할 것이다.

이러한 관점에서 현재 제품인증의 일환으로 정부품질보증기관에서 시행중인 업체 자율 품질보증 제도는 국방 제품인증 제도의 발전을 위한 바람직한 사례라고 할 수 있다.

4.4 업체 생산능력 확인

업체 생산능력 확인은 국가를 당사자로 하는 계약에 관한 법률(이하 국계법) 시행령에 그 근간을 두고, 적격심사 대상품목에 대해 입찰업체의 적격심사 세부기준의 한 부분 중 결격사유를 심사하는 업무이다.

적격심사란 국계법 시행령 제42조 및 방위사업청 물품적격심사 세부기준 제12조에 의거 경쟁입찰자에 대해 정해진 심사기준에 따라 예정가격 이하로 최저가격으로 입찰한 자의 순으로 입찰자의 이행실적, 기술능력, 재무상태, 과거 계약이행 성실도, 자재 및 인력, 조달가격의 적정성, 계약질서의 준수 정도, 과거 공사의 품질정도 및 입찰가격 등을 종합적으로 심사하는 제도를 말한다.

업체 생산능력 확인은 국계법에 의거 적격심사 대상인 품목 중 생산능력 확인이 필요하다고 판단되는 품목에 대해 정부품질보증기관의 의견을 받아 방위사업청이 확정한 생산능력확인 기준서에 의거 입찰 업체의 제조시설, 검사시설, 기술인력 및 특수조건에 대한 현장 확인을 실시하여 우수조달원이 선정될 수 있도록 지원하는 업무이다.

정부품질보증 기관의 업체 생산능력확인 업무를 대략 구분하면, 생산능력확인 대상품목 선정 검토, 생산능력확인 기준서(안) 작성, 생산능력 확인 및 결과 통보의 세가지로 구분할 수 있으며, 이에 대한 지침은 생산능력확인 기준서와 함께 매년 방위사업청에서 확정한다.

【생산능력 확인 대상품목 선정 검토】

업체 생산능력 확인 대상품목은 연 1회 계약부서와 정부품질보증기관이 협의하여 선정하되, 필요시 추가 선정이 가능하도록 규정되어 있다.

생산능력 확인 대상품목 선정 검토 시는 군 특수규격품으로 성능보장이 필수적이거나 전투긴요품목, 계약불이행 품목, 지체 및 하자발생품목, 신규조달 품목 중

업체 생산능력이 필요한 품목, 기타 계약부서 또는 정부품질보증기관이 필요하다고 판단하는 품목으로 선정한다.

【생산능력 확인 기준서(안) 작성 및 확정】

정부품질보증기관은 생산능력확인 대상품목 검토결과 대상품목으로 선정하는 것이 타당할 경우에는 생산능력확인기준서(안)을 작성하여 계약부서에 통보하는데, 기준서(안) 작성시는 과도한 규제를 배제하고 필요한 기준만을 포함하여 작성하여야 한다. 작성된 생산능력 확인기준서의 확정은 계약부서 주관의 위원회 심의를 거쳐 확정된다.

생산능력 확인기준서는 과도한 규제를 배제하도록 최소한의 시설, 인력을 요구조건으로 작성하여야 하며 제조, 검사시설의 경우 그 용량 및 측정범위를 명시하고, 모호한 표현이 포함되지 않아야 한다.

【생산능력 확인 및 결과 통보】

업체 생산능력 확인 대상품목은 집행 전에 인터넷에 게시하며, 입찰공고시 업체 생산능력 확인 대상품목임을 품목코드와 함께 명시하여 공고한다.

계약부서에서 정부품질보증기관에 업체 생산능력 확인을 의뢰할 때에는 업체 생산능력 확인 품목에 대하여 입찰결과 1순위 업체부터 정부품질보증기관에 생산능력 확인을 의뢰하고, "입찰공고 내용"과 "입찰참가업체에서 제출한 업체 생산능력 확인 기준서에 의한 제조/시험시설·기술인력·특수조건보유현황을 증명하는 서류"를 첨부하여 의뢰한다.

업체 생산능력의 현장 확인은 생산능력 확인 대상으로 선정된 품목에 대하여 계약부서의 확인 요청에 의해 정부품질보증기관에서 실시하는데, 생산능력 현장 확인은 생산능력확인 기준서의 유효한 최신판을 적용하고, 확인자는 가급적 해당 품목에 대한 품질보증 경험자를 포함하여 2인 1조 이상으로 구성하여 실시한다. 정부품질보증기관은 현장 확인한 업체 생산능력에 대하여 규정된 양식에 따라 확인결과를 기준서 '일치', '불일치' 등으로 작성하여 계약부서로 통보한다.

계약부서는 정부품질보증기관의 확인결과를 통보받아 물품 적격심사기준에 적용한다. 생산능력 확인결과 기준서 '일치'업체에 대해서는 물품적격심사기준 평가기준표에 결격사유가 없는 것으로 판정하고 '불일치' 업체에 대해서 물품적격심사기준 평가기준표 '결격사유 배점'을 적용하며, 입찰 1순위업체가 '불일치'시 차순위 업체 순으로 업체 생산능력 확인을 의뢰한다.

최근에는 성능보장과 안정적인 품질보증이 요구되는 품목에 대해서는 생산능력 확인 기준서에 "적용규격에 의한 시제품 합격업체", "한국가스안전공사의 설계단계검사(형식승인)와 생산단계검사(LPG용)를 받은 업체" 및 "전기용품 안전관리법에 의거 안전인증을 획득한 업체" 등과 같은 특수조건을 규제하여 업체에 대한 사전 생산능력확인을 강화하고 있으며 군이 주관하는 무기체계정비사업에 대해서도 업체생산능력 확인을 실시하는 등 생산능력확인의 대상범위도 확대되고 있다.

4.5 업체자율 품질보증

국방 제품인증 제도의 일환으로 정부품질보증기관에서 시행중인 업체 자율 품질보증 제도는 군수품 계약 시 업체에 요구하는 품질보증 형태로 시행되고 있다. 군수품의 계약 품질보증 요구 형태는 양산 계약품목의 품질확보를 위하여 계약품목의 품질 특성별로 계약업체가 갖추어야 할 품질경영 시스템이나 계약업체가 이행하여야 할 사항을 구분하여 규정하고 있다.

계약품목에 요구되는 품질특성별 품질보증형태는 다음과 같이 4가지 형태로 구분하여 운영되고 있다.

- 단순품질보증형(I형): 공인된 우수품질 표시품, 대량자동화 전문생산품 등과 같이 품질이 단순하고 안정된 품목
- 선택품질보증형(Ⅱ형): 국방품질경영시스템 인증업체 생산품 중 품질이 안정되어 업체가 자체적으로 품질보증활동을 수행하는 품목
- 표준품질보증형(Ⅲ형): 상용품과 군전용품목 중 장비성능 및 군사업무수행에 영향을 미치는 통상적인 신뢰성이 요구되는 품목
- 체계품질보증형(Ⅳ형): 군전용품목 중 무기체계 장비 등 고도의 정밀성과 신뢰성이 요구되는 긴요·복잡 품목

품질보증 형태가 결정되고 계약이 이루어지면 품질보증 형태별로 계약업체가 이행하여야 할 사항은 〈표 4-3〉과 같다.

| 표 4-3 | 품질보증 형태별 업체이행사항

<table>
<tr><th>구분</th><th>단순품질보증형
(I형)</th><th>선택품질보증형
(Ⅱ형)</th><th>표준품질보증형
(Ⅲ형)</th><th>체계품질보증형
(Ⅳ형)</th></tr>
<tr><td rowspan="2">업체
이행
사항</td><td rowspan="2">• 계약업체는 자체 품질보증활동수행
• 정부품질보증기관에 품질보증입증서류(제품보증서, 자체 또는 공인기관 최종 제품(성능) 검사/시험성적서) 제출</td><td>• 계약업체는 품질경영시스템(KDS 0050-9000)이행 조견표 요구사항에 따라 품질경영시스템을 수립/이행
• 자체품질보증 활동 수행
• 정부품질보증기관에 품질보증 입증서류(제품보증서, 자체 또는 공인기관 최종 제품(성능) 검사/시험성적서) 제출</td><td>• 계약업체는 품질보증 형태별 품질경영시스템(KDS 0050-9000) 이행 조견표 요구사항에 따라 품질경영시스템 수립/이행</td><td>• 계약업체는 품질보증 형태별 품질경영시스템(KDS 0050-9000) 이행 조견표 요구사항에 따라 품질경영시스템 수립/이행</td></tr>
<tr><td colspan="3">업체는 자체 품질보증계획서(5개항목)를 정부품질보증기관에 제출(2형~4형)</td></tr>
</table>

정부 품질보증 활동은 계약품질보증 형태별로 심도를 달리하여 수행하는데, I형 및 Ⅱ형의 경우 정부 품질보증원은 별도의 품질보증활동을 생략하고 업체가 제출한 제품보증서 및 자체 또는 공인기관의 최종 제품검사성적서나 시험성적서 등의 품질보증 증빙서류를 확인한다.

즉, I형과 Ⅱ형 품목은 정부품질보증 활동을 생략하고 업체의 자율적인 품질보증 활동만으로 납품이 가능하여 사실상 제품인증의 형태를 취하고 있음을 알 수 있다.

Ⅲ, Ⅳ형 품목의 경우에는 정부품질보증원은 위험식별 및 평가결과를 기본으로 정부품질보증활동 계획을 수립하고 수립된 품질보증활동 계획에 따라 품질보증활동 실시하며, 품질보증 활동 중에 발견된 미흡사항에 대해서는 업체에 시정조치를 요구한다.

【단순품질보증형】

현재 단순품질보증형으로 부르고 있는 I 형 품목은 '88년부터 제도가 도입되었는데 제도 도입 당시에는 품질보증 형태를 '검사생략형(I 형)'으로 칭하고 그 대상품목을 '품질검사 생략품'이란 용어를 사용하였다.

단순품질보증형은 국가공인기관인 검정을 필한 품목과 같은 품질이 안정된 일반 상용품목에 대해서는 실효성 없는 검사를 지양하고 합리적인 검사를 시행한다는 취지로 도입되었는데, '검사생략형(I 형)'이라는 별도의 품질보증형태로 분류하여 적용하였으며 그 내용은 다음과 같다.

- 약사법에 의거 지정된 국가결정 의약품
- 보건사회부 예규에 의거 지정된 우수 의약품 제조 관리기준 적격업소의 승인 품목
- 국가공인기관에서 사전 검정, 검사를 필한 품목
- 공인된 우수품질 표시품(KS, 품, Q 등)
- 대량 자동화 전문생산품
- 국가공인기관 사전 검정, 검사필 품목
- 한국공업 표준규격의 표시를 허가받은 품목
- 공인된 우수품질 표시 품목
- 외국의 유명규격 획득 품목
- 대량자동화 전문 생산품
- 정부의 별도 품질요구조건 없이 모델명 등으로 현품 구매하는 품목
- 완성장비가 검사생략형일 때 동일모델 완성장비 생산업체와 계약되는 수리 부속류
- 기타 품질이 안정된 일반 군수품

【선택품질보증형】

선택품질보증형은 제품인증 제도의 일환으로 품질시스템이 우수하고 품질이 안정된 제품은 일정한 절차를 거친 후 '선택품질보증형'으로 선정하여 업체의 자체적인 품질보증 활동에 대한 권한과 책임을 부여하는 제도이다.

이를 통해 정부는 취약품목(취약업체), 양산초기단계에 대한 품질보증 활동과 품질시스템 인증 업무를 중점적으로 수행하며 품질보증 활동을 업체에 위임한 품목에 대해서는 품질 수준을 지속적으로 모니터링하여 품질문제 발생 시 품질시스템 인증의 취소 및 정부 품질보증 활동의 재개 등 제재를 강화하는 제도이다.

선택품질보증형은 2008년도에 시범적용을 통해 전면적으로 확대되었는데 시범적용을 위한 기본 방침을 살펴보면 다음과 같다.

- 선택품질보증형은 업체가 자체적으로 품질보증 활동을 수행하며 정부 현장 품보활동은 생략한다.
- 선택품질보증형 지정은 '07년도 국방품질경영상 수상업체에 대하여 '08년도 시범 적용 후 효과를 분석하여 점진적으로 확대 시행한다.

- 선택품질보증형 지정은 국방품질경영상 수상한 업체의 국방품질경영시스템 인증범위(품목)를 대상으로 하며 제품의 품질이력 및 품질특성 등 품질수준을 고려하여 지정한다.
- 선택품질보증형 지정의 변경사유가 발생하면 검토후 관련부서에 통보한다.
- 계약업체는 선택품질보증형 납품시 기존납품 품목과 구분할 수 있도록 로트를 구분, 관리하며 포장시 업체자체 품질보증 품목임을 식별할 수 있도록 포장상자(단위, 중간, 외부)에 표기한다.
  - 부착위치/크기: 식별이 용이한 포장 표지 외부/포장 크기에 따라 조정
  - 부착문구: '우수업체 자율 품질보증 품목'

선택품질보증형 지정 및 변경절차는 다음과 같다.

- 업체는 선택품질보증형 지정 신청품목 내용과 신청 품목의 3년간 하자 발생 여부, 규격에 '안전' 또는 '치명결점의 포함여부', 불량률, 품질지수 등 신청 품목의 품질이 안정되었다고 입증할 수 있는 자료 등 품질이력 및 품질특성 내용을 포함하여 정부품질보증 기관에 선택품질보증형 지정 신청서를 제출한다.
- 정부품질보증기관은 업체로부터 제출받은 신청품목을 종합 검토하여 품질경영실무위원회 심의를 거쳐 방위사업청으로 승인을 건의하고, 방위사업청에서 선택품질보증형 지정 여부를 최종 승인한다.
- 한편 선택품질보증형으로 지정된 품목이 국방품질경영시스템 심사결과, 중부적합 이상의 부적합사항이 발생된 경우, 하자 등의 품질문제가 발생(하자 발생 원인이 업체 귀책일 경우)하여 정부 품질보증의 필요성이 제기된 경우 또는 기타 정부 품질보증이 필요하다고 판단되는 경우에는 선택품질보증형 지정을 변경할 수 있도록 하였다.

【선택품질보증형 지정 사례】

선택품질보증형 품목은 국방품질경영시스템 인증 업체가 생산하는 품목을 대상으로 하여 생산자와 시장으로부터 품질이 안정된 것으로 평가 받는 품목을 인증하는 형태이다.

생산자가 판단하기에 품질이 안정된 품목 중 시장으로부터도 품질 안정(군수품

의 경우에는 사용자의 불만사항이나 A/S실적)되었다고 인정하는 품목을 선택품질보증형으로 인증받기 위해 자료를 제출한다.

생산자가 품질이 안정되었다고 판단하기 위해서는 품질데이터를 지속적으로 수집하여야 하며 수집된 자료는 공정능력지수로 표현할 수 있다.

시장으로부터 품질이 안정되었다고 인정받기 위해서는 군수품의 경우 전력화된 이후에 운영자의 관점에서 사후봉사가 얼마나 시행되었는지, 불만사항은 얼마나 발생되었는지를 자료 수집하여 분석한 결과보고서를 통해 개관적으로 표현될 수 있다.

선택품질보증형 인증을 받고자 하는 신청업체는 신청품목에 대하여 과거 3년간 하자발생 여부, 다른 하자발생 품목의 주요 제조공법과 유사성 검토, 신청품목 규격에 '안전' 또는 '치명결점'의 포함여부, 생산자의 입장에서 신청품목의 품질이 안정되었다고 입증할 수 있는 객관적인 자료를 제출하도록 되어 있다. 국내 대표적인 방산업체에서 포수조준경에 대하여 선택품질보증형으로 인증을 받기 위해 제출한 자료를 사례로 요약하면 다음과 같다.

가. 장비개요

선택품질보증형 인증 대상으로 신청한 품목은 전차의 포수조준경으로 전차의 표적 식별을 위하여 포수가 주야간으로 운용할 수 있는 눈과 같은 장비이다. 형상은 〈그림 4-5〉와 같으며 전차에 있어서는 핵심장비이다.

그림 4-5 전차용 포수조준경

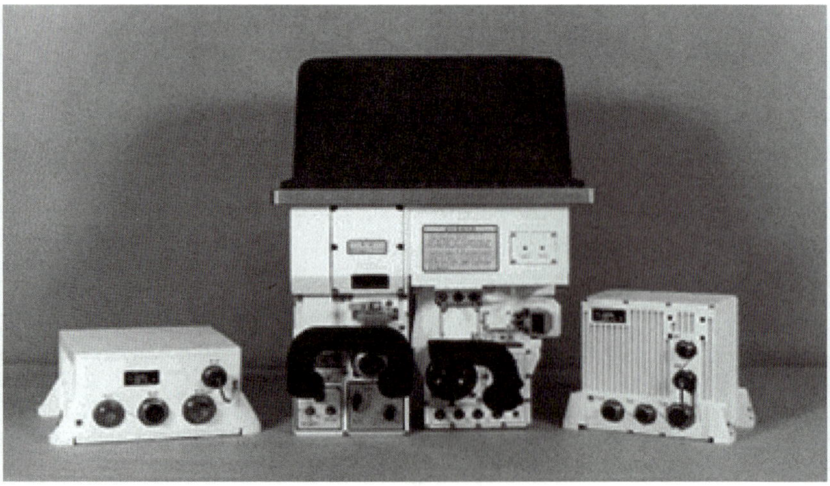

나. 신청품목에 대하여 과거 3년간 하자발생 여부: 해당사항 없음

다. 다른 하자발생 품목의 주요 제조공법과 유사성 검토: 해당사항 없음

라. 신청품목 규격에 '안전' 또는 '치명결점'의 포함여부: 해당사항 없음

마. 생산자의 입장에서 신청품목의 품질이 안정되었다고 입증할 수 있는 객관적인 자료

공정능력지수(Cpk) 산출을 통한 품질안정성 평가

측정 항목	1.67＜Cpk	1.33＜Cpk≤ 1.67	1.00＜Cpk≤ 1.33	Cpk＜1.00
장편류(AZ/EL)	3.49	1.56		
정적위치(AZ/EL)	1.79 / 1.83			
Cross couple	3.61			
주포 재현성	2.50			
LRF 출력에너지	1.88			

- 공정능력지수 Baseline

Cp	등급	의미	σ
2.0↑	S	공정능력 매우 우수 Very Good	±5σ (Cp=1.67)
1.67↑	A	공정능력 우수 Better	
1.33↑	B	공정능력 양호 Good	±4σ (Cp=1.33)
1.0↑	C	공정능력 있음 Normal	±5σ (Cp=1.00)
1.0↓	D	공정능력 부족 Bad	±5σ (Cp=0.67)
			±5σ (Cp=0.33)

품질특성치(장편류(AZ/EL) 분석

- 시험규격: 방위각 0.034° 이하, 고저각 0.034° 이하
- 시험목적: 대표적인 시스템 안정화 특성
- 시험결과

Index	장편류 방위각	장편류 고저각	정적위치 방위각	정적위치 고저각	Cross couple	주포 재현성	LRF 출력에너지
Cp	-	-					
Cpk	1.56	3.49					

그림 4-6 장편류(AZ/EL)-방위각

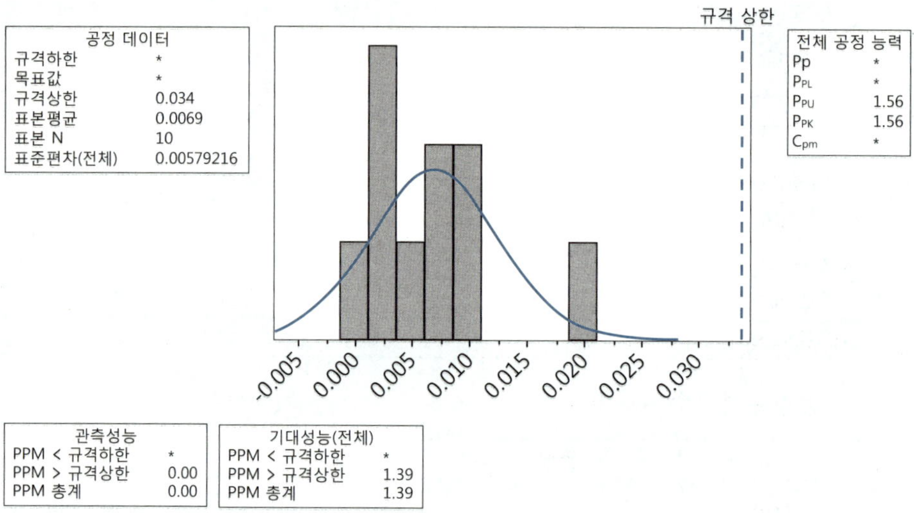

그림 4-7 장편류(AZ/EL)-고저각

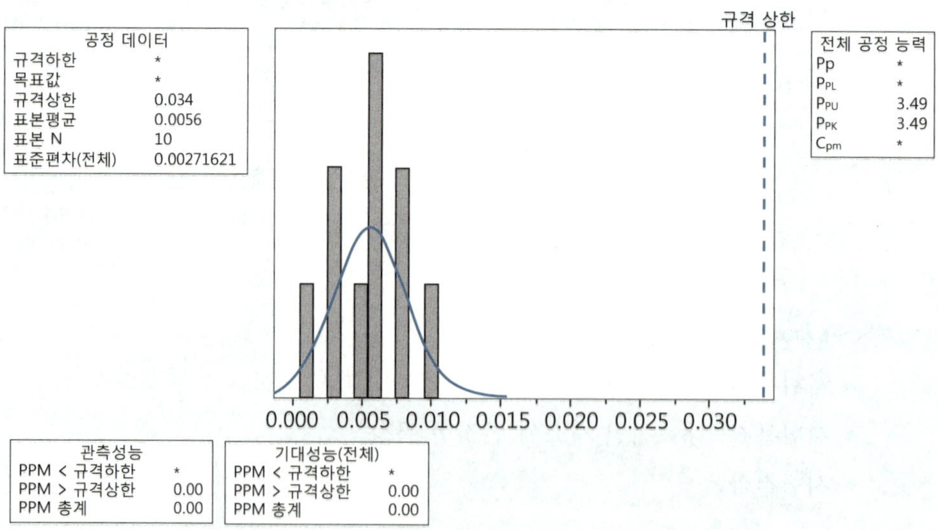

ㅇ 장편류(AZ/EL)의 공정능력지수는 1.56와 3.49로 전체적으로 공정능력이 매우 우수함

품질특성치(정적위치 정확도) 분석

- 시험규격: 방위각 +3° 에서 40" 이하 고저각 −10° 에서 50" 이하
- 시험목적: 광학적인 위치와 전기적 위치 출력신호 값의 정확도
- 시험결과

Index	장편류 방위각	장편류 고저각	정적위치 방위각	정적위치 고저각	Cross couple	주포 재현성	LRF 출력에너지
Cp	-	-	-	-			
Cpk			1.79	1.83			

그림 4-8 정적위치 정확도-방위각

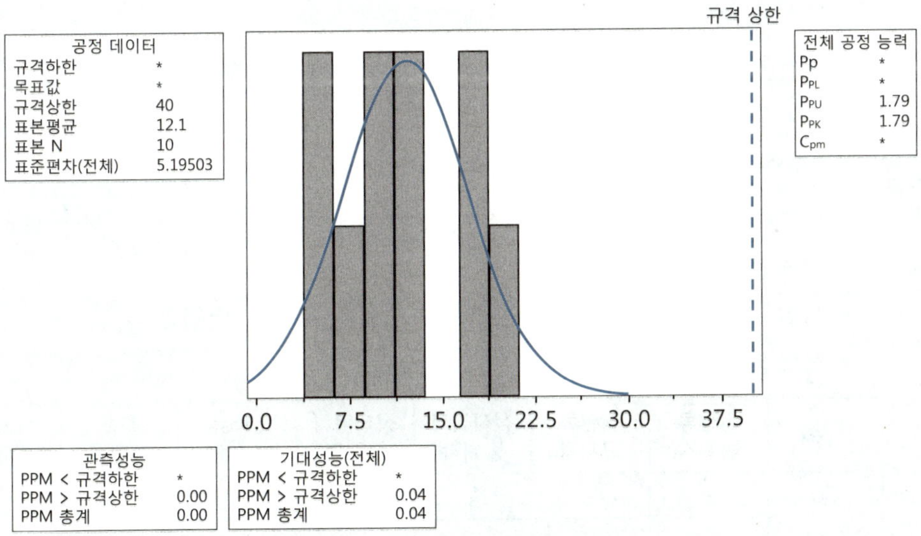

그림 4-9 정적위치 정확도-고저각

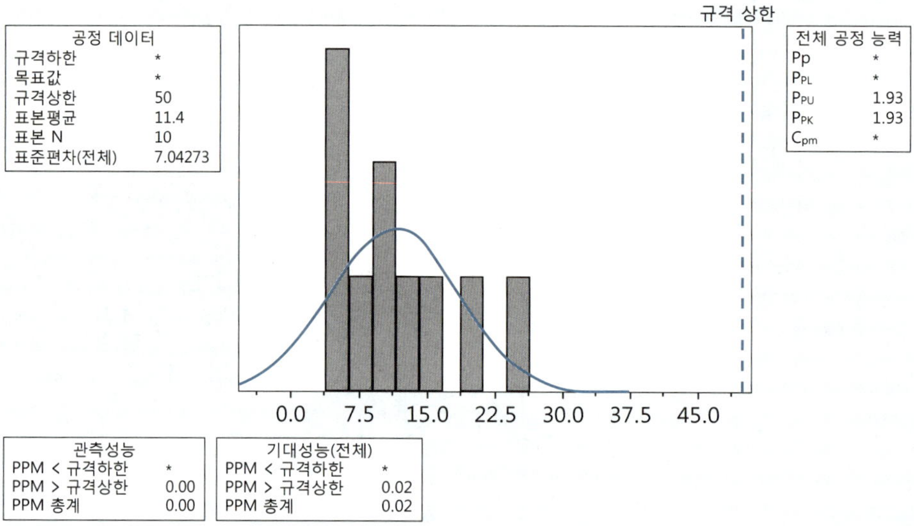

ㅇ 정적위치 정확도의 공정능력지수는 1.79와 1.83로 전체적으로 공정능력이 매우 우수함

품질특성치(Cross Couple) 분석

- 시험규격: 1° 이하
- 시험목적: 주포 360° 선회 시 조준선 중심의 고저각 변위량
- 시험결과

Index	장편류 방위각	장편류 고저각	정적위치 방위각	정적위치 고저각	Cross couple	주포 재현성	LRF 출력에너지
Cp	-	-	-	-	-		
Cpk					3.61		

그림 4-10 정적위치 정확도-방위각

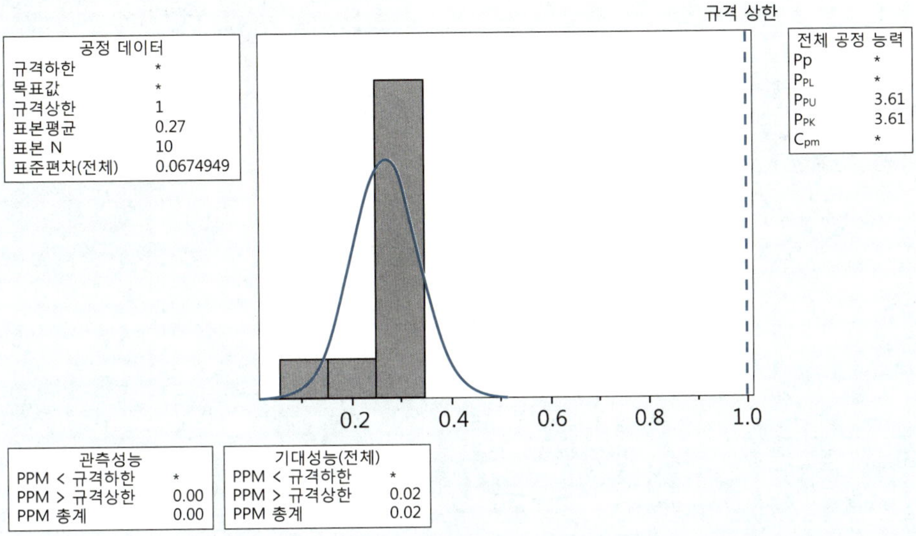

ㅇ Cross Couple의 공정능력지수는 3.61로 전체적으로 공정능력이 매우 우수함

➲ 품질특성치(주포 재현성) 분석

- 시험규격: 20° 일때 68" 이하
- 시험목적: 고저각 및 방위각 축 범위 내에서 차선의 동기성 확인
- 시험결과

Index	장편류 방위각	장편류 고저각	정적위치 방위각	정적위치 고저각	Cross couple	주포 재현성	LRF 출력에너지
Cp	-	-	-	-	-	-	
Cpk						2.50	

그림 4-11 주포재현성

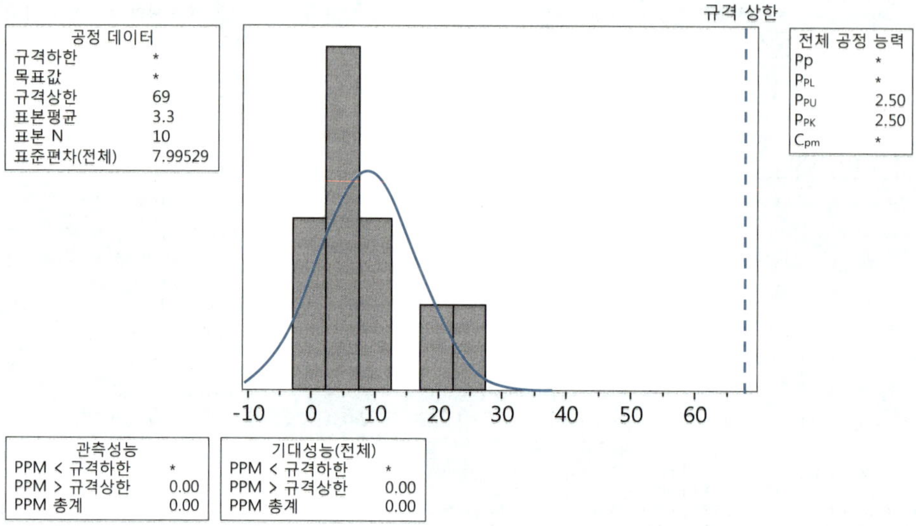

ㅇ 주포재현성의 공정능력지수는 2.5로 전체적으로 공정능력이 매우 우수함

품질특성치(LRF 출력에너지) 분석

- 시험규격: 24V 인가 시 6mJ 이상
- 시험목적: 레이저 거리측정기에서 발생한 레이저의 세기 확인
- 시험결과

Index	장편류 방위각	장편류 고저각	정적위치 방위각	정적위치 고저각	Cross couple	주포 재현성	LRF 출력에너지
Cp	-	-	-	-	-	-	1.88
Cpk							1.88

그림 4-12 LRF 출력에너지

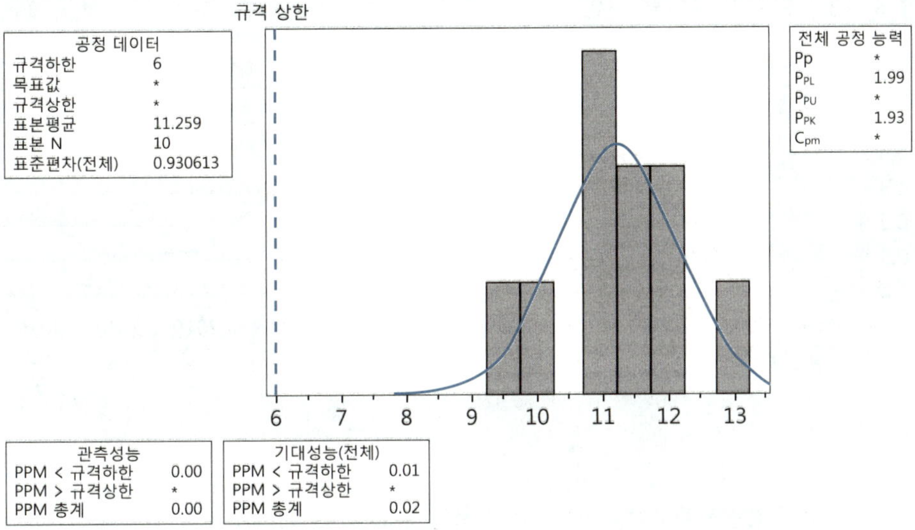

o 주포정확도의 공정능력지수는 1.88로 전체적으로 공정능력이 매우 우수함

시장품질(A/S)현황 분석

- A/S 현황

구 분	2008년				2009년				2010년		
	1Q	2Q	3Q	4Q	1Q	2Q	3Q	4Q	1Q	2Q	3Q
A/S 대상수	3276	2376	3096	3510	3402	4050	3582	3456	3456	2628	1728
A/S 발생수	10	1	8	2	4	4	8	10	5	3	4
불량률(%)	0.31	0.04	0.26	0.06	0.12	0.10	0.22	0.29	0.14	0.11	0.23

- 불량률(%)

그림 4-13 분기별 불량률 현황

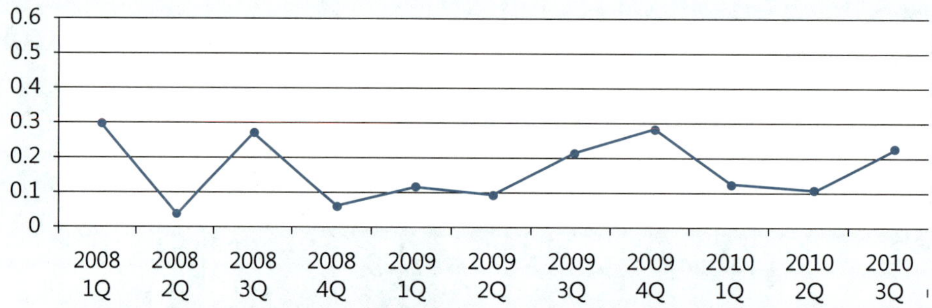

ㅇ 야전 품질불량률은 0.3% 이내로 품질이 안정되어 있음.

CHAPTER 5

제 5 장
물자심의
MR: Material Review

"좋은 품질이란 고객을 만족시키는 것이지, 불량으로 인한 손실이나 결함으로 인한 피해를 줄이는 것이 아니다."

CHAPTER 5

본장에서는 제조과정에서 발생되는 경규격불일치 물자의 사용가능 여부 또는 최적의 수리 방법 등을 검토하고 판정하는 제반 활동인 물자심의에 대하여 서술하였다. 물자심의는 제품의 품질, 비용 및 납기에 결정적 영향을 주는 핵심적인 제조 기술 분야이므로 여러 분야의 설계 및 제조기술에 바탕을 두고 수행되어야 한다. 물자심의 활동을 위해서는 설계 개념의 이해와 기술력 확보가 필요하며, 최적의 처리방안 수립을 위해 설계, 제조, 품질 등 관련부서 간의 긴밀한 연계성을 제공할 수 있는 시스템이 갖추어져야 한다. 물자심의 활동의 주요 요소들을 설명하기 위해 제1절에서는 물자심의의 기본적인 개요를 설명하였고, 제2절은 물자심의의 기본 요건과 근거로 구성되어 있다. 제3절에서는 MIL-Q-9858과 ISO 9001에 규정된 물자심의 관련 내용의 조사 결과를 정리하였다. 제4절에서는 MIL-STD-1520에서 규정한 물자심의 시스템 요구조건에 대하여 서술하였으며, 물자심의 결과에 따른 시정조치 프로세스에 대해서는 제5절에서 서술하였다.

5.1 물자심의 개요

MR 활동이란 제조과정에서 발생되는 경규격불일치 물자(Minor Nonconforming Material)에 대하여 설계개념에 입각하여 사용가능 여부를 판단하고, 혹은 비용 대 효과측면에서 가장 적절한 수리방법 등을 검토하고 판정하는 제반활동을 의미한다.

광의적 의미에서의 MR활동은 상기개념에 추가하여 품질불일치 원인분석 및 재발방지를 위한 시정조치활동과 품질개선활동을 포함하는 종합적인 생산공학 시스템이다.

또한 물자심의 위원회(Material Review Board, MRB)는 불일치물자를 처리하기 위해 검토, 평가 또는 판정하는 모든 생산기능부서로 구성되며 고객으로부터 승인된 위원회를 말한다. 이 위원회는 업체의 심의회로서 설계개념을 숙지하고 있는 기술부서 엔지니어 및 기타 지원부서 요원들로 구성된다. MR 엔지니어는 설계개념에 대한 이해와 현장의 생산기술능력을 갖추어야 하며 생산현장 위원회의 판단능력을 상회하는 사항, 즉 응력해석이 필요하거나 수명영향 분석 등이 필요한 사항들은 설계부서 등에 문의하여 처리하게 된다.

MR은 왜 필요한 것인가? MR행위는 사람, 기계 등 4M요소의 불완전성에 기인하는 것이라 판단된다. 설계자의 의도는 도면, 규격서 등 기술자료를 통해 최소한의 요구조건을 부여하여 현장에 배포된다. 하지만 이러한 요구 조건을 만족시키기 위해 원자재생산, 원자재수입, 부품생산, 조립, 시험 등의 수많은 활동이 이루어지면서 요구조건에서 일탈하는 것은 어쩌면 당연한 것이다. 이러한 일시적인 일탈현상에 대해 합리적이고 비용 대 효과측면에서 가장 경제적인 처리 방안을 검토하여 판정하고 후속조치하는 것이 MR의 목적이다.

정부의 업체 MRB 관리 활동은 규격불일치품 하나하나에 대한 심의보다는 업체 스스로가 MRB 시스템을 제대로 구축하고, 또 이를 적절히 이행하고 있는가를 검증하는데 중점을 두어야 한다. 또한 항상 기억해야할 것은 '무엇이 정부에 이익이 되는가?'이다. 즉, 정부품질보증원은 품보현장에서 무수한 규격불일치품을 접하게 되고 이를 검토, 승인하는 활동을 반복하게 되는데, 때로는 판단이 모호하고 어려운 상황이 닥칠 경우 가장 먼저 생각해야 할 사항이 바로 '정부 이익'이다.

예를 들어 동일한 결함이라 할지라도 그것이 부품상태에서 발생되었는가, 조립 이후에 발생되었는가에 따라 판단이 달라질 수 있다. 또한 이러한 결함이 예전에도 발생된 것이었는가, 또 예전에 발생되었을때 업체가 효과적인 시정활동을 수행하였는가? 등에 대한 검토도 이루어져야 한다.

5.2 물자심의위원회 활동

5.2.1 물자심의위원회의 기본요건

MRB 기능은 제품의 품질, 비용 및 납기에 결정적 영향을 주는 핵심적인 제조기술 분야이다. MRB 기술은 여러 분야의 설계 및 제조기술에 바탕을 두고 있고 더 나아가 MRB 경험요소의 환류를 통해 기술의 개선 및 새로운 기술의 개발이 가능해 지기도 한다.

개발자가 요구하는 새로운 기술은 때로는 현장에서 적용시 난항에 부딪히기도 하는데 이와 같은 문제점들은 MRB기능에 의해 재검토되고 분석되어 설계 엔지니어에게 전달된다. 이러한 MRB 능력을 확보하기 위해서는 다음과 같은 요건이 필수적으로 있어야 한다.

첫째, 기초 기술력 확보이다. MRB 개념에서 언급한 바와 같이 MRB는 규격불일치 물자가 발생하였을 경우 먼저 경불일치 사항 여부를 판단해야 하는데 이러한 판단은 설계개념을 숙지하고 있어야만 가능한 것이다. 업체는 응력해석, 피로/파괴 구성품에 대한 해석, 수명해석 등에 대한 능력이 있어야 한다. 즉, 현장에서 이러한 해석이 필요하다고 판단될 경우 이를 지원할 수 있는 시스템이 갖추어져 있어야 한다는 것이다.

둘째, MRB 시스템 구축이다. MRB 시스템은 단기간에 구축되는 것이 아니다. 일반적으로 시스템이라고 하면 먼저 절차를 연상하게 되는데 현장에서 일어나는 활동을 구체화하기 위해서는 절차 수립은 당연한 것이며, MR 부서의 독립성과 연계성을 갖추어야 한다. 연계성이란 MR 엔지니어가 품질부서, 자재부서, 생산관리부서, 기술부서의 업무특성을 이해하고 최선의 처리방안을 검토하고 불일치 원인이 근본적으로 어디에 있는지를 연구하여 설계부서와 기술변경 필요성 등을 검토하는 것이다. MR 엔지니어는 불일치사항을 수리하는 방안을 검토시 수리에 필요한 자재가 확보되어 있는지, 해당 수리방법이 현재작업의 기술로 가능한지 여부 등을 간과하는 실수를 범하지 말아야 한다. 따라서 엔지니어는 관련부서의 현 여건과 기술수준을 파악하고 있어야 하며, 새로운 수리기술이 개발되고 있는 추세를 감안하여 지속적인 연구가 필요하다. 독립성이란 엔지니어의 판정은 오직 해당 제품에 대한 최선의 방안을 검토하고 외부의, 즉 생산일정상의 어려움 등을 고려하여 타부서의 간섭을 받지 않는 것을 의미한다.

- 경규격불일치(Minor Nonconformance) 결함이란 MIL-STD-973에서 규정한 치명, 중결함이 아닌 사항으로 최종제품의 성능, 외관, 운용성 등에 영향을 주지 않는 결함을 말한다.
- 실례로 MR엔지니어가 1차 판정 이후 실행부서에서 이행이 곤란한 경우 DCR(Disposition Change Request)을 제기하는 경우가 있다. 이는 판정실수 사항으로 정부품질보증원은 이러한 사례가 빈번하게 발생되지 않도록 조치해야 한다.

5.2.2 물자심의위원회 활동의 근거

MRB 활동은 계약서를 근간으로 출발한다. MRB는 정부가 계약 업체에 부여하는 혜택이다. 일반적인 계약이라면 규격에 일치하는 제품만을 정부에 납품하는 것이 당연하지만 이는 현실적으로 불가능하며 대부분 형상관리 절차에 의거 규격완화 혹은 면제처리를 하게 된다. 경미한 면제처리를 MRB에서 수행하게 되면 일반적인 면제(Waiver)와 비교하여 업체는 상당한 융통성을 부여받을 수 있는 것이다. 반면 업체는 MRB 활동을 할 수 있는 시스템의 구축, 관련요원의 확보 등에 대하여 주기적으로 정부의 통제를 받아야 한다.

즉, MRB 활동의 근거는 형상관리 규격서인 MIL-STD-973이 제공하고 있으며, 이에 대한 구체적인 요구조건은 MIL-Q-9858과 MIL-STD-1520에서 제시하고 있다. 최근 미국에서는 MIL-Q-9858및 MIL-STD-1520이 폐지되고 ISO 9000시리즈를 군수계약에도 적용하고 있는 실정이다. △△△ 계약에서 MRB 관련 조항이 어떻게 요구되고 있는지 MIL-Q-9858 및 ISO 9001에서는 MRB 요구조건이 어떻게 구성되어 있는지 사례를 통해 알아보기로 한다.

1) MRB관련 계약서 조항사례

△△△ 2차계약서 특수조건에서 「'을' 은 MIL-STD-1520C에 의거 MRB체제를 정부품질보증기관의 승인을 득한 후 운영한다.」고 되어있다. 그리고 미국 정부의 일반적인 계약 조건에서도 ISO 9000 시리즈로 계약조건을 요구하는데 MRB 부분을 요약하면 다음과 같다.

- 정부는 부적합품(nonconforming material)이라고 판정할 유일한 권한을 가진다.
- 부적합품의 수리와 재작업은 정부의 승인을 받은 절차서에 따라 이루어지며 요구사항을 만족하지 못하는 제품의 수리는 정부품질보증기관에 보고되어야 한다.
- 제조공정에서 무작위로 일어나는 공통된 부적합에 대해 단일하고 비용면에서 효율적인 조치를 제공하기 위해 표준 수리 절차서(Standard Repair Procedure, SRP)가 수립될 수 있다. SRP는 해당 사업마다 다르며 공급자에 의해 개발되고 사용 전에 계약 요구조건에 따르는지 여부를 확인하고 승인된다.

이상과 같이 MRB 활동에 대한 승인은 정부의 고유 권한으로 MRB가 요구되는 사업의 계약시 적절한 정부요구조건을 설정하여 반영할 필요가 있다. 여기에는 두 가지 방법이 있으며 첫째는 ISO 9000 계열, MIL-STD-1520 등을 참고하여 국내규격을 제정하여 계약에 반영하는 방안과 둘째는 계약품목의 특성을 고려하여 적정한 MRB 세부 요구조건을 계약서 검토 단계에서 반영시키는 방법이 있다.

5.3 MIL-Q-9858의 물자심의 관련 내용

5.3.1 일반사항

MIL-Q-9858	국방-공통-0011
6.5 Nonconforming Material The contractor shall establish and maintain an effective and positive system	6.5 규격불일치 물자 계약업체는 규격불일치 물자의 식별, 분리 및 폐품 처리절차를 포함한 효과적

for controlling nonconforming material, including procedures for its identification, segregation, and disposition, Repair or re-work of nonconforming material shall be in accordance with documented procedures acceptable to the government. The acceptance of nonconforming supplies is a prerogative of and shall be as prescribed by the government and may involve a monetary adjustment. All nonconforming supplies shall be positively identified to prevent unauthorized use, shipment and intermingling with conforming supplies. Holding areas or procedures mutually agreeable to the con-tractor and the government representative shall be provided by the contractor. The contractor shall make known to the government upon request the data association with the costs and losses in connection with scrap and with rework necessary to the reprocess nonconforming material to make it conform completely.	이고 명확한 규격불일치 물자 관리제도를 설정 및 유지하여야 하며, 규격불일치 물자의 수리 및 재작업은 정부가 수락 할 수 있는 문서화된 절차에 따라야 한다. 규격불일치 물자의 수락여부는 정부의 권한이며 정부의 소정 규정에 따라 금액을 조정 할 수도 있다. 모든 규격불일치 물자는 부당사용, 적송 및 합격품과 혼입되지 않도록 분명히 식별되어야 한다. 계약업체는 계약업체와 정부가 상호 동의할 수 있는 규격불일치 물자 적치장과 그 절차를 마련하여야 한다. 계약업체는 정부의 요구시 폐품 및 규격불일치 물자를 합격품으로 재작업하는데 필요한 비용 및 손실에 관한 데이터를 제공하여야 한다.

5.3.2 시정조치 활동

MIL-Q-9858	국방-공통-0011
3.5 Corrective Action. The quality program shall detect promptly and correct assignable conditions adverse to quality. Design, purchasing, manufacturing, testing or other resulted in defective supplies services, facilities, technical data, standards or other elements of contract performance which could create excessive losses or costs must be identified and changed as a result of the quality program.	3.5 시정조치 품질프로그램은 품질에 해로운 이상 요인을 즉시 시정할 수 있어야 한다. 결함이 있는 제품, 용역, 설비, 기술자료, 표준 또는 과도한 손실과 비용을 초래할 요인이 발생하였거나 발생시킬 가능성이 있는 설계, 구매, 제조, 시험 혹은 기타 활동은 반드시 품질프로그램의 결과로서 확인, 변경되어야 한다.

Corrective action will extend to the performance of all supplies and vendors and forwarded from users. Corrective action shall include ac a minimum; (1) Analysis of data and examination of product scrapped or reworked to determine extent and causes; (2) Analysis of trends in process or performance of work to prevent nonconforming product; and (3) Introduction of required improvement and corrections, an initial review of the corrections, an initial review of the adequacy of such measures and monitoring of the effectiveness of corrective action taken	시정조치는 모든 임가공 업체와 판매업체의 작업에도 적용되며 사용자가 보낸 데이터와 제품이 시정조치에 반영될 수 있어야 한다. 시정조치에는 최소한 다음 사항이 포함되어야 한다. (1) 결함원인 및 그 정도를 판단하기 위한 데이터 분석 및 폐품과 재작업의 검사 (2) 규격불일치품을 방지하기 위한 공정 또는 작업수행의 추세 분석 (3) 요구되는 개선 및 수정작업의 실시, 조치에 대한 적합성 검토 및 시정효과 확인

5.3.3 품질비용

MIL-Q-9858	국방-공통-0011
3.6 Cost related to Quality. The contractor shall maintain and use quality cost data as a management element of the quality program. These data shall serve the purpose of identifying the cost of both the prevention and correction of nonconforming supplies (e.g. labor and material involved in material spoilage caused by defect-ive work, correction of defective work for quality control exercised by the contractor at subcontractor's or vendor's facilities). The specific quality cost data to be maintained and used will be determined by the contractor. These data shall, on	**3.6 품질에 관련된 비용** 계약업체는 품질프로그램의 한 관리요소로써 품질비용 데이터를 유지하고 활용하여야 한다. 이러한 데이터는 규격불일치품의 예방과 시정에 소요되는 비용을 확인하는 목적으로 이용되어야 한다. (예를 들면, 결함작업에 의해 발생된 자재손실 및 인력소요, 결함작업의 시정에 사용되는 인력 및 자재, 임가공업체나 판매업체의 시설에서 계약업체가 실시하는 품질관리를 위한 인력 및 자재). 계약업체는 유지, 활용할 구체적인 품질비용 데이터를 결정해야 하며, 유지하고 있는 품질비용 데이

request, bw identifies and made available for "on site"review by the Government	터에 대하여 정부품질보증기관에서 품질프로그램의 적합성을 판단하기 위하여 요청할 경우 이를 제출하여야 한다.

5.3.4 ISO 9001의 물자심의 관련성

1) 불일치품의 처리

ISO 9001	번 역 본
4.13 Control of nonconforming product	4.13 불일치품의 처리
4.13.1 General The supplier shall establish and maintain documented procedures to ensure that product that does not conform to specified requirements is prevented form unintended use or installation. This control shall provide for identification, documentation, evaluation, segregation(when pracumcal), diionsition to the functions concerned.	**4.13.1 개요** 공급자는 규정된 요구사항에 적합하지 않은 제품이 의도와 달리 사용되거나 설치되는 것이 방지됨을 보장하기 위해 문서화된 절차를 수립하고 유지해야 한다. 부적합품의 식별, 문서화, 평가, 분리(가능한 경우), 처분 및 관련부서에의 통지를 관리해야 한다.
4.13.2 Review and disposition of nonconforming product The responsibility for review and authority for the disposition of nonconforming product shall be defined Nonconforming product shall be review in accordance with documented procedures. It may be a) reworked to meet the specified requirements; b) accepted with or without repair by concession; c) regraded for alternative applicationr d) rejected or scrapped	**4.13.2 부적합의 검토 및 처분** 부적합품에 대한 검토의 책임과 처분의 권한이 정해져야 한다. 부적합품은 문서화된 절차에 따라 검토되어야 한다. 이는 다음과 같이 처리할 수 있다. a) 규정된 요구사항을 만족하도록 재작업 b) 수리 또는 수리 없이, 특채에 의한 채택 c) 용도변경을 위한 재등급 부여 d) 불채택 또는 폐기

When required by the contract, the proposed use or repair of product(see 4.13.2b) which does not conform specified requirement shall be reported for concession to the customer or customer's representative. The description of the nonconformity that has been accepted, and of repairs, shall be recorded to denote the actual condition(see 4.16) Repaired and/or reworked product shall be reinspected in accordance with the quality plan and/or documented procedures	계약에 의하여 요구된 경우, 규정된 요구사항에 적합하지 않은 사용 또는 수리 요청의(4.13.2b참조) 승인을 위해 고객 또는 그 대리인에게 보고하여야 한다. 채택된 부적합 및 수리에 대한 내용은 실제 상태를 알 수 있도록 기록해야 한다.(4.16 참조) 수리 및/또는 재작업된 제품은 품질계획서 및/또는 문서화된 절차요구사항에 따라 재검사하여야 한다.

2) 시정조치 활동 및 예방활동

ISO 9001	번 역 본
4.14 Corrective and preventive action **4.14.1.General** The suppliers shall establish and maintain documented procedures for implementing corrective and preventive action. Any corrective or preventive action taken to eliminate the causes of actual or potential nonconformities shall be to a degree appropriate to the magnitude of problems and commensurate with the risks encountered The supplies shall implement and record any changes to the documented procedures resulting from corrective and preventive action **4.14.2 Correction Action** The procedures for corrective action shall include;	**4.14 시정 및 예방조치** **4.14.1 개요** 공급자는 시정조치 및 예방조치를 시행하기 위한 문서화된 절차를 수립하고 유지하여야 한다. 현재 혹은 잠재적인 부적합의 원인을 제거하기 위해 취해진 모든 시정조치 또는 예방조치는 문제의 크기와 당면한 위험에 상응하는 적절한 정도로 처리되어야 한다. 공급자는 시정조치 및 예방조치의 결과로 발생한 문서화된 절차에 대한 모든 변경을 실행하고 기록하여야 한다. **4.14.2 시정조치** 시정조치는 다음 사항을 포함하여야 한다.

a) the effective handling of customer complaint and reports of product nonconformities; b) investigation of the cause of nonconformities relating to product, process and quality system, and recording the results of the investigation(see 4.16) c) determination of the corrective action needed eliminate the cause of nonconformities; d) application of controls to ensure that; corrective action is taken and that is effective. **14.3.3 Preventive Action** The procedures for preventive action shall include; a) the use of appropriate sources of information such as processes and work operations which affect product quality concessions, audit results, quality records, service reports and customer complaint to defect, analyse and eliminate potential causes of nonconformities; b) determination of the steps needed to deal with any problems requiring preventive action; c) initiation of preventive action and application of controls to ensure that is effective; d) ensuring that relevant information on actions taken is submitted for management review(see 4.1.3)	a) 고객불만 및 제품 부적합보고서의 효과적인 취급 b) 제품, 공정 및 품질시스템에 관련된 부적합의 원인조사와 조사결과의 기록(4.16참조) c) 부적합의 원인제거에 필요한 시정조치의 결정 d) 시정조치가 취해지고, 그 시정조치가 효과적이라는 것을 보장하기 위한 관리 **4.14.3 예방조치** 예방조치는 다음 사항을 포함하여야 한다. a) 부적합의 잠재원인을 검출, 분석 및 제거하기 위해 제품 품질에 영향을 미치는 공정 및 작업, 특채, 감사결과, 품질기록, 서비스 보고서, 고객불만 등과 같은 적절한 정보출처의 이용 b) 예방조치가 요구되는 문제들을 취급하는데 필요한 단계의 결정 c) 예방조치의 주관과 예방조치가 효과적임을 보장하기 위한 통제의 실시 d) 취해진 조치에 관한 적절한 정보가 경영 검토를 위해 제출됨을 보장(4.1.3 참조)

5.4 물자심의위원회 시스템 요구조건

MIL-STD-1520 표준서는 불일치물자 발생시 이를 조치하고 시정조치 방안을 수립하는 시스템 요구서이다. 주요 내용은 불일치 제품에 대한 조치보다는 이에 대

Ⅰ 표 5-1 Ⅰ MIL-STD-1520 요구조건

MIL-STD-1520('93. 3. 5) CA and Disposition System for NCM

일반요구조건	세부요구조건
1. 시정조치 및 처리체계 2. 통계적 품질관리(SPC) 3. 품질개선 4. 계약업체의 서면절차 5. 물자심의 위원회(MRB) 6. 시정조치 위원회(CAB) 7. 정부의 권한	1. 불일치 물자의 식별 및 분리 2. 예비심의(PR) 3. 물자심의(MR) 4. 현 상태대로 사용(USE AS IS) 5. 수리(REPAIR) 6. 폐기(SCRAP) 7. 불일치물자의 문서화 8. 최소 자료요약 요구 9. 하청업체의 물자심의 및 처리 체계관리 10. 감사

한 시정에 중점을 두고 있다. 이는 MRB 시스템 정립에서 매우 중요한 개념으로, 현장에서 MR업무를 수행할 때에는 불일치물자의 기술검토 및 승인 이전에 해당 불일치의 근본원인이 무엇인지, 품질을 향상시키는 노력을 업체가 하고 있는지를 먼저 검토해야 한다. MIL-STD-1520의 구성은 MRB에 대한 일반요구조건과 세부요구조건으로 구분되고 세부지침은 MIL-HDBK-350에 나와 있다.

MIL-STD-1520 표준서의 요구조건을 요약하면 〈표 5-1〉과 같다.

5.4.1 물자심의위원회 용어의 정의

MIL-STD-1520에서 MRB의 용어에 대하여 정의하고 있는 내용은 다음과 같다.

【불일치(Nonconformance)와 불합격(Reject)】

불일치란 계약, 도면, 규격 등에 명시된 품질요구조건의 불만족 또는 불일치를 말하며, 결함품이란 불만족 또는 불일치한 특성을 1개 이상 가지고 있는 생산품을 말한다. 불일치의 개념과 불합격의 개념은 다르다. MRB시스템이 운용되는 경우(고객에 의해 시스템 승인) 일단 불일치 물자는 진행 중인 개념으로 이해해야 하며 MRB 프로세스를 통해 최종 수정작업 절차에 의해 Accept/Reject가 판명된다. 또한 정부품질보증원의 MR 승인은 후속공정의 진행 가능성 여부에 대한 승인의 개념으로 이해하여야 하며, 제품에 대한 최종수락을 의미하는 것은 아니다.

【경결함(Minor Nonconformance)】

성능, 호환성, 신뢰성 또는 정비성, 효과적인 사용 또는 작동, 무게, 외관, 사용자의 건강과 안전에 영향을 미치지 않는 결함 및 외관이라 함은 일반적으로 Scratch, Dent, Nick 등과 표면결함을 생각할 수 있으나, 항공기 제작사업의 경우에는 외부에 노출되는 무위의 결함이 항공역학에 영향을 미치느냐, 아니냐의 검토에 중점을 두어야 한다

【중결함(Major Nonconformance)】

MRB에서 가장 어려운 분야 중 하나로 재작업으로 완전히 제거될 수 없거나 경결함으로 만들 수 없는 결함을 중결함이라 한다. 현재의 결함이 경미한 사항인지 중대한 또는 치명적인 사항인지를 판단하는 것은 제품에 대한 명확한 이해와 후속 프로세스에 대한 지식 그리고 해당 장비의 운용조건 등을 이해하지 않고는 불가능하다.

【수리(Repair)】

결함을 완전히 제거하지는 못하지만 일부 줄이기 위해 MRB나 고객의 승인 하에 공정에 투입하는 행위로 결함품을 후속공정에 투입 가능한 상태로 만드는데 그 목적이 있다. 그러나 수리한 부품은 여전히 계약, 도면, 규격 요구사항과 완전히 일치하지 않는다는 점에서 재작업과 구별된다. 수리의 판정에 대해 의뢰시 정부품질보증원이 유의할 사항은 해당 수리방법이 현실적으로 가능한 방법인지, 수리방법에 따라 결함이 경감될 수 있는지 검토하는 것이다. 간혹 MR 엔지니어들이 현장에서 결함을 직접 확인하지 않고 기록된 내용만 보고 수리방법을 제시할 경우 제시한 수리방법이 적절치 못하여 DCR(Disposition Change Request)을 요청하는 경우도 있다. 또한 수리 공정 수행 중 추가결함이 발생하는 경우도 많으므로 중요 사항은 수리 후 확인을 습관화해야 하며, 눈으로 보는 것과 서류/도면 등으로 보는 것과는 차이가 많음을 인식해야 한다. 그리고 수리내용이 복잡한 경우 세부적으로 수리절차서를 작성토록 하여 결함사항의 수리가능성 여부 판단과 수리방법, 절차 등의 오류를 방지할 필요가 있다

【재작업(Rework)】

결함품을 계약, 도면, 규격 요구사항에 일치시키기 위해 정해진 공정을 재차 진

행시키는 행위이다. 재작업 사항은 정부 승인 대상이 아니므로 우리가 흔히 간과하는 부분이다. 때때로 재작업 사항인지 수리 사항인지 분별하기가 힘든 경우가 많아 업체에서도 실수하는 경우가 있으므로 정부품질보증원은 주기적으로 재작업 사항에 대해 점검해야 한다. 특히 결함품을 제거하고 새로운 부품으로 대체될 경우 재작업과 수리의 구분을 명확히 할 필요가 있으며, 업체 공정의 Input 요소(4M)가 불안정하다는 증거이므로 동일 공정에서 반복적으로 재작업이 발생할 경우 시정조치가 필요하다.

【현상태로 사용(USE AS IS, UAI)】

하나 또는 둘 이상의 경결함을 갖고 있으나 제품 본래의 사용목적을 만족시킬 수 있다고 판단되어 MRB를 거쳐 정부에 의해 그 상태 그대로 수락하는 것이다. 추가적인 수리를 통하여 결함을 더욱 경감시킬 수 있기 때문에 정부품질보증원은 UAI가 최선의 선택인지 검토해야 한다. 또한 UAI의 경우 그대로 사용해도 문제가 없다는 기술적인 근거가 제시되어야 하며, 업체 MRB에서는 반복적인 UAI에 대해 주기적인 분석을 통하여 기술변경의 필요성을 반드시 검토해야 한다.

【표준수리절차(Standard Repair Procedure)】

반복적으로 발생하는 특정의 불일치 사항을 수리하기 위하여 비용 대 효과 측면을 고려하여 가장 적절하다고 판단되는 수리방법을 표준화한 문서

【시정조치(Corrective Action)】

적정 품질확보를 위해 반드시 시정이 되어야 할 중요한 문제점을 식별하고 근본원인과 이에 대한 확실한 대책을 수립하여 만족한 수준까지 철저히 후속 조치함으로써 동일 품질불일치 사항의 재발을 방지토록 하는 제반 활동

【최초발생(Occurrence)】

특정 품목, 공정의 해당 특성과 관련된 품질불일치의 최초 발생으로, 불일치에 대한 시정조치 일자, 품목, 단위 로트 번호와 해당 조치사항이 최초로 확인된 경우를 의미함

【재발생(Recurrence)】

최초 발생한 불일치에 대한 시정조치가 완전히 완료되지 않은 상태에서 발견된 동일한 불일치 사항의 발생을 의미함

5.4.2 물자심의 일반 요구조건

MIL-STD-1520에서 MR의 일반 요구조건으로 규정하고 있는 내용은 다음과 같다.

【시정조치 및 처리체계】

계약업체는 품질 불일치를 식별, 분리(분리가 어려울 경우에는 관리), 처리하고 불일치의 발생을 방지, 최소화 또는 감소토록 하는 적극적인 시정조치나 비용효과가 보증되도록 하는 체계를 수립, 운영하여야 한다. 이러한 체계는 품질개선 계획의 착수 및 이행감시를 통한 지속적인 품질 및 생산 개선이 이루어질 수 있도록 운영되어야 한다.

【계약업체의 서면절차】

이 표준서의 요구조건은 계약업체의 세부 서면절차들을 준비, 발간 및 유지하는 전 과정을 통하여 적용되어야 한다. 계약업체는 PR권한을 부여한 인원과 MRB 및 CRB의 활동을 하는 인원을 구분해야 하며, 절차상에 그들의 권한범위 또는 정도를 나타내어야 한다. 계약업체의 절차는 또한 문서화가 유지되는 방법에 대해서도 나타내어야 한다.

【MRB】

MRB는 계약업체 품질조직의 대표자를 의장으로 운영되어야 하며, 불일치물자의 적합한 처리결정에 필요한 타 부서의 대표자들을 필요에 따라 포함하여야 한다. 최소한, MRB는 의장과 제품설계 책임이 있는 기술부서의 대표자를 포함하여야 하며, 물자심의위원은 기술능력을 기준으로 선정되어야 한다. 물자심의위원은 타부서 인원의 기술적 조언을 요청할 수 있다. 불일치물자의 양이 많거나 작업의 다양성에 의해 필요하다면, 1개 이상의 MRB를 구성할 수 있다.

【MRB의 권한과 책임】

- MRB는 적절한 처리의 결정을 위하여 모든 불일치물자(PR에서 사전 처리된 물자는 제외)에 대하여 적기에 조사해야 한다.
- MRB는 제안된 모든 'UAI'와 'Repair'로 처리된 사항에 대하여 승인을 위하여 정부에 제출되기 전에 검토하고 동의해야 한다.
- MRB는 제한된 조건하에서 계속 사용을 위하여 제안되는 모든 표준수리절차

를 정부 승인을 위해 제출하기 전 검토하고 동의해야 한다.

- 제안된 'UAI'와 'Repair'(표준수리절차에 의한 수리는 제외)에 대하여 정부가 요구할 경우 서면 기술분석 결과를 함께 제출해야 한다.

MRB는 정부가 MRB의 건의에 대해 시기적절하게 조치할 수 있도록 처리방안에 관한 조사 및 심층 검토 내용 등을 정부에 제공해야 한다.

【정부의 권한】

정부는 MIL-STD-1520의 적용을 위해 수립된 모든 계약자절차의 검토, 목적달성이 어려울 경우 그 절차의 불승인, 예비심의, MRB 및 품질개선 활동의 감시관찰과 같은 권한을 보유한다. 이 표준서에 의해 요구되는 문서 또는 기타 자료의 검토, 불일치물자의 수락 또는 거절은 정부의 고유권한이다. 정부에 의한 불일치물자의 수락은 금전적 조정 또는 다른 고려사항을 포함할 수 있다. 정부의 불승인 권한은 구체적으로 아래의 경우에 적용되나 이에 제한받지는 않는다.

- 절차, 활동, 조직과 예비심의, MRB 및 시정조치위원회의 보고서
- 관리한계를 구성하는 계약업체 표준서
- 계약업체가 제한한 표준수리절차의 유효일자, 한계 및 연장사항들을 포함한 수리절차
- 불일치의 기록 및 분석자료와 그러한 불일치에 관련된 시정조치
- 이전에 승인된 표준수리절차서의 승인 철회 권한
- 선정시 또는 선정이후 수시의 MRB 및 시정조치 위원과 임명된 예비심의 요원

5.4.3 물자심의 세부요구조건

MIL-STD-1520에서 MR의 세부 요구조건으로 규정하고 있는 내용은 다음과 같다.

【불일치물자의 식별 및 분리(Segregation)】

규격불일치 물자가 발견되었을 때, 불일치 품목은 눈에 잘 띄게 표시하거나 꼬리표(또는 표시나 꼬리표가 부적절할 경우는 다른 방법으로 식별)를 붙이고 생산 중에 승인 없이 사용되지 않도록 적극적으로 관리되어야 한다. MRB로 제출되는 불일치물자는 크기, 형상환경, 조건 등으로 인하여 적절치 못한 경우 외에는 불일치

물자의 지정 저장장소로 옮겨 놓거나 정부가 승인한 다른 조건 상태로 두어야 한다. 지정 저장장소는 불일치 물자의 승인 없이 이동이 되지 않도록 관리되어야 한다.

【판정(Disposition)】

판정이란 경불일치 물자에 대해 설계개념에 입각하여 엔지니어가 조치하는 것으로서 불일치 물자를 그대로 사용할 것인지, 수리할 것인지 혹은 수리를 할 경우 어떻게 할 것인지 등에 대한 판단을 내리는 것으로 MRB에 있어서 가장 핵심적인 용어로 볼 수 있다.

업체 MRB 엔지니어가 판정을 내린 사항중 현상태로 그대로 사용이나 표준수리 절차를 벗어난 수리에 대해서는 각각 정부 승인이 필요하다.

【예비심의(Preliminary Review, PR)】

물자가 불일치임이 최초로 발견되었을 때, 계약업체 품질요원은 필요시 타 부서요원의 지원을 받아, 다음 사항을 검사해 불일치 내용을 확인한다.

- 물자가 명백히 용도에 부적합하고 경제적으로 재작업하거나 수리할 수 없어 폐기가 요구되는 경우(Scrap)
- 재작업에 의해 제거할 수 있는 경우(Rework)
- 임가공업체로의 반납이 요구되는 경우(Repair)
- MRB에 의해 동의되고 정부에 의해 승인받은 표준수리 절차에 의한 수리가 가능한 경우(Return To Vendor)
- 위의 기준에는 맞지 않으나 MRB가 참고하여야 할 경우 예비심의활동에도 불일치와 관련된 식별, 문서화 및 시정조치 요구조건을 따른다. 어떤 불일치의 경우는 MRB에 이관하지 않고 최초로 발견된 장소에서 경제적으로 처리 될 수 있다.

·일반적으로 PR은 업체에 의해 현장에서 처리되는 경우를 의미한다. 하지만 PR권한이 모든 검사원에게 주어진다는 의미는 아니다. 업체 검사원(혹은 품질부서 인원)중 MIL-STD-1520의 내용을 숙지하고 PR요원에 위임된 상기사항을 이해할 수 있는 인원을 선발하여 적정교육 이수 후 자격을 부여하게 된다.

·PR처리 범위는 정부입장에서 불일치 사항이 후속공정, 혹은 최종 납품되는 제

품에는 포함되지 않는다. 혹은 사전에 위임범위를 결정하여 PR에서 사용할 수 있는 표준절차(Standard Disposition Procedures)형태로 위임할 수도 있다.

·PR에서 정부가(업체도 마찬가지임) 간과하기 쉬운 부분은 PR이 MR보다 중요도가 적다고 생각하고 PR사항에 대한 관리를 소홀히 하는 잘못된 생각이다. 예를 들어 중간 가공공정에서 가공이 미흡하여 공정규격이 요구하는 치수가 안 나오는 경우 제품을 재가공하여 불안정함을 경고하는 것이다. 이러한 불일치가 반복될 경우 적절한 시정조치를 하지 않으면 심각한 결함이 야기될 수 있다. 일반적으로 현장에서 PR사항은 MRB에 상정되지 않으므로 이에 대한 집중적인 품질분석과 시정조치가 제대로 이루어지지 않는 경우가 많다.

·간혹 PR에서도 높은 수준의 지식이 요구된다. 조립공정에서 한 부품을 분해하고 새 부품으로 교체하는 경우 이는 재작업 사항이다. 교체작업에 따른 후속공정의 예산 문제점 등은 제품에 대한 지식이 상당히 필요한 분야이다. PR요원에게 수시로 교육할 사항은 PR로 위임한 사항들이 "할 수도 있다."는 것이지 "해야 한다."는 것은 아니라는 점이다. PR사항으로 판단되는 것이라도 약간의 모호한 부분이 있을 경우 일단 MRB로 판정을 의뢰하는 것이 바람직 할 것이다.

정부품질보증원은 정기적으로 PR 영역에 대해 감사를 수행하여 PR에서 적절하게 활동을 하고 있는지를 감독하여야 한다.

【MRB 처리】

예비심의에서 처리가 결정되지 않은 모든 불일치물자는 MRB에 의해 다음으로 결정된다.

- 폐기(Scrap)
- 재작업(Rework)
- 임가공업체로 반납(Return To Vendor)
- 승인된 표준수리절차에 의한 수리(Repair Per SRP)
- 표준수리철자 이외의 방법에 의한 수리를 정부에 건의
- 현상태로 사용토록 정부에 건의(Use-As-Is)
- 계약부서로 면제요청(Request Waiver)

MRB 판정에서 가장 중요한 관점은 MRB의 결정사항이 적절한 기술적 평가분

석에 기초해야 한다는 것이다. 업체의 품질경영시스템은 필요한 경우 MRB능력을 초과하는 사항에 대해 지원부서의 전문적인 협조체계가 명시되어 있어야 한다.

결함사항에 대한 수정방법은 MR 엔지니어에 의해 결정되지만 그 결함사항의 MR 처리 여부와 계약부서로 면제신청은 MRB에서 최종적으로 결정된다. 즉, 계약부서로의 면제신청 여부 결정도 MRB의 기능이다.

【현상태로 사용처리 절차】

- 현상태로 사용처리는 모두 정부의 승인을 받아야 한다.
- 현상태로 사용처리가 승인되기 전까지, 또는 정부가 승인한 방법에 의해 관리되지 않은 불일치 물자는 후속공정을 진행하거나 정부 승인 전에 사용될 수 없다.
- 모든 현상태로 사용처리는 제안된 변경(즉, 설계변경, 도면, 규격서 및 기술지시서를 포함한 기술문서 변경, 또는 정부규격서에 대해 제안된 변경)의 달성을 위한 방법과 문서변경의 적절성에 대한 결정사항도 포함하여야 한다.

UAI 처리는 정부 승인이 필요하다. 하지만 UAI와 Acceptance라는 말을 혼동해서는 안된다. 보통 불일치사항은 공정중 완성된 부품이라 할지라도 전제 조립체 기준에서 공정으로 간주되며 공정중 UAI는 그 상태 그대로 후속공정이 진행되어 다른 문제점이 발생되지 않아야 이전의 판정을 유효한 것으로 간주할 수 있다. 추가 문제점이 발생될 경우 이전의 판정은 무의미하게 된다. Acceptance는 해당 품목이 최종적으로 문제가 없을시 이루어지는 것이다.

UAI 판정에 대해 심의하는 정부품질보증원은 다음 2가지를 숙지하여야 한다.

첫째, UAI가 최선의 판정인가를 다시 한 번 검토해 보아야 한다. 때로는 UAI가 타당하다고 할지라도 결함을 좀 더 경감 시킬 수 있는 경우가 많다. UAI는 모든 경우의 수를 검토 후 적용해야 하는 최종적인 방법이다.

둘째, 반복적인 UAI가 제기될 경우, 기술변경 필요성을 필히 검토해야 한다. 보통 설계자는 제품의 안정성을 확보하기 위해 필요 이상의 안전계수, 공차를 적용하는 수가 있다. 이러한 잘못된 설계, 과도한 규격요구조건으로 결함이 반복될 경우 MRB에서는 UAI 판정 이전에 기술자료의 타당성을 따져 보아야 한다.

【수리절차】

수리처리 결정에 관한 요구조건은 다음과 같다.

- 표준수리 절차는 적용하기 전에 승인을 받도록 정부에 제출되어야 한다.
- 제안하는 수리방법(사전 승인된 SRP 이외의 방법)은 수리작업이 완료되기 전에 승인을 받도록 정부에 제출되어야 한다.
- 수리기법의 승인에 관한 정부의 활동은 수리완료 후라도 그 물자에 대하여 불합격 처리할 수 있는 정부의 권한을 침해하지 않는다. 모든 수리절차의 사용은 계약업체의 위험부담 사항이다.
- 어떠한 수리처리 결정이 있기 전에 그 수리가 관련되는 대체처리 방법에 비해 비용 대비 효과적이라는 것이 계약업체에 의해 판단되어야 한다.
- 수리 완료 후 자재의 재처리(Reprocessing) 업무에 대한 지침은 표준 수리절차나 다른 수리절차에 포함되어야 한다. 이 절차들에는 계약 업체의 검사 및 시험에 관한 요구조건도 포함하여야 한다.
- 계약업체는 표준수리 절차의 사용일자와 적용횟수 등에 관한 세부 기록들을 유지하여야 한다.
- 계약업체는 표준수리 절차가 완전하고, 최근의 공정능력 및 최신기술에 따라 최신화되었으며, 용도에 따라 정의된 조건하에서 적절히 적용되고 있는지를 보증하기 위하여 주기적으로 검토하여야 한다.
- 표준수리 절차가 만족스럽게 적용된 불일치물자는 표준수리 절차상에 명시되어 있거나 또는 정부에 의해 별도로 지시되면 정부검사를 위해 제출된다. 모든 다른 수리된 자재는 정부의 사전 승인이 없거나, 또는 정부에 의해 승인된 방법으로 관리되지 않으면 후속공정에 투입되거나 사용되어서는 안된다.

SRP 혹은 SDP는 MRB 시스템에서 매우 중요한 부분이다. 적절한 종류의 SRP를 수립, 적용하게 되면 업체 및 정부의 MR처리에 따른 시간을 상당히 감소시킬수 있다. SRP는 MRB에서 정부승인을 위해 제출하지만 엔지니어에 의해 타당성이 사전 검증되어야 한다.

【폐기자재(Scrapped Material)】

폐기자재는 정부의 승인 없이 계약품목에 사용되지 않도록 눈에 띄기 쉽게 식별되고 관리되어야 한다. 폐기자재에 대한 상기 내용 중 '정부의 승인이 없는 한(Unless Approved by the Government)' 이란 단서가 있다. 이는 역으로 Scrapped Material이라 할지라도 어떤 상황변화에 의거 정부승인을 거쳐 사용할 수도 있다는 의미이다. 간혹 이러한 경우가 발생하기도 하는데 예를 들어 부품상태에서 비용 대 효과 측면에서 폐기 판정되었다가 조립 Line에서 해당부품의 불량품으로 공정이 중단되는 경우 재검토/승인을 거쳐 사용할 수도 있다. 또 현재의 규격요구조건에 벗어나서 폐기 판정되었으나 기술변경이 되어 사용이 가능해질 수도 있다. 폐기자재가 다른 용도, 즉 시험용, 장비 Trial용, 교육목적용 자재 등으로 사용될 수도 있다. 따라서 'Scrap'이라는 조치는 즉시 해당 자재를 없애버리라는 의미는 아니며 재사용의 가능성도 있으므로 제조 라인에 혼입이 되지 않도록 명확한 식별 및 분리가 요구된다는 의미이다.

【불일치 물자의 문서화】

업체는 모든 불일치물자, 처리내용, 추정원인, 시정조치 및 시정조치의 유효성 등에 관한 기록을 유지하여야 한다. 이러한 기록들은 5.8항에 의해 요구되는 요약을 위한 효율적 자료복구와 이전의 처리에 대한 지식 및 시정조치의 감시가 가능하도록 체계화되어야 한다. 업체는 불일치의 문서화에 다음 사항이 포함되도록 하여야 한다.

- 계약서 번호
- 문서 작성자
- 개시 일자
- 사후 추적성 확인을 위한 문서의 식별사항
- 불일치물자의 세부 식별사항(즉 부품번호, 품명, 재고번호 등)
- 관련 품목의 수량
- 발생 횟수
- 불일치가 발견된 제조공정상의 장소
- 불일치의 세부 내용
- 영향을 미치는 규격서, 도면 또는 다른 문서의 식별
- 원인의 내용
- 불일치 품목의 처리결과(공급자에 반납, 재작업, 표준수리절차사용, 폐기, MRB 이

관 등)

- 처리결정(Disposition Decision) 책임자의 식별

5.5 시정조치

MIL-STD-1520의 근본 취지는 불일치품의 처리보다는 불일치의 원인을 분석하여 적절한 시정조치를 취함으로서 궁극적으로 품질향상을 기하고 비용을 절감시키는 것이다. 따라서 본 절에서는 효과적인 시정조치를 위한 조직으로 시정조치팀(Corrective Action Team, CAT)의 역할과 프로세스에 대해 설명하고자 한다.

【CAT의 주요임무】

CAT은 지정된 책임구역내의 생산라인과 인접된 장소에 위치하는 Cross Functional Groups로 아래에 언급된 기능들을 기본 수행능력으로 가진 조직이다.

- 품질공학(Quality Engineering)
- 제조공학(Manufacturing Engineering)
- 제조계획(Manufacturing Planning)
- 제조활동(Manufacturing Operations)
- 설계공학(Design Engineering)

시정조치팀(CAT)에 부여된 책임은 다음과 같이 요약할 수 있다.

- Process Indicator를 Monitoring하며, 시정조치 과제를 선정한다.
- Rejection Documents의 원활한 진행과 정확성을 보증한다.
- Rejection Documents와 관련된 품목류를 추적, 관리한다.
- 시정조치의 필요성 검토와 근본원인을 분석한다.
- 시정조치 계획을 수립한다.
- 시정조치 진행 일정을 관리하고, 실효성을 확인한다.
- 부여된 품질개선 임무를 수행한다.

【시정조치 및 사후관리】

생산현장에서 발생한 문제점을 해결하기 위해서는 해당문제의 근본원인을 정확히 파악, 결정하고 시정조치 계획을 수립하여야 하는데, 시정조치 계획의 수립은 아래의 5단계에 걸쳐 이루어진다.

- Issue　　문제(불일치 사항)를 상세히 언급한다.
- Cause　　정확한 원인 명확히 서술한다.
- Specific Actions　　원인제거(감소)를 위한 필요한 조치내용
- Responsibility　　시정조치를 수행할 책임부서(기능조직)
- Effectivity　　시정결과 확인점(Date, Lot, unit)명시

시정조치 계획의 기록과 현황유지는 시스템을 통하여 관리되어야 하며, 시정조치를 효과적이고 기술적으로 수행할 수 있도록 적절한 기능을 팀에서 부여하여 신속하고 효율적인 시정조치가 되도록 관리한다. 시정조치의 효과와 그 결과를 확인하여 만족스러울 경우에 해당과제에 'V'(의미: Verification)를 표기하여 과제를 종결한다. 만일, 불만족스러우면 다시 처음부터 시작한다.

또한 주기적으로 다양한 요소에 대한 결함 사례의 품질분석을 통해 후속공정에 환류시켜 집중관리, 유지하는 활동으로 이어진다.

【시정조치의 필요성 검토 및 계획수립】

동일결함이 동일원인에 의하여 발생하였는지 확인하기 위해 부품번호 등의 정보를 조회한다. 검토결과는 Occurrence, Repetitive, Recurrence 중 하나에 해당된다. 이와 같이 시정조치 필요성을 검토 후 시정조치가 필요한 경우 다음 5가지 항목으로 구분하여 관리한다.

- Nonconformance의 내용이 무엇인가? (What)
- Nonconformance의 근본적인 원인? (Cause)
- Nonconformance를 시정키 위한 활동은? (Specific Action(s))
- 시정조치 기능 조직? (Responsible Functional Organization)
- 시정조치 유효시점? (Effectivity -date, Unit/Lot No 등)

이에 따라 시정조치 활동이 완료되면 시정조치 책임자가 확인 후 종결조치를 취하게 된다.

CHAPTER 6

제 6 장 무기체계 내장형 소프트웨어 품질보증

Software Quality Assurance, SWQA

품질에 투자하는 비용은 "광산에 묻힌 황금"이다.

CHAPTER 6

본 장에서는 각종 무기/비무기체계에 내장되어 해당 장비의 임무에 전용으로 제공되는 내장형 소프트웨어의 품질보증에 대하여 서술하였다. 내장형 소프트웨어의 품질은 설계과정의 활동이 좌우하므로 개발 초기단계부터 소요군 요구사항과 개발환경을 고려하여 사전에 수립된 계획에 따라 품질보증활동이 수행되어야 한다. 이러한 관점에서 제1절에서는 국방소프트웨어의 분류를 살펴보고 무기체계 내장형 소프트웨어의 특징과 관리에 대하여 서술하였다. 제2절에서는 내장형 소프트웨어 품질보증의 기본방향과 개발과정별 소프트웨어 품질보증 활동의 중점사항 및 형상관리 활동에 대하여 서술하였으며, 내장형 소프트웨어 품질보증의 발전방향은 제3절에서 서술하였다.

6.1 개 요

6.1.1 국방 소프트웨어의 분류

국방분야의 소프트웨어는 크게 군사력 건설을 위한 소프트웨어와 군사력 유지를 위한 소프트웨어로 나눌 수 있다.

군사력 건설을 위한 소프트웨어로는 무기체계에 내장되는 소프트웨어와 지휘통신체계(C4I)용 소프트웨어 등을 포함한 전장관리 정보체계를 들 수 있으며, 군사력 유지를 위한 소프트웨어로는 자원관리정보체계, 사무자동화체계, 정보보호체계 등이 있다.

이 중 무기체계에 내장되는 소프트웨어를 제외한 나머지는 비교적 체계적인 획득업무가 수행되고 있으나, 무기체계에 내장되는 소프트웨어는 하드웨어 획득과 비교할 경우 상대적으로 체계적인 관리가 미흡한 실정이다.

〈그림 6-1〉은 국방분야 소프트웨어의 분류를 나타낸다.

그림 6-1 국방소프트웨어의 분류

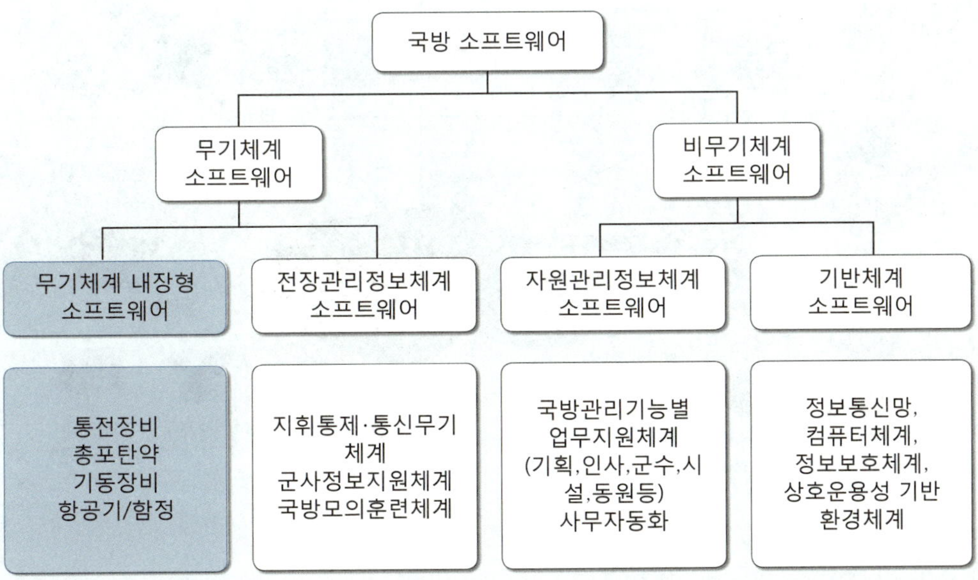

6.1.2 무기체계 내장형 소프트웨어

1) 내장형 소프트웨어의 정의

내장형 시스템(embedded system)은 일반적인 컴퓨터가 아닌 각종 전자제품이나 정보기기 등에 설치되어 있는 컴퓨터칩(마이크로프로세서: Microprocessor)에 미리 정해진 특정한 기능을 수행하는 소프트웨어를 내장시킨 시스템으로 정의된다.

내장형 소프트웨어는 산업 및 군사용 제어기기, 디지털정보가전기기, 자동센서장비 등의 기능을 다양화하고 부가가치를 높이기 위해 설치되며, 일상생활 속에서 쉽게 접하는 휴대폰, TV, 세탁기, 기차, 비행기, 엘리베이터 등의 제품 안에 내장된 시스템에서 하드웨어를 제외한 나머지 부분이라고 할 수 있다.

국방분야에서 내장형 소프트웨어는 각종 무기/비무기체계에 내장되어 해당 장비의 임무에 전용으로 제공되는 소프트웨어를 의미한다. 〈그림 6-2〉는 전차에 내장되는 소프트웨어의 종류 및 규모를 설명한 그림이다.

내장형 소프트웨어의 특징은 다음과 같이 요약할 수 있다.

그림 6-2 전차 내장형 소프트웨어 종류 및 규모

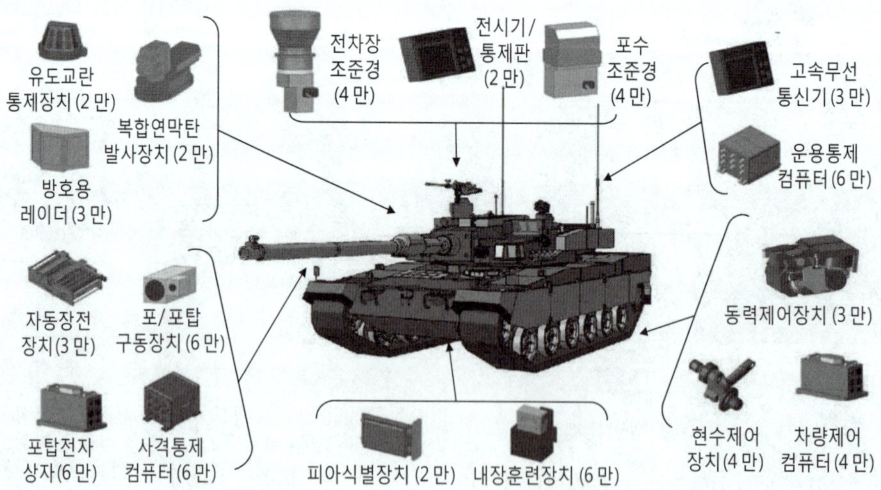

【내장형 소프트웨어의 특징】

실시간 처리 지원

실시간 처리가 지원되지 않으면 큰 손실이나 위험을 초래할 수 있는 비행제어 시스템 및 항법 시스템 등에서 실시간 처리를 지원

고신뢰성

원자력 발전, 항공기 및 미사일 제어 등에서는 소프트웨어의 오작동이나 불시의 작동 중지 등이 심각한 결과를 초래할 수 있기 때문에 고도의 신뢰성을 요구

특정 시스템 전용

범용 데스크탑 또는 서버에서 실행되는 패키지 소프트웨어와 달리 특정 시스템의 실행을 목적으로 개발되며 〈표 6-1〉은 일반 소프트웨어와 내장형 소프트웨어를 비교한 표이다.

최적화 기술 지원

내장형 시스템은 크기, 가격 및 발열 등을 이유로 제한된 하드웨어 자원으로 구성되기 때문에 내장형 소프트웨어는 경량화, 저전력 지원, 자원의 효율적 관리 등

| 표 6-1 | 패키지 소프트웨어와 내장형 소프트웨어의 비교

구 분	패키지 소프트웨어	내장형 소프트웨어
특 징	• 사용자 요구사항 및 정보 처리가 주목적 • 개인 및 기업용 범용 소프트웨어 포괄 • 미국의 특정 기업이 주로 독점 • 실시간성, 자원제한성, 고신뢰성 등이 critical하게 요구되지 않음	• 종전의 하드웨어 제어에서 부가기능 제공으로 역할 확대 • 특정 제품에서만 동작하는 소프트웨어 • 제1강자가 존재하지 않음 • 실시간성, 자원제한성, 고신뢰성 등을 요구
개발자 측면	• 소프트웨어만을 개발 • 프로그래밍 기술 및 비즈니스 로직만 보유 • 운용되는 하드웨어, 운영체제 거의 동일 • 데스크탑과 같은 Native 개발 환경	• 하드웨어와 함께 개발하므로 하드웨어에 대한 지식 및 경험필요 • 시스템 소프트웨어 기술 필요 • 같은 기능이라도 다양한 하드웨어에 이식하여야 함 • 호스트와 타겟으로 구성된 교차 개발 환경
최종 사용자 측면	• PC 데스크 탑에서 선택적으로 운용 • HDD에 저장 • CD 및 Floppy로 배포 • 사용자 Interaction은 GUI 활용 • 고장 발생시 쉽게 유지 보수	• 내장형 시스템 하드웨어 상에서 자동으로 운영됨 • ROM에 내장 • 하드웨어와 함께 배포 • 사용자 Interaction이 최종제품을 통해 발생 • 고장 발생시 제품 사용이 불가
사 례	• 사무용(아래한글, 엑셀, 파워포인트 등) • 업무용(국방 물자관리시스템 등)	• 전차 등 무기체계에 내장된 소프트웨어 • 핸드폰, 디지털카메라의 운영체계 등

의 측면에서 하드웨어에 최적화되는 기술을 지원

네트워크 및 멀티미디어 처리기능 지원

내장형 시스템들은 단독형 시스템뿐만 아니라 유무선 네트워크를 통해 연결될 수 있어야 하고, 멀티미디어 정보를 처리하는 기술이 필요한 디지털 TV, PDA 및 스마트폰 등과 같은 내장형 시스템을 지원

다양한 솔루션과 개발 도구 필요

다양한 기종과 규격의 마이크로프로세서에 최적화된 별도의 솔루션이 동시에 제공되어야 하며, 고난도의 내장형 소프트웨어 애플리케이션을 빠르고 안정되게 개발하기 위해 사용하기 쉬운 개발 도구가 필요.

2) 무기체계 내장형 소프트웨어의 개발절차 및 산출물

무기체계 내장형 소프트웨어 개발 절차와 산출물은 〈그림 6-3〉과 같다.

그림 6-3 무기체계 내장형 소프트웨어 개발절차 및 산출물

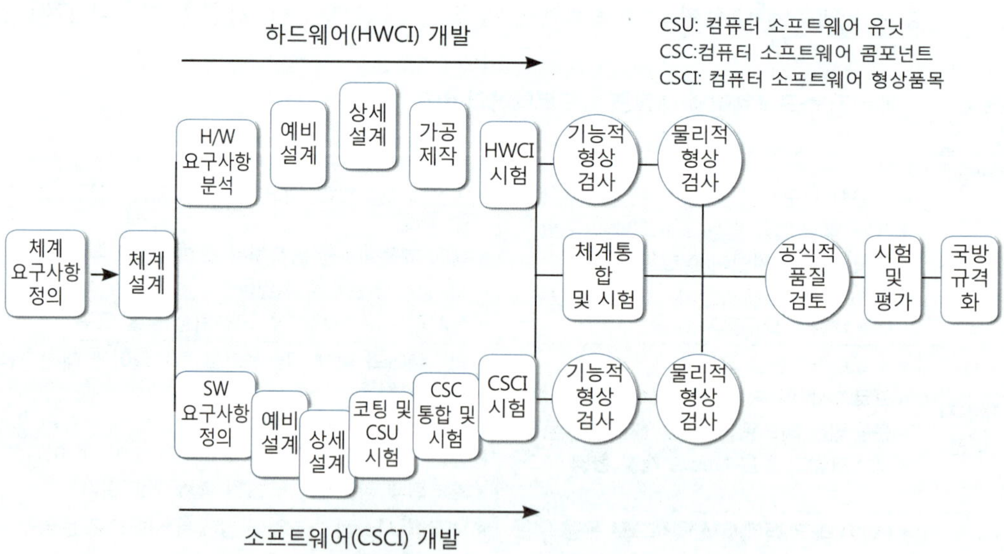

- ★ 운영개념 기술서
- ★ SW요구사항 명세서
- ★ 인터페이스 요구사항명세서
- ★ SW개발계획서
- ★ SW설계명세서
- ★ 인터페이스 설계명세서
- ★ 데이터베이스 설계명세서
- ★ SW시험명세서
- ★ SW시험보고서
- ★ SW시험계획서
- ★ SW설치계약서
- ★ SW인계계획서
- ★ SW산출물명세서
- ★ SW버전명세서
- ★ 평쉐어설치지침서

무기체계 내장형 소프트웨어는 일반적으로 다음의 절차에 따라 개발된다.

- 체계설계에 따라 하드웨어와 소프트웨어 분야로 구분 개발
- 소프트웨어 요구사항을 정의하고, 소프트웨어 요구사항에 따라 설계
- 소프트웨어를 코딩(소스코드 작성)하고, 유닛(CSU) 시험 수행
- CSU를 통합하여 CSC / CSCI 시험 수행
- 하드웨어와 소프트웨어를 통합하여 체계통합시험 수행
- 개발시험평가 / 운영시험평가 수행
- 국방규격화

산출물(기술자료)은 개발절차의 각 단계에서 수행한 작업내용으로 작성되며, 프로젝트의 규모, 성격(성능개선), 무기체계 특성 등에 따라 추가, 생략 및 통합이 가능하다.

3) 무기체계 내장형 소프트웨어의 관리

과거의 무기체계는 비교적 기능이 단순하였기 때문에 대부분 하드웨어 위주로 구현되었으며 획득절차도 하드웨어 중심으로 수행되어 왔다. 이러한 획득 관행은 무기체계가 첨단화, 복잡화되고 사실상 성능의 핵심을 소프트웨어가 차지하고 있는 현재까지도 개선되지 않은 상태이다. 이렇게 된 원인은 소프트웨어를 하드웨어의 일부 구성품 정도로만 인식하여 개발활동과 개발관리업무를 체계적으로 수행하지 않기 때문이다. 즉, 소프트웨어에 대한 요구사항 분석, 설계, 구현, 시험평가, 규격화, 품질보증 등 개발단계별로 수행하여야 할 활동들이 제대로 이루어지지 않거나, 극단적인 경우에는 아예 무시된 채 요구되는 기능의 구현에만 치중해 개발된 소프트웨어의 품질과 신뢰성이 보장되었다는 객관적인 증거자료를 제시할 수 없는 것이 현실이다.

또 한 가지 문제점은 소프트웨어의 개발단계에서 반드시 작성되어야 하는 관련 기술자료가 작성되지 않거나, 개발자만이 알 수 있는 상태로 존재하고 있다는 점이다. 이로 인하여 개발된 소프트웨어의 실체를 사실상 파악할 수 없고, 소프트웨어에 대한 품질보증, 형상관리 등이 근본적으로 제한을 받고 있다. 특히, 〈그림 6-4〉와 같이 무기체계가 전력화된 이후에 발생되는 오류의 수정이나, 부품국산화 개발품의 적용, 부품단종의 대응이나 수요군의 개선요구사항을 반영하기 위한 소

프트웨어의 성능개량사업 추진시 엄청난 비용, 인력과 기간이 소요되어 비경제적으로 이루어질 수밖에 없는 문제점을 가지고 있다. 결국 무기체계에 내장되는 소프트웨어는 이제까지 국방자산으로서 효율적인 관리가 되지 않고 있었다. 하지만 최근 들어 〈그림 6-4〉와 같이 무기체계 내장형 소프트웨어 기술정보 통합관리체계를 구축하려는 노력이 진행되어 관리체계가 다소 개선될 전망이다.

그림 6-4 전력화 이후 무기체계 내장형 소프트웨어 관련 업무

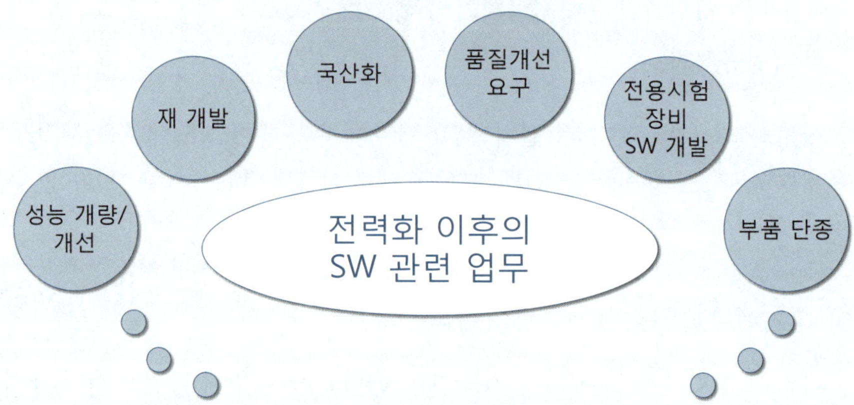

그림 6-5 무기체계 내장형 소프트웨어 기술정보 통합관리체계

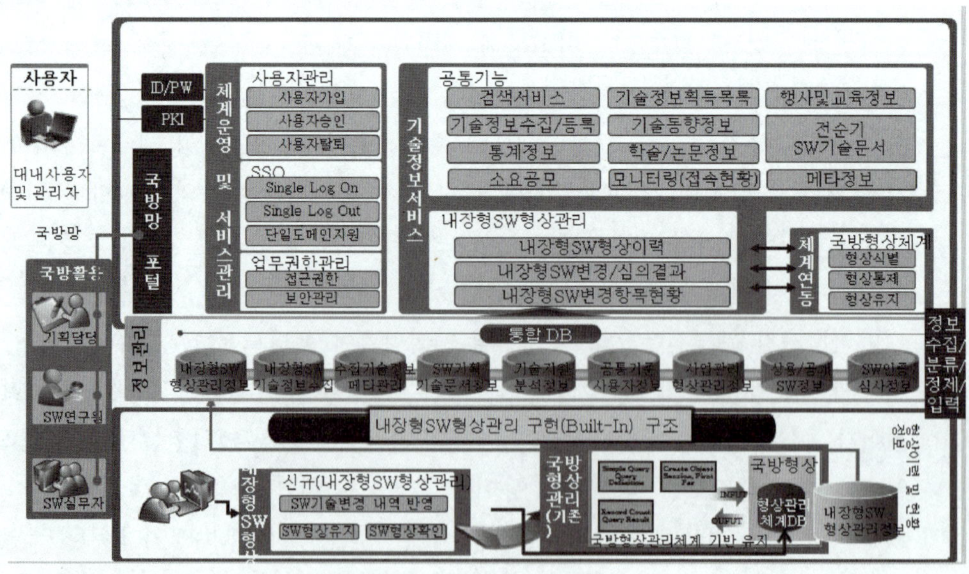

결과적으로 무기체계의 소프트웨어는 품질과 신뢰성이 입증된 상태에서 무기체계에 탑재되어 국방력 증강에 기여할 수 있어야 하며, 수명주기 동안 경제적인 유지보수를 가능하게 함으로써 국방비 절감에도 기여할 수 있어야 할 것이다.

6.2 기본방향 및 수행중점

6.2.1 무기체계 내장형 소프트웨어 품질보증 기본방향

소프트웨어 품질보증은 『어떠한 소프트웨어 제품이 이미 설정된 요구사항과 일치하는가를 확인하는 데 필요한 계획적이면서도 체계적인 활동』이라고 정의된다. 즉, 소프트웨어 개발단계에서 생성되는 산출물이 주어진 품질기준에 부합되는지를 검증하기 위해 수행되는 모든 체계적인 활동을 의미한다. 하드웨어의 경우에는 양산 과정의 품질보증활동이 개발과정 못지 않게 매우 중요한 반면에, 소프트웨어의 경우에는 설계과정의 활동이 품질을 좌우한다. 따라서 소프트웨어의 품질보증은 개발 초기단계부터 수행되어야 한다.

또한, 소프트웨어 품질보증조직은 독립성을 유지해야 한다. 사업 추진시 개발담당자와 품질보증 담당자는 서로 상반된 입장에 있기 때문이다. 개발담당자는 품질이 다소 희생되더라도 사업이 신속히 추진되기를 원하고, 품질보증 담당자는 사업일정 보다는 품질확보를 더 염두에 두고 싶어한다. 이런 경우 품질보증부서가 사업관리자의 통제를 받는 위치에 있게 되면, 계획된 일정 내에 개발을 완료하여야 한다는 명제 하에서 품질보증부서의 주장은 반영되기 어려우며, 사업관리자의 통제를 받게되어 품질보증활동의 객관성 확보가 곤란하게 된다. 이러한 이유로 품질보증 부서는 사업관리자로부터 독립된 조직으로 존재하여야 효과적인 품질보증활동을 수행할 수 있다.

아울러, 소프트웨어 품질보증활동은 소요군 요구사항과 개발환경을 고려하여 사전에 수립된 계획에 따라 수행되어야 한다. 소프트웨어 개발에 있어서 품질보증 부서의 임무를 한마디로 표현하면, 개발되는 소프트웨어가 사용자의 품질 요구를 충족시키는지를 감사(audit)하는 것이라 할 수 있다. 이러한 감사활동은 철저히 계획되고 준비되어 있어야 효과적인 활동을 기대할 수 있다. 체계적으로 계획된 품질보증 임무를 수행하기 위하여 절차에 따라, 품질보증계획서를 작성하고 이 계획서에 따라 품질보증활동을 수행하여야 한다.

품질보증계획서는 소프트웨어 개발 초기단계에 개발자가 작성하며, 사업관리자의 승인을 받은 확정된 소프트웨어 개발계획서를 바탕으로 작성한다. 먼저, 품질보증 요구사항을 식별 및 도출하고, 혹시 있을 수 있는 제한요소를 검토하여 품보활동 대상을 선정하며, 선정된 대상에 대하여 품질보증계획서를 작성하게 된다. 계획 수립 절차는 먼저 소프트웨어 개발단계에 따라서 품질보증활동의 단계를 세분화한 다음, 각각의 단계별 활동내용과 산출해야 할 결과물을 정의한다. 그리고 산출물의 품질을 평가하는 수단과 절차, 각 단계에서 필요한 각종 작업의 표준, 절차, 도구 및 기법 등을 상세히 기술한다.

6.2.2 무기체계 내장형 소프트웨어 개발과정별 품질보증 활동

무기체계 내장형 소프트웨어는 탑재된 무기체계와 수명을 같이하므로 길게는 수십년 이상의 기간 동안 발생될 수 있는 유지보수나 업그레이드를 고려하여 〈그림 6-6〉과 같이 개발단계별로 소프트웨어와 관련된 기술검토 활동이 수행되

그림 6-6 개발단계별 소프트웨어 주요 기술검토

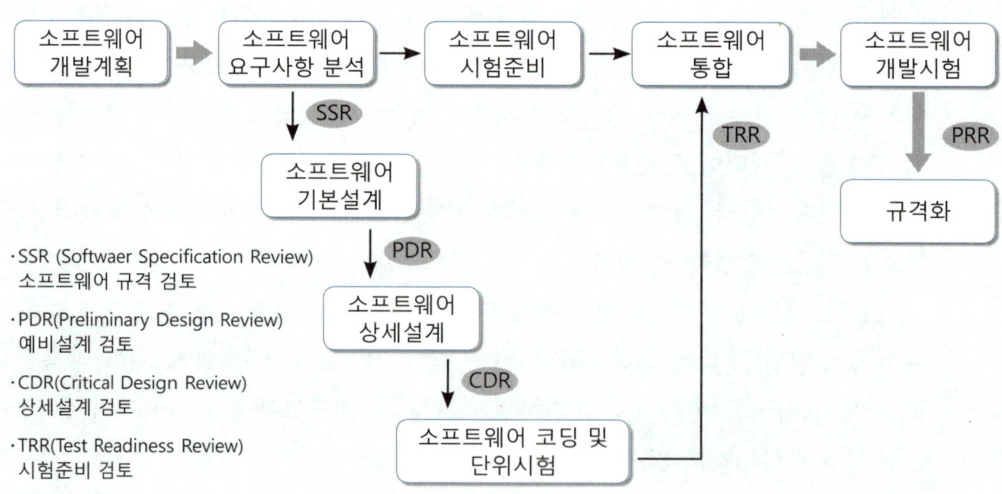

| 표 6-2 | 소프트웨어 개발계획 단계 주요 점검사항

프로세스	중점 점검항목	점검사항
소프트웨어 개발계획	• 개발단계 SW의 형상변경은 HW 변경과 같이 변경 절차 및 승인/배포/최신화가 이루어지는가	• 형상관리/품질보증계획의 유무 검토
	• 계약자의 SW 개발 계획은 작성되어지고, 형상통제가 이루어지고 있는가	• 소프트웨어 개발 활동 중 발생 가능한 위험 및 불확실성을 식별하고, 위험 및 불확실성을 다루기 위한 소프트웨어분야의 위험관리방안이 포함되어 있는지 검토
	• 소프트웨어 개발시험 시 식별된 결함사항에 대한 관리 및 개선 내용에 대한 이력을 관리하는 시스템을 가지고 있는가	• 주요검토회의를 포함한 소프트웨어 개발 일정 계획은 사업기간에 수행 가능한 범위 내에서 적절히 수립되어 있는지 검토
	• 소프트웨어 개발과정에서 위험분석을 실시하고 위험항목이 식별되어 있는가	• 개발활동에 따른 위험요소 및 불확실성에 관한 사항의 식별 및 이를 해결하기 위한 방안은 포함되어 있는지 검토

어야 하나 많은 사업이 규격화 단계에서 소프트웨어 기술자료를 검토하는데 그치고 있는 실정이다. 이러한 이유로 개발당시에 검출되지 않았던 소스코드의 잠재적 버그 등이 양산이나 운용단계에서 검출되고 다양한 운용 환경에서 발생될 수 있는 알고리즘의 개선에 많은 어려움이 발생되기도 한다. 이를 개선하기 위해서는 정부품질보증 기관이 개발단계별 중점 검토항목을 점검표화하여 선행관리가 필요하다.

【개발계획단계】

소프트웨어 개발계획 단계에서는 아래 〈표 6-2〉와 같이 개발계획의 적절성 여부를 점검하는 것이 필요하다.

【요구사항 분석단계】

소프트웨어 개발단계에서 가장 중요한 단계가 요구사항을 정의하는 단계이다. 이 단계에서 품질보증 기관은 소프트웨어 요구사항명세서(SRS)를 대상으로 정의된 소프트웨어 요구사항이 체계의 요구사항을 만족하는지, 누락된 요구사항은 없는지, 표현된 사항은 애매모호함이 없이 정확하게 기술되었는지 등에 관점을 두고, 각각의 요구사항에 대한 품질보증 방안의 가능성, 적절성을 검토하게 된다. 이 단계에서는 인터페이스에 관한 요구사항도 함께 검토활동을 수행하여야 한다.

또한 이 시기에 개발자가 작성하는 소프트웨어 개발계획서를 바탕으로 앞으로 수행할 품질보증계획서를 작성한다. 이 단계에서 작성된 품질보증계획서는 개발

| 표 6-3 | 요구사항 분석단계 주요 점검사항

프로세스	중점 점검항목	점검사항
요구사항 분석	• 소프트웨어 요구사항은 시스템 및 규격 요구사항을 정확히 반영하고 있는가	• 체계/부체계 요구사항 및 설계사항의 내용 중 소프트웨어 분야로 분석된 내용 검토
	• 개발 소프트웨어는 통합 요구사항이 정의되고 체계 및 부체계간에 통합 시험을 실시하였는가	• 체계 요구사항에서 제시하고 있는 외부 인터페이스 관련사항이 소프트웨어 요구사항에 반영여부를 검토
	• 개발단계에서 소프트웨어의 실제적 또는 잠재적(신뢰성/위험적) 문제들의 해결을 위해 계획을 수립하고 있는가	• 시험결과의 객관성/신뢰성을 향상시키기 위한 소스코드 테스트용 자동화 도구 사용 및 결과 제출 계획은 명시되어 있는지 검토

단계 전반에 걸쳐 적용되는 품질보증활동의 기본 문서이므로 가능한 구체적으로 작성하여야 한다. 〈표 6-3〉은 요구분석단계 주요점검 항목을 나타낸다.

【설계단계】

설계단계에서의 품질보증활동의 하나로 소프트웨어 기본설계 및 상세설계단계 기술검토 활동을 수행한다.

정의된 소프트웨어 요구사항명세서에 명시된 요구사항들이 빠짐없이 설계에 반영되고 부합하는지 여부를 확인하고, 요구사항에서 설계사항으로의 추적성이 보장되는지, 채택한 설계결정 사항이 타당성이 있는지, 세부설계 알고리즘이 논리적으로 정확성이 있는지, 유지보수성은 고려되었는지 등에 주안점을 두고 검토한다. 〈표 6-4〉는 기본설계 및 상세설계 단계 주요 점검항목을 나타낸다.

| 표 6-4 | 기본설계 및 상세설계 단계 주요 점검항목

프로세스	중점 점검항목	점검사항
기본설계 검토	• 모든 소프트웨어 품목이 형상품목으로 목록화되어 관리되고 있는가 • 소프트웨어 시험내용을 보여주는 기술문서가 있는가 • 컴퓨터 시스템간의 소프트웨어 모듈 호환성 시험을 위한 절차가 있는가	• 소프트웨어 형상품목 구성이 적절한지 검토 • 소프트웨어 시험계획서가 기본설계 내용을 반영하였는지 검토 • 소프트웨어 항목, 객체, 구성요소에 대한 인터페이스 특성이 기술되어 있는지 검토
상세설계 검토	• 개발시험 시 발생된 소프트웨어 형상변경 내용이 최신화되어 소프트웨어 기술자료에 반영되어 있는가 • 소프트웨어 시험내용을 보여주는 기술문서가 있는가	• 기본설계에서 작성한 설계기술서 내용 중 상세설계 도중에 발생한 변경사항이 반영되어 있는지 검토 • 소프트웨어 시험계획서는 상세설계 내용을 반영하여 보완되었는지 검토

【코딩 및 시험단계】

실제 코딩으로 구현된 프로그램과 시험계획서(STP), 시험명세서(STD) 등을 대상으로 품질보증활동을 수행한다. 구현된 프로그램을 대상으로 앞 단계에서 결정된 설계사항을 적절하게 구현하였는지, 개발자가 계획했던 코딩표준을 만족하였는지를 확인한다. 시험계획서에서는 시험의 전략, 일정, 인원, 자원 등이 타당하게 기술되었는지를 확인하고, 시험명세서에서는 소프트웨어 요구사항명세서에 기술된 요구사항 각각에 대하여 구체적인 시험방법, 절차, 준비사항 등이 빠짐없이 기술되어 있는지를 확인한다.

이 단계는 시험계획서에 명시된 계획에 의거하여 구현된 프로그램을 대상으로 시험명세서에 따라서 시험을 수행하여 요구되는 기능을 확인하는 단계이다. 〈표 6-5〉는 코딩 및 단위시험 단계에서 주요 점검항목을 나타낸다.

| 표 6-5 | 코딩 및 단위시험 단계 주요 점검항목

프로세스	중점 점검항목	점검사항
코딩 및 단위시험 단계	• 소프트웨어 시험을 위한 시험문서 유지계획이 있으며, 이 데이터를 유지관리하기 위한 시스템을 확보하고 있는가	• 소프트웨어 시험절차서에서 제시한 시험절차를 준수하여 시험이 이루어졌는지 검토
	• 소프트웨어 요구사항, 설계명세서, 코드간의 추적성이 이루어지고 있는가	• 코드개발방법이 소프트웨어개발계획서 및 소프트웨어 설계기술서에 제시된 사항을 준수하는지 확인
	• 소프트웨어 개발시 위험항목으로 식별된 품목 및 내용에 대한 위험발생여부를 확인하였는가	• 단위시험 항목별 소프트웨어 결함발생 내용 및 수정사항 확인 및 검토
	• 소프트웨어 수정/변경에 대한 안정성을 보장하기 위한 절차를 가지고 있는가	• 운용유지보수가 용이하도록 주석처리, 기능별 구분 등이 되어 있는지 검토

【통합 및 개발시험 단계】

소프트웨어 통합단계 및 개발시험단계에 대한 중점 점검항목은 각각 〈표 6-6〉 및 〈표 6-7〉과 같다.

| 표 6-6 | 소프트웨어 통합단계 주요 점검항목

프로세스	중점 점검항목	점검사항
통합단계	• 개발 소프트웨어는 통합 요구사항이 정의되고, 체계 및 부체계간에 통합시험을 실시하였는가 • 소프트웨어 요구사항, 설계 명세서, 코드간의 추적성이 이루어지고 있는가 • 요구되어진 소프트웨어의 입력 DATA 범위가 시험절차서에 명확히 기술되어 있는가	• 소프트웨어 통합을 위한 절차 확인 • 소프트웨어 통합 및 시험을 수행하기 위한 시험항목(예상되는 결과 및 평가기준 등)이 기술되어 있는지 검토 • 이전단계 소프트웨어 기술문서들과 추적성 및 일치성이 유지되고 있는지 확인 • 소프트웨어 개발시험을 수행하기 위한 시험항목(입력값, 예상되는 결과 및 평가 기준 등)이 기술되어 있는지 확인 • 시험절차 및 시험을 위한 데이터가 설정되어 있는지 확인

| 표 6-7 | 소프트웨어 개발시험단계 주요 점검항목

프로세스	중점 점검항목	점검사항
소프트웨어개발시험단계	• 컴퓨터 소프트웨어가 호환성을 가지는지를 보장하는 계획을 만들었는가 • 정부문서에 의해 소프트웨어 검증 및 확인을 수행한 내용이 있는가 • 소프트웨어 시험내용을 보여주는 기술문서가 있는가 • 소프트웨어 시험평가단계에서 발생된 문제를 처리하는 절차가 있는가 • 컴퓨터 시스템간의 소프트웨어 모듈 호환성 시험을 위한 절차가 있는가	• 소프트웨어 개발시험이 설치 대상 컴퓨터 시스템에서 수행되는지 확인 • 소프트웨어 시험절차서를 준수해서 시험이 이루어지는지 확인 • 소프트웨어 시험결과 보고서에 포함되어 있는 시험 사례의 종료 상태, 소프트웨어를 포함하는 시험결과를 확인 • 시험 결과 확인된 결함/한계/제약조건과 수정을 위한 사항 및 그 영향을 확인 • 시험환경과 운영환경과의 차이와 시험결과에 대한 각각의 영향을 확인 • 시험결과 발생한 문제점 및 조치 확인 • 체계 통합을 위한 준비상태 점검

【시험 이후 단계】

구현된 프로그램에 대한 시험결과 검토가 종료된 후 형상관리업무를 수행한다. 기술자료에서 요구하는 모든 기능적인 요구사항을 확인하는 기능적 형상감사(Functional Configuration Audit)와 작성된 기술자료와 구현된 소프트웨어와의 일치 여부를 확인하는 물리적 형상감사(Physical Configuration Audit)를 병행하여 수행하게 된다. 이후 단계는 해당 무기체계의 개발시험평가, 운용시험평가 등의 단계를 거쳐 국방규격화를 함으로써 개발과정이 종료된다. 규격화단계에 대한 중점 점검 항목은 각각 〈표 6-8〉과 같다.

| 표 6-8 | 국방규격화 단계 소프트웨어 주요 점검항목

프로세스	중점 점검항목	점검사항
소프트웨어 규격화 단계	• 기술도면 및 관련 규격서가 기술자료 작성 지침에 맞게 작성 되었는가 • 물리적/기능적 형상확인(PCA/FCA)의 결과가 정립되어 있는가	• 형상관리 대상을 선정하여 CSCI를 정의하였는지 검토 • 명칭부여, 조직적·구조적으로 구분하여 추적성이 완전한지 검토 • 소스자료와 기술자료의 일치성 여부 확인 및 CSCI의 성능과 SRS 요구조건 일치 여부 확인

6.2.3 형상관리

품질보증도 마찬가지이지만 무기체계 소프트웨어의 형상관리는 개발된 무기체계의 하드웨어와 별도로 운영되어서는 그 의미가 없다. 다만 소프트웨어는 개발기간이 곧 소프트웨어가 생산되는 시점이므로, 이 기간 중에 수행되는 개발자에 의한 형상관리가 무엇보다도 중요하다. 형상관리는 형상식별, 형상통제, 형상자료유지, 형상확인 등의 활동으로 이루어진다.

【형상식별(Configuration Identification)】

개발되는 소프트웨어 중에서 무엇을 형상관리의 대상으로 선정할 것인가를 정의하는 활동이 형상식별이다. 즉, 개발되는 소프트웨어의 형상관리 대상들을 구분하여 형상품목으로 지정하고, 앞으로 잘 관리될 수 있도록 명칭을 부여하여 기술자료를 구조적으로 명확하고 예측 가능하도록 정의해야 한다. 또한, 변경사항이 발생했을 때 추적이 용이해야 한다. 이는 개발 초기에 개발자에 의해서 수행되는 활동이다.

【형상통제(Configuration Control)】

식별된 소프트웨어 형상품목(CSCI: Computer Software Configuration Item)을 대상으로 변경에 대한 제안을 검토하고 승인하는 활동이 형상통제이다. 통상적으로 형상관리위원회 등의 심의를 통하여 변경을 승인하는 것이 일반적이다. 그러나 프로그램 자체의 변경만 통제하는 것이 아니라, 해당 소프트웨어의 특성을 기술하고 있는 기술자료(예를 들면, 소프트웨어 요구사항명세서, 설계명세서 등)의 변경을 수반해서 통제가 이루어져야 한다는 점이 가장 중요하다.

【형상자료유지(Configuration Status Account)】

소프트웨어 형상품목에 있어서 무슨 내용이, 언제, 누구에 의해서, 왜 발생했는지를 기록하고 유지하는 활동이다. 이러한 기록은 소프트웨어 수명주기 동안 관리되어야 하며 소프트웨어에 대한 변경이력을 제공해 줄 수 있어야 한다. 즉, 변경 기록의 비교분석을 통해 변경의 효과를 측정하거나, 유사한 상황의 문제를 해결하는데 유용하게 활용할 수 있어야 한다는 의미이다.

【형상확인(Configuration Audit)】

소프트웨어의 형상확인은 정의된 요구사항, 개발단계의 형상관리 기록, 승인된 기술변경사항이 적절하게 소프트웨어 산출물에 구현되었는지를 확인하는 활동이다. 기능적 형상확인은 소프트웨어 형상품목의 실질적인 성능이 요구사항명세서에서 기술한 것과 일치하는가를 확인하는 작업이며, 물리적 형상확인은 소프트웨어 형상품목 및 프로그램이 이들의 특성을 기술하고 있는 모든 기술자료와 일치하는가를 확인하는 작업이다. 이 두 가지 형상확인 과정이 만족스럽게 수행되었을 때 비로소 개발된 소프트웨어를 무기체계에 탑재하여 활용할 수 있게 된다.

【개발 이후의 형상관리】

무기체계의 개발이 완료되면, 국방규격화된 소프트웨어 기술자료, 소스코드, 각종 프로그램 파일 등이 〈그림 6-7〉과 같이 형상관리 담당기관으로 이관되어야 한다.

그림 6-7 양산이관 대상 주요 소프트웨어 규격화 자료

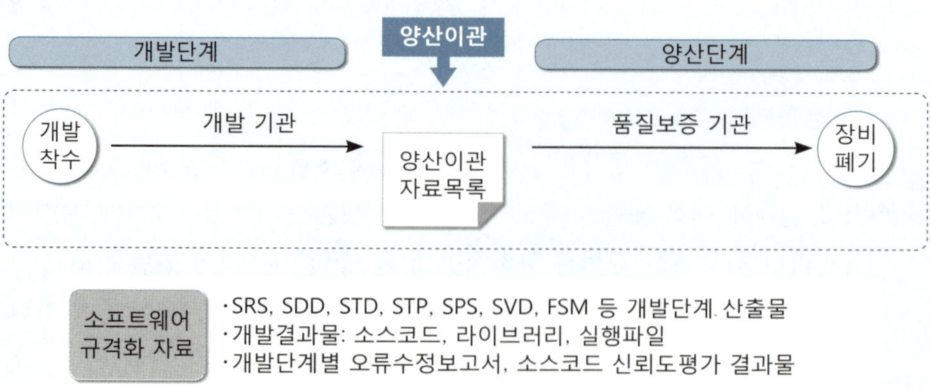

이들 자료는 해당 무기체계의 하드웨어 관련 자료와 함께 수명주기 동안 관리, 유지되어야 한다. 왜냐하면 무기체계가 전력화된 이후에도 소프트웨어에 대한 변경요구는 수시로 제기될 수 있으며 무기체계에 내장되는 소프트웨어는 그 것이 탑재된 물리적인 공간이기도 한 하드웨어와 분리하여 관리될 수 없기 때문이다.

6.3 발전 방향

최근 무기체계는 기술이 복잡해지면서 주요 무기체계의 핵심 기능이 소프트웨어에 의해 수행되도록 발전하고 있으나, 소프트웨어 품질보증의 정책과 기법의 발전에 대해서는 관심이 부족하다. 이를 위해서는 정부품질보증기관이 개발단계별로 소프트웨어 관련 기술검토에 적극 참여하여야 하며, 그 실행 방법으로 현재 하드웨어 중심으로 구성되어 있는 생산준비검토(PRR) 점검표를 소프트웨어 분야로 확장하여 보다 내실있는 기술검토를 수행할 필요가 있다. 이와 함께 양산 및 운영유지 단계에서 발생되는 부품국산화, 부품단종 대응, 성능개선 및 개량요구에 따른 소프트웨어 개량을 원활히 하기 위해 소프트웨어 개발 산출물과 결과물이 양산단계로 명확히 이관될 수 있도록 규정 보완이 필요하다. 또한 개발과정에서 전용시험장비 형태로 개발되는 시험장비의 내장형 소프트웨어의 경우 양산 품질보증 시 지속적으로 사용됨에도 불구하고 검증 및 유지보수의 체계가 미흡한 실정이므로, 개발사업 과정에서 획득되는 펌웨어를 포함한 모든 소프트웨어는 페키지로 관리되어 규격화되고 양산단계로 이관될 수 있도록 규정 보완이 필요하다.

아울러 대부분의 무기체계가 내장형 소프트웨어가 탑재된 상태로 양산 및 운영유지단계에서 소프트웨어 성능개량 및 개선이 발생하기 때문에 무기체계 총수명주기에 걸쳐 소프트웨어 품질보증 활동이 수행되어야 한다. 무기체계의 성능이 소프트웨어의 품질에 의해 결정되는 추세가 가속화됨을 고려하여 소프트웨어 품질보증의 제도 발전에도 많은 노력을 기울여야 할 것이다.

CHAPTER 7

제 7 장

업체 품질수준 평가 체계

Quality Performance Index, QPI

"처음에 올바르게 하지 않으면 100배의 손해를 보게 된다."

(1 : 10 : 100 원칙)

CHAPTER 7

본 장에서는 정부품질보증기관의 고유기능 중 하나인 품질평가 기능으로써 업체 품질수준 평가 체계에 대하여 서술하였다. 업체 품질수준 평가 체계는 양산단계의 프로세스를 효율화하고 효과성을 지속적으로 점검하여 개선하기 위해 품질평가의 기능을 강화한 체계이다. 업체 품질수준 평가는 업체의 품질수준을 평가 · 진단하여 자율적 품질보증 기반 확립을 위한 Solution을 제공하고, 평가결과를 국방품질정책 수립의 기초자료로 활용하기 위해 시행한다. 업체 품질수준 평가 체계의 이해를 돕기 위해 제1절에서는 업체 품질수준 평가의 시행목적, 배경 및 구성내용을 포함한 일반적인 개요를 서술하였고, 제2절에서는 국내외에서 시행하고 있는 주요 업체 품질수준 평가 체계 모델에 대한 조사결과를 정리하였다. 제3절과 4절에서는 평가지표 선정 내용과 평가지표에 대한 가중치 부여내용을 서술하였다. 제5절에서는 평가 세부항목에 대한 평점산식의 정의와 계산방법을 설명하였다. 제6절에서는 총 획득점수에 따른 등급부여 방법을 서술하였으며, 제7절과 8절은 업체 품질수준 평가 성과보고서의 작성 방법과 발전방향으로 구성하였다.

7.1 개 요

7.1.1 시행 목적 및 배경

군수품의 첨단화·다양화에 따른 군수품 품질향상과 국방비용절감을 통한 고객만족 달성을 위하여 군수품 정부품질보증은 총수명주기 균형적 품질경영 활동으로 수행되고 있다. 총수명주기 균형적 품질경영 활동은 개발에서부터 운용까지의 전 과정에 걸쳐 품질경영 활동을 전개하는 것인데, 양산단계에서는 프로세스 효율화를 목표로 하여 프로세스의 효과성을 지속적으로 점검하고 개선하는 활동이 필요하다. 이러한 목적을 달성하기 위해서는 군수품 품질평가 기능을 강화하여야 하며 QPI체계는 이러한 품질평가의 기능을 강화하기 위해 도입된 정책이다.

QPI 체계는 품질성과지수(Quality Performance Index)를 활용하여 업체의 품질수준을 통계적으로 평가하는 시스템이다.

QPI의 목적은 업체의 품질수준을 평가·진단하여 자율적 품질보증 기반 확립을 위한 Solution을 제공하고 업체 및 관련기관에 연간 단위로 공식 평가서를 제시하여 군수품 품질보증 정책 입안의 기반자료로 활용하고자 함이다.

품질수준 평가는 정부품질보증기관의 고유기능 중 하나로 과거에도 매년 군용표준차량의 품질수준을 평가하거나 보병 전투장갑차의 신뢰성을 분석 및 평가하는 등의 활동을 통해 특정 장비에 대한 품질수준을 평가한 바 있다.

품질수준 평가의 또 다른 방법 중 하나가 국방품질경영상이라고 볼 수 있는데 이는 품질경영시스템이 잘 갖추어진 업체를 모델로 하여 군수업체에서 벤치마킹할 수 있는 장점이 있고, 우수업체에는 인센티브를 부여하거나 포상을 수여하여 자긍심을 고취하는 등의 많은 장점이 있는 제도이다. 또한 국방품질경영상을 통해 군수업체의 품질 수준이 동반상승하는 효과도 기대할 수 있다.

그러나 기존의 군수품 품질보증능력 평가, 국방품질경영상 등의 성과평가 기준이 소수의 전문가들의 정성적인 평가에 의해 이루어지고 있고 특정 장비, 특정분야 또는 특정 업체를 대상으로 하여 그 활용도가 대상 장비 등의 범위를 벗어나지 못하는 등의 한계가 있었다.

이러한 한계를 극복하고 기존의 전력화 장비가 요구조건을 충족하는지 여부 위주의 품질수준 평가 보다는 정량적·정성적인 종합평가를 통해 제품의 수준과 고객의 체감도를 평가하여 향상시킬 수 있는 새로운 품질평가 제도로 QPI를 시행하게 되었다.

QPI의 평가지표체계는 정부 품질보증활동을 통해 얻을 수 있는 객관적인 자료를 기반으로 하는 정량적인 평가가 가능하도록 설계되었다. 또한 QPI는 품질경영시스템과 업체의 실적을 동시에 평가기준으로 사용하여 양산 전, 중, 후에 각각 진행되는 업무 프로세스에 대한 평가도 가능하다는 장점이 있다.

이를 통해 군수업체의 품질 수준 및 취약점을 등급화하여 국방품질 수준이 동반 상승하는 효과도 기대할 수 있다.

7.1.2 QPI 구성

QPI의 평가지표는 전문가 회의 및 설문조사를 통해 국방품질경영시스템, 제품 품질지수, 고객만족도 지수 그리고 계약이행 충실도 지수의 4가지로 구성되어 있다.

품질경영시스템에 대해서는 업체의 품질경영시스템 수행여부를 파악하기 위해 KS-A-ISO 9001:2000과 KDS 0050-9000:2002에 정의되어 있는 품질경영요구서의 세부항목을 선정하였고 항목별 가중치를 부여하여 비중을 조절하였다.

제품품질지수는 정부품질보증기관의 정보체계에서 획득 가능한 정량적 항목을 선정하였고 평점 산식과 평가의 가이드라인을 규정하였다. 고객만족도 지수의 경우 생산 후 고객 관점에서의 업체 성과를 정성적·정량적으로 평가하는 지표이다. 계약이행 충실도 지수는 생산 중 계약업체의 충실도를 정성적·정량적으로 평가하기 위한 지표이다. 업체 성과 수준은 지표에 따른 평가결과를 종합하여 5개 등급으로 나뉜다. 업체 품질수준 평가 보고서는 해당 업체에 대한 평가결과와 함께 등급에 따른 업체의 품질수준에 대한 명시적인 설명을 바탕으로 권고사항과 총평을 기록하고 주요 조치사항을 세부적으로 기록하는 형태로 구성되어 있다.

7.2 업체 품질수준 평가모델

품질경영시스템의 국내 저변 확대 및 동기부여를 위하여 정부에서는 품질경영촉진법에 의해 업체를 평가하여 한국품질대상, 품질경영상 등의 품질경영에 대한 상을 수여하고 있으며, 외국의 경우에도 미국의 말콤볼드리지상, 일본의 데밍상, 유럽의 EQA(European Quality Award)상 등 자국의 품질경영체제 발전 및 촉진을 위하여 업체평가를 실시하고 수상하는 제도를 운영하고 있으며, 한국에서도 지식경제부에서 국가품질상을 제정하여 해마다 수여하고 있다.

7.2.1 국내업체 품질수준 평가 실태

국방분야에서는 80년대 초부터 품질경영시스템의 제도정착을 유도하여 왔으며, 1993년 7월에는 ISO 9000 규격의 모태가 되는 MIL-Q-9858A, MIL-I-45208A, MIL-STD-45662를 한국화한 품질시스템 규격인 국방0050-0015(연), 국방0050-0029(연), 국방0050-0030(연)을 제정하여 품보형태 4, 5형 품목에 대해 업체 절차평가(Procedure Evaluation)를 실시하여 왔다. 그러나 MIL-Q-9858A, MIL-I-45208A가 '96년 10월 폐지되고 ISO 9000규격을 적용하도록 변화하는 등의 미국의 국방품질 정책 변화에 따라 국내 군수 분야에서도 기존의 군수품 품질보증체계를 우리의 실정에 적합한 품질보증체계로 개선해야 했다. 이를 위해 정부품질보증기관에서는 군수업체의 품질보증능력을 평가할 수 있는 모델을 '93년부터 개발했다. 이 모델에 의해 '96년에 시범적으로 업체평가를 실시하고, 그 결과를 분석하여 향후 군수품 품질보증체계 및 업체평가 방법의 개선을 모색하였다. 평가대상은 '93.5~'96.4 사이에 2년 이상 중앙조달납품실적 업체 중 품질보증형태 2형 이상인 제조업체를 선정하여 이중 실사를 할 수 있는 360개 업체에 대해 평가하였다. 평가방법은 해당업체 담당 정부품질보증원이 해당업체를 직접 평가하였다. 또한, 품질보증 인식도 차이를 알아보기 위해 업체 품질보증 담당자가 동일 내용을 별도 평가하도록 하였다. 아울러 군수품 품질보증 발전방향 도출을 위해 계약, 생산, 품질보증, 사후관리 및 업체평가 등에 대한 실태를 업체에 설문조사 하였다.

업체평가 자료 및 설문조사 결과는 모두 dBase III Plus를 이용하여 데이터 베이스화 하였고, 통계분석 패키지인 SPSS를 이용하여 통계분석 처리하였으며, 업체평가 및 설문조사 결과는 업체현황 조사표의 요소들을 변수로 사용하여 분석되었다. 업체평가 모델에 대해서는 신뢰도계수인 Cronbach's a를 이용, 평가요소별 상관관계를 분석하여 모델의 신뢰성을 검증하였고, 향상방안을 제시하였으며, 정부품질보증기관의 평가와 업체 자체평가 결과를 피어슨의 상관계수를 이용한 상관분석을 통해 품질보증에 대한 인식도 차이를 비교하였다. 또한, 전 순기에 걸친 품보활동 과정 및 업체평가에 대한 군수업체의 설문조사 결과를 각 부문별로 분석하고, 발전방향을 제시하였다.

7.2.2 국방품질경영상 제정

국방분야 특성에 적절한 품질경영 우수모델을 평가기준으로 제시하여 군수 및 방산업체에 업체 간의 품질경영시스템 경쟁을 통한 품질혁신의 계기를 마련하고, 국방품질 우수업체에 대한 시상으로 긍지 및 명예심을 고취시키며, 국내 저명한 전문가들로 구성된 심사위원으로 하여금 품질경영체계를 심사현장에서 컨설팅 기회로 활용하여 국방분야의 품질경영모델을 제시하는 목적으로 제정 추진계획을 국방부에 보고한 후 국방품질경영상 모델이 개발되었다.

국방품질경영상 관련하여 업체(226개)를 대상으로 한 의견조사 결과, 기존 국내 민수분야 품질상의 적용이 난해하고, 참가범위가 제한적이라고 답변한 업체가 57.7%였으며, 새로운 품질상 제도 필요성 인정(62.8%), 품질상 심사기준의 통합화 필요성(77.7%), 국방품질경영상 응모 및 수상 시 기업에 도움이 된다고 답변한 업체가 69.5%로 나타났으며, 의견 조사결과를 국방품질경영상 모델에 반영하고, 예비심사를 통해 개발된 품질경영상 모델의 적합성을 검증(대기업/중소기업 각 1개 업체 선정)하여 국방품질경영상 모델을 개발하였다.

국방품질경영상의 핵심가치는 국방력 중심 품질, 정보기술 중시, 프로세스 시스템 철학, 비전적 리더십, 미래와 혁신지향, 직원파트너 가치 우선, 지속적 개선과 학습, 데이터에 근거한 관리 등 8가지이다.

국방품질경영상과 군수업체 품질보증능력 평가분석의 심사항목을 품질경영방침 및 리더쉽, 품질경영과정, 품질경영결과의 기준에 맞춰 구분하면 〈표 7-1〉과 같다.

〈표 7-1〉을 통해 국방품질경영상과 군수업체 품질보증능력 평가분석의 심사항목이 약간의 비중의 차이는 있으나 주로 품질경영과정에 중점을 두고 있음을 확인할 수 있다. 이는 업체에 품질경영시스템이 얼마나 잘 구축되었는지, 수행되고 있는지를 중심으로 평가하기 위함이다.

| 표 7-1 | 국방품질경영상과 군수업체 평가분석의 심사항목 분류

<table>
<tr><th rowspan="2" colspan="2">구 분</th><th colspan="2">국방품질경영상
(1000점, 5개 심사항목,
14개 평가요소)</th><th colspan="2">군수업체 평가분석
(1000점, 9개 심사항목)</th></tr>
<tr><th>심사항목</th><th>배점비율
(%)</th><th>심사항목</th><th>배점비율
(%)</th></tr>
<tr><td colspan="2">품질경영 방침
및 리더쉽</td><td>① 전략적 리더쉽</td><td>10.0</td><td>① 품질시스템 및 조직</td><td>12.5</td></tr>
<tr><td></td><td>소계</td><td>1개 항목</td><td>10.0</td><td>1개 항목</td><td>12.5</td></tr>
<tr><td colspan="2">품질경영 과정</td><td>② 프로세스관리
③ 자원관리
④ 공급사슬관리</td><td>20.0
15.0
20.0</td><td>② 시정 및 예방조치
③ 품질기록의 관리
④ 통계적 기법
⑤ 문서 및 자료관리
⑥ 측정 및 시험장비
⑦ 구매 및 자재관리
⑧ 공정관리
⑨ 검사와 시험
⑩ 검사 및 시험상태표시
⑪ 불일치품의 처리</td><td>6.2
3.8
5.0
5.0
11.3
6.2
5.0
8.8
5.0
6.2</td></tr>
<tr><td></td><td>소계</td><td>3개 항목</td><td>55.0</td><td>10개 항목</td><td>62.5</td></tr>
<tr><td colspan="2">품질경영 결과</td><td>⑤ 국방품질경영 성과</td><td>35.0</td><td>⑫ 실적평가</td><td>25.0</td></tr>
<tr><td></td><td>소계</td><td>1개 항목</td><td>35.0</td><td>1개 항목</td><td>25.0</td></tr>
</table>

7.2.3 프랑스의 품질성과평가 보고서 사례

프랑스 병기본부인 DGA(Direction Générale de I'Armement)에서는 업체의 품질성과를 평가하기 위해 아래의 지표를 선정하여 해마다 업체를 평가하고 있다.

- 초기 예비부품(New and initial spare parts)
- 수리 예비부품(Repairs, spare parts)
  - 품질경영시스템(Quality Management System)
  - 제품 품질(Product Quality)
  - 납기관리(Delivery time control) - (New and initial spare parts)
  - 납기관리(Delivery time control) - (Repairs, spare parts)

위의 지표는 매월 업체로부터 받은 관련 자료를 지표별 평점 산식에 대입하여 평점이 계산되며, 아래의 〈표 7-2〉와 같은 등급을 부여하여 성과에 따른 분류가 가능하도록 한다. 또한, 지표별 획득점수에 따른 세부항목(overall assessment, main event & incident) 보충설명 및 평가, 총평을 기록하여 업체의 전반적인 품질경영시스템 상태와 업체성과를 확인할 수 있도록 하였으며, 그래프를 통해 전년도 획득점수와 비교하여 평가연도 업체의 품질수준 향상노력을 시각적으로 확인할 수 있게 하였다.

| 표 7-2 | 프랑스 DGA의 지표 점수별 등급체계

A	$N \geq 16$	B	$16 > N \geq 12$	C	$12 > N \geq 8$	D	$N < 8$

7.3 품질성과지수 선정

업체의 품질경영시스템 수행여부를 파악하기 위해 KS-A-ISO 9001:2000과 국방 0050-9000:2002에 정의되어 있는 품질경영 요구서의 세부항목을 QPI의 심사항목으로 선정하였다. QPI는 업체의 성과평가에 중점을 둔 체계이지만, 품질경영시스템을 완전히 배제할 수 없기 때문에 이를 포함하되 가중치를 통해 비중을 조절한다. 국방품질경영시스템의 세부지표는 아래와 같다.

- 품질경영시스템 - 일반사항, 문서화 요구사항
- 경영자 책임 - 경영의지, 고객중심, 품질방침, 기획, 책임, 권한 및 의사소통, 경영검토
- 자원관리 - 자원확보, 인적자원, 기반구조, 근무환경
- 제품실현 - 제품실현의 기획, 고객관련 프로세스, 설계 및 개발, 구매, 생산 및 서비스 제공 , 모니터링 장치 및 측정장치의 관리
- 측정, 분석 및 개선 - 일반사항, 모니터링 및 측정, 데이터의 분석, 개선

제품품질지수에는 하자발생현황, 시정조치현황, 적기납품률 지표가 선정되었으며, 현재 정부품질보증 기관의 전산시스템에서 확인할 수 있는 업체현황을 검토된 평점 산식과 가이드라인을 통해 평가한다. 고객만족도 지수에는 대군지원/예방활동 실적/운용교육/품질협의회 등 운용성 향상 노력도, 사용자불만 적기조치

| 표 7-3 | QPI 평가지표

평가지표	세부항목
품질경영 시스템	품질경영시스템 일반사항
	경영책임
	자원관리
	제품실현
	측정·분석 및 개선
제품품질	시정조치현황
	하자발생현황
	적기납품률
고객 만족도	대군지원/예방활동 실적, 운용교육/품질협의회 등 운용성 향상 노력도
	사용자불만 적기조치율
계약이행 충실도	품질보증계획의 적절성
	문서 품질 및 업무 협조성
	지속적인 품질개선 노력
	품질 관련 대외 수상 실적
	부실업체 제재/경고여부

율이 있으며, 이는 생산 이후 고객 관점에서 업체 성과를 평가하기 위함이다. 계약이행 충실도 지수에는 품질보증계획의 적절성, 문서의 품질 및 업무 협조성, 지속적인 품질개선 노력, 품질관련 수상실적, 부실업체 제재/경고 여부가 포함되었으며, 품보원들은 위의 지표들을 각각의 가이드라인에 따라 평가한다.

7.4 품질성과지수의 가중치 부여

세부평가지표별 최종 가중치를 계산하기 위해 설문조사를 실시하였으며, 설문결과를 Expert Choice 11.5를 이용하여 분석하였다. 평가지표에 대한 설문조사 결과 설문자 2, 4의 응답은 이해 부족으로 판단하여 제외하였고, 나머지 설문자들에 대해 설문을 다시 받은 결과 〈표 7-4〉와 같이 평가지표에 대한 일관성 지수(CI)가 0.1이하로 나와 결과가 유효한 것으로 판단하였다.

각 세부지표별 일관성 지수(CI)를 계산하여 0.1이상인 설문자에 대해 재설문을 실시한 후, 정리한 결과 평가기준의 CI는 0.05, 국방품질경영시스템의 CI는 0.03, 제품품질지수의 CI는 0.00, 고객만족도의 CI는 0.00, 계약이행충실도의 CI는 0.02로 유효한 결과가 도출되었다. 이를 통해 계산된 세부평가지표별 최종 가중치는 아래의 〈표 7-5〉와 같으며, 〈표 7-5〉의 가중치를 사용하여 QPI지표들의 총 획득점수를 계산한다.

| 표 7-4 | 평가기준의 일관성 지수

설문자	일관성지수	0.1이상	재설문 결과 일관성지수
1	0.14	✓	0.08
2	1.71	✓	-
3	0.04		0.04
4	0.31	✓	-
5	0.00		0.00
6	0.11	✓	0.05
7	0.01		0.01

| 표 7-5 | 세부평가지표별 최종 가중치

평가항목		세부평가항목	
항 목	가중치	항목	가중치
품질경영 시스템	0.480	품질경영시스템 일반사항	0.032
		경영책임	0.146
		자원관리	0.038
		제품실현	0.158
		측정·분석 및 개선	0.106
제품품질	0.326	시정조치현황	0.121
		하자발생현황	0.175
		적기납품률	0.030
고객 만족도	0.118	대군지원/예방활동 실적, 운용교육/품질협의회 등 운용성 향상 노력도	0.092
		사용자불만 적기조치율	0.026
계약이행 충실도	0.076	품질보증계획의 적절성	0.041
		문서 품질 및 업무 협조성	0.016
		지속적인 품질개선 노력	0.019
		품질 관련 대외 수상 실적	가/감점 항목
		부실업체 제재/경고여부	

7.5 평점 산식

전문가회의와 설문조사를 통해 선정된 세부항목들에 대한 평점 산식을 정의하고, 계산방법을 설명한다. 품질보증활동을 통해 확보된 업체의 자료를 기반으로 평점을 계산하며, 체크리스트 양식에 맞춰 관련 자료를 기록한다. 평가 항목별 세부 산식은 아래와 같다.

【국방품질경영시스템 항목】

국방품질경영시스템의 구축은 국방품질경영시스템 규격의 요구사항을 문서화하고, 검토·승인하는 것을 의미한다. 국방품질경영시스템은 ISO 9001:2000의 전반적인 내용 및 그 기본사항에 따라야 하며, 프로세스 관리가 가능하도록 문서화되어야 한다. 여기서 프로세스 관리는 단순한 문서관리가 아니다. 문서가 요구되기는 하지만, 그 문서는 프로세스와 프로세스의 출력에 대한 정보를 수집하거나 전달하는 수단이어야 한다. 프로세스를 관리하기 위해서는 프로세스가 갖고 있는 고유특성을 관리할 필요가 있고, 프로세스 출력이 고객 및 이해관계자의 요구사항을 충족시키도록 관리되어야 한다. 즉, 정보, 자원, 행동양식, 결과 등의 관리를 의미한다.

국방품질경영시스템 지표 내에 크게 품질경영시스템, 경영책임, 자원관리, 제품실현, 측정, 분석 및 개선 항목으로 나누어 각각의 세부항목 52개가 있으며, 모든 세부항목의 기준 배점을 10점으로 통일하고, 여기에 내부토론·전문가 조사법 등을 통해 항목 당 계수(Coefficient)를 결정하여 이를 곱한 값을 항목 당 평점으로 한다.

세부항목별 평점은 배점에서 관찰사항(−1점), 경부적합(−2점), 시정조치(−2점)에 해당하는 기록 횟수에 대한 감점조치를 한 후 〈표 7-5〉의 계수를 곱하여 계산한다. 물론 배점에 계수를 곱한 값에서 감점조치를 취할 수 있지만, 일반적으로 관찰사항, 경부적합, 시정조치가 많이 이루어지지 않음을 고려하여 평점의 변별력 강화를 위해 전자의 방법을 사용한다. 이를 수식으로 표현하면 아래와 같다.

※ 세부항목별 평점과 평점 계 계산

- $\text{평점} = \text{Coeff.}[10 - \{(\text{관찰사항} \times 1.0) + (\text{경부적합} \times 2.0) + (\text{시정조치} \times 2.0)\}]$
- $\text{평점 계} = \sum \text{평점}$

국방품질경영시스템의 배점은 100점이며, 계산의 편의를 위해 1,000점 기준으로 평점을 낸 후, 이를 10으로 나누어 최종 평점을 계산한다. 만약 업체 특성상 수행하지 못하는 항목(N/A로 표현)이 발생하면, 해당 항목의 평점을 제한 값들을 합하여 총점을 계산하되, 이를 다시 1,000점 기준으로 환산한 뒤 평점을 계산한다. 예를 들어 설계 및 개발, 모니터링 장치 및 측정장치의 관리를 수행하지 않는 업체의 경우, 두 항목 점수를 제외한 900점이 받을 수 있는 평점 계의 상한인데 이때, 평점 계가 750점이라면, 이를 비례식을 통해 1,000점으로 환산한 업체의 품질경영시스템 평점 계는 833점이다. 이를 수식으로 표현하면 다음과 같다.

※ N/A 항목이 있는 경우 환산 점수 적용, 예시

$900:750 = 1{,}000:b,\ b = 833$

- 배점(100점) 기준 국방품질경영시스템 최종평점

  최종평점 = (평점 계/1,000) × 100

| 표 7-6 | 국방품질경영시스템 평점 산출(예시)

<table>
<tr><th rowspan="2">소항목</th><th rowspan="2">세부 항목</th><th rowspan="2">Co-eff.</th><th rowspan="2">배점</th><th colspan="3">횟수(n)</th><th rowspan="2">평점</th></tr>
<tr><th>관찰사항</th><th>경부적합</th><th>시정조치</th></tr>
<tr><td>1.1 일반사항(20)</td><td></td><td>2</td><td>10</td><td></td><td></td><td></td><td>20</td></tr>
<tr><td rowspan="4">1.2 문서화 요구사항(80)</td><td>1.2.1 일반사항</td><td>2</td><td>10</td><td>1</td><td></td><td></td><td>18</td></tr>
<tr><td>1.2.2 품질매뉴얼</td><td>2</td><td>10</td><td>1</td><td></td><td></td><td>18</td></tr>
<tr><td>1.2.3 문서관리</td><td>2</td><td>10</td><td>1</td><td></td><td></td><td>18</td></tr>
<tr><td>1.2.4 기록관리</td><td>2</td><td>10</td><td>1</td><td></td><td></td><td>18</td></tr>
<tr><td>2.1 경영의지(30)</td><td></td><td>3</td><td>10</td><td></td><td></td><td></td><td>30</td></tr>
<tr><td>2.2 고객중심(30)</td><td></td><td>3</td><td>10</td><td>1</td><td></td><td></td><td>27</td></tr>
<tr><td>2.3 품질방침(30)</td><td></td><td>3</td><td>10</td><td></td><td>1</td><td></td><td>24</td></tr>
<tr><td rowspan="2">2.4 기획(30)</td><td>2.4.1 품질목표</td><td>1.5</td><td>10</td><td></td><td></td><td></td><td>15</td></tr>
<tr><td>2.4.2 품질경영시스템 기획</td><td>1.5</td><td>10</td><td></td><td>1</td><td></td><td>12</td></tr>
<tr><td rowspan="3">2.5 책임, 권한 및 의사소통(45)</td><td>2.5.1 책임과 권한</td><td>1.5</td><td>10</td><td></td><td>1</td><td></td><td>12</td></tr>
<tr><td>2.5.2 경영대리인</td><td>1.5</td><td>10</td><td>1</td><td></td><td></td><td>13.5</td></tr>
<tr><td>2.5.3 내부 의사소통</td><td>1.5</td><td>10</td><td>1</td><td></td><td></td><td>13.5</td></tr>
<tr><td rowspan="3">2.6 경영검토(35)</td><td>2.6.1 일반사항</td><td>1.5</td><td>10</td><td>1</td><td></td><td></td><td>13.5</td></tr>
<tr><td>2.6.2 검토 입력</td><td>1</td><td>10</td><td></td><td>1</td><td></td><td>8</td></tr>
<tr><td>2.6.3 검토 출력</td><td>1</td><td>10</td><td></td><td>1</td><td></td><td>8</td></tr>
</table>

3.1 자원확보(30)		3	10		1		24
3.2 인적자원(60)	3.2.1 일반사항	3	10				30
	3.2.2 적격성, 인식 및 교육훈련	3	10				30
3.3 기반구조(30)		3	10	1			27
3.4 업무 환경(30)		3	10		1		24
4.1 제품실현의 기획(40)	4.1.1 품질계획서	2	10				20
	4.1.2 형상관리	2	10		1		16
4.2 고객관련 프로세(50)	4.2.1 제품과 관련된 요구사항 결정	1.5	10	1	1		10.5
	4.2.2 제품과 관련된 요구사항 검토	1.5	10	1			13.5
	4.2.3 고객과의 의사소통	2	10		1		16
4.3 설계 및 개발(70)	4.3.1 설계 및 개발 기획	1	10	1	1		7
	4.3.2 설계 및 개발 입력	1	10	1	1		7
	4.3.3 설계 및 개발 출력	1	10		1		8
	4.3.4 설계 및 개발 검토	1	10	1			9
	4.3.5 설계 및 개발 검증	1	10		1		8
	4.3.6 설계 및 개발 타당성확인	1	10		1		8
	4.3.7 설계 및 개발 변경관리	1	10				10
4.4 구매(60)	4.4.1 구매 프로세스	2	10	1	1		14
	4.4.2 구매정보	2	10				20
	4.4.3 구매한 제품의 검증	2	10	1			18
4.5 생산 및 서비스 제공(100)	4.5.1 생산 및 서비스 제공의 관리	2	10	1	1		14
	4.5.2 생산 및 서비스 제공에 대한 프로세스의 타당성 확인	2	10	1	1	1	10
	4.5.3 식별 및 추적성	2	10	1			18
	4.5.4 고객자산	2	10		1		16
	4.5.5 제품의 보존	2	10				20
4.6 모니터링 장치 및 측정 장치의 관리(30)	4.6.1 내부교정	3	10	1			27
5.1 일반사항(20)		2	10		1	1	12
5.2 모니터링 및 측정(80)	5.2.1 고객만족	2	10				20
	5.2.2 내부 심사	2	10	1			18
	5.2.3 프로세스의 모니터링 및 측정	2	10		1		16
	5.2.4 제품의 모니터링 및 측정	2	10		1	1	14
5.3 부적합제품의 관리(30)		3	10		1		24
5.4 데이터의 분석(25)		2.5	10	1			22.5
5.5 개선(45)	5.5.1 지속적 개선	1.5	10		1		12
	5.5.2 시정조치	1.5	10		1		12
	5.5.3 예방조치	1.5	10				15
23 항목	52 항목	510					419.5

또한 〈표 7-7〉을 통해 세부항목들의 평가연도 획득 점수를 동종업계의 평균 획득 점수와 비교할 수 있다. ■는 업체가 평가 해당연도에 획득한 점수를 나타내며, □는 동종업계의 평균에 해당하는 점수를 의미한다. 동종업계 평균점수가 9점, 해당업체의 점수가 10점이라면 아래와 같은 표시로 점수를 나타낸다.

※ 표시방법: ■■■■■■■■□■

| 표 7-7 | 국방품질경영시스템의 세부항목 평점비교(예시)

				평점	
		평점비교	Coeff.	2010년	2009년
가	일반사항	■■■■■■■■□■	2	10	9
나	문서화 요구사항	■■■■■■■■■	8	9	9
다	경영의지	■■■■■■■□■	3	9	8
라	고객중심	■■■■■□■■	3	8	6
마	품질방침	■■■■■■■□□□	3	7	10
바	기획	■■■■■■■■	3	8	8
사	책임, 권한 및 의사소통	■■■■■■■□■■	4.5	10	8
아	경영검토	■■■■■■■□■■	3.5	10	8
자	자원확보	■■■■■■■■□□	3	8	10
차	인적자원	■■■■■■■■□	6	8	9
카	기반구조	■■■■■□■■	3	8	6
타	업무 환경	■■■■■■■■□	3	8	9
파	제품실현의 기획	■■■■■■□■	4	8	7
하	고객관련 프로세스	■■■■■□□	5	5	7
거	설계 및 개발		7	N/A	N/A
너	구매	■■■■■■■■■□	6	9	10
더	생산 및 서비스 제공	■■■■■■■■	10	8	N/A
러	모니터링장치 및 측정장치의 관리	■■■■■■■■□	3	8	9
머	일반사항	■■■■■□■	2	7	6
버	모니터링 및 측정	□□□□□□□□	8	N/A	8
서	부적합제품의 관리	■■■■■■□■	3	8	7
어	데이터의 분석	■■■■■■■■□□	2.5	8	10
저	개선	■■■■■■■■□□	4.5	8	10
			100	76.3	69.4

그림 7-1 국방품질경영시스템 항목별 평점 그래프(예시)

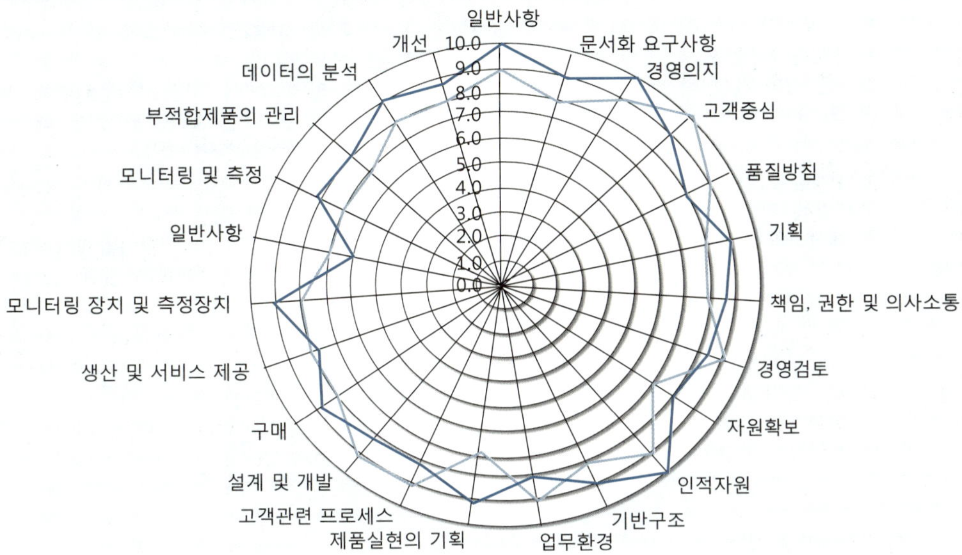

이 때, 평점비교 표시는 소수점 첫째자리에서 반올림한 정수 값을 사용하여 표현한다. 동종업계의 평균 평점과의 비교를 통해 평가연도에 해당업체가 수행해 온 품질 수준의 정도를 확인할 수 있으며, 이를 〈그림 7-1〉과 같이 그래프로 표현할 수 있다.

기존의 국방품질경영상이나 군수업체 품질보증능력 평가분석에서는 소수전문가들의 견해를 묻는 설문조사를 통해 품질경영시스템의 평점을 계산하였다. 하지만, QPI 체계에서는 업체에서 발견되는 관찰사항, 경부적합, 시정조치 항목들을 기록하고, 국방품질경영시스템의 세부항목에 따라 분류하여 그 횟수에 따라 평점을 부여함을 통해 기존 방식과 차별화 하였다.

【제품품질지수 항목】

제품품질지수란 업체가 생산한 제품의 품질수준을 나타내는 지표로 시정조치 현황, 하자발생현황, 적기납품률로 분류한다. 제품품질지수의 평점은 세부항목 평점의 가중평균 값이며, 세부항목의 평점은 월별로 발생하는 시정조치수, 하자발생수, 적기납품수 자료를 특성에 맞게 처리한 값이 과거 자료(3년)의 평균과 비교했을 때, 어느 정도 수준인지 백분율 점수로 환산하여 부여한다. 제품품질지수 평점

| 표 7-8 | 제품품질 지수 평점산식

항목	내 용	배점	평 점	비 고
시정 조치 현황	• 연간 품보원 1인이 처리하는 시정조치 건수를 기록·계산 하여 점수화	100	• 시정조치 건수가 ○건 발생했을 때 해당하는 평점을 부여	• 가정: 시정조치수는 모수가 λ인 푸아송 분포를 따름 • 평점은 1에서 ○년 시정조치수에 해당하는 누적확률분포(CDF) 값을 빼준 값에 100을 곱하여 부여
하자 발생 현황	• 평가연도 기간 동안 하자발생 건수를 기록·계산하여 점수화	100	• 하자발생 건수가 ○건 발생했을 때 해당하는 평점을 부여	• 가정: 하자발생수는 모수가 λ인 푸아송 분포를 따름 • 평점은 1에서 ○년 하자발생건수에 해당하는 CDF 값을 빼준 값에 100을 곱하여 부여
적기 납품 률	• ○년 ○월까지 납품되도록 계약된 품목들 중 적기에 납품된 품목들의 수를 기록·계산하여 점수화	100	• 적기납품 품목수가 ○일 때 해당하는 평점 부여	• 가정: 적기납품 품목수와 전체계약 품목수가 주어졌을 때, 적기납품률을 지수함수에 적용 • 평점은 ○년 적기납품률에 해당하는 지수함수 값에 100을 곱하여 부여

을 계산하는 방법은 〈표 7-8〉과 같다.

제품품질지수 평점 계산에 사용되는 세부 항목들의 데이터에는 연평균 상시근무인원, 시정조치건수, 하자발생건수, 전체계약수, 적기납품수 등이 있으며, 연평균 정부품질보증원 1인당 처리 시정조치수(시정조치건수/연평균 상시근무인원)를 제외한 모든 값들은 정수이다. 따라서 시정조치현황, 하자발생현황의 경우 평점을 계산하기 위해 이산확률분포(Discrete Probability Distribution)를, 적기납품률의 경우 지수함수를 사용한다. 확인하고자 하는 변수의 정의역이 정수일 때, 사용할 수 있는 이산확률분포의 종류가 매우 다양하기 때문에 각 세부항목에 가장 적합한 이산확률분포를 선정하여 보다 정확한 평가가 가능할 수 있도록 한다.

제품품질지수의 각 세부항목 평점 계산에 사용되는 parameter는 동종업계의 3년 평균값을 사용한다. 과거 해당장비나 부품의 누적자료가 있는 경우 이 값을 parameter로 하여 확률 값을 계산하되, 신규장비/부품이라 자료가 없는 경우 유효한 자료가 누적될 때까지 유사장비의 parameter값을 대용한다. 업체별로 평균값을 따로 사용하지 않는 이유는 품질관리가 잘 되고 있는 업체의 경우 작은 실수로 인해 크게 점수가 하락할 가능성이 있는 반면, 품질관리가 잘 되고 있지 않는 업체의 경우 조금만 노력해도 크게 점수가 상승할 수 있는 등 업체별 품질수준의 차이로부터 발생할 수 있는 점수 불균형 부여가 가능하기 때문이다.

동종업계의 누적자료 기반의 parameter를 사용하여 거둘 수 있는 이점은 다음과 같다. 업체가 품질향상을 위해 공정을 한 번 크게 개선했다 하더라도 추가관리 및 개선없이 공정상태를 그대로 유지하게 되면 누적데이터의 영향과 동종업계의 품질수준향상으로 인해 몇 년 지나지 않아 평균적인 점수 밖에 받지 못하게 되므로 높은 등급의 평점을 유지하기 위해서는 업체의 지속적인 공정 개선이 필요하다. 즉, 높은 평점을 얻기 위한 업체의 지속적인 공정개선은 업체의 제품품질 향상을 유도할 수 있게 한다.

시정조치현황

시정조치현황 지표는 정부품질보증원이 업체에서 시정조치사항을 확인·발견하는 것을 나타낸 것이다. 생산공정에 문제가 없는 경우 시정조치사항의 수가 적으며, 투입되는 품보원수에 따라 값이 변화하기 때문에 평가연도의 시정조치사항수와 연평균 상시근무인원 수를 기준으로 시정조치현황 평점을 부여한다. 시정조치현황의 평점을 계산하기 위해 푸아송 분포(Poisson Distribution)를 사용한다.

푸아송 분포는 사건 평균발생비율이 알려져 있고, 각각의 사건이 독립적일 때, 단위시간당 발생하는 사건(event)의 수의 확률을 표현하는 이산확률분포이다. 보다 쉽게 말해 푸아송 분포는 사건의 발생빈도를 의미한다. 푸아송 분포의 확률질량함수(Probability Mass Function)는 아래의 수식과 같이 나타난다. 여기서 λ는 단위시간(1년) 동안 발생하는 평균사건의 수이며, x는 단위시간(1년) 동안 발생한 사건의 수를 의미한다. 푸아송 분포의 평균과 분산은 모두 λ가 된다. 푸아송 분포의 수식은 아래와 같다.

$$P\{X = x\} = \frac{\lambda^{n} e^{-\lambda}}{n!} \qquad ①$$

시정조치현황의 경우 일정기간(1년) 동안 시정조치(event)의 횟수를 셀 수 있기 때문에 푸아송 분포를 사용할 수 있으며, 푸아송 분포를 사용하기 위해서는 기본적인 가정이 필요한데 먼저, 시정조치의 발생은 독립적이어야 한다. 즉, 시정조치의 경우 동시에 두 개의 시정조치가 발생하지 않아야 한다. 독립이라는 가정 하에 평가연도 동안 발생한 시정조치 건수를 1년 동안 현장에서 시정조치 업무를 수행하고 있는 근무인원의 평균(연평균 상시근무인원: n_{ca})으로 나눈 값(X)을 변수로 하여 이를 과거 ○년 동안의 평균값을 모수로 하는 푸아송 분포함수에 대입하면 X값에 해당하는 확률 값을 구할 수 있다. 이를 이용하여 X가 적을수록 품질수준이 뛰어남을 증명하는 시정조치현황의 특성을 반영하여 1에서 X까지의 누적확률분포 값을 빼주면, X의 백분율 값을 계산할 수 있다. 이 값을 시정조치현황의 평점으로 한다. 시정조치현황의 평점식(S_{ca})은 아래와 같다.

$$S_{ca} = 100 \bullet P\{x \geq n_{ca}\} = \begin{cases} 100 & , n_{ca} = 0 \\ 100 \bullet \left(1 - \sum_{i=0}^{n_{ca}-1} \frac{\lambda^{i} \bullet e^{-\lambda}}{i!}\right) & , n_{ca} \in N \end{cases} \quad ②$$

시정조치현황의 경우 시정조치 수가 적을수록 품질수준이 뛰어나다는 것을 의미하기 때문에 1에서 평가연도의 시정조치수에 해당하는 누적확률분포 값을 빼준 값에 배점인 100을 곱하여 평점을 부여한다. 즉, 평점은 1에서 누적확률분포를 뺀 값의 백분위수이며, 다른 방법으로 X를 시정조치수가 아닌 시정조치를 하지 않은 수로 두고, 정상적인 누적확률분포 값의 백분위수를 읽어도 동일한 값을 가지게 된다. 예를 들면, 〈그림 7-2〉의 푸아송 분포($\lambda=5$)의 경우, 단위시간(1년)당 정부품질보증원 1인이 처리하는 시정조치 건수가 2일 때, 백분위수는 88이며, 평점은

그림 7-2 푸아송 분포의 예시($\lambda=5$)

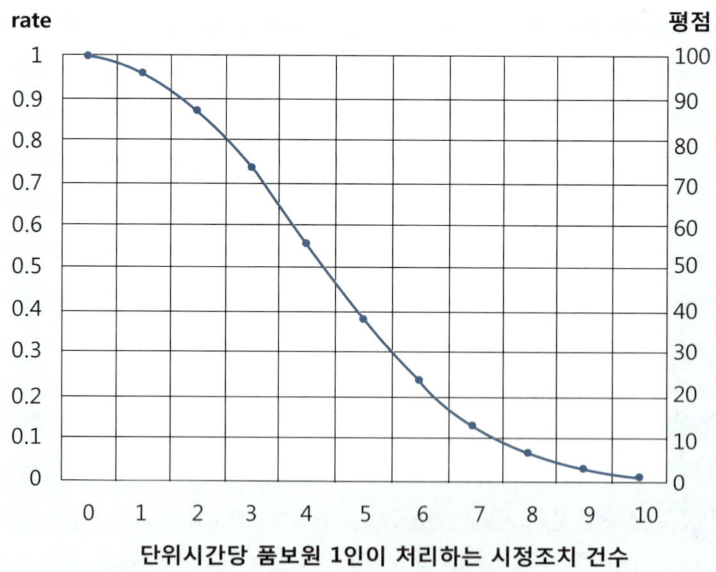

88점이 된다. 시정조치 건수가 1일 때, 평점은 96이며, 이를 통해 시정조치 건수가 적을수록 높은 점수를 받을 수 있음을 확인할 수 있다.

단, 시정조치현황 평점계산에 푸아송 분포를 사용할 경우, 사용되는 n_{ca}가 품보원의 수·능력과 관계있는 것인지, 업체의 시정조치 건수의 양과 관계있는 것인지 파악하기 힘들다는 단점이 있다. 이 문제를 해결하기 위해 기본적으로 품보원의 업체 배치가 업체의 규모에 따라 공정하게 이루어진다고 가정한다.

n_{ca}가 유리수인 경우, 내림 처리한 정수 값을 사용한다. 실제 값이 아닌 내림 처리한 값을 사용하기 때문에 약간의 오차가 발생 가능하다. 하지만 n_{ca}가 자연수일 때, 평점과 일대일 대응이 되기 때문에 a건에서 b건까지 c점을 부여하는 평점체계 보다는 실제 업체의 시정조치현황을 정확하게 반영한다고 볼 수 있다.

하자발생현황

하자발생현황은 생산자의 실수나 잘못으로 인해 제품에 결함이 발생하는 것을 나타내는 지표이다. 평가기간 동안 발생하는 하자발생 수를 기준으로 평점을 부여한다. 하자발생현황 평점 계산에 사용한 분포 역시 푸아송 분포이다.

하자발생현황의 경우 일정기간(1년) 동안 하자발생(event)의 횟수를 셀 수 있기 때문에 푸아송 분포를 사용할 수 있으며, 각각의 하자는 서로 독립적이기 때문에 푸아송 분포의 기본 가정도 성립한다. 독립이라는 가정 하에 평가연도 동안 발생한 하자발생 건수(X)를 변수로 하여 이를 과거 3년 동안의 동종업계 평균값을 모수(parameter)로 하는 푸아송 분포함수에 대입하면 X값에 해당하는 확률 값을 구할 수 있다. 이를 이용하여 X가 적을수록 품질수준이 뛰어남을 증명하는 하자발생현황의 특성을 반영하여 1에서 X까지의 누적확률분포 값을 빼주면, X의 백분위 값을 계산할 수 있다. 이 값을 하자발생현황의 평점으로 한다. 하자발생현황의 평점식(S_f)은 아래와 같다.

$$S_f = 100 \cdot P\{x \geq flaw_y\}$$
$$= \begin{cases} 100 & , flaw_y = 0 \\ 100 \cdot \left(1 - \sum_{i=0}^{flaw_y - 1} \frac{\lambda^i \cdot e^{-\lambda}}{i!}\right) & , flaw_y \in N \end{cases} \quad ③$$

연간 하자발생 건수($flow_y$)라는 평균값을 과거자료로부터 구할 수 있기 때문에

그림 7-3 하자발생현황 평점 그래프($\lambda=0.5$)

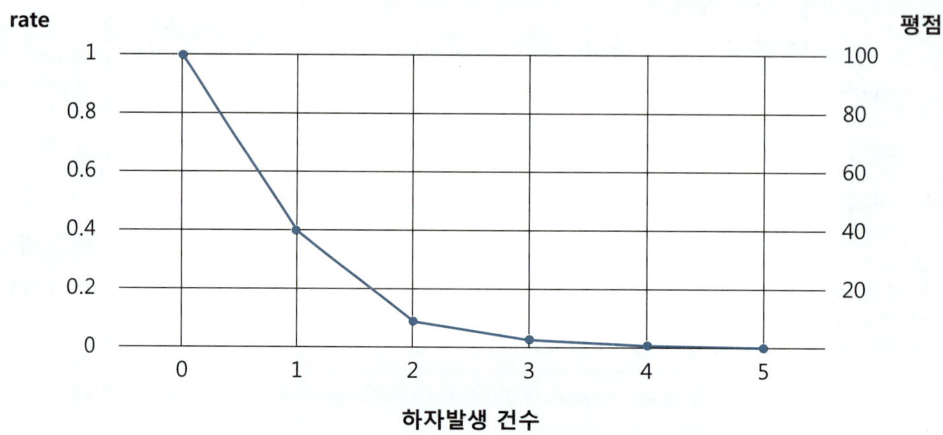

평가연도에 해당하는 하자발생 건수에 대한 확률 값을 도출해 낼 수 있다. 하자발생현황은 적을수록 품질수준이 뛰어나다는 것을 의미하기 때문에 1에서 평가연도 하자발생 건수에 해당하는 누적확률분포 값을 빼준 값에 100을 곱하여 평점을 부여한다. 즉, 하자가 0건 발생하면 배점인 100점을, 1건 발생하면, 1에서 1년 동안 하자가 0건 발생할 확률 값을 뺀 값에 100점을 곱한 값(백분율)을 평점으로 부여한다. 〈그림 7-3〉의 λ가 0.5인 푸아송 분포에서 하자발생현황의 평점은 하자발생 건수가 0이면 100점, 1이면 39점이다.

단, 하자의 경우 거의 발생하지 않기 때문에 위의 수식을 사용하여 하자발생현황의 평점을 계산하게 되면 하자발생의 유무에 따른 업체별 평점의 차이가 심할 수 있으며, 이로 인해 타지표의 평점과의 차이도 클 수 있다. 그 이유는 λ값이 일반적으로 매우 작음으로 인해 연간 하자발생이 0건인 경우 하자발생현황 평점은 100점인데, 하자가 1건 발생했을 경우 λ에 따라 50점도 되지 않을 수 있기 때문이다. 따라서 업체/장비별로 심각성이 상이할 수 있지만, 발생빈도가 매우 적음으로 인해 하자의 다소(多少)보다는 하자발생의 유무(有無)가 품질수준에 미치는 영향이 크기 때문에 지표 특성에서 기인한 업체별 평점 차이를 인정하되, 제품품질지수 평점을 계산할 때, 평가기관이 가중치를 조절하여 그 차이를 최소화할 수 있다.

적기납품률

적기납품률이란 평가연도에 납품되기로 계약된 제품들이 적기에 납품되었는지를 나타내는 지표이다. 전체 계약품목수와 납기품목수를 기준으로 평점을 부여한다. 적기납품률의 평점을 계산하는데 지수함수(Exponential Function)를 사용한다.

지수분포는 일정한 평균비율로 발생하는 독립적인 두 사건 간의 시간 간격을 나타내는 확률분포이며, 수식으로 표현하면 아래와 같다.

$$P(t) = \begin{cases} 0 & , \ t < 0 \\ \lambda e^{-\lambda t} & , \ t \geq 0 \end{cases} \qquad ④$$

지수분포는 버스의 배차간격이나 은행에서의 고객 대기시간 등 사용자의 대기시간, 관리자의 처리시간의 길이에 대한 확률분포 계산에 사용할 수 있으며, 지수분포 꼴인 $e^{-\lambda t}$모양의 함수를 지수함수라 한다. 앞서 정리한 시정조치현황과 하자발생현황이 사건의 발생이 서로 독립적이라고 가정한 것에 반해 적기납품률의 경우 FCFS(First Come First Service) 개념으로 먼저 생산된 제품의 생산기간이 뒤에 생산될 제품의 적기납품 여부에 영향을 미치기 때문에 다른 접근방식의 평점산식이 사용되어야 한다.

물론 전체 계약품목수와 적기납품수를 단순 계산할 수 있기 때문에 품목의 평가연도 적기납품률의 평점을 {적기납품수(tde_{xy})/전체 계약품목수(con_{xy})}의 백분율로 표현할 수도 있다. 하지만, 단순 선형으로 평점을 모델링하는 경우 적기납품률의 변화에 대한 차이를 고려하지 못하기 때문에 (적기납품수/전체 계약품목수)의 비율을 사용하여 실제 적기납품수에 해당하는 함수 값을 구할 수 있는 지수함수를 적용하는 것이 보다 합리적이며, 이를 통해 계산한 지수함수 값에 100을 곱해 준 값을 평점으로 한다.

적기납품률의 평점은 다음과 같은 방법으로 산정된다. A업체의 납기가 a일이고, 납기까지 95%의 제품을 납품했다면, 전체제품을 다 납품하는데 걸리는 기간은 $a \times \frac{100}{95}$일이다. 즉, 평균적으로 적기납기보다 약 1.05배 긴 납기일을 가진다고 볼 수 있다.

$$\text{업체의 평균적인 납기일수} = a \times \frac{100}{\text{해당업체의 평가연도 적기납품률}(p)}$$

해당업체의 적기납품률 값을 이용하여 평균적인 실제 납기일수를 계산할 수 있음에서 착안하여 시간의 길이와 관련된 지수함수를 평점계산에 적용하였다. 이를 사용하게 되면, 적기납품률의 평점은 평가연도의 동종업계 평균 적기납품률이 λ일 때, 100% 납품한 경우의 지수함수 값 대비 평가업체의 적기납품률(p_x)에 해당하는 지수함수 값에 100을 곱하여 준 값으로 표현할 수 있다. 이에 더하여 성과기반 군수지원(Performance Based Logistics, PBL) 관점에서 납기보다 일찍 납품을 끝낸 기업에 대해 인센티브 평점을 주는 방법도 고려해 볼 수 있다.

적기납품 품목수는 계약 품목수와 가까워질수록 생산공정이 우수함을 의미하며, 해당 적기납품 품목수의 지수함수 값에 배점인 100을 곱한 값을 적기납품률 평점(S_{tde_x})으로 부여한다. 적기납품률 평점을 계산하는 수식과 구체적인 방법은 아래와 같다.

$$\left(\lambda = \text{동종업계 3년 적기납품률평균} = \frac{\text{적기납품수}}{\text{전체계약수}}\right)$$

$$S_{tde_x} = 100 \times \frac{e^{-\lambda\left(\frac{100}{p_x}\right)}}{e^{-\lambda\left(\frac{100}{100}\right)}} = 100 \times e^{-\lambda\left(\frac{100}{p_x}-1\right)} \qquad ⑤$$

앞서 언급한 것처럼 품목 x의 평균 납기율(P_x)은 아래와 같이 계산하며, 과거 누적자료를 사용하여 계산하기 때문에 업체가 품질개선을 위해 노력한 만큼 점수를 높게 받을 수 있는 장점이 있다. 예를 들어 C품목의 경우 동종업계 평균 적기납품률이 0.92일 때, 평가연도에 업체의 납품률이 92%이면 평점은 92.3점이다〈그림 7-4 참조〉.

$$p_x = \frac{\sum_{m=1}^{0} tde_{xy}}{\sum_{m=1}^{0} con_{xy}}, \quad x = \text{품목} \qquad ⑥$$

해당업체의 납품품목이 여러 개일 때에는 평가연도 품목을 확인한 후, 품목당 계약수량과 적기납품수량 자료를 확보한다. 품목별 평균 적기납품 비율(과거 3년 평균)을 구하여 품목 x의 적기납품률 평점을 계산하고, 이를 가중평균하여 적기납

그림 7-4 지수함수의 예시($p_x=0.92$)

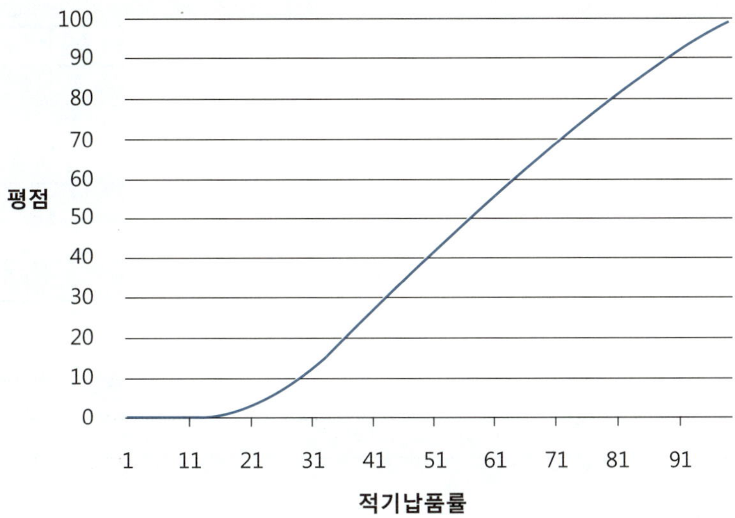

품률 평점을 산출한다. 이 때, 각각의 가중치는 별도의 지시사항이 없는 경우 일반적으로 $(1/n)$값을 사용한다. 하지만, 품목별 특성의 차이가 심할 경우 품목별 계약총액을 기준으로 가중치를 산정할 수 있다. 예를 들어, A품목은 변속기, B품목은 엔진일 경우, A, B품목의 계약총액이 각각 a, b원이면, 부여된 가중치 값은 $\frac{a}{a+b}$, $\frac{b}{a+b}$이다.

적기납품 수량 기준은 부품의 경우 개수 혹은 로트 단위로, 체계 제품의 경우 대 단위로 설정한다. 과거 자료 기반으로 p값을 구할 수 있지만, 신규 부품이나 체계장비의 경우 초반에는 유사부품이나 체계장비의 p값을 사용하여 계산하며, 유의한 자료가 누적되었을 때 p값을 변경한다. p값이 큰 경우 일정수준까지는 0점이 나오는 경향이 있다. 위의 방법대로 구한 각 품목의 평점을 가중평균하면 평가 연도의 적기납품률 평점(S_{tde})을 계산할 수 있다.

$$S_{tde} = \sum_x w_x \cdot S_{tde_x}, \ \sum_x w_x = 1 \qquad ⑦$$

현재는 반영이 되어 있지 않지만 업체가 계약품을 적기납품하지 못하는 주원인(원자재공급부족, 납품능력부족, 불량발생 등)을 구분/지정해서 체크리스트에 포함하여 기록한다면 업체의 제품품질지수를 좀 더 자세히 평가하고, 미흡한 점을 권고

| 표 7-9 | 제품품질지수 평점표

		2009												
		1월	2월	3월	4월	5월	6월	7월	8월	9월	10월	11월	12월	연평균
ㄱ	시정조치 건수	2	2	2	3	3	3	3	2	2	2	2	1	27
ㄴ	품보원 수	1	2	2	2	2	2	2	2	2	2	2	1	1.8
ㄷ	시정조치현황													15
ㄹ	시정조치현황 평점													60.6
ㅁ	하자 건수	0	0	0	0	0	0	0	0	1	0	0	0	1
ㅂ	하자발생현황 평점													53.2
ㅅ	적기납품 품목수	18	8	8	10	20	12	5	4	8	4	8	11	116
ㅇ	계약 품목수	20	15	10	13	22	14	10	8	12	5	10	14	153
ㅈ	적기납품률 평점													80.3
ㅊ	제품품질지수 평점													64.7

하는데 좋은 참고자료로 활용할 수 있을 것이다.

제품품질지수 평점

제품품질지수의 평점(S_{PQ})은 시정조치현황, 하자발생현황, 적기납품률 항목 평점의 가중평균값으로 하되, 각각의 가중치는 별도의 지시사항이 없는 경우 일반적으로 〈표 7-6〉 값을 사용한다. 하자발생현황의 경우 다른 세부항목의 평점과 크게 차이가 나는 경우 w_f를 작게 설정하여 이를 보정한다. 제품품질지수 평점 수식은 아래와 같다.

$$S_{PQ} = w_{ca} \cdot S_{ca} + w_f \cdot S_f + w_{tde} \cdot S_{tde},\ w_{ca} + w_f + w_{tde} = 1 \qquad ⑧$$

세부항목 평점은 확률분포/지수함수를 기반으로 한 백분율 값이기 때문에 다른 지표들의 평점에 비해 전반적으로 낮게 나올 수 있다. 평점계산을 위해 업체로부터 받은 자료를 기반으로 정량적으로 성과수준을 계산할 수 있는 지표이기 때문에 다른 지표와는 다른 등급(점수) 기준이 필요하다.

〈표 7-9〉의 평점표 사례를 통해 제품품질지수 평점을 확인할 수 있다.

【고객만족도 지수 항목】

고객만족도 지수의 평점은 정성적인 대군지원/예방활동 실적, 운용교육/품질 협의회 등 운용성 향상 노력도 평점과 정량적인 사용자불만 적기조치율 평점으로

| 표 7-10 | 고객만족 평점 산출

항 목	내 용	배점	평 점	비 고
대군지원/예방활동 실적, 운용교육/품질협의회 등 운용성 향상 노력도	장비 운용지원 및 품질예방을 위한 정기/수시 방문 실적, 초도 배치 또는 형상변경에 따른 운용/정비자 교육 실적, 관련기관 업무 협의회 구성 및 개선 활동 등	5	실적/노력도의 정도에 따라 차등된 점수 부여	정성적 평가 후 점수화 〈표 7-11〉 참조
사용자불만 적기조치율	하자로 분류된 사용자불만처리를 장비 90일/부품 60일 기준으로 조기/장기 처리일수	5	신고된 사용자불만 처리에 걸리는 시간에 따라 차등된 평점 부여	정량적 평가 〈수식 10〉 참조

혼합되어 있다. 세부항목의 평점은 분기별로 대군지원/예방활동 실적, 운용교육/품질협의회 등 운용성 향상 노력도의 정도를 정부품질보증원이 평가하고, 평점과 사용자불만 적기조치일수를 자료의 특성에 맞게 처리하여 계산된다.

분기별로 대군지원/예방활동 실적, 운용교육/품질협의회 등 운용성 향상 노력도 평점은 정부품질보증원이 업체의 상태를 정성적으로 평가한 후 기준이 되는 가이드라인에 따라 정량화(평점)하며, 사용자불만 적기조치율 평점은 사용자불만 적기조치일수에 따라 처리된 지수함수 값을 변형시켜 계산한다. 적기조치일수는 연속적으로 나타낼 수 있는 변수이기 때문에 지수함수를 사용한다.

고객만족도 지수 평점을 산출하는 방법은 〈표 7-10〉과 같다.

고객 만족도지수에 대한 세부산식은 아래와 같다.

➲ 대군지원/예방활동 실적, 운용교육/품질협의회 등 운용성 향상 노력도

대군지원/예방활동 실적, 운용교육/품질협의회 등 운용성 향상 노력도는 정성적으로 평가하기 때문에 평점 부여 시 공정성/객관성이 요구되며, 따라서 〈표 7-11〉의 고객만족지수 평점 가이드라인에 따라 평가자가 평점을 부여하도록 한다. 평가자는 분기별로 업체의 노력도 상태를 파악하여 평점(S_{aq})을 부여해야 하며, 분기별 평점의 평균을 평가연도의 대군지원/예방활동 실적, 운용교육/품질협의회 등 운용성 향상 노력도 평점(S_a)으로 산정한다.

$$Sa = \frac{\sum_{q=1}^{4} S_{aq}}{4} \quad ⑨$$

| 표 7-11 | 대군지원/예방활동 실적, 운용교육/품질협의회 등 운용성 향상 노력도 지수 평점 가이드라인

평가수준	수준별 가이드라인
4.1 ~ 5 : 매우 우수	• 조직 전반에 걸친 고객 만족 프로세스가 체계화 되어 있을 뿐 아니라 구성원이 이를 적극적으로 활용할 수 있도록 관리 및 운영되고 있음 • 프로세스의 수준이 매우 우수하여 베스트 프랙티스 수준임 • 착안사항에 대한 실행이 매우 우수하고 지속적인 개선이 되며, 최고의 성과를 달성
3.1~4 : 비교 우수	• 조직 전반에 걸친 고객 만족 프로세스 수준이 명료하고 체계화 되어 있음 • 프로세스가 정기적으로 실시되며 개선시스템이 정착 • 착안사항에 대한 실행이 우수하고 성과를 달성
2.1~3 : 보통	• 조직 전반에 걸쳐 고객 만족 프로세스 수준이 갖추어짐 • 시스템으로 정착되어 정기적으로 실시 • 착안사항이 전반적으로 실행
1.1~2 : 비교 미흡	• 부문별로 필요한 고객 만족 프로세스 수준이 갖추어짐 • 실시한 근거나 자료가 존재하지만 시스템으로 정착되어 정기적으로 실시되지 못함 • 착안사항이 일부 실행되고 전반적 미흡
1이하 : 매우 미흡	• 고객 만족 프로세스 수준이 갖추어지고 있지 않음 • 착안사항이 실행되지 않거나 매우 미흡

➲ 사용자불만 적기조치율

사용자불만 적기조치율 평점에 사용한 함수는 지수분포함수이다.

지수분포함수는 계산의 용이성과 함께 Memoryless Property라는 유용한 성질로 인해 학계는 물론 실무에서도 광범위하게 사용되고 있다. X가 양의 실수에 놓인 연속확률변수이고, 아래와 같은 수식이 성립할 때, X의 확률분포를 Memoryless하다고 일컫는다.

$$\begin{aligned} P\{X > t+s \mid X > t\} &= \frac{P\{X > t+s, X > t\}}{P\{X > t\}} \\ &= \frac{P\{X > t+s\}}{P\{X > t\}} \\ &= \frac{\lambda e^{-\lambda(t+s)}}{\lambda e^{-\lambda t}} \\ &= e^{-\lambda s} = P\{X > s\} \end{aligned} \quad ⑩$$

이는 사용한지 1,000시간이 지난 전구가 100시간 동안 살아있을 확률이 새 전구가 100시간 동안 살아있을 확률과 같음을 의미한다. 직관적이지 않은 특성이지만, Memoryless Property가 적용되는 유일한 연속확률분포인 지수분포의 활용에서 유용하게 사용되는 성질이다.

해당업체의 사용자불만 적기 조치일수가 평균이 $(1/\lambda)$인 지수분포를 따른다고 가정하면 조치일수에 따른 지수분포의 확률 값을 계산할 수 있다. 지수분포의 확률분포함수의 상수계수(λ) 대신 배점인 5를 곱하여 주면, 평균이 $(1/\lambda)$인 지수분포의 특성이 반영된 적기조치율 평점식을 도출해 낼 수 있다. 이런 평점 부여방식은 프랑스 병기본부의 [Quality Performances Report]에서 수리와 수리부속으로 인한 납기지연 기간의 평점계산에 사용되고 있다.

프랑스 보고서의 사례를 조금 변형하여 평가기관이 정한 기준 일까지 조치가 완료되면 배점인 5점을 부여하고, a일이 지나도록 조치가 완료되지 않으면 $5 \bullet e^{-\lambda(t-a)}$에 해당하는 점수를 부여한다(〈수식 11〉). 즉, 지수함수의 특성인 memoryless property에 의하여 적기 조치일수의 평균이 $(1/\lambda)$일 때, 조치 시작일 부터의 그래프의 기울기와 일이 지나고 나서부터의 그래프의 기울기가 같기 때문에 위와 같은 평점부여가 가능하다. λ와 a가 모두 60인 경우 적기조치율 평점은 〈그림 7-5〉와 같다.

$$S_{bqn} = \begin{cases} 5 & ,t \le a \\ 5 \bullet e^{-\lambda(t-a)} & ,t > a \end{cases} \qquad ⑪$$

이 때, a는 관리기관에서 적정 값으로 설정해야 하는데, 이는 a가 너무 커져버리게 되면 업체의 적기조치능력이 과대평가될 위험이 내포되어 있기 때문이다.

그림 7-5 조치일수에 따른 점수($a=60$, $1/\lambda=60$)

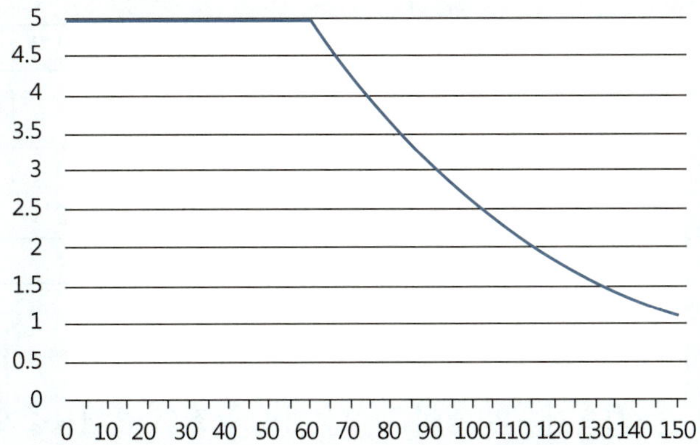

최고점을 받을 수 있는 a값을 적절하게 설정하여 보다 정확한 업체의 고객만족도 평점을 계산해야 한다.

〈수식 11〉은 개별 적기 조치에 대한 평점이므로 이를 분기(q)별 평균(S_{bp})으로 계산하면 아래의 〈수식 12〉을 구할 수 있으며, 이를 통해 적기조치율 평점(S_b)을 계산할 수 있다(〈수식 13〉).

$$S_{bq} = \frac{\sum_{n=1}^{k} S_{bqn}}{k}, \quad q = 1,2,3,4 \qquad ⑫$$

$$S_b = \frac{\sum_{q=1}^{4} S_{bq}}{4} \qquad ⑬$$

고객만족도 평점

고객만족도 평점(S_{ca})은 각 항목의 점수에 20을 곱한 값을 구하여 분기별 점수 평균을 내고, 두 항목의 가중평균값으로 하되, 각각의 가중치는 별도의 지시사항이 없는 경우 일반적으로 〈표 7-5〉의 값을 사용한다(〈수식 14〉).

$$S_{ca} = 20(w_a \cdot S_a + w_b \cdot S_b), \ w_a + w_b = 1 \qquad ⑭$$

〈표 7-12〉의 예시를 통해 고객만족도 지수의 평점을 확인할 수 있다.

표 7-12 고객만족도 지수 평점표(예시)

		2009				
		1/4 분기	2/4 분기	3/4 분기	4/4 분기	연평균
a	대군지원/예방활동 실적, 운용교육/품질협의회 등 운용성 향상 노력도	4.2	3.8	4.1	4	4.03
b	사용자불만 적기조치율	4.31	4.04	3.34	4.08	3.94
c	고객 만족 평균	4.25	4.30	3.72	4.04	4.08
d	고객 만족 평점	85.1	86.0	74.4	80.8	81.58

【계약이행 충실도 항목】

계약이행 충실도 지수의 평점은 정성적인 품질인 품질보증계획의 적절성, 문서품질 및 업무 협조성, 지속적인 품질개선 노력을 가중평균한 값에 품질관련 수상

| 표 7-13 | 계약이행 충실도 평점 산출

항 목	내 용	배점	평 점	비 고
품질보증계획의 적절성	생산 계획, 위험관리 방안 등 기본 계획 수립 내용 적절성	5	계획 대비 수행 실적에 따라 차등된 점수 부여	〈표 7-14〉 참조
문서 품질 및 업무 협조성	제출 문서 작성 수준 및 계약이행 확인 업무 협조성	5	기술검토 수준 및 적기 조치 여부에 따라 차등된 점수 부여	
지속적인 품질 개선 노력	야전 품질 데이터 환류, 자체 제안 등 개선 노력	5	제안/기술변경/MRB 등 실적에 따라 차등된 점수 부여	
품질 관련 대외 수상 실적	국방품질상 등 수상 실적	+α	대외 수상 실적/등급에 따라 계약 이행충실도 평점에 가점	〈표 7-15〉 참조
부실업체 제재/경고 여부	계약이행 과거 관련 제재 이력	−β	부실업체 제재/경고 횟수에 따라 계약이행충실도 평점에서 감점	〈표 7-16〉 참조

실적과 부실업체 제재 통보 이력에 따른 가점과 감점을 부여하여 계산한다.

세부항목의 평점은 설정된 가이드라인에 근거하여 평가자가 계약이행에 관한 업체의 상태를 정성적으로 평가한 후 정량화시키며, 수상실적과 제재 통보이력을 확인하여 부여한다. 고객만족도 지수 평점을 산출하는 방법은 〈표 7-13〉과 같다.

계약이행 충실도 지수의 평점 산출에 대한 세부내용은 아래와 같다.

◆ 품질보증계획의 적절성/문서 품질 및 업무 협조성/지속적인 품질개선 노력

품질보증계획의 적절성 평점(S_{CIR_a})과 문서 품질 및 업무 협조성 평점(S_{CIR_a}), 지속적인 품질개선 노력 평점(S_{CIR_a})은 정성적으로 평가되는 항목이기 때문에 평점 부여 시 공정성/객관성이 요구되며, 따라서 〈표 7-14〉의 가이드라인에 따라 평가자가 평점을 부여하도록 한다. 평가자는 분기별로 업체의 상태를 파악하여 평점을 부여해야 하며, 분기별 평점의 평균을 평가연도의 대군지원/예방활동 실

| 표 7-14 | 품질보증계획의 적절성, 문서 품질의 업무 협조성, 지속적인 품질개선 노력 평점 가이드라인

평가수준	수준별 가이드라인
4.1 ~ 5 : 매우 우수	• 실행이 매우 우수하고 지속적인 개선이 되며, 최고의 성과를 달성
3.1 ~ 4 : 비교 우수	• 실행이 우수하고 성과를 달성
2.1 ~ 3 : 보통	• 실행이 일반적임
1.1 ~ 2 : 비교 미흡	• 실행이 전반적으로 미흡
1 이하 : 매우 미흡	• 실행이 매우 미흡

적, 운용교육/품질협의회 등 운용성 향상 노력도 평점(S_a)으로 산정한다. 이와 같이 정성적인 항목을 정량화하는 경우 객관성 확보를 위해 3명 이상의 평가자들이 복수평가하게 하는 등의 방법이 수반될 수 있다.

품질 관련 대외 수상 실적

업체가 우수한 품질개선 노력으로 품질 관련 대외수상을 하였을 경우, 상의 종류에 따라 계약이행 충실도 평점에 가점(S_{CIR_d})을 준다. 즉, 수상실적은 평점의 가중평균 계산에 포함되는 것이 아닌 $(+\alpha)$의 개념으로 부여되는 것이다.

해외 품질 관련상, 대통령급 이상 품질 관련상, 장관급 이상 품질 관련상, 기관장급 이상 품질 관련상, 관련기관 품질 관련상 분류에 따른 차등 점수를 가점한다. 상의 종류별 가점은 아래 〈표 7-15〉와 같다. 가점의 상한은 3점이며, 예를 들어 해외 품질 관련상과 장관급 이상 품질 관련상을 동시 수상하여 품질관련 대외수상 실적 평점이 3.5점이 되는 경우 가점을 3점만 부여한다. 가점으로 인해 업체의 계약이행 충실도 평점이 배점을 초과할 경우 배점을 평점으로 한다.

| 표 7-15 | 품질관련 대외 수상 실적 평점 가이드라인

가 점	점수별 가이드라인
2	• 평가 연도 중 해외 품질, 대통령급 관련상 수상(추가 건당 가점 1)
1.5	• 평가 연도 중 장관급 이상 품질 관련상 수상(추가 건당 가점 0.5)
1	• 평가 연도 중 기관장급 이상 품질 관련상 수상(추가 건당 가점 0.2)
0.5	• 평가 연도 중 관련기관 품질 관련상 수상(추가 건당 가점 0.1)

부실업체 제재/경고여부

부실업체 제재/경고여부 평점(S_{CIR_e})에는 부정당업체 제재/경고여부와 부적정 행위에 대한 시정문서 또는 대군지원 관련 독촉/경고 문서 발행 건수가 포함된다. 따라서 부정당업체 제재 통보를 받은 업체의 경우 계약이행 충실도 평점에서 제재 횟수에 따른 해당점수를 감점하며, 과거 3년 동안의 부정당업체 제재 통보 이력의 횟수에 따라 감점의 크기를 결정한다(〈표 7-16〉 참조). 제재 통보 이력이 1회일 경우 감점은 3점이며, 제재 통보 이력이 2회 이상일 경우 감점은 5점이다. 감점의 하한은 5점이다. 부정당업체 제재의 경우 기록이 3년 동안 유의하기 때문에 높은 계약이행 충실도 평점을 부여받기 위해서는 업체의 철저한 관리가 필요하다.

| 표 7-16 | 부실업체 제재/경고여부 평점 가이드라인

감 점	점수별 가이드라인
-1	• 평가 연도 중 부적정 행위에 대한 시정문서 또는 대군지원 관련 독촉/경고 문서 발행 건수 1회
-2	• 평가 연도 중 부적정 행위에 대한 시정문서 또는 대군지원 관련 독촉/경고 문서 발행 건수 2회 이상
-3	• 과거 3년 동안 부정당 업체 제재 통보 이력 1회
-5	• 과거 3년 동안 부정당 업체 제재 통보 이력 2회 이상

계약이행 충실도 평점

계약이행 충실도 평점(S_{CIR})은 각 항목의 점수에 20을 곱한 값들을 가중평균하여 부여하되, 각각의 가중치는 별도의 지시사항이 없는 경우 일반적으로 〈표 7-6〉의 값을 사용한다(〈수식 15〉).

$$S_{CIR} = 20(w_{CIR_a} \cdot S_{CIR_a} + w_{CIR_b} \cdot S_{CIR_b} + w_{CIR_c} \cdot S_{CIR_c}) + S_C$$
$$w_{CIR_a} + w_{CIR_b} + w_{CIR_c} = 1 \quad ⑮$$

〈표 7-17〉의 평점표 사례를 통해 계약이행 충실도 지수의 평점을 확인할 수 있다.

| 표 7-17 | 계약이행 충실도 평점표(예시)

		2010				
		1/4 분기	2/4 분기	3/4 분기	4/4 분기	연평균 /합계
㉠	품질보증계획의 적절성	4.3	4.2	4.2	4.3	4.25
㉡	문서 품질 및 업무 협조성(기술 검토 수준 및 적기 조치성 등)	4.5	4.3	4.2	4	4.25
㉢	지속적인 품질개선 노력 (제안/기술변경/MRB 등)	4.2	4.3	4.5	4.4	4.35
㉣	품질 관련 대외 수상 실적	1.5	–	–	–	(1.5)
㉤	부정당업체 제재 대상 여부	과거 3년간 1회 제재				(−3)
	부적정 행위에 대한 시정 문서 또는 대군지원 관련 독촉/경고 문서 발행 건수	1				(−1)
㉥	계약이행충실도 평균	4.33	4.26	4.3	4.23	4.28
㉦	계약이행충실도 평점	(85.7 + 1.5 − 3 − 1 = 83.2)				83.2

7.6 획득점수 및 등급 부여

총 획득점수는 100점 기준으로 보정된 국방품질경영시스템, 고객만족도, 계약 이행 충실도 항목과 제품품질 평점의 가중평균 값을 평점으로 하되, 각각의 가중치는 별도의 지시사항이 없는 경우 일반적으로 〈표 7-6〉의 값을 사용한다. 총 획득점수의 배점은 100점이다.

〈표 7-18〉의 등급 점수 기준에 근거하여 〈표 7-19〉에 따라 평가 종합결과 등급을 책정한다. 각 지표별 등급 점수 기준은 지표별 특성에 따라 다를 수 있으며, 누적자료를 사용하는 지표의 경우 매년 점수 기준이 변할 수 있다. 〈표 7-20〉은 업체가 ○등급을 받았을 때, 업체의 대략적인 성과수준을 군수업체 평가모델에 관한 연구 보고서를 기반하여 작성한 것으로 지표별 등급에 따라 업체의 품질수준 및 기업역량을 확인할 수 있다.

〈표 7-21〉의 예시와 같이 업체의 총 획득점수 결과를 확인할 수 있다.

| 표 7-18 | 지표별 등급표(예시)

항 목 \ 등 급	A	B	C	D	F
1－품질경영시스템	90 이상	75 이상	55 이상	40 이상	40 미만
2－제품 품질	80 이상	60 이상	40 이상	20 이상	20 미만
2－1 시정조치현황	80 이상	60 이상	40 이상	20 이상	20 미만
2－2 하자 발생 현황	80 이상	60 이상	40 이상	20 이상	20 미만
2－3 적기납품률	80 이상	60 이상	40 이상	20 이상	20 미만
3－고객 만족	90 이상	75 이상	55 이상	40 이상	40 미만
4－계약 이행 충실도	90 이상	75 이상	55 이상	40 이상	40 미만

| 표 7-19 | 평가 종합결과 등급표

등 급	A	B	C	D	F
총 점	85점 이상	70점 이상	55점 이상	40점 이상	40점 미만

| 표 7-20 | 등급별 업체 성과 수준 설명표

등 급	업체 성과 수준
A	계약품목을 고려하여 가능한 한 업체의 자발적 품질보증 능력을 인정, 고무하여 실물 위주의 업무로부터 간접적인 정부 품질보증활동에 주력하고 양산안정 품목은 무검사로 이행: 매우 우수
B	취약한 부분만 집중적으로 지도관리 : 우수
C	대체로 양호한 편이나 품질수준 향상이 요구되므로 전반적으로 꾸준한 기술지도가 필요한 업체: 보통
D	중점관리업체로 분류 평소 관리 및 감독을 철저하게 하고, 계약품목에 대한 품질보증 프로세스검증 및 검사활동을 상대적으로 깊이 있게 함: 미흡
F	집중적인 감시와 사후관리가 요구되며, 생산품목의 전 특성에 대하여 정부검사가 요구되는 업체: 매우 미흡

| 표 7-21 | 총 획득점수(예시)

구 분	등 급	평점비율
평가 종합 결과	A	85.9
1. 품질경영시스템 이행능력	B	84
2. 제품품질 수준	B	80.6
3. 고객 만족도	B	88
4. 계약이행 충실도	A	91

7.7 업체 품질수준 평가보고서

업체 품질수준 평가결과 최종성과보고서는 아래와 같이 구성된다.

【총평】

〈표 7-20〉의 등급별 업체 품질수준 설명표를 바탕으로 해당기업에 대한 추가 설명/권고사항 등을 기록한다.

> 예 품질경영시스템은 전반적으로 시스템 이행에 따른 문제점이 없으며, 물품 납품 후에 용자 불만에 따른 하자발생율이 매우 높게 나타났는데 이를 낮추기 위한 대책수립이 필요함. 또한 계약물품에 대한 개선노력, 고객에 대한 업무협조 등에 대한 개선된 조직활동이 필요함

【주요 조치사항】

각 지표별 상황이나 추가 조치사항들을 세부적으로 기록한다.

품질경영시스템 이행 능력

군위성통신 수상함단말장비(SRC-851K) 등에 대한 품질경영시스템 관련항목 평가결과 문서화 요구사항, 부적합제품 요구사항 이행이 일부 미흡한 것으로 평가되었으나, 전체적으로 83.7로 평가되어 전반적으로 품질경영시스템 이행능력은 만족스러운 수준임

품질경영시스템 세부 항목

작성 지침: 항목 (사후관리)심사 결과 및 의견 작성

제품 품질 수준

시정조치 2방법 3건, 사용자불만발생 2건, 하자발생 1건으로 제품에 대한 품질수준은 58.8로 보통으로 개선이 필요함

고객 만족도

사후봉사 전문수리 인원이 편성되어 고객 및 장비에 대한 적극적인 활동 등의 업무를 수행하고 있으며, 고객만족지수 83으로 비교적 우수함

계약 이행 충실도

계약이행에 필요한 기술검토수준 및 문서의 적기조치 등 문서품질이 다소 미흡하나, 전반적으로 계약이행 충실지수는 82로 비교적 우수함

7.8 발전방향

QPI는 업체 또는 사업별로 품질수준을 정량적·정성적으로 지표화시켜 객관적이고, 통계적인 방법으로 평점을 부여하는 평가체계이다. QPI를 통해 기존의 품질경영시스템에 대한 체크리스트를 소수의 전문가들에게 맡겨 성과를 평가하던

방식과는 달리 제품품질, 고객만족도, 계약이행 충실도에 관한 지표를 심사항목으로 확대시켜 정부품질보증 기관의 전산시스템으로 확보할 수 있는 업체자료를 기반으로 생산 전, 중, 후에 각각 진행되는 업무 프로세스의 평가가 가능해졌다.

QPI 체계는 다음과 같은 세 가지 방향으로 발전시킬 수 있다.

첫 번째로 중앙조달계약품목에 대한 전문기관의 평가서를 발간하여, 업체의 내부 개선 목표를 확인하고, 개선할 내용에 대해 객관적으로 판단할 수 있는 근거가 되게 한다. 또한 국방부, 방사청의 정책 자료로 활용할 수 있으며, 정형화된 보고·기록 형식으로 업체의 업무 프로세스 최적화를 실현할 수 있다.

두 번째로 군수품 분석 평가를 위한 'Brand-new'가 되어 품질보증이 분석/평가 체제로 전환되는 매개체 역할을 수행하고, 체감 품질의 등급화가 가능할 것이다.

세 번째로 향후 QPI 평가결과 등급 우수업체에 대해 업체 자율 품보활동 범위 확대, 계약 시 인센티브 부여 같은 이점을 제공하여 자율적으로 업체가 QPI 활동에 참여하는 것을 증대하도록 유도할 필요성이 있다.

아울러, 관련기관과 업체가 QPI 시행 취지 및 목적에 대한 공감대를 형성하고, 서로 win-win할 수 있는 최적의 QPI 체계가 정립될 수 있도록 진행해 나가야 할 것이다.

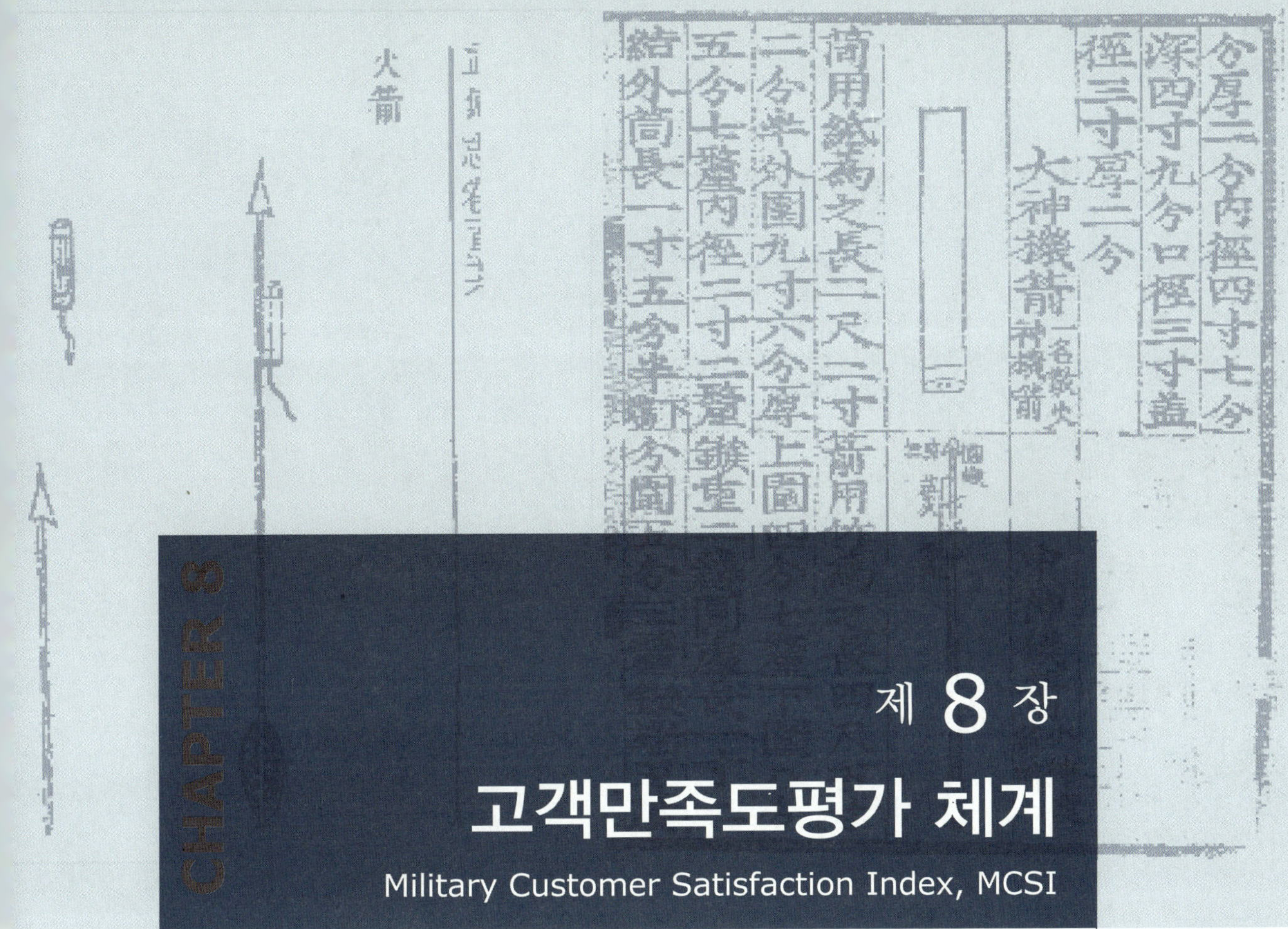

CHAPTER 8

제 8 장 고객만족도평가 체계

Military Customer Satisfaction Index, MCSI

"첫째, 고객은 항상 옳다. 둘째, 고객이 만약 틀리다고 생각되면 첫째 원칙을 다시한번 명심하라."

CHAPTER 8

본 장에서는 사용자 만족 중심의 국방품질보증을 위한 고객만족도 평가 체계에 대하여 서술하였다. 군수품에 대한 사용자 만족도 제고를 위해서는 잠재적 불만요소를 사전에 도출하는 것이 중요하며, 이를 위해서는 과학적인 고객만족도 평가 체계가 수반되어야 한다. 고객만족도 평가 결과 만족도가 낮은 품목에 대해서는 지속적으로 취약점을 분석하여 개발이나 양산단계에 피드백시켜야 한다. 고객만족도 평가 체계에 대한 설명을 위해 제1절에서는 고객만족의 개념과 고객만족도 평가의 필요성, 그리고 고객만족지수 모델의 변천과정을 간략히 정리하였다. 제2절에서는 군수품의 고객만족도 평가를 위한 측정변수와 설문항목, 모집단과 표본모집 및 조사방법을 포함한 군수품 고객만족도 평가 모델에 관하여 서술하였다. 제3절과 4절에서는 고객만족도 평가 변수의 측정 및 추정방법과 고객만족도 평가의 발전방향을 제시하였다.

8.1 개 요

8.1.1 고객만족 개념

21세기에 접어들면서 우리는 사회의 급격한 변화를 실감하고 있다. 기업경영과 관련된 중요한 변화로는 공급이 수요에 비해 부족하던 기업주도적 상황(product-out)에서 공급이 수요보다 많아지는 고객 주도적 상황(market-in)으로 바뀌면서서, 고객의 힘이 점차 더욱 커지고 있다는 것이다. 기본적이고 단순한 고객 니즈(needs)의 충족이 중요하던 과거와는 달리 현재 고객 니즈는 점차 다양화, 고급화, 개성화되고 있다. 또한 스마트폰과 인터넷 등의 커뮤니케이션 매체의 확산으로 인한 고객의 정보 획득 능력이 대폭적으로 향상되어 제품 선택에 대한 고객의 힘이 증대되고 있음을 보여주고 있다.

다시 말해, 경영환경의 급격한 변화로 인해 고객이 기업과 제품을 선택하는 시대가 도래하고 있으며, 고객이 외면하는 기업은 생존할 수 없게 되었다. 이에 따라 기업들은 고객만족을 경영의 가장 중요한 이념으로 채택하고, 이의 효율적인 추진을 통한 가시적인 성과창출을 위하여 적극적인 노력을 경주하고 있다.

고객만족(customer satisfaction, CS)이란 쉽게 말하면 고객이 접한 제품이나 서비스에 대하여 고객이 어느 정도 흡족하게 생각하고 있는가를 나타내는 것이다. 따라서 고객만족경영(customer satisfaction management)이란 고객의 만족도를 정량적으로 파악하고 또한 객관적으로 판단하여 이것을 향상시키기 위한 조직적인 모든 노력을 말한다.

8.1.2 고객만족지수 모델 발전 과정

고객중심 사회의 도래에 따라 미국을 비롯한 여러 선진국에서는 고객만족을 평가할 수 있는 고객만족지수(customer satisfaction index, CSI) 모델을 개발하고 이를 적극 활용하고 있다. 고객만족도 평가의 시초가 된 것은 1989년에 개발된 스웨덴의 고객만족지표(Swedish Customer Satisfaction Barometer, SCSB)로써 매년 기업 및 산업단위로 측정하여 발표되고 있다.

독일은 SCSB를 근간으로 자체적으로 개발한 독일고객지표(German Customer

Barometer)를 사용하여 1992년부터 고객만족에 관한 자료를 수집하고 있다. 미국에서는 미시간대학의 국가품질연구소(National Quality Research Center) 주관으로 미국고객만족지수(American Customer Satisfaction Index, ACSI)가 개발되어 1994년에 첫 조사를 시작으로 매년 발표되고 있다. 이후 여러 나라에서 미국의 ACSI를 벤치마킹하여 유사한 내용으로 고객만족지수를 측정해 상호 비교하고 있다. 태국과 뉴질랜드는 1995년부터 제한된 산업영역 내에서 조사를 실시하고 있고, 유럽연합은 1998년부터 15개국이 포함된 유럽 단일 고객만족지수(European Customer Satisfaction Index, ECSI)를 발표하고 있다. 이외에도 캐나다의 CCSI, 멕시코의 MCSI, 브라질의 BCSI, 말레이시아의 MCSI 등이 있다.

우리나라에서는 한국능률협회에서 개발한 한국산업의 고객만족도 지수(Korea Customer Satisfaction Index, KCSI)를 사용하여 1992년부터 고객만족도 지수를 조사하여 매년 발표하였다. 그 후 ACSI 모델을 벤치마킹하여 한국생산성본부와 미국 미시간대학 국가품질연구소가 공동 개발한 국가 고객만족도 지수(National Customer Satisfaction Index, NCSI)를 1998년부터 매년 조사하여 그 결과를 발표하고 있다.

8.1.3 MCSI 필요성

군수품은 국가방위를 위하여 사용되는 중요한 제품이며, 군수품을 생산하는 기업은 군수품을 사용하는 조직과 사용자(고객)에 대해 사용 적합성과 고객만족을 염두에 두고 고객만족경영을 실시하여야 한다. 과거에는 군수품에 대한 품질보증활동을 '고객만족'보다는 '규격만족' 차원에서 실시하여 왔으나, 국제적인 품질경영활동 흐름이 '고객만족' 중심으로 변화됨에 따라 국방품질보증활동도 고객만족 중심으로 변화되었다. 이는 고객만족도와 연계된 품질보증 활동을 통해 군수품 불만족 요소를 사전 파악하고 잠재적 불만요소를 도출하여 이를 제거해 줌으로써 능동적인 품질보증활동을 전개할 수 있기 때문이다.

군수품 사용자들이 어느 정도 군수품에 만족하고 있는지, 불만요소가 무엇인지를 체계적으로 조기에 발굴하기 위해서는 과학적인 고객만족도 측정기법이 필요하다. ACSI, NCSI, KCSI 등의 기법이 앞에서 언급되었지만, 이러한 지수의 경우 군수품에 그대로 도입할 수 없으며, 국방 분야 특성에 적합한 군수품 고객만족도 지수(Military Customer Satisfaction Index, MCSI) 체계를 구축하여야 한다.

군수품의 종류는 매우 다양해, 총포, 탄약, 기동장비, 통신전자장비, 군복, 식품 등의 일반물자, 항공장비류, 함정류 등으로 분류할 수 있다. 각각의 군수품에 대한 사용자들의 만족여부와 불만요소를 알아내어 군수품의 품질과 기능을 향상시켜나가는 것은 국방품질보증에 있어서 매우 중요하다.

8.2 고객만족도평가 모델

군수품 고객만족도를 구하는 모델은 〈그림 8-1〉과 같다. 대부분의 질문은 높고 낮은 정도를 나타내는 10점 척도로 이루어진다. 10점은 고객만족도가 가장 높은 상태를 나타내고, 1점은 가장 낮은 상태를 나타낸다. 10점 척도로 한 이유는 조사 결과점수를 10단계로 차등화하고, 또한 계량변수 값으로 사용하여 통계분석도 용이하게 하기 위함이다.

그림 8-1 MCSI 모델

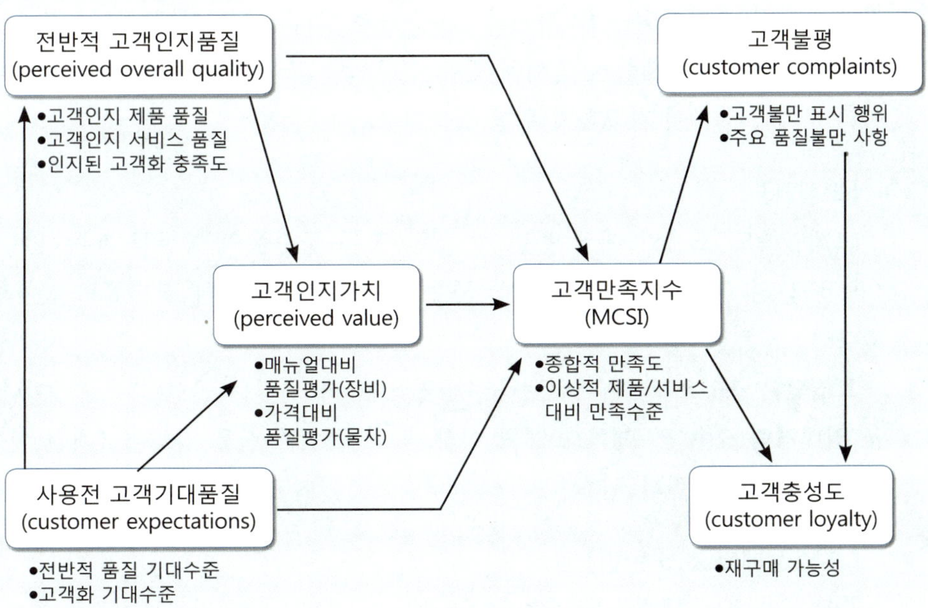

| 표 8-1 | MCSI 모델의 잠재변수와 측정변수

잠재변수	측정변수	설문 번호
사용 전 고객인지품질 (customer expectations)	1) 사용하는 제품에 대하여 구매하기 전에 기대하였던 전반적 품질기대수준 2) 고객의 개인적 요구 충족도 기대수준	1 5
사용 후 전반적 고객인지품질 (perceived overall quality)	1) 인지된 전반적 제품품질 만족도 2) 디자인 품질과 사용상 기능품질 간의 비교 3) 인지된 전반적 서비스품질 만족도 4) 고객의 개인적 요구 충족도	2 3 4 6
고객인지가치 (perceived value)	1) 장비류: 유사 장비나 매뉴얼 대비 품질평가 물자류: 가격 대비 품질 평가	7
고객만족지수 (MCSI)	1) 현재까지의 제품/서비스에 대한 종합적 만족도 평가 2) 고객의 이상적 제품/서비스 대비 만족수준	8 9
고객 불평 (customer complaints)	1) 고객의 공식/비공식의 제품/서비스에 대한 불평건수 2) 주요 품질 불만 사항	10 11
고객충성도 (customer loyalty)	1) 재구매(재사용) 가능성 평가	12
제품 명세에 관한 질문	모델명, 구입년도 등	13

【MCSI 모델 측정변수와 설문항】

〈그림 8-1〉에 있는 모델에 따라 잠재변수는 크게 6가지로 분류되며, 각각을 측정하기 위한 측정변수는 12 가지가 있다. 이를 정리하여 나타낸 것이 〈표 8-1〉이다. 설문번호 13은 제품의 명세에 관한 질문으로 고객만족 측정변수는 아니며 데이터 분석을 위하여 참고하기 위한 질문이다.

【모집단】

고객만족도 조사의 대상이 될 수 있는 모든 군수품의 종류를 분류하여 보면 〈표 8-2〉의 군수품 분류와 같다. 군수품은 크게 물자류와 장비류로 분류할 수 있다.

모집단은 〈표 8-2〉에 나열된 군수품을 사용하고 있는 군인이나 군속이다. 단, 군 입대경력(군속 근무경력) 6개월 이상, 해당 군수품 사용 경력이 1개월 이상 된 자로 제한하기로 한다.

【표본 설계와 조사 방법】

〈표 8-2〉에는 물자류 5종류(섬유 및 제화류, 식품류 등), 장비류 9종류(궤도/장륜

| 표 8-2 | 군수품 분류체계

류 별		대상 주요 군수품	품목수
물자류	섬유 및 제화류	개인 천막, 배낭류, 메트레스 카바, 모포, 얼룩무늬 복지, 철모 위장포	6
		양말, 장갑, 모자, 운동복, 군복, 잠바, 내의	7
		우의, 단화(구두), 방한장갑, 군화류, 가방, 전투화	6
	식품류	햄, 꼬리곰탕, 건조 스프, 떡국떡, 생선묵튀김, 즉석쌀국수, 어육, 통조림, 건빵, 간장, 고추장, 된장	11
	의약품 및 의무장비류	주사액, 연고, 캅셀, 소독기류 및 수리부속, 수술대, 일회용 주사기, 초음파 진단기, 항온 항습기	8
	화학제품 및 장비류	피혁운동화, 슬리퍼, 신형방탄헬멧, 제독제, 방청류, 살충제, 방독면, 휴대용 제독기	8
	일반 보급류	수통, 가스렌지, 구두솔, 다목적 조리기, 문서보관함, 버클, 냉장고, 비누, 알미늄 침대, 취사기구(반합 등),	10
장비류	궤도/장륜류	카고, 전차, 구난차, 트레일러, 장갑차, 유지부품류	6
	총포류	소총, 권총, 유탄발사기, 박격포, 대공포, 곡사포, 자주포, 대검	8
	탄약류	수류탄, 지뢰, 탄약	3
	일반장비류	용접기, 굴삭기, 선반류, 제논탐조등, 폭탄견인차	5
	통신전자장비류	무전기, 발전기, 전화기, 전원공급기, 기상관측장비, 레이다 표시기, 위성항법장비, 피아식별장비, 전술항법장치	9
	사격통제/광학 장비류	열영상장비, 전방 적외선 관측장비, 조종사 야간투시경 장비류	3
	유도무기류	중단거리 지대공 유도무기, 휴대용 지대공 유도무기, 함대함 유도무기, 대잠어뢰 유도무기	4
	항공기류	전투기, 수송기, 훈련기, 헬기, 모의훈련장비	5
	함정류	잠수함, 고속정, 상륙정, 구축함, 엔진	5
합계: 14 류별		합계: 104 가지	

류, 총포류 등) 등 모두 14종류의 류별이 있다. 각 류별에 따라서 군수품이 3~9종류가 있어서, 모두 104개의 군수품이 나열되어 있다. 104개 모두를 조사하는 것은 무리이고, 장비류보다는 물자류 군수품의 고객만족도를 향상시키는 것이 용이하므로, 22개 정도의 군수품을 조사대상으로 표본 설계하는 것이 적절하다. 대상 군수품 선정은 비교적 자주 사용되는 것들 중에서 장비류는 대표적인 것으로 10개를 선정하고, 물자류도 대표적인 것으로 12개를 선정하였다.

22개의 각 군수품별로 150명씩의 고객을 조사하기로 하면 표본의 크기는 모두 $22 \times 150 = 3{,}300$명이 된다. 조사 방법은 면접원이 직접 부대방문을 실시하여 설문지를 배포한 후에 이를 회수하는 방법을 사용한다.

| 표 8-3 | 표본설계 대상 군수품

류 별		조사대상 군수품
물자류	섬유 및 제화류	전투모, 전투복, 운동복
	식품류	햄, 꼬리곰탕, 즉석 쌀국수
	의약품 및 의무 장비류	–
	화학제품 및 장비류	피혁운동화, 슬리퍼, 신형방탄헬멧
	일반 보급류	알루미늄수통, 버클, 반합
장비류	궤도/장륜류	K-1성능개량전차, $1\frac{1}{4}$톤 성능개량 차량
	총포류	K-9 자주포, 81mm 박격포
	탄약류	30mm 골기퍼탄, K401 연습용 수류탄
	일반장비류	–
	통신전자 장비류	PRC96K무전기, 5KW 통신용발전기
	사격통제/광학 장비류	–
	유도무기류	–
	항공기류	K-16전투기, KT-1훈련기
	함정류	구축함 1번함, 소해함 2번함

표본의 추출은 유의 할당추출법을 사용한다. 군수품별 150명을 할당하고, 조사의 편의성을 감안해 정부품질보증기관의 "정기 부대방문계획"에 따라 방문하는 부대에서 설문조사를 실시한다. 한 군수품 별로 150명의 고객선택은 방문부대 중에서 5개 부대를 지역(군)을 감안하여 선택하고, 각 부대에서 30명의 고객을 추출한다. 만약 군수품별로 사용하는 부대가 5개 미만인 경우에는 사용하는 부대 모두를 선택하고 150명을 나누어 추출한다. 만약 사용하는 고객이 모두 합쳐서 150명이 안되는 경우에는 모두를 설문대상으로 정한다.

전투복 표본설계의 예를 들어보면 5개 부대를 선정 시 3개 부대를 육군에서, 해군과 공군에서는 각 1개 부대를 선발한다. 각 부대에서는 30명의 고객을 선발한다. 따라서 "정기 부대방문계획"을 참조하여 다음과 같이 표본을 선정한다.

- 4월: ○사(보병), ○기갑여단(전차, 장갑차)
- 5월: ○○○ 통신단
- 9월: ○함대사
- 10월: 공군 ○○ 전비

조사기간은 매년 3월부터 10월 사이로 하고, 11월에 통계분석을 실시하여 12

월에 MCSI를 발표한다. MCSI의 계산은 군수품별, 류별(섬유 및 제화류, 식품류 등), 대분류별(물자류, 장비류) 그리고 전체 군수품으로 나누어 MCSI를 산출한다.

8.3 변수 측정 및 추정

【잠정 MCSI의 측정】

군수품 고객만족지수(MCSI)의 최하 단위는 군수품별 MCSI이며, 이는 개별 고객수준의 만족을 구성하는 〈표 8-1〉의 2개의 설문문항 8-9번(종합적 만족도 평가, 이상적 제품/서비스 대비 만족수준)에 가중치를 부여하여 고객별로 해당 장비의 MCSI를 구하고, 이를 모든 고객(응답자)에 대한 산술평균으로 군수품별 MCSI를 산출한다. 군수품별로 가중치를 다르게 잡을 수도 있으나 일반적으로 다음과 같이 가중치를 잡는 것이 타당하다. 가중치의 합을 10으로 하면 MCSI를 %로 나타낼 수 있다.

군수품별 MCSI:

MCSI(%) ①
= 7×(종합적 만족도 평가점수)
+3×(이상적 제품/서비스 대비 만족수준 점수)

〈표 8-2〉에 있는 군수품 분류에서 류별(섬유 및 제화류, 식품류 등), 대분류별(물자류, 장비류), 그리고 전체의 MCSI를 구하는 식은 다음과 같다.

t 시점에서 c 대분류내의 m 류별의 고객만족지수

$$I_{mct}=\sum_e(P_{emct}\times I_{emct})/(\sum_e P_{emct}) \quad ②$$

t 시점에서 c 대분류의 고객만족 지수

$$I_{ct}=\sum_m(P_{mct}\times I_{mct})/(\sum_m P_{mct}) \quad ③$$

t 시점에서 전체 군수품의 고객만족 지수

$$I_t = \sum_c (P_{ct} \times I_{ct}) / (\sum_c P_{ct}) \qquad ④$$

여기에서

I_{emct} = t시점에서 c대분류내의 m류별 중 e장비의 고객만족지수

P_{emct} = t시점에서 c대분류내의 m류별 중 e군수품의 지난 1년간 총구입액

P_{mct} = t시점에서 c대분류내의 m류별의 지난 1년간 총구입액

P_{ct} = t시점에서 c대분류의 지난 1년간 총구입액

을 의미한다.

【사용 전 고객기대 품질지수의 측정】

사용 전 고객기대 품질지수는 〈표 8-1〉의 설문 1, 5에 관한 답변의 가중치로 얻어진다. 가중치는 여러 가지로 줄 수 있으나, 식 (1)에서와 같이 7, 3을 주는 것이 합리적이다. 즉,

사용 전 고객기대 품질지수(%) ⑤
=7×(구매 전 기대하였던 전반적 품질기대수준)
+ 3×(고객의 개인적 요구 충족도 기대수준)

【사용 후 전반적 고객인지 품질지수의 측정】

사용 후 전반적 고객인지 품질지수의 측정은 〈표 8-1〉의 설문 2, 4, 6에서 얻어진다. 여기에서도 각 설문의 점수를 가중치로 하여 구하는 것이 합리적이다. 가중치는 각각 5, 3, 2을 주는 것이 타당하다. 즉,

전반적 고객인지 품질지수(%) ⑥
= 5×(인지된 전반적 제품품질 만족도)
+3×(인지된 전반적 서비스품질 만족도)
+2×(고객의 개인적 요구 충족도)

설문 3에서는 인지된 전반적 제품품질 중에서 디자인 품질과 사용상 기능품질 중 어느 쪽이 우수한지를 판단한다. 이 설문에 의하여 생산자는 제품품질의 향상 계획을 구상할 수 있을 것이다.

【고객인지 가치지수의 측정】

고객인지 가치지수는 〈표 8-1〉의 설문 7에 의하여 구할 수 있다. 여기서는 장비류와 물자류로 분류하여 질문하고, 질문을 통해 얻어지는 값으로 고객인지 가치지수를 측정한다.

【고객 불평률의 측정】

〈표 8-1〉의 설문 10에 '예'를 답한 불평고객의 비율을 측정할 수 있다. 또한 후속 질문(설문 11)으로 주요 불평의 내용이 무엇인지를 파악할 수 있다.

【고객충성도 및 고객충성도 지수의 측정】

고객충성도는 〈표 8-1〉의 설문 12의 점수로 측정한다. 이는 해당 제품을 재구입할 의향이 어느 정도인가를 묻는 질문이다. 고객충성도 지수는 고객충성도를 10배하여 100점 만점으로 만들어 %로 나타낸 것이다.

【선행변수들로부터 MCSI 및 잠재변수들의 통계적 추정】

식 (1)에서 MCSI를 설문 점수의 가중치로 구하는 방법을 제시하였다. 〈그림 8-1〉의 MCSI 모델로부터 MCSI에 영향을 주는 선행변수(또는 잠재변수)는 사용전 고객기대품질, 전반적 고객인지 품질과 고객인지가치와 고객충성도이다. 따라서 이들 4개의 잠재변수로부터 회귀분석(regression analysis)에 의하여 MCSI를 추정할 수 있다. 즉,

$$\begin{aligned} \text{MCSI 추정치} &= b_0 \\ &+ b_1 \times (\text{사용 전 고객기대품질지수}) \\ &+ b_2 \times (\text{전반적 고객인지품질지수}) \\ &+ b_3 \times (\text{고객인지가치지수}) \\ &+ b_4 \times (\text{고객 충성도 지수}) \end{aligned} \quad ⑦$$

의 방정식을 최소제곱법에 의하여 구할 수 있다.

이와 동일한 방법으로 〈그림 8-1〉의 화살표 관계를 반영하여 기타 잠재변수들에 대하여 다음의 회귀방정식을 추정할 수 있다.

$$\begin{aligned} &\text{전반적 고객인지 품질지수 추정치} \\ &= a_0 + a_1 \times (\text{사용 전 고객기대품질 지수}) \end{aligned} \quad ⑧$$

고객인지 가치지수 추정치 ⑨
$= c_0 + c_1 \times$ (전반적 고객인지품질지수)
$+ c_2 \times$ (사용 전 고객기대품질지수)

고객 불평률 $= d_0 + d_1 \times$ (고객만족지수) ⑩

고객충성도 지수 추정치 ⑪
$= e_0 + e_1 \times$ (고객만족지수) $+ e_2 \times$ (고객 불평률)

이렇게 구한 MCSI 및 기타 잠재변수들의 추정치는 식 ①~⑥에서 구한 측정치와는 약간의 차이점을 보일 수 있다. 이는 통계적 측정과 추정 관계에서 불가피한 현상이다. 따라서 MCSI 및 기타 잠재변수의 값으로는 측정치를 사용하는 것이 타당하고, 잠재변수들 간의 함수관계를 설명하기 위해서는 추정방정식을 사용하는 것이 타당하다.

【최종 MCSI 계산】

위의 식 ①에서의 잠정 MCSI의 측정치와 식 ⑦의 선행변수들로부터 MCSI의 추정치는 약간의 차이점이 있을 수 있다. 식 ①의 잠정 MCSI의 측정치는 설문 8-9번의 측정결과이고, 식 ⑦의 MCSI의 추정치는 선행변수들인 식 ①, ②, ③, ⑤로부터 얻어지는 회귀방정식에 의한 추정치이다. 선행변수들이 주는 영향을 어느 정도 반영하는 것이 합리적이므로 최종 MCSI 측정치를 다음 공식으로 산출한다.

최종 MCSI 측정치 ⑫
$= 0.8 \times$ (잠정 MCSI 측정치)
$+ 0.2 \times$ (회귀방정식에 의한 MCSI 추정치)

- **MCSI = 0.8×(잠정 MCSI 측정치)+0.2(회귀방정식에 의한 MCSI 추정치)**
  - 잠정 MCSI 측정치 = 7×(종합적 만족도 평가점수) + 3×(이상적 제품/서비스 대비 만족수준 점수)
  - 회귀방정식에 의한 MCSI 추정치 $= b_0 + b_1$(사용전 고객기대품질지수) $+ b_2$(전반적 고객인지 품질지수) $+ b_3$(고객인지 가치지수) $+ b_4$(고객 충성도지수)

8.4 발전방향

사용자 만족도 제고를 위한 품질보증 활동을 위해서는 군수품에 대한 잠재적 불만요소를 사전에 도출하여 이를 제거하는 것이 중요하다. 이를 위해서는 군수품 사용자들이 어느정도 군수품에 만족하고 있으며, 불만요소가 무엇인지를 체계적으로 조기에 발굴하기 위한 과학적인 고객만족도 조사가 수반되어야 한다.

MCSI 조사 결과 만족도가 낮은 품목은 취약점을 분석하고 지속적인 품질개선의 대상으로 선택해 개발이나 양산단계에 피드백시키는 것이 중요하며, 조사 대상품목도 병사들이 가장 많이 사용하는 품목위주로 선정하는 것이 파급효과가 클 것이다. MCSI 모델은 일반 민수품의 특성 이외에 군수품만이 가지는 고유의 특성을 세밀히 반영할 수 있도록 관련 설문항을 보완하여 변수 간 상관성을 증대하는 등 지속적인 개선이 필요하다. 조사 설문지는 설문을 단순화하여 응답자의 설문이해도 증대 및 응답률 향상을 유도하여야 한다. 이를 위해서는 핵심질문을 상세/구체화하여 정확한 답변을 유도하고 측정 점수대별 만족정도를 예시하여 표준화된 결과가 획득될 수 있도록 해야 한다. 조사결과 분석 및 지수산출을 위하여 통계분석 프로그램의 활용 등 전문적인 분석능력을 확보하는 것이 중요하다. MCSI의 활용도를 증대하기 위해서는 제품별 불만요인과 낮은 잠재변수요인을 파악하여 군수품 품질개선과 고객만족도 향상을 위한 자료로 활용해야 한다.

CHAPTER 9

제 9 장
품질기능전개
Quality Function Deployment, QFD

"품질은 우아함이 아니라,

요구에 대한 적합성(conformance to requirements)이다."

CHAPTER 9

본 장에서는 개발과 양산의 연계성 강화를 위한 동시공학적 접근법의 대표적인 방법론 중 하나인 품질기능전개에 대하여 서술하였다. 품질기능전개는 고객의 요구사항을 체계적으로 반영하기 위해 시작된 개념으로, 품질기능전개의 고객 지향성과 체계적 접근 방법은 품질경영의 철학과도 일맥상통한다. 품질기능전개의 국방분야 적용 방안을 살펴보기 위해, 제1절에서는 품질기능전개의 개요라는 제목으로 '품질의 집' 이라고도 알려진 HOQ(House of Quality)의 전개방법, 품질기능전개의 효용성과 최근 연구동향을 중점적으로 서술하였다. 제2절에서는 무기체계 개발 시 요구조건의 분석 도구, 전략 기획의 도구, 측정 가능한 지표의 수립 도구 등 국방 분야에서 품질기능전개를 활용할 수 있는 방향을 다양하게 제시하였다.

9.1 품질기능전개의 개요

개발-양산의 연계성 강화를 위한 동시공학적 접근의 가장 대표적인 방법론 중 하나가 품질기능전개(Quality Function Deployment, QFD)이다.

QFD는 개발단계에서 고객의 요구를 타당한 기술적 요구로 전환하여 고객이 원하는 제품을 개발하고, 이 제품을 생산하기 위한 프로세스를 설계하는 방법론이다. QFD는 품질(Quality)을 기능(Function)으로 순차적으로 전개(Deployment)한다는 의미로 '72년 일본의 미츠비시 중공업에서 처음으로 개발되었다. 여기서 품질은 고객의 요구를 충족시킨다는 것을, 기능은 제품 및 공정의 세부 기능 또는 작업자의 직능을 의미한다. 즉, QFD는 고객의 요구를 바탕으로 이를 달성할 수 있는 대용특성으로 전환하고 완성품의 설계품질을 결정한 다음 이를 각 기능부품의 품질 및 개별부품의 품질이나 공정의 요소에 이르기까지 이들 간의 관련성을 계통적으로 전개하는 것으로 정의된다. QFD는 일본어로 명명된 품질기능전개라는 용어를 그대로 영문화 시키는 과정에서 'Quality Function Deployment'라는 문법상으로 다소 어색한 용어로 정의되었다. 이러한 이유 때문에 서구의 일부 학자들은 QFD를 고객 중심의 제품 개발이라는 의미의 'Customer Driven Product Development'라는 용어로 표현하기도 한다.

이러한 QFD의 핵심 성공요인은 첫째, 고객 요구사항을 세부 기능으로 순차적으로 전개한다는 점과 둘째, 마케팅 부서, 설계부서, 제조부서, 품질부서 등 다양한 기능부서의 전문가가 동시에 참여하는 Cross-Functional Team이 QFD를 수행한다는 점이다.

먼저 QFD에서는 〈그림 9-1〉과 같이 고객 요구사항(Customer Attributes)으로부터 제품의 설계특성(Engineering Characteristics)으로 전개하고, 이를 다시 부품특성(Parts Characteristics)으로, 이는 다시 공정운용 조건(Process Operations), 생산요구사항(Production Requirements)으로 전개된다. 여기서 고객 요구사항은 고객의 언어로 표현된 항목이며 고객의 목소리(Voice of Customer)를 정리하여 얻어진다. 설계특성은 개발자의 입장에서 표현된 제품의 특성을 의미하며, 측정가능하고 통제가능한 제품의 특성을 의미한다. 부품특성은 설계특성을 달성하기 위한 부품 또는 서브 구성품의 특성을 의미한다. 공정운용 조건은 부품특성을 달성하기 위해 필요한 공정의 특성을 의미한다. 마지막으로 생산요구사항은 공정운용조건을 달

그림 9-1 QFD에서 고객요구사항의 전개과정

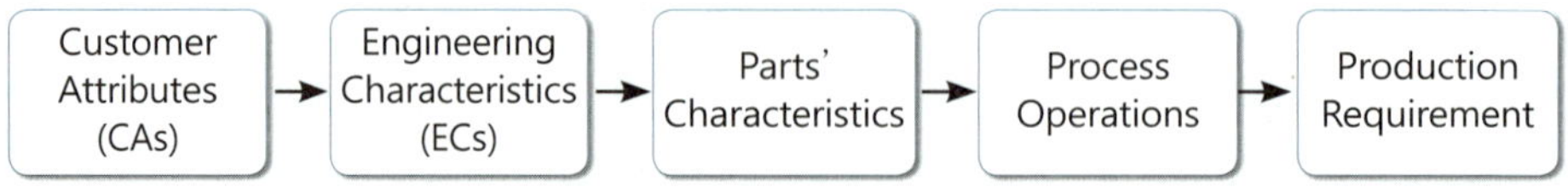

성하기 위하여 필요한 생산자의 능력, 시설, 설비 등을 의미한다. 이러한 순차적인 전개를 통해 고객의 요구사항은 제품 개발과 생산의 모든 과정으로 전파된다. 즉, 이를 통해 고객 지향적인 제품의 개발 및 생산이 가능하다.

예를 들어 차량 도장에 관한 QFD에서 '차량에 녹이 생기지 않아야 한다'는 고객요구사항은 '생산후 ○○의 기간 동안 외면에 녹이 발생하지 않아야 한다'는 설계특성으로 전개된다. 이와 같이 설계특성은 고객요구사항을 반영하는 구체적이고 측정가능한 형태로 서술된다. 그리고 이 설계특성은 '페인트의 두께를 OO로, 도장 재료의 입자크기 ○○로 해야 한다' 라는 부품특성으로 전개되고, 이러한 부품특성 달성을 위해 '도장재 용액에 ○○회 이상 담구어야 한다'는 공정운용 조건으로 전개될 수 있다. 마지막으로 공정운용 조건은 '최소 ○○분간 ○○°C에서 생산되어야 한다'는 생산요구사항으로 전개될 수 있다.

또한 공통된 목표를 달성하기 위해 Cross-Fucntional Team이 구성되며, 일반적으로 팀내 관계는 수평적이기 때문에 합의에 의해 의사결정을 하게 된다. 합의에 의한 의사결정의 경우 참여자간에 이견이 생기면 효율적인 의사결정이 어려울 수가 있어 때에 따라 팀장을 두는 경우가 있다. 하지만 이 때에도 원칙적으로는 팀원 간의 합의에 의한 의사결정을 해야 하며, 팀장의 역할은 팀내 이견을 조율하는 조력자의 역할에 국한되어야 한다. 즉, Cross-Functional Team은 단계간의 벽을 허물고 각 부서의 의견을 합의하는 팀이 된다.

QFD의 장점으로는 개발기간 단축, 고품질의 제품 개발, 개발 비용 절감, 초도 생산 시 발생 문제 해소 등이 있다. 실제로 도요타社의 경우 QFD를 활용하여 초도 생산 시 발생하는 비용을 77년 대비 84년에 60% 절감한 것으로 알려져 있다. 80년대에 들면서 미국의 기업들은 일본에서 효과를 보인 QFD를 수용하기 시작하여 Motorola, HP, Xerox, AT&T, NASA, Kodak, Ford, GM 등 100개 이상의 메이저 기업이 제품 개발 단계에서 QFD를 활용하기 시작하였다. QFD는 고객의 요구를 바탕으로 설계한다는 그 철학적 장점 때문에 제품의 개발뿐만 아니라 다양한 분야에서 적용가능하다. 실제로 서비스 개발, 행정 및 전략적 관리를 위한 프로세스 개발, 소프트웨어 개발 등에도 활용되고 있다.

9.1.1 HOQ 전개 방법

QFD에서는 〈그림 9-1〉과 같은 전개를 위해 HOQ(House of Quality)라는 특수한 도표를 사용한다. 예를 들어 고객 요구사항에서 설계특성으로 전개하는 과정에 활용되는 HOQ는 〈그림 9-2〉와 같다.

〈그림 9-2〉의 HOQ는 고객의 요구를 나타내는 CA(Customer Attributes)축과 설계특성을 의미하는 EC(Engineering Characteristics)축으로 구성되며 CA의 중요도, CA-EC 연관관계, EC-EC 상관관계 등의 입력정보를 함께 포함한다. CA 중요도는 각 CA가 고객만족에 기여하는 중요도를 의미한다. CA-EC 연관관계는 각 EC가 각 CA와 관련되어 있는지를 나타내는 지표이다. EC-EC 상관관계는 서로 상충되거나, 시너지효과를 내는 설계특성이 있는지를 나타낸다. 예를 들어 제품의 무게가 커야 한다는 설계특성과 제품을 이동하는데 힘이 적게 들어야 한다는 설계특성은 서로 상충될 수 있다.

그림 9-2 HOQ의 개념도

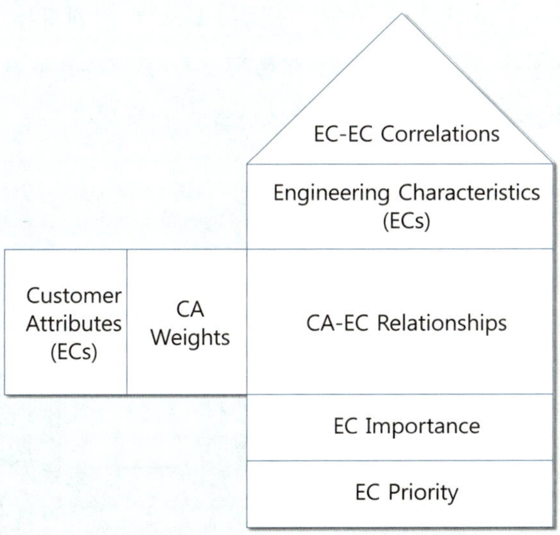

그리고 이러한 입력정보를 바탕으로 EC의 중요도, EC의 우선순위 등을 산출하여 이를 HOQ에 함께 나타난다. HOQ의 산출물인 EC의 중요도는 각 EC가 CA를 얼마나 잘 반영하고 있는지를 나타내며, EC의 우선순위가 높을수록 고객지향적인 설계특성임을 의미한다. QFD에서는 HOQ를 활용하여 CA를 가장 잘 반영하는 EC의 선정과 각 EC에 대해 자원 배분 등의 의사결정을 수행한다. 이러한 의사결정 내용은 다음 단계의 전개에 기초자료가 된다.

HOQ를 이용한 분석은 일반적으로 네 단계로 구분된다. 첫째, CA와 EC 항목을 도출한다. CA는 고객의 요구사항을 설문조사, Focus Group Interview 등을 통해 수집하고, EC는 Cross Functional Team이 토의를 통해 도출한다. 둘째, CA 중요도, CA-EC 연관관계, EC-EC 상관관계를 수집한다. CA 중요도는 고객의 설문을 통해 조사하고 CA-EC 연관관계와 EC-EC 상관관계는 Cross Functional Team이 합의를 거쳐 결정하게 된다. 여기서 CA-EC 연관관계는 일반적으로 강, 중, 약의 세 단계로 평가된다. 셋째, EC 중요도를 산출한다. EC 중요도는 CA 중요도와 CA-EC 연관관계를 점수화한 값을 바탕으로 구해진다. EC 중요도를 산출하는 식은 기존의 연구에서 다양하게 제시되었지만 일반적으로는 CA 중요도와 CA-EC 연관관계 점수를 곱해 더하는 방법이 대표적으로 이용된다. 마지막 단계에서는 EC 중요도 값을 바탕으로 EC의 우선순위를 결정하고 이를 바탕으로 관련 의사결정을 수행한다. 여기서 관련 의사결정은 EC의 Target 값 선정, 자원배분 등이 포함된다.

이러한 HOQ는 고객요구사항을 설계특성으로 전개하는데 사용되는 것뿐만 아니라 설계특성을 부품특성으로, 부품특성을 공정운용조건으로, 공정운용조건을 생산요구사항으로 전개하는데 반복적으로 사용된다. 즉, 〈그림 9-3〉과 같이

그림 9-3 HOQ를 이용한 전개

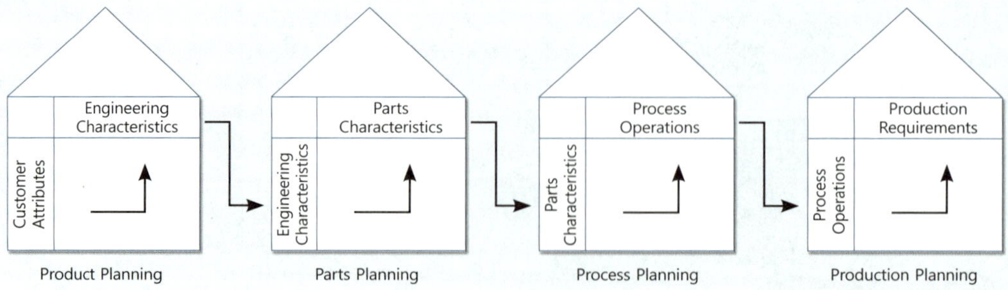

HOQ를 이용하여 고객요구사항은 설계특성 등으로 전개된다. 즉 HOQ의 세로축은 각 전개의 입력정보가 되고 가로축이 그 결과정보가 된다.

HOQ 작성 과정을 〈그림 9-4〉의 예를 통해 보다 자세히 살펴보자. 이 예는 비디오 게임을 만드는 과정에서 활용된 HOQ 사례이다.

〈그림 9-4〉의 각 부분에 대한 설명은 〈표 9-1〉과 같다. 실무에서는 〈그림 9-4〉의 다양한 부분 중 필요한 부분만을 선택하여 HOQ를 작성할 수 있다.

예를 들어 독점 시장의 경우 경쟁업체가 없기 때문에 경쟁업체와의 비교에 대

그림 9-4 비디오 게임 개발에 관한 HOQ 사례

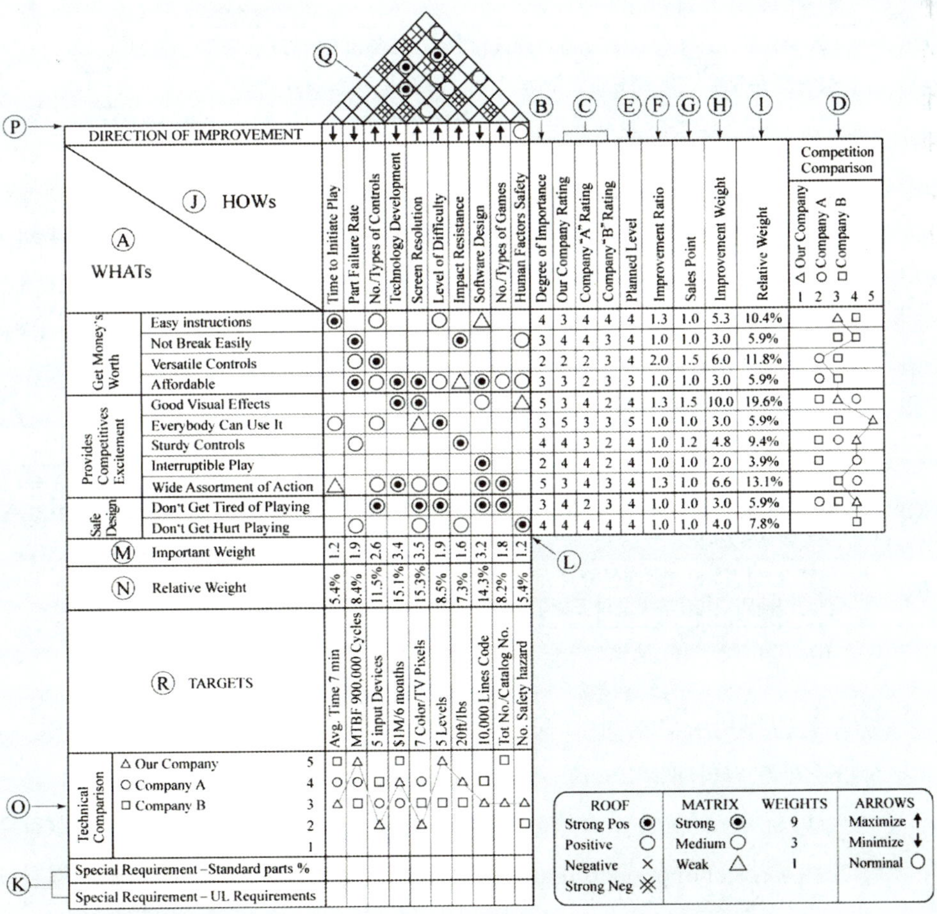

| 표 9-1 | HOQ의 작성 요령

영 역	설 명
(A)	CA: 개발하고자 하는 제품과 관련된 내부, 외부의 모든 고객을 파악하고 이들로부터 VOC (Voice of Customer)를 수집한다. 그리고 VOC를 정리하여 CA를 식별하고, 이를 구조화 한다.
(B)	고객 중요도: 정리된 CA에 대해 고객으로부터 설문 등을 통해 중요도를 수집하고 이를 점수화 한다. 일반적으로 5점 척도를 자주 이용한다.
(C) (D)	경쟁업체와의 비교: 경쟁업체를 식별하고 자사와 경쟁업체의 CA 별 역량을 파악하고 이를 점수화하여 벤치마킹 정보를 (D)와 같이 나타낼 수 있다.
(E)	Planned Level: (C)의 경쟁업체 역량을 고려하여 달성하고자 하는 품질수준을 설정한다. 이 경우, (C)와 같은 점수 척도를 활용한다.
(F)	Improvement Ratio: 현재 자사의 수준과 계획 수준의 비율을 의미한다. 이는 현재 수준과 계획수준의 차이가 큰 경우 개선 비율이 높아져 향후에 중요하게 고려하고자 함이다.
(G)	Sales Point: 새로운 사업이 창출될 수 있는 고객요구사항에 대해 1을 기준으로 1.2, 1.5와 같은 가중치를 부여한다.
(H)	CA 중요도: 고객 중요도, Improvement Ratio, Sales Point의 곱으로 산출된다.
(I)	상대적 중요도: CA 중요도의 전체 합이 1이 되도록 정규화 한다.
(J)	EC: CA와 관련된 제품의 모든 설계특성을 망라한다. 이를 위해 기존에 사용되었던 EC를 조사하거나 브레인스토밍을 거쳐 개발한다.
(K)	비고: EC와 관련되어 특별 사항이 있는 경우 표기한다.
(L)	CA-EC 연관관계: 각 EC가 각 CA와 관련된 정도를 표기한다. 일반적으로 강함, 보통, 약함, 관계없음으로 구분한다.
(M)	EC의 중요도: 각 EC의 중요도는 관련된 CA 중요도와 CA-EC 연관관계 점수를 곱해 더하는 식으로 계산된다.
(N)	EC의 상대적 중요도: EC의 중요도의 합이 1이 되도록 정규화한다.
(O)	경쟁업체와의 기술적 비교: 각 EC에 대해 경쟁업체와의 역량 비교를 실시한다.
(P)	목표의 방향: EC가 망목특성, 망대특성, 망소특성인지를 나타낸다.
(Q)	EC간 상관관계: EC 간의 상충관계를 나타낸다. 이 경우 시너지와 상충 관계를 모두 나타낸다. 일반적으로 'Strong Positive', 'Positive', 'Negative', 'Strong Negative', '관계 없음'으로 구분할 수 있다.
(R)	목표값 설정: EC를 개선하기 위한 목표값을 설정한다. 일반적으로 목표값 선정을 위해서는 경쟁업체의 기술적 수준과 EC의 중요도, EC간 상관관계를 함께 고려한다.

※ (C)~(G), (K), (O), (P) 등은 상황에 따라 생략 가능하다.

한 부분은 생략이 가능하다. 또한 설계특성의 상관관계가 의미가 없는 경우 EC간 상관관계를 나타내는 Roof를 작성하지 않아도 된다.

즉, 다시 말해 QFD를 수행한다는 것은 서로 다른 의견을 가진 부서의 전문가들이 모여 Cross-Functional Team을 구성하고 고객의 요구사항을 제품 개발 및 생산의 전 과정에 반영하는 것이다.

9.1.2 QFD의 효용성

QFD는 고객요구를 충족하는 제품의 개발, 비용절감, 개발 및 생산 기간 절감의 다양한 효과가 있으나, 실무자들은 QFD의 활용을 꺼리는 경향이 있다. 이는 QFD에 대한 몇 가지 오해와 편견에 기인한 것이다.

현장의 실무자들이 가지는 QFD에 대한 대표적인 오해가 "QFD는 HOQ 작성"이라는 생각이다. 엄밀히 이야기하면 QFD는 방법론을 일컫는 것이고, HOQ는 QFD에서 활용되는 특수한 도표를 의미한다. 흔히 QFD를 수행한다는 것을 HOQ를 작성한다는 것과 동일시 한다. 물론 QFD를 수행하기 위해 HOQ를 작성하는 것은 매우 중요한 작업이다. 하지만 HOQ를 작성하는 것만으로는 QFD 전체를 수행했다고는 할 수 없다. QFD 방법론은 서로 다른 의견을 가진 부서의 전문가들이 모여 Cross-Functional Team을 구성하고, HOQ를 작성하기 위해 서로의 의견을 나누고 합의를 거치는 과정을 의미한다. 즉, 고객의 요구를 중요하게 여기고 이를 제품 개발 전 과정에 반영하기 위해 기업의 서로 다른 기능의 부서가 토론 및 합의를 한다는 철학이 QFD의 핵심이다.

QFD에 관한 또 다른 편견은 "QFD는 귀찮고 시간이 오래 걸리는 비효율적 방법"이라고 생각하는 것이다. 물론 QFD를 통해 개발할 제품을 정의하기 위해서는 Cross-Functional Team의 심도 있는 토의와 합의의 과정을 거쳐야 하기 때문에 많은 시간을 필요로 하는 것이 사실이다. 하지만 이후 단계에서 〈그림 9-5〉와 같

그림 9-5 QFD를 통한 제품 개발 기간 단축

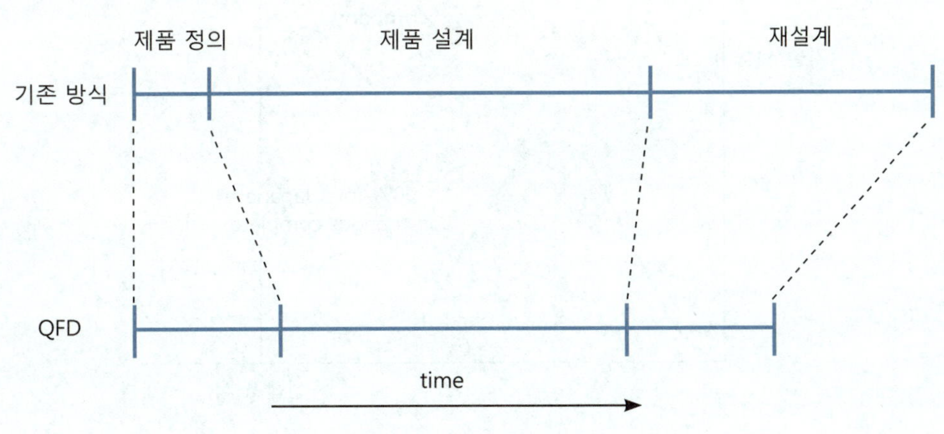

이 재설계에 필요한 시간이 현저히 줄어든다. 따라서 〈그림 9-5〉와 같이 기존방식과 비교하여 QFD는 재설계에 필요한 시간을 줄임으로써 전체 개발 기간을 줄이는 효율적인 방법론이라고 할 수 있다.

실제로 1980년대 후반에 미국에서 발표된 연구에 따르면 당시 QFD를 활용하여 제품을 설계하던 일본기업과 그렇지 않던 미국기업의 기술 및 제품의 변경 건수가 〈그림 9-6〉과 같이 확연한 차이를 보이는 것으로 나타났다. QFD를 활용한 일본 기업의 경우 설계 초기에는 잦은 설계변경이 발생하지만 생산 시작과 더불어 설계변경이 거의 발생하지 않는다. 이에 반해 QFD를 활용하지 않은 미국 기업은 초기에는 상대적으로 설계변경이 적게 일어나지만 생산 이후에 잦은 설계변경이 발생한다. 생산 전 개발 단계에서 일어나는 설계변경과 생산 이후에 발생하는 설계변경으로 인한 유발 비용은 큰 차이를 보인다. 1:10:100의 법칙으로 잘 알려진 바와 같이 설계 시 변경은 상대적으로 손쉽게 가능하지만 생산 후 변경은 매우 어렵고 많은 비용을 필요로 하게 된다.

마지막 편견은 "HOQ는 이미 의도하고 있는 결과에 맞추어 작성된다"라고 생각하는 것이다. 이러한 편견은 90년대 후반부터 활발하게 전개된 식스시그마 활동과 무관하지 않다. 식스시그마가 큰 효용을 보이면서 대부분의 기업이 식스시그마의 로드맵을 제품 개발과제에 활용, 권고하고 있다. 식스시그마 로드맵에서는 Define 단계에서 CTQ(Critical-To-Quality)의 선정에 QFD를 활용하는 것이 일반

그림 9-6 설계 변경: 일본과 미국기업의 비교

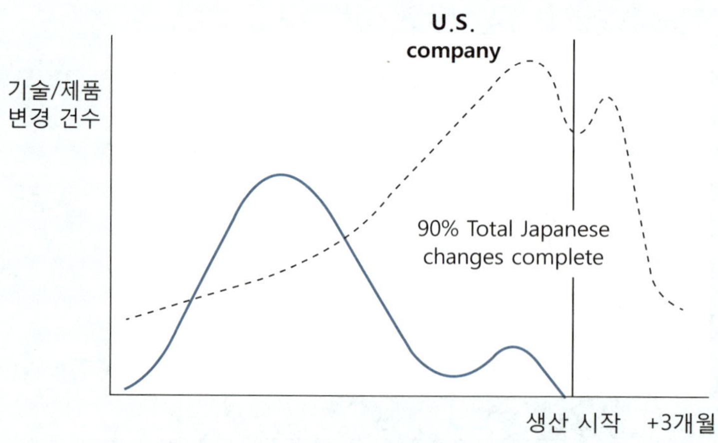

적이다. 이러한 이유 때문에 식스시그마 과제의 결과문서에는 일반적으로 QFD의 HOQ가 포함되게 된다. 하지만 현실적으로는 이미 결정된 혹은 이미 생각하고 있는 CTQ를 바탕으로 과제가 진행되는 경우가 있다. 이 경우, 과제가 종료된 이후에 결과문서를 작성하는 과정에서 권고된 식스시그마의 형식을 갖추기 위해 QFD를 수행한 것처럼 표현하게 된다. 이 과정에서 이미 의도하고 있는 결과에 맞추어 HOQ를 작성하는 폐해가 나타나게 된다. 식스시그마에서 CTQ 선정에 QFD 활용을 권고하는 것은 CTQ가 고객의 요구를 충족시키고 다양한 기능부서의 의견이 종합되어 도출되어야 하는 것이기 때문이다. 즉, 이미 의도하고 있는 결과에 맞도록 HOQ를 작성하는 것은 QFD 본연의 의도에는 벗어난 것이다.

9.1.3 QFD 연구 동향

본 절에서는 QFD를 실제 제품개발 과정에 효과적, 효율적으로 활용하기 위해 극복해야 할 QFD의 특징을 언급하고, 이를 극복할 수 있는 방안에 대해 언급하고자 한다. QFD가 고객 지향적 제품 개발 및 생산을 지원하는 유용한 방법론이기는 하지만 완벽한 방법론이라고 할 수는 없다. 앞서 언급한 QFD에 대한 편견을 차치하더라도 현장의 실무자는 여전히 QFD 활용을 꺼려한다. 이는 QFD가 가지고 있는 방법론 상의 특징 때문일 것이다. QFD는 개발 초기에서 많은 노력을 기울여 이후 개발 과정에서 발생할 수 있는 기술 변경 등을 최소화하고자 한다. 초기에 오류를 수정하는 것이 이후에 수정하는 것보다 상대적으로 효과적이기 때문에 이러한 접근은 타당하다고 볼 수 있다. 하지만 이러한 접근을 위해서는 개발 초기에 많은 노력을 기울여야 한다. 이 과정에서 QFD를 활용하는 고유의 특징이 나타난다.

첫째, 실제 현업에서는 QFD를 수행하는데 시·공간적으로 많은 노력을 필요로 한다. QFD를 수행하기 위하여 반드시 작성되는 HOQ는 상황에 따라 Cross-Functional Team이 다룰 수 없을 만큼 대형화되어 이를 직접 그리고 나타내는데 많은 시간이 요구된다. 일반적으로 제품 개발 시 고객의 다양한 요구사항을 반영하게 되고, 이에 따라 고려되는 설계특성의 수도 적게는 십여 개에서 많게는 수십 개에 이르게 된다. 예를 들어 10개의 CA를 20개의 EC로 전개하는 경우를 가정해 보자. 이를 위해 필요한 전형적인 HOQ에는 〈그림 9-7〉과 같이 10개의 CA에 대한 중요도 10항목, 10개의 CA와 20개의 EC간의 연관계수 200항목, 20개의 EC 간

그림 9-7 House of Quality 예

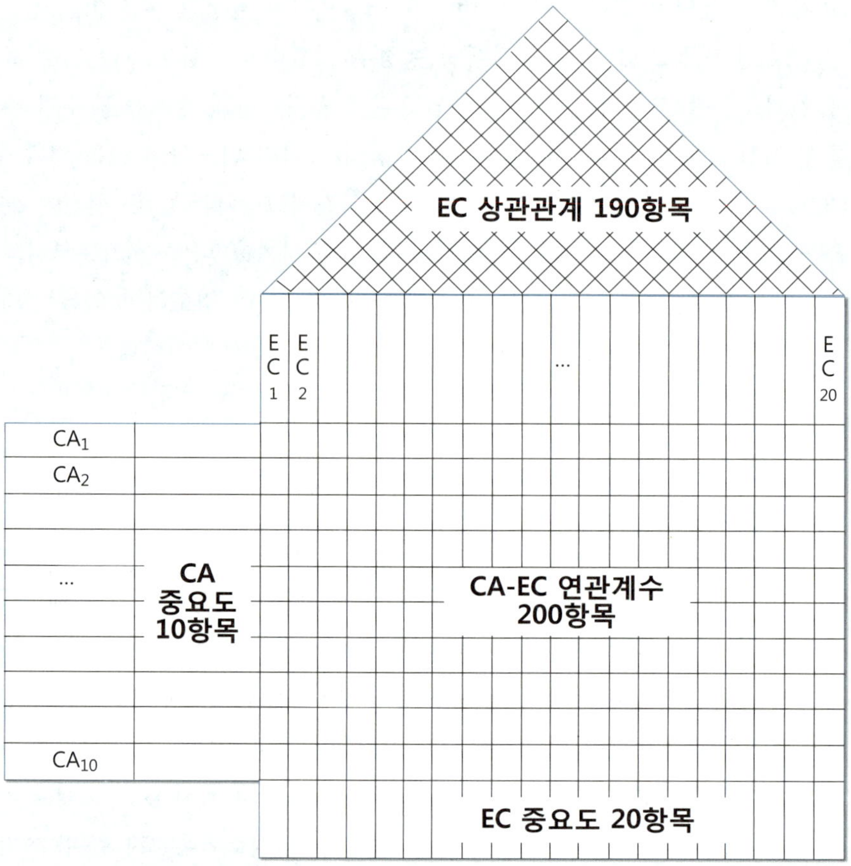

의 상관계수 190항목, 20개 EC의 중요도 값 20항목 등이 포함되게 된다. 즉, 400개 이상의 항목이 HOQ에 포함된다. 이러한 많은 양의 항목을 손수 그리고 나타내기 위해서는 많은 시간이 소요된다.

대형화된 HOQ를 다루는 것보다 더욱 어려운 것이 공간적인 제약이다. 과거 기업 환경의 경우에는 개발과 관련된 전 부서가 동일한 지역에 모여 있는 경우가 대부분이었다. 하지만 최근에 글로벌 환경에서는 상황에 따라 각 부서가 좁게는 전국적으로, 넓게는 전 세계적으로 분산되어 있다. 이러한 환경에서 Cross-Functional Team이 한자리에 모여 의견을 조율하고 HOQ를 작성하는 것은 대단히 어려운 일이다. 제품 개발을 위해서 반복적인 합의 과정이 필요하다는 점에서 공간적 문제는 QFD를 활용하는데 더욱 큰 걸림돌이 될 수 있다.

그림 9-8 기존 QFD의 EC 도출 과정

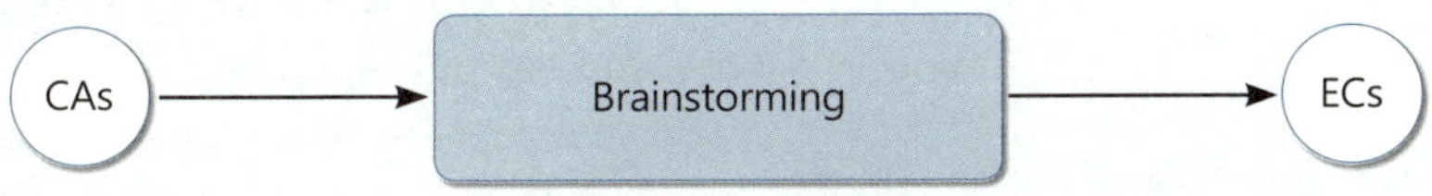

둘째, QFD를 수행하기 위해서 실무자의 정성적인 판단 및 주관적 사고가 필요하다. 비단 QFD 뿐만 아니라 여타 제품 개발 방법론도 실무자의 정성적 판단 및 주관적 사고를 기반으로 한다. 특히 QFD는 제품 개발 초기에서부터 활용되기 때문에 객관적인 자료에 근거하기 보다는 실무자의 정성적인 판단 및 주관적 사고에 의존하는 경향이 심하다. 예를 들어 CA를 보고 EC 항목을 도출하는 과정은 〈그림 9-8〉과 같이 철저히 실무자의 경험 및 직관에 의존한 브레인스토밍을 통해 이루어진다. 이 브레인스토밍 과정은 실무자만이 알 수 있는 블랙박스와 같다.

물론 현장의 많은 경험을 가진 실무자의 정성적인 판단 및 주관적 사고를 통해 우수한 제품 개발이 가능할 수 있다. 하지만 실무자의 능력에 기반한 정성적 판단과 주관적 사고로 인해 실무자의 능력 차이에 따른 개발 결과의 수준 차이가 불가피하고, 이러한 이유 때문에 QFD의 활용은 제한된다.

셋째, QFD에 필요한 입력정보, 예를 들어 CA 중요도, CA-EC 연관관계 등은 주관적 판단에 의거하여 평가되기 때문에 확실한 정보라고 보장할 수 없다. 다시 말해, QFD의 입력정보에는 불확실성이 포함된다. 여기서 불확실성이란 QFD 입력정보를 하나의 값으로 정확하게 표현할 수 없음을 의미한다. 특정 CA에 대한 중요도가 예를 들어 0.3과 같은 하나의 정확한 값으로 표현할 수 없다는 것이다. 이 CA의 중요도는 예를 들어 0.25가 될 수도 있고, 0.35이 될 수도 있다. 이러한 불확실성은 판단기준이 불명확하여 발생하거나, 다수 평가자들 간의 성향 차이, 시점에 따른 정보의 변화, 평가 대상에 대한 평가자의 이해 부족 등으로 인해 발생한다. 기존의 QFD 수행 과정에서 작성되는 HOQ에는 입력정보를 하나의 정확한 값으로 표현하도록 하고 있다. 하지만 이러한 기존의 QFD에서는 입력정보의 불확실성이 QFD의 결과물(예를 들어 EC의 중요도 값)로 전이되게 된다. QFD를 경험해 본 실무자들이 언급하는 불만 중 가장 많은 들이 HOQ의 결과가 입력정보의 변화에 민감하다는 것이다. 예를 들어 QFD 수행 과정의 수많은 항목 중 단 하나의 항목을 수정한 경우 그 결과가 크게 변화한다면, 이에 대한 신뢰는 저하될 수밖에 없다. 이러한 불만은 HOQ가 입력정보의 불확실성을 고려하지 못하기 때문에 발생하는 결과의 변동성을 언급하는 것이다. 이와 같이 기존의 QFD가 입력정보의 불확실성을 고려하지 못하고 이에 민감하게 반응하는 한계 때문에 실무자들이 QFD를 활용하는 것을 꺼리게 된다.

이와 같이 기존의 QFD에는 그 활용을 제한하는 몇 가지 특징이 있다. 이러한 특징의 공통점은 QFD가 제품 개발 초기에 활용되는 것에 기인한다는 점이다. 제품 개발이 정성적이고 추상적인 고객의 요구를 정량적이고 구체적인 제품으로 전개하는 과정으로 볼 때, 각 전개 과정에서 활용되는 HOQ는 고객의 요구라는 문제에 이를 최대한 충족하는 설계특성이라는 해답을 찾는 일련의 문제 해결과정이라고 생각할 수 있다. 즉, QFD가 다루는 제품 개발 초기의 문제는 대단히 추상적인 문제로서, 정량적이고 객관적 접근이 불가능하다. QFD를 수행하기 위해 많은 시·공간적 노력이 필요한 것은 이러한 추상적인 문제를 해결하기 위해 전문가들의 의견 합의가 필요하기 때문이다. 또한 실무자의 주관적 개입 및 입력정보의 불확실성 문제 또한 추상적인 문제에 기인하는 것이라 볼 수 있다.

이러한 QFD의 활용을 제한하는 세 가지 특징에 대해 이를 극복할 수 있는 방안을 간략히 소개하고자 한다. 여기서 언급하는 내용은 연구가 진행되고 있는 것들이며 향후 더욱 고도화 될 것으로 기대한다.

첫째, 시·공간적 제약은 정보통신기술을 활용하여 극복이 가능하다. 대형화된 HOQ를 다루는 것에 대해 이미 많은 소프트웨어 들이 개발되어 상용화되어 있다. 예를 들어 CUPIDⓒ, QFD Captureⓒ 등의 소프트웨어가 개발되어 이용되고 있는 상황이다. 이러한 소프트웨어는 실무자들이 손쉽게 QFD의 HOQ를 작성할 수 있도록 지원한다. 단순히 그래픽 도구뿐만 아니라 각종 분석기능을 함께 포함함으로써 다양한 분석을 쉽게 할 수 있도록 지원하고 있다. 이를 통해 시간적 제약을 많이 극복한 상황이다. 그리고 최근 활성화된 인터넷을 이용한 Web 기반의 QFD Software도 개발되고 있다. 대표적으로 QFD Builderⓒ, Web-based Robust QFD Optimizer 등의 소프트웨어는 웹 기반에서 활용이 가능하여 공간적으로 분산되어 있는 경우에도 온라인으로 의견 조율을 가능하게 지원하고 있다. 이를 통해 시간적 제약뿐만 아니라 공간적 제약도 극복 가능하다.

둘째, QFD 수행 시 실무자들의 주관에 의존하는 경향을 줄이기 위하여 다양한 연구가 진행되고 있다. 이러한 연구에서는 체계적인 절차를 개발하여 실무자의

그림 9-9 체계적인 EC 도출 절차

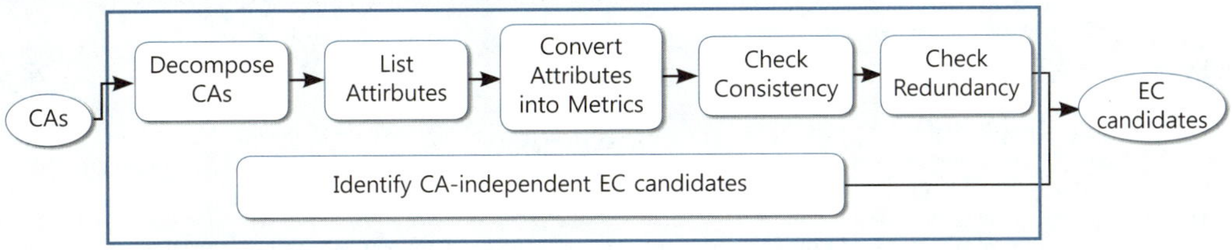

주관적 개입을 최소화하고, 기존의 업무에서 이용된 경험, 노하우(Know-How)를 지식화(Knowledge)하여 정형화하도록 하고 있다. 대표적인 연구 사례로 CA에서 EC를 도출하는 연구에 대해 간략히 소개한다. 기존의 EC를 도출하는 과정은 CA를 기반으로 〈그림 9-8〉과 같이 블랙박스와 같은 브레인스토밍을 통해 주로 이루어졌다. Kim et al.(2007)의 연구에서는 블랙박스와 같은 과정을 〈그림 9-9〉와 같은 체계적인 절차로 구성하여 실무자의 주관적 사고를 체계화 하였다.

그리고 이 연구에서는 EC를 도출하는 과정에서 '속성표'라는 참고표를 활용한다. 이 속성표는 기존의 경험 및 노하우를 정리한 것으로 지속적인 업데이트를 권고하고 있다. 다시 말해 실무자가 기존에 가지고 있던 경험 및 주관적 판단의 근거를 정리, 속성표라는 형식으로 지식화하여 체계적인 EC 도출을 지원하고 있다. 이와 같은 연구를 통해 실무자의 주관적 개입에 대한 문제점을 줄일 수 있을 것이다.

마지막으로 QFD 입력정보의 불확실성에 대한 문제를 극복하기 위하여 다양한 접근이 이루어지고 있다. 이러한 연구에서는 입력정보를 하나의 정확한 값으로 가정하는 것이 아니라 불확실한 값임을 인지하고 이를 수리적인 모형화를 통해 다루고 있다. 가장 대표적인 것은 정성적인 데이터를 정량화 하는 Fuzzy 이론을 QFD에 접목한 연구와 입력정보를 확률변수로 고려한 연구이다. 이들 연구에서는 입력정보를 Fuzzy Number나 확률변수로 고려하고 이에 따른 결과물 또한 Fuzzy Number 또는 확률변수로 산출하는 HOQ를 개발하였다. 특히 Kim et al. (2007)의 연구에서는 산출된 결과물의 변동성을 함께 고려하여 강건한 의사결정을 지원하도록 하였다. 여기서 강건하다는 것은 입력정보의 불확실성에 민감하지 않고 입력정보의 불확실성이 존재하더라도 잘 유지되는 성질을 의미한다. 이러한 연구를 통해 입력정보의 불확실성으로 인한 문제는 상당부분 해결 가능할 것이다.

9.2 품질기능전개의 활용 방향

국방분야에서 QFD는 다양한 용도로 활용되고 있다. 대표적으로 무기체계 개발시의 활용, 전략 기획의 도구로서 활용, 측정가능한 지표 수립을 위한 도구로서의 활용 등을 들 수 있다.

무기체계의 경우 상대적으로 대단히 복잡한 체계이므로 이를 개발하기 위해서는 체계적인 개발 방법론의 활용이 필수적이다. 또한 대부분의 무기체계가 동시공학 측면을 강조하는 체계공학을 기반으로 하여 개발되기 때문에 동시공학의 대표적 방법론인 QFD의 활용 폭이 상대적으로 넓다. 즉, 체계공학에서 강조하는 통합팀의 참여, 고객 요구의 반영 등은 QFD의 철학과 일맥상통한다.

국방분야에서 무기체계 획득과 관련하여 QFD를 활용한 예를 살펴보면 미국의 JAST 사업을 예로 들 수 있다. JAST(The Joint Advanced Strike Technology) 사업에서는 전략을 세부 임무로 전개하는데 QFD를 활용하였다. 사용군의 요구사항과 관련 기술간의 관계를 QFD를 활용하여 명확히 수립하였고, 전략적 목표와 운용 요구사항 간의 관계를 정립하였다. 이를 통해 JAST 사업팀은 획득사업을 효과적으로 운영한 것으로 보고된 바 있다.

이러한 성공사례는 QFD가 직관적으로 이해하기 용이하며, 활용하기 편리하고, QFD의 근간 이념이 품질경영 관점에서 타당하기 때문에 활용 폭이 넓음에 기인한 것으로 해석된다.

또한 최근들어 국내 국방분야에서 이슈가 되고 있는 개발과 양산단계의 연계성 강화에 QFD를 활용할 수 있을 것이다. 개발과 양산간의 연계성 강화를 위해서는

그림 9-10 단계간 연계성 강화를 위한 QFD의 활용 개념

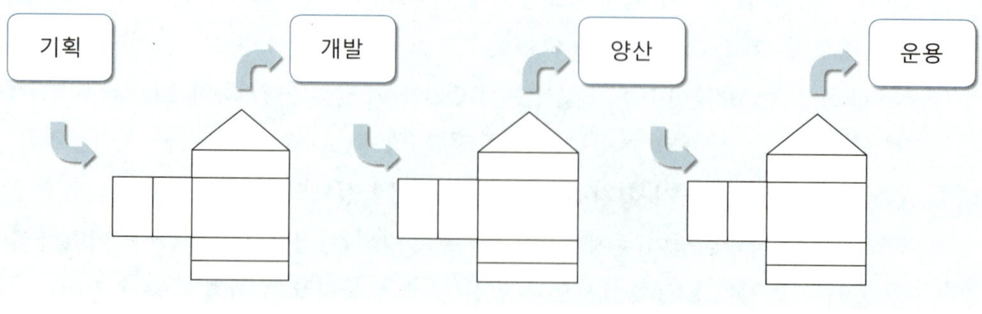

그림 9-11 HOQ를 활용한 국방품질보증의 발전전략 분석 예

	기획			개발				양산					운용					
	품질 구현 가능성 확인	적시 획득 가능성 확인	획득 경제성 분석	설계 검토 활성화	생산 준비 검토	시험 평가 참여	비무기 체계 기술 지원 확대	위험 관리 기반 품질 경영	품질 평가 기능 강화	인증 업무 지속적 발전	중소 기업 육성	국방 품질 경영 시스템 인증 내실화	군수품 수명 주기 연구	야전 운용 정보 환류 시스템 구축/활용	신뢰성 증진	저장 신뢰성 평가	부품 국산화	
성능	○	△	△	◎	○	◎	○	○	○	○		△	○	○	○	○	○	31
비용	△	○	◎	○	○		○	○	○			△	◎	○	○	◎	○	29
신뢰성	△			△	○	○	△	△				△	○	◎	◎	◎	○	22
서비스						△	○		△				○	◎	○	○	△	14
SR			△					△	△		△				△			5
전략		△	○				△	△	△	△	◎		△				○	13
	4	4	7	6	6	6	8	7	7	3	4	3	10	10	10	10	9	

※관련 전문가(20년 이상 경력) 7명이 평가에 참여 ◎: Strong(3), ○: Moderate(2), △: Weak(1)

* SR: Social Resposibility

개발 단계의 고려사항을 요구사항으로 고려하고, 양산 단계의 고려사항을 설계특성으로 고려한 QFD를 생각해볼 수 있다. 이들 간의 관계를 정량적으로 수립함으로써 연계성이 약하다고 판단되는 부분에 대해 개발과 양산의 연계성 강화를 위한 추진전략을 도출할 수 있다. 즉, 〈그림 9-10〉과 같이 각 단계 간의 연결 고리에서 QFD가 연계성 강화를 위한 촉진제의 역할을 수행할 수 있다.

국방품질보증의 경우에도 고객만족에 영향을 주는 요인과의 비교를 통해 〈그림 9-11〉과 같이 향후 발전 전략을 모색할 수도 있다.

이외에도 다양한 의사결정 과정에서 QFD가 적용될 수 있다. 고객요구의 반영과 고려해야 하는 항목을 체계적으로 전개해 나가는 QFD의 특성은 다양한 의사결정 시 활용이 가능하다.

CHAPTER 10

제 10 장
지속적인 품질개선
Sustainable Quality Improvement, SQI

"품질은 고객의 욕구를 계속 추적하여 지속적으로 개선해나가는 동적 품질(Dynamic Quality) 특성을 가지고 있다."

CHAPTER 10

본 장에서는 국방품질보증의 가장 중요한 활동 중 하나인 지속적인 품질개선에 대하여 구체적인 사례를 중심으로 서술하였다. 지속적인 품질개선은 고객이 요구하는 품질수준을 충족시키기 위해 프로세스의 문제점을 찾고, 이를 해결하여 품질수준을 지속적으로 향상시키기 위한 활동이다. 정부품질보증기관의 가장 중요한 임무는 현존전력의 극대화이다. 전력화된 무기체계의 전투준비 태세를 유지하고 현존전력을 극대화하기 위해서는 획득정책의 발전과 국방과학 기술력의 증대도 필요하지만, 양산단계 이후의 지속적인 품질개선 노력이 무엇보다 중요하다. 이러한 관점에서 제1절에서는 지속적인 품질개선의 개념을 정의하고, 제2절과 3절에서는 제품의 수명주기와 품질개선, 지속적인 품질개선 과제의 발굴 및 추진기법을 간략히 서술하였다. 제4절에서는 지속적인 품질개선의 중요성을 살펴보고, 제5절과 6절에서는 획득 단계별 품질개선 활동내용과 발전방향을 제시하였다. 제7절에서는 실무적인 활용도 제고를 목적으로 지속적인 품질개선의 구체적인 사례 10가지와 그에 따른 성과를 제시하였다.

10.1 지속적인 품질개선의 개념

품질의 본질상 완벽한 제품은 존재하지 않기 때문에 지속적인 개선활동이 이루어져야 한다. 비록 현재에는 최선의 품질개선이 이루어졌다 하더라도, 시일이 지나면 관련 기술의 발달 등으로 인해 현재 상태보다 더 나은 진보적 발전을 필요로 하게 된다. 〈그림 10-1〉은 기술발전과 품질개선의 관계를 나타낸 것으로, 지속적인 개선으로 관련기술과 유사한 기술수준을 가질 수 있다는 것을 의미한다. 즉 품질은 '움직이는 표적'이라고 표현할 수 있다. 끊임없이 움직이는 품질 표적을 쫓아가는 끝없는 행위가 바로 지속적인 품질개선이다. 일본의 마샤키 이마이는 "개선의 본질은 단순하다"라고 말했다. 다시 말하면 향상을 의미한다. 특히 작업자뿐만 아니라 관리자, 경영자를 포함한 모든 사람들에 의한 지속적인 향상 활동을 의미한다. 개선의 철학에서는 직장생활, 사회적인 활동 그리고 가정생활 등 우리의 모든 삶이 끊임없이 개선되어야 한다고 강조하고 있다. "망가지지 않았다면, 수선하지 마라"라는 옛 격언이 "망가지지 않았다고 해서 더 개선될 수 없다는 의미는 아니다."라고 새롭게 해석되는 이유도 지속적인 개선의 개념이 포함되어 있기 때문이라고 볼 수 있다.

지속적인 개선의 개념은 미국에서 시작되었음에도 불구하고 정작 미국에서는 큰 관심을 받지 못했다. 하지만 일본 기업들은 수년간 지속적으로 개선활동을 해 왔다. 그 결과 지속적인 개선활동은 일본 기업 발전의 초석이 되었다고 할 수 있다.

일본 사람들은 지속적인 개선활동을 카이젠(Kaizen, 改善)이라고 표현하는데,

그림 10-1 기술발전과 품질개선의 상관관계

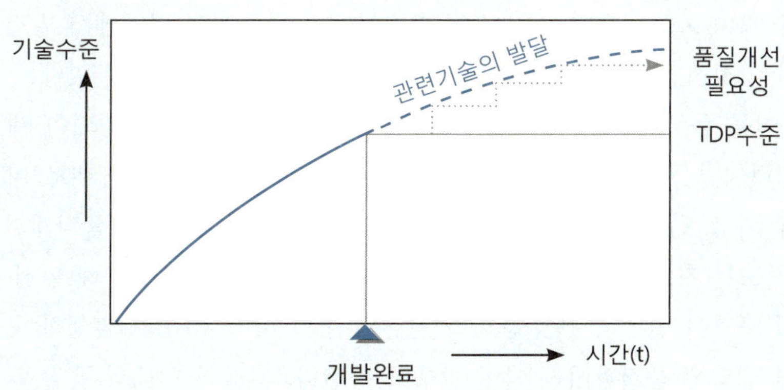

| 표 10-1 | 품질계획, 품질관리 및 품질개선의 정의

구 분	내 용
품질계획 (Quality Planning)	고객과 그들의 요구사항, 고객이 기대하는 제품 및 서비스의 특징, 이러한 속성을 가진 제품 및 서비스를 전달하는 프로세스를 규명하고, 조직의 생산부문에 이러한 지식의 전달을 촉진하는 과정을 말한다.
품질관리 (Quality Control)	고객의 진정한 요구사항에 비추어서 제품을 실질적으로 검토하고, 평가하는 과정으로써 발견된 문제점들은 이 단계에서 수정한다.
품질개선 (Quality Improvement)	품질이 지속적으로 개선되도록 뒷받침해 주는 지원 메커니즘을 시행하는 과정을 말한다. 여기에는 자원할당, 품질프로젝트를 추진하기 위한 인력배치, 프로젝트에 참여하는 사람들의 훈련, 품질업무를 추진하고, 성과를 유지하기 위한 영구적 조직을 구축하는 것들이 일반적으로 포함된다.

이 카이젠을 통해 일본 기업이 세계 시장에서 성공을 거두자 다른 나라의 기업들도 여러 각도로 개선에 관한 심도있는 검토를 하게 되었다. 지속적인 개선활동은 조직문화의 끊임없는 변화를 요구하기 때문에 지속적인 개선활동의 성공을 위해서는 조직 전 계층의 관심과 경영진의 지원이 반드시 필요하다.

한편, 품질관리의 국제적 표준서로 자리 잡은 '품질관리 핸드북'을 저술한 Dr. Juran은 경영의 현상타파를 위해서는 경영자가 직접 솔선수범해 품질개선의 지속적인 추진이 필요하다고 강조하였다. 특히 품질책임의 80%이상이 경영자에게 있으므로 경영자의 의식변화가 무엇보다 중요하다고 말했다. 그리고 그는 만성적인 품질문제를 해결하기 위한 지침을 제안했는데, 주요 핵심 내용은 품질을 지속적으로 개선하고 유지해야 하는 것이며, 품질문제에 대한 주의를 환기시키는데 품질코스트를 적용할 것을 권고하고 있다. 또한, 품질경영 과정을 〈표 10-1〉과 같이 품질계획, 품질관리 및 품질개선의 3단계로 구분하여 정의하고 단계적으로 품질경영을 추진할 것을 역설하였다. 〈그림 10-2〉에서는 이들 3단계 과정의 상관관계를 보여주고 있으며, 돌발적인 품질문제는 품질관리 단계에서 발견되어 제거되지만 만성적인 품질문제는 지속적인 품질개선으로 개선될 수 있다는 것을 설명한다. 이들 품질관리와 품질개선 결과는 다음 품질계획에 반영되어 새로운 방향을 제시하지만, 품질계획이 부실하면 품질관리와 품질개선이 제대로 이루어지지 못하게 되고, 품질문제는 만성적인 낭비의 요인이 된다. 또한, 품질개선의 필요성은 원가 또는 자원의 절감 측면에서도 있다. 최초 품질계획을 통해 일정 수준의 품질관리 구역이 설정되지만, 품질과 관련된 어떤 사건, 사고가 발생하여 품질을 개선하면 새로운 품질관리 구역이 발생하게 된다. 따라서 현대의 품질관리는 사고 발

그림 10-2 품질계획, 품질관리 및 품질개선의 관계

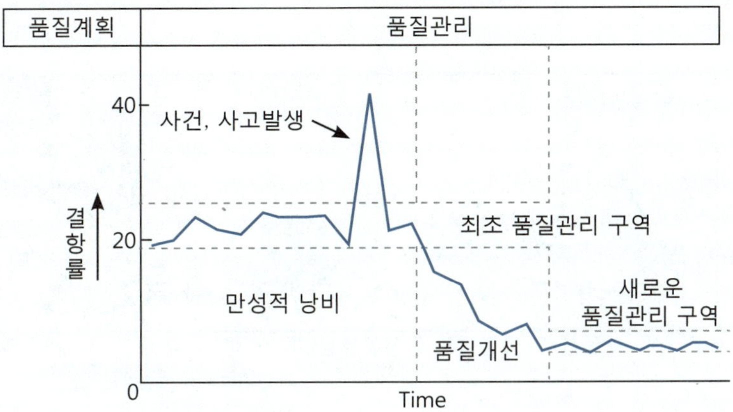

생 이전에 만성적 낭비구역을 찾아내 품질을 개선함으로써 원가를 낮추고 자원의 효율성을 극대화하는 것에 초점을 맞추고 있다.

10.2 수명주기와 품질개선

제품의 수명주기는 크게 개발단계와 양산단계로 구분할 수 있으며, 〈그림 10-3〉에 나타난 것처럼 개발단계에서 필요한 활동은 품질계획을 사전에 잘 수립하는 것이고, 양산단계에서 필요한 활동은 지속적으로 품질관리와 품질개선을 수행하는 것이다. 제품의 수명주기를 고려할 때 품질문제 발생은 제품 개발의 두 가지 타입에 따라 크게 나뉘어 진다. 확인 수정형의 경우는 초기에는 품질문제가 별로 없다가 나중에 품질문제가 많이 발생하여 양산단계에서 지속적으로 품질을 관리하고 개선해야 하는 상황이 끊임없이 발생되기 때문에, '1:10:100의 법칙'과도 일맥상통 한다고 볼 수 있다. 한편, 예측 대응형의 경우는 개발단계에서 품질문제를 많이 도출하여 이를 사전에 예방하는 형태이므로 양산 제품의 품질문제를 감소시킬 수 있는 좋은 개발형태이다.

다만 현재 우리의 한정적인 국방재원과 수요군 전력화 시기 등을 고려할 때, 대부분의 무기체계 개발이 확인 수정형 형태로 추진되기 때문에 양산단계의 품질개선이 지속적이고 체계적으로 이루어져야 한다.

그림 10-3 제품 Cycle과 품질개선과의 관계

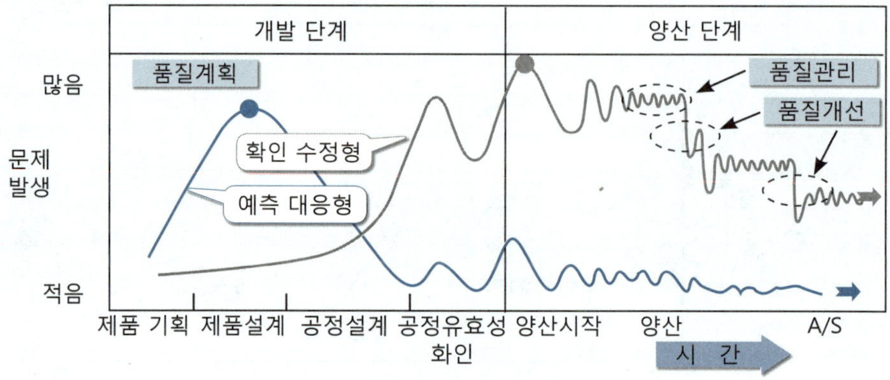

10.3 과제 발굴 및 추진기법

양산단계 이후의 군수품 품질개선 주요 내용은 앞에서 분석된 바와 같이 성능위주가 대부분을 이루고 있다. 따라서 품질개선과 성능개선의 관계를 살펴보면 〈그림 10-4〉에서 보는 바와 같이 품질을 광의로 본다면, 성능개선은 품질개선의 일부분으로 볼 수 있다. 이와 같이 품질개선의 측면에서 사용자의 계속되는 개선요구를 만족시키고, 질적으로 우수한 성능개선 위주의 품질개선을 추진하기 위해서는 다양한 경로를 통해 개선 제공원을 확보하고, 이를 통한 개선대상 과제를 발굴하는 것이 품질개선 활동의 첫 수행 단계라고 할 수 있다.

양산단계 이후 정부품질보증기관에서 개선대상 과제를 발굴하기 위한 개선제공원의 경로는 다소 적은데, 이미 이론적 고찰의 획득단계별 활동에서 기술한 바 있다. 〈그림 10-5〉와 같이, 현재 품질개선 활동을 위한 개선 제공원의 경로는 정부 품질보증 활동시 도출된 현장 품질저하 문제, 주기적인 야전운용 품질정보 수집 및 분석, 사용자로부터 제기된 불만 및 개선요구 사항을 주요 개선 제공원으로 활용하고 있다. 그러나 이는 현장 품질문제가 발생할 때마다 대처해 나가는 다소 수동적이고 소극적인 방법이라고 할 수 있기 때문에 반작용 방식이라고 볼 수 있다. 따라서 질적수준이 우수하고 기대효과가 큰 개선과제를 발굴하기 위해서는

그림 10-4 품질개선과 성능개선의 관계

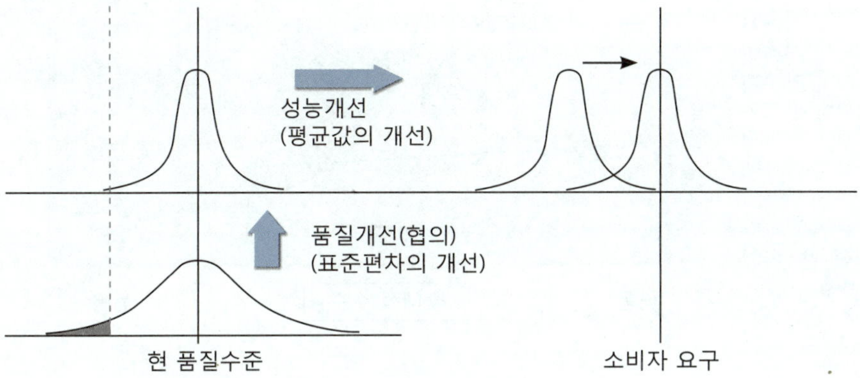

그림 10-5 정부품질보증기관의 품질개선 과제발굴 및 접근방법

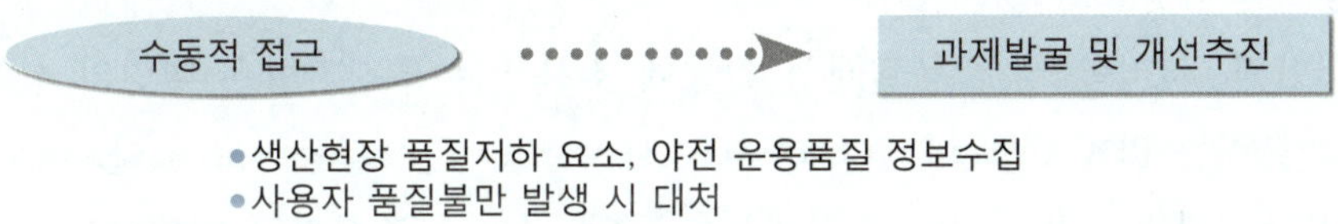

구체적인 개선 데이터 획득이 가능한 다양한 개선 제공원의 경로를 더 많이 확보해야 한다. 또한, 위와 같은 개선 경로원을 통해 개선과제를 무수히 발굴했다 하더라도, 우선적으로 개선할 대상을 선정하여 결정하는 것이 또 하나의 문제이다. 다시 말해, 한 무기체계 안에서도 도출된 모든 불만사항을 개선하기 보다는 꼭 필요한 사항만을 선택하여 우선적으로 개선하는 것이 현명한 개선활동이라고 할 수 있다. 예를 들면, 〈그림 10-6〉은 2성급 호텔과 3성급 호텔의 요소별 상대적 품질수준을 판단하는 가치곡선(Value Curve)을 나타낸 것이다. 일반적으로는 3성급 호텔은 2성급 호텔에 비하여 모든 면에서 우수하고 가격도 비싸다. 그러나 최근에 등장한 1성급 호텔은 침대, 위생, 정숙성 등 특정 고객들의 요구에 강하게 어필할 수 있는 핵심 요소를 3성급 이상으로 품질을 높이고 기타 요소들은 2성급 호텔 이하로 하며, 가격은 2성급으로 정함으로써 경쟁력을 크게 높인 것으로 볼 수 있다. 이런 관점에서 볼 때, 무기체계의 품질개선에서도 이러한 가치곡선의 분석을 하거나 무기체계의 중요도와 사용자 요구수준과 차이의 분석 등을 통해 우선 개선

그림 10-6 품질판단 가치곡선의 사례

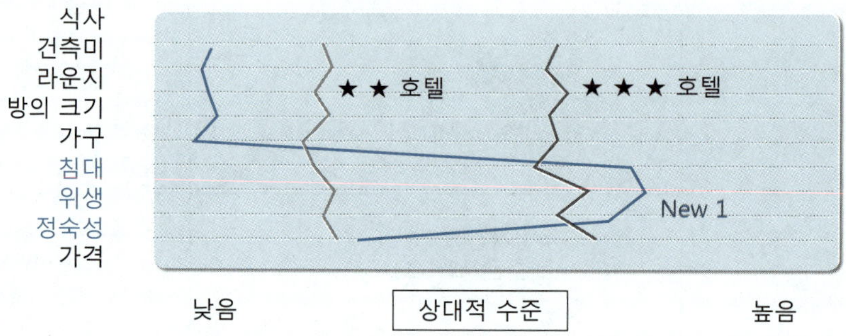

대상을 선택하여 집중적으로 추진하는 것이 필요하다. 이는 사용자의 요구를 만족시키고 자원과 시간절약 차원에서도 유리하기 때문에 개선추진 시 고려해야 할 중요한 사항으로 판단된다.

한편, 이러한 정부 품질개선 활동에 적용되는 추진기법은 데밍의 사이클이라고 불리는 PDCA(Plan-Do-Check-Act) 사이클을 주로 활용하고 있다. 비록 전통적인 품질관리 기법이지만 품질개선을 위해 사이클을 철저히 이행하고, 이들 기능을 연결시켜 품질개선을 수행하고 있다. 즉, 〈그림 10-7〉에서 보는 바와 같이 품질의 설계단계에서 충분한 데이터를 수집하여 평가하고, 중장기적 목표와의 일치성을 검토한 후에 세부 개선계획을 수립한다. 수립된 개선계획은 일시에 전체적

그림 10-7 PDCA 사이클

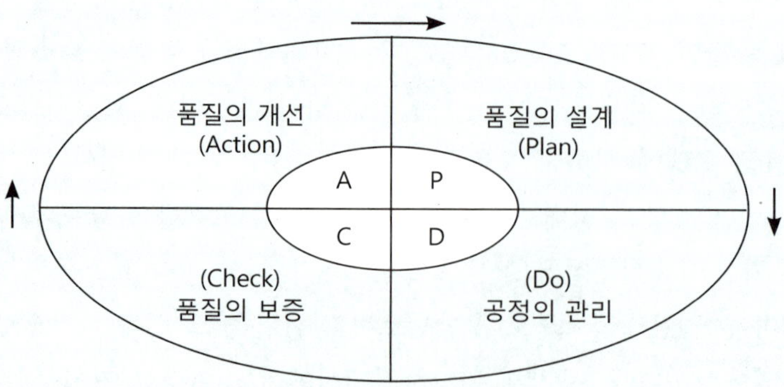

으로 적용하지 않고, 일부분을 실행 해보고 실행된 내용에 대하여 평가를 수행한 후에 그 평가 결과에 따라 전체적으로 적용한다. 그리고 시행결과는 지속적인 개선을 위해 꾸준히 데이터를 수집하고 개선계획을 수립하여 PDCA 사이클을 반복하고 있다. 다만 이러한 PDCA 사이클을 반복하는 것을 지속적인 품질개선의 기본 추진기법으로 활용하는 것도 바람직하나, 세계적으로 6시그마를 민수 및 군수 분야를 망라한 모든 산업분야와 공공분야 등에 사용하므로, 품질향상, 원가절감 및 생산성 향상을 위한 품질개선 활동에 6시그마 기법을 활용하고 있다.

10.4 지속적인 품질개선의 중요성

"품질 없이는 국방도, 통일도 없다"란 국내 품질경영 학자들의 말에서 확연히 알 수 있듯이 무기체계의 품질은 국가의 안위를 좌우한다. 이는 역사적인 사실에서도 살펴볼 수 있는데, 2차 세계대전 중 남서 태평양 전장에 보낸 미군 항공장비와 폭탄의 전자제어 장비에 불량이 많아 작전수행에 막대한 지장을 주었다. 당시 미 공군에서 조사한 결과, 5년간 유지비용이 장비 값의 10배가 넘은 것으로 나타났다. 또한, 1982년 영국과 아르헨티나의 포클랜드 전쟁에서는 아르헨티나 잠수함이 영국의 항공모함에 어뢰를 발사하는데 성공하였으나, 어뢰불량으로 격발이 되지 않아 작전에 실패한 사례도 있다. 아무리 훌륭한 최첨단 무기체계가 개발되어 배치되더라도 시간이 경과됨에 따라 사용자의 불만족이 증가되고 심각한 품질문제가 발생하여 주어진 전장환경 하에서 제 기능을 발휘하지 못하면 무용지물이 될 수밖에 없다는 사실을 많은 전쟁을 통해 이미 보아 왔다. 그러므로 첨단 무기체계를 개발하기 위한 우리의 획득정책 및 국방과학 기술력 증대도 중요하지만, 전력화된 무기체계가 전력을 유지하기 위해서는 지속적인 품질개선이 중요함을 인식하고 적극 추진하여야 할 것이다.

〈그림 10-8〉의 시간경과에 따른 사용자 만족도의 변화에서도 알 수 있듯이, 무기체계가 개발되어 기술자료가 완성되면 규격에서 요구하는 기술수준은 고정되지만 설계 및 생산 등에 관련된 기술은 급격한 기술발전에 의해 변화된다. 따라서 관련 기술의 추세에 맞추어서 적절한 품질개선과 동시에 관련 기술자료 정비를

그림 10-8 시간경과와 사용자 만족도의 변화

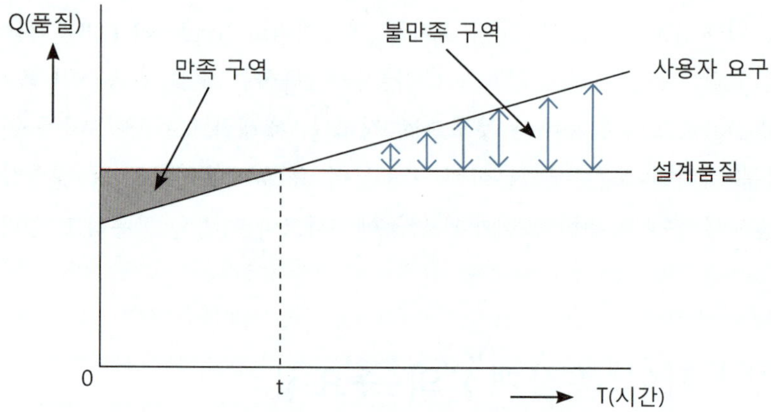

해 주어야 현존 기술과의 격차를 줄일 수 있게 된다. 다시 말해 사용자 만족도 관점에서 보면 최초 제품 설계 시 사용자의 요구를 능가하게 설계하여 사용자 요구를 만족시키는 구역이 있게 되나, 시간이 경과함에 따라 사용자 요구는 증가하게 마련이므로 일정 시점이 되면 사용자 요구가 설계품질을 능가하게 되고, 이에 따라 불만족 구역이 발생하게 된다. 따라서 불만족 구역이 발생하는 T(시간)를 얼마로 볼 것이냐가 개발 시 설계의 주요 고려 요소가 된다.

또한, 사용자의 요구증대와 품질보증과의 관계를 살펴보면 〈그림 10-9〉에서 보는 바와 같이, 사용자 요구가 상대적으로 낮고 단순한 제품은 검사만으로도 사용자의 만족을 보장할 수 있지만, 사용자 요구가 증가함에 따라 공정관리를 해야만 사용자의 만족을 보장할 수 있으며, 이는 품질시스템 관리로 발전되어야 한다. 그러나 사용자 요구가 더욱 증가하게 되면, 품질개선 활동을 지속적으로 추진해야 계속 증가하는 사용자 요구를 만족시킬 수 있다.

최근 무기체계 관련 기술의 급속한 발전 추세에 따라 개발이 완료되어 관련 기술자료가 확정된 이후에도 지속적인 품질개선 활동이 없으면, 낙후된 기술에 비싼 가격을 지불하는 비효율성을 초래하게 된다. 즉, 급속한 과학기술의 발전과 군사요구도 변화 등을 수용하여 이에 상응하는 전력의 증대를 꾀하고, 더불어 국방예산의 절감효과를 기대할 수 있는 품질개선을 어떻게 효율적으로 추진하느냐가 무기체계 획득의 현실적인 현안 과제중의 하나가 된다. 향후 무기체계 획득정책

그림 10-9 사용자 요구증대와 품질관리

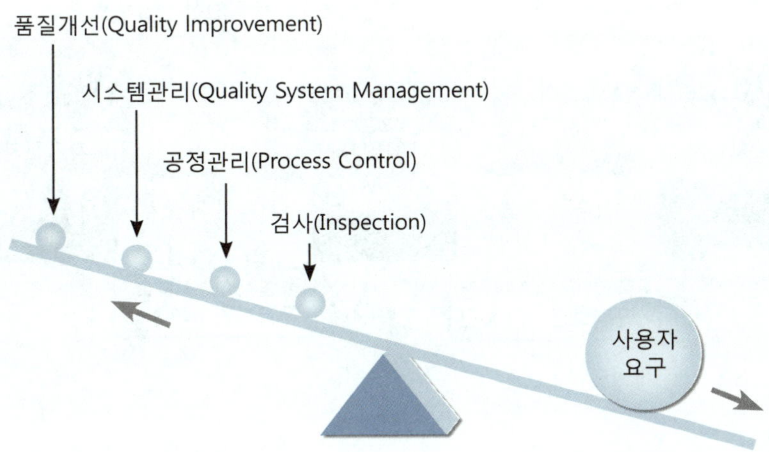

과 기술발전 등을 고려하여 지속적인 품질개선의 필요성은 다음과 같다.

무기체계 제작에 관련된 기술이 종전과는 달리 매우 빠르게 발전함에 따라, 시기적절한 품질개선 추진이 없으면 이미 확정된 규격 및 기술자료에 의해 생산업체와 계약되어 납품되는 군수품의 계약 특성으로 인하여, 낙후되고 진부한 기술에 국방예산을 과다하게 지출하는 결과를 초래하게 된다. 즉, 무기체계 제작은 시장성이 없는 군수품만을 위한 별도의 전용 생산라인을 제작업체 마다 유지하고 있기 때문에 고비용의 국방예산을 지출할 수밖에 없다. 따라서 무기체계의 최상의 전력 유지뿐만 아니라 국방예산의 효율적 집행을 위해서도 품질개선은 지속적으로 이루어져야 한다고 본다.

〈그림 10-10〉은 현용 장비의 지속적인 품질개선으로 전력의 누수 없이 성능개량을 거쳐 차세대 장비의 개발과 연계한 K1 전차의 대표적인 사례를 나타낸 것인데, 성능개량인 K1A1 전차와 차기 전차에 이르는 사업단계간 발생하는 품질의 사각지대를 지속적인 품질개선을 통하여 최상의 전력을 유지할 수 있었다. 그리고 이러한 지속적인 품질개선 활동을 통해 핵심 부품의 품질특성 이해와 개발기술 축적이 가능해 지고, 품질개선을 위한 반복적이고 다각적인 기술적 접근을 통해 차세대 장비의 연구개발 능력을 확보할 수 있을 것이다.

그림 10-10 K1 전차 지속적인 품질개선 사례

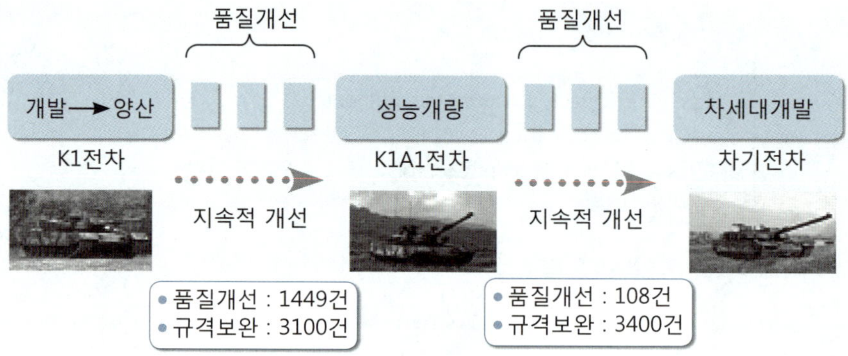

10.5 획득 단계별 품질개선 활동

10.5.1 개발단계 품질개선 활동

개발단계에서의 품질개선 활동은 획득계획 수립 시점에서 부터 최종 전력화시까지, 각 주요 전환점에서 최초 수립한 목표를 달성하기 위한 충분성 여부를 검토하여 계획을 지속적으로 수정 보완하는 품질보증 과정에서 이루어진다고 볼 수 있다. 즉, 이러한 품질보증 과정에서 특히 시제품에 대한 요구성능 및 개발목표 등의 충족 여부를 확인하기 위한 개발시험 평가 및 운용시험 평가 시 발생된 결함사항 및 품질문제점 등을 보완하고, 개선하는 것을 개발단계에서의 품질개선 활동이라고 볼 수 있다. 이는 연구개발이 완료된 후 양산단계 이후에 이루어지는 정부품질보증기관 주관의 품질개선 활동과는 다소 의미의 차이가 있다. 왜냐하면 개발단계의 품질개선은 요구성능 등의 설계기준을 충족하기 위한 관점의 개선이고, 양산단계 이후의 품질개선은 모든 규격요구 조건을 충족한 상태에서 생산시 도출된 예상치 못한 품질문제, 최신 기술과의 접목 및 수요군의 개선요구 등을 반영한 진화적인 업그레이드의 개념 주축을 이루고 있기 때문이다. 연구개발사업의 품질보증에 관련된 사항은 크게 선행연구, 탐색개발 및 체계개발의 3단계로 진행

| 표 10-2 | 개발단계 품질보증업무 내용

선행연구단계	탐색·체계개발단계
• 작전 운용성능 검토 • 유사무기체계의 품질특성 비교분석 • 신뢰성 및 정비성에 대한 개념분석 • 개략 품질보증계획 수립 및 품질특성 설정 • 개발품 품질보증 계약요구조건 설정 • 수락검사장비 및 시험장비 소요판단 • 시험장비에 대한 검·교정 절차수립 • 제품측정 및 시험·검사기법 개발	• 제품의 생산성/품질기술 검토·분석 • 수락검사 장비 및 시험장비 확보 • 시제품 성능 및 품질평가 • 시험평가 결과의 검토, 보완 및 개선 • 기술자료 및 규격 제정 • 양산시 품질저하 예방대책 수립

되는데 그 주요 내용은 〈표 10-2〉와 같다.

첫째, 선행 연구단계에서는 군의 작전운용 성능을 검토하여 상세분석을 통해 연구개발 목표를 수립한다. 이와 동시에 유사 무기체계의 품질특성에 대한 비교 분석을 통해 개발품의 품질목표와 특성을 설정하는 등의 활동이 진행된다. 또한 양산을 대비한 수락시험 및 검사장비, 기기 및 설비의 필요성을 판단하고 이들의 개발과 확보방안을 개발계획에 포함하여 추진한다.

둘째, 탐색·체계개발 단계에서는 제품의 생산성과 품질기술에 대한 검토, 분석을 통해 양산 실현성을 확인하고, 아울러 이 단계에서 이미 양산시의 수락검사 및 시험장비를 확보하고 시험방법 및 절차를 완성하게 된다. 그리고 개발품은 개발시험과 운용시험평가를 거쳐 최종적으로 '전투용 적합' 판정을 통해 무기체계로 채택되고, 표준화 심의를 거쳐 양산 시 품질의 기준인 국방규격이 확정된다. 개발단계에서의 품질보증과 품질개선 활동은 연구개발 담당부서가 수행하며, 업체주도사업인 경우는 업체가 주도적으로 수행하게 된다.

10.5.2 양산단계 이후 품질개선 활동

연구개발이 끝난 무기체계는 계약 후에 업체와 전력화를 위한 생산을 하게 된다. 모든 무기체계는 양산과정에서 정부품질보증활동이 수행된다. 정부품질보증활동에 필요한 품질확인 기준은 국방규격서와 관련 제작도면, 품질보증보충규정 그리고 각종 검사 및 시험절차 등의 기술자료(TDP)이다. 이때 정부 품질보증활동은 기본적으로 계약업체가 계약조건에 명시된 품질규격과 요구사항을 충실히 이

그림 10-11 정부 품질보증 흐름도

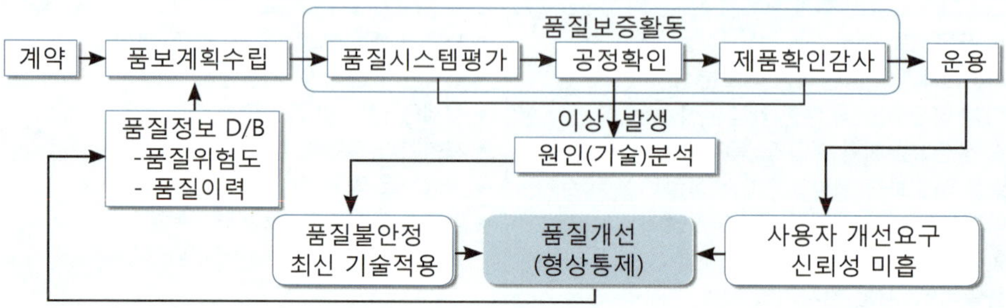

행하고 있는지, 그리고 제조된 제품이 이들 조건을 만족시키는지에 대해서 각종 검사와 시험을 통해 품질을 확인한다. 이 과정에서 품질개선은 정부품질보증원이 수행해야 하는 필수적인 기본 임무이다. 양산단계 이후의 정부 품질보증활동 흐름은 〈그림 10-11〉으로 보는 바와 같이 계약이 체결되면 정부품질보증원이 지정되고, 계약서, 규격서 등 기술자료 검토를 시작으로 품질보증 활동이 시작되는데, 계약업체를 최초 방문하여 업체의 계약이행 계획과 보유기술, 제조 및 품질관리 능력 등을 확인하고 제품의 품질 위험과 업체위험도를 평가하여 품질보증활동 계획을 수립한다. 위험도 평가업무는 효율적인 정부 품질보증활동을 수행하기 위한 활동으로 제조기술, 공정, 프로세스의 위험요소를 평가하여 그 결과 취약한 업체에는 정부감독을 강화하고, 우수한 업체에는 정부 확인을 대폭 축소하여, 업체 품질관리 자율성을 확대하는 제도이다.

그리고 정부품질보증원은 품질보증 활동계획에 의거 현장 품질보증 활동을 수

그림 10-12 양산단계 이후 품질개선 활동과정

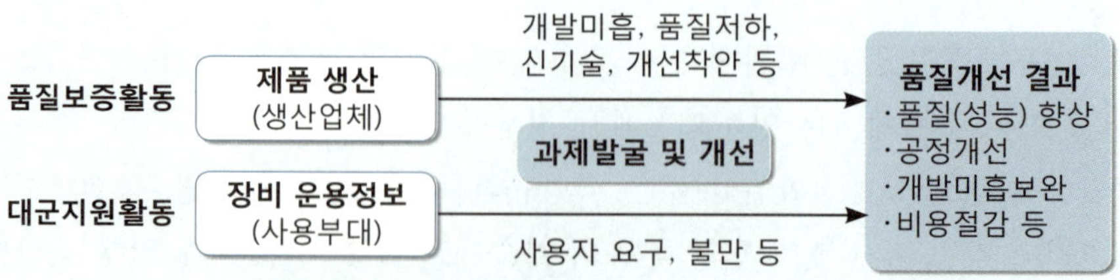

행하는데, 우선 계약업체의 품질경영시스템을 평가하고, 품질에 영향을 미치는 핵심 공정과 기 파악된 위험요소에 대해 확인검사 및 점검을 실시한다. 이 과정에서 품질 불안정 또는 저하 요소에 대해서는 시정요구를 하고, 개선이 필요한 경우는 원인분석과 기술검토를 통해 품질개선을 추진하여 생산에 반영한다. 이처럼 품질개선 활동은 현장 생산공학 활동의 일환인 동시에 품질보증 과정의 성과물로서 무기체계의 우수 품질확보와 사용자 만족도를 제고할 수 있는 주 수단 중 하나이다. 신규 무기체계에 대한 품질개선 활동은 개발단계에서 미흡사항, 미처 착안하지 못한 개선사항과 생산 공정개선 등 조기 품질안정화 등에 역점을 두고 있으며, 기존 양산 무기체계의 경우는 최신 기술과 연계하여 성능이나 기능의 향상, 사용자의 개선요구 사항 및 비용절감 등에 역점을 두고 개선을 추진하고 있다. 운용중인 무기체계는 대군지원 활동을 통해 품질개선이 계속 추진되고 있다. 양산단계 이후의 품질개선은 〈그림 10-12〉에서 보는 바와 같이 납품 전의 품질보증 활동

그림 10-13 사용자불만 및 개선요구 처리흐름도

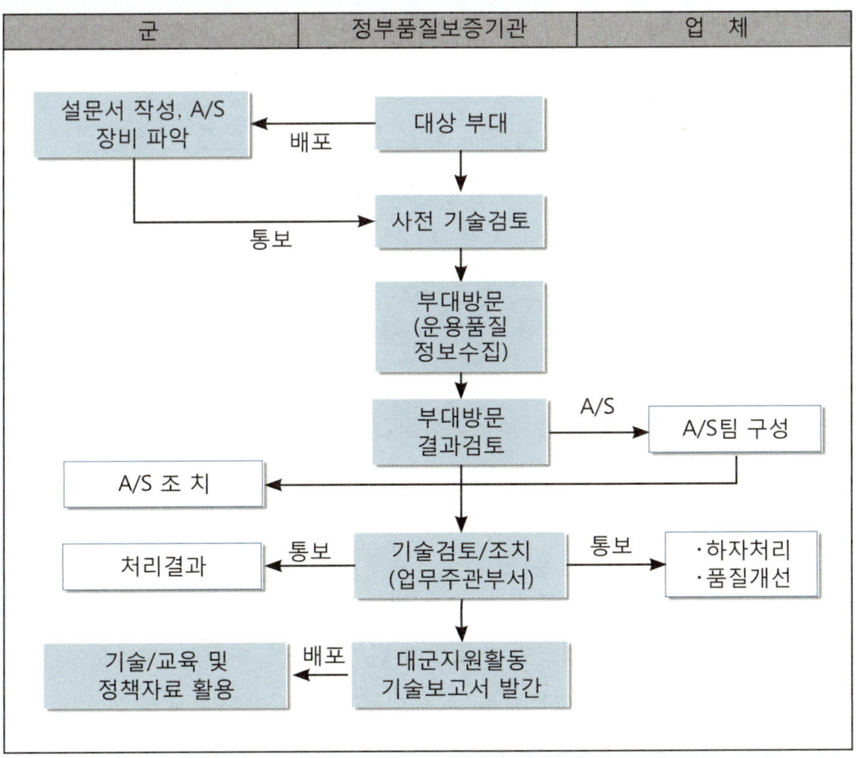

과정과 납품 후의 대군지원 활동 과정을 통해 이루어지는데, 여기서 대군지원 활동을 통해 추진되는 품질개선에 대해 기술하면 다음과 같다.

정부품질보증기관은 수요군에 배치된 무기체계의 운용실태에 대해 사후봉사를 수행하는데, 주로 운용단계에서 무기체계가 정상적으로 요구하는 성능과 품질이 유지되고 운용되는가를 확인, 점검한다. 이 과정에서 운용 품질에 문제가 발생하면 품질개선을 추진하게 된다. 즉, 〈그림 10-13〉의 사용자불만 및 개선요구 처리 흐름에서 나타난 바와 같이 정기 또는 수시 부대방문을 하거나, 국방망과 인터넷 등의 경로를 통해 운용 품질정보를 수집하여 이를 검토, 분석한다. 그리고 필요시 관련 업체 사후봉사팀과 함께 부대방문을 통한 현장 확인을 거쳐 적절한 후속 조치를 하게 된다. 이때 품질 미흡사항 및 사용자가 제기하는 개선요구 사항에 대해서는 기술검토를 통해 설계를 보완하고 품질개선을 추진함과 동시에 수요군에 처리 결과를 통보하여 수요군 만족 중심의 대군지원 활동을 전개하고 있다.

10.6 발전 방향

양산단계 이후의 무기체계 지속적인 품질개선은 현존 전력을 극대화시키는 동시에, 국방예산의 효율적인 집행 차원에서 절대로 간과해서는 안되는 중요한 핵심 사안이다. 품질의 개념이 고객 요구만족 중심으로 변화되면서 사용자의 요구도 다양화, 고급화 및 개성화 되고 있는 추세이기 때문에 각 종 무기체계를 운용하는 우리 군도 예외가 될 수 없다. 유사 시 실제 무기체계를 운용하는 군의 요구를 모니터링하는 시스템 구축을 통해 항상 군의 요구를 수집하고 기술 분석을 통해 필요성이 인정되면 품질개선과 연계시켜야 한다.

지속적인 품질개선에 필요한 발전 방향을 세부적으로 살펴보면 다음과 같다.

【능동형 품질개선】

양산단계 이후의 정부 품질개선 추진시 접근하는 방법은 현재의 수동적 접근방법에서 보다 능동적인 접근방법으로 추진마인드를 변화시키는 것이다. 현재의 접근방법은 현장 품보활동시 도출된 품질문제와 사용자로부터 개선요구나 불만사항이 제기 되었을 때마다, 대처해 나가는 수동적인 반작용 방식을 적용하고 있다.

그림 10-14 능동적인 품질개선 접근방법

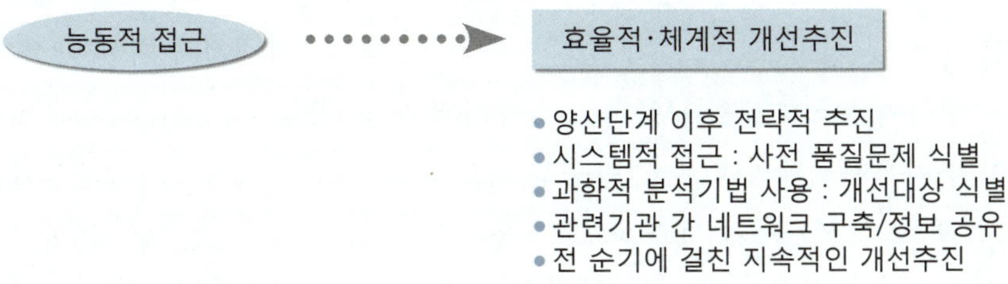

그러나 품질개선을 적극적으로 추진하기 위해서는 품질개선에 접근하는 방법의 변화가 필요하다. 즉, 〈그림 10-14〉와 같이 품질개선은 양산단계 이후의 정부품질보증 활동의 최우선적인 전략으로 추진해야 한다. 년 단위의 품질개선 계획을 수립하고 과학적인 분석기법을 활용하여 개선대상을 사전에 식별할 수 있는 프로세스를 정립하여야 하며, 품질문제를 상시적으로 모니터링 하는 사전대비 방법으로 전환이 필요하다. 이를 위해서는 관련 기관간의 통합 기술정보 네트워크를 구축하여, 사용자 정비기록 등과 같은 품질개선에 접목할 수 있는 정보를 상호 공유하여야 한다.

【품질개선 과제발굴 제공원 확대】

품질개선을 보다 능동적으로 추진하기 위해서는, 품질개선 과제의 제공원이 다양해야 한다. 지금까지의 품질개선 과제는 생산 현장에서 이루어지는 정부품질보증활동과 대군지원 활동을 통해 발굴하는 것이 대부분이었다. 그러나 지속적으로 품질개선을 발전시키기 위해서 현재의 품질개선 과제발굴 제공원 이외에 〈그림 10-15〉와 같이 무기체계에 대해 축적된 야전 운용 및 정비자료를 사용자로부터

그림 10-15 품질개선 과제발굴 제공원 확대

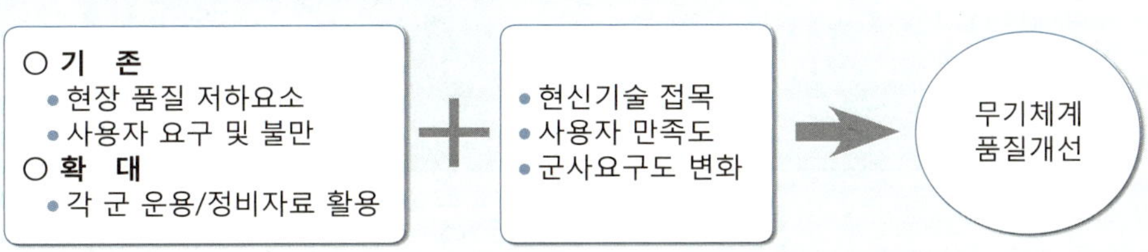

제공 받을 수 있는 경로를 구축해야 한다. 이를 바탕으로 다양한 개선과제를 발굴하여 품질개선을 추진한다면, 현존 전력의 극대화에 기여할 수 있을 것이다. 특히, 야전 운용 및 정비자료에 대해서는 사용자 스스로 무기체계에 대한 야전 운용자료를 수집하여 분석체계를 구축하고 정량화된 운영 데이터를 보유하여야 한다.

이처럼 무기체계의 현존 전력을 최상으로 유지하기 위해서는 군의 야전 운용자료 수집 및 분석체계가 체계적으로 구축되어, 무기체계 품질개선 뿐만 아니라 국방 분야에서 다양하게 활용될 수 있어야 한다.

【가치 Gap 분석을 통한 품질개선 대상 선정】

앞에서 기술한 바와 같이 다양한 제공원을 통해 발굴된 개선과제라 하더라도, 품질개선의 핵심 요소인 적기성, 긴급성 및 중요도 등을 고려하여 우선 추진대상을 선정해야 한다. 품질개선 대상의 우선순위를 선정하는데는 가치 Gap 분석이 유용하다. Gap 분석은 현재 위치(As Is)와 미래목표(To Be) 사이의 차이를 분석하여, 그 목표를 달성하기 위한 추진방법을 도출하는 방법론으로 활용된다. 〈그림 10-16〉에서 처럼 품질개선 대상을 효율적으로 선택하기 위해서는 발굴된 과제를 대상으로 장비의 중요도와 현 장비 군사요구도와의 Gap을 분석해야 한다. 즉, 영역 I 의 경우는 장비 중요도와 군사요구도와의 Gap이 타 영역보다 커서 제일 먼저 개선대상으로 선정하여야 하고, 영역 Ⅱ는 장비 중요도는 있으나 군사요구도와의 Gap이 아직 작기 때문에는 관찰대상으로 분류할 수 있다. 영역 Ⅲ은 우선 순위가

그림 10-16 장비중요도와 군사요구도 간의 Gap 분석

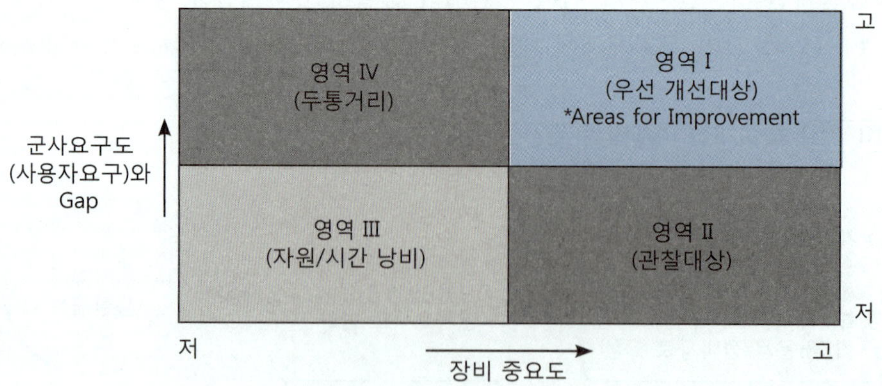

가장 낮으며, 영역 Ⅳ는 장비 중요도는 낮으나 군사요구도와 Gap이 크기 때문에 차순위로 해결해야 하는 두통거리라고 할 수 있다.

따라서 다양한 군수품에서 제안되는 모든 사항을 개선하기보다는, 경제적으로 필요한 사항을 품질개선의 우선순위를 결정하여 추진할 필요가 있다.

【6시그마 기법을 활용한 품질개선 활동】

현재의 정부 품질개선 활동은 전통적인 PDCA 사이클을 기본으로 하여 전개되어왔으나, 최근 국내 산업 및 공공 분야에서는 품질개선 방법으로 6시그마 DMAIC 기법이 활용되고 있다. 하지만 무기체계 품질개선의 경우는 사용자의 요구사항을 정량화한 품질특성인 품질지표(CTQ: Critical To Quality)가 비교적 명확하기 때문에 생산 현장 품질개선 활동의 전개에 있어서 6시그마 기법을 사용하는 것이 좋다.

| 표 10-3 | 6시그마 기법을 활용한 품질개선 단계

<table>
<tr><th>구 분</th><th>현재 품질개선</th><th colspan="2">6시그마 기법을 활용한 품질개선</th></tr>
<tr><td>접근기법</td><td>스텝에 근거한 접근</td><td colspan="2">DMAIC에 근거한 접근</td></tr>
<tr><td rowspan="5">세부내용</td><td rowspan="5">• 개선대상 선정
• 개선 계획수립
• 원인분석
• 개선안 도출
• 시제품 제작/시험평가
• 형상관리(표준화)
• 사후관리/개선성과 평가
• 개선성과 발표</td><td>정의(Define)</td><td>• 개선대상 선정/CTQ 정의
• 개선 추진계획 수립</td></tr>
<tr><td>측정(Measure)</td><td>• 제품/공정에 대한 CTQ 선정
• 측정계획 수립
• 자료수집/현 수준 측정</td></tr>
<tr><td>분석(Analyze)</td><td>• 잠재 원인 나열
• 핵심 원인 선정/분석</td></tr>
<tr><td>개선(Improve)</td><td>• 개선안 도출
• 시제품 제작/시험평가
• 개선안 적용 판단</td></tr>
<tr><td>관리(Control)</td><td>• 개선안 적용 계획 수립
• 형상관리(표준화)/사후관리
• 개선성과 평가/성과발표</td></tr>
</table>

10.7 적용 사례

전차 굵은 먼지 배출용 송풍기 성능개선

전차의 송풍기는 〈그림 10-17〉과 같이, 엔진 연소실로 공급되는 공기를 정화하기 위해 엔진 상부의 좌, 우측에 각각 설치되어 싸이클론식 1차 공기정화 여과기에서 원심식으로 분리된 굵은 먼지를 장비 외부로 배출시키는 기능을 하고 있다.

굵은 먼지 배출용 송풍기는 브러시와 정류자로 구성된 직류전동기 형식의 원심식 송풍기로 원제작사(독일 ESW사)와 기술도입으로 국산화하여 양산에 적용하였으나, 운전 중 브러시와 정류자의 계속적인 접촉 마모특성에 의해 미소한 접촉 불량에도 접촉면의 이상 마모와 소손 등으로 사용자불만이 빈번하게 제기되었다. 그리고 수요군에서는 브러시 및 회전자 등 주요 부품을 자주 교체하고 정비하여야 하므로 운영유지의 어려움과 상당한 유지비용이 소요되는 문제가 발생하였다.

송풍기 품질문제점 개선을 위해 〈표 10-4〉와 같이 BLDC(Brushless Direct Cur-

그림 10-17 K1(K1A1) 전차 굵은 먼지 배출용 송풍기 형상

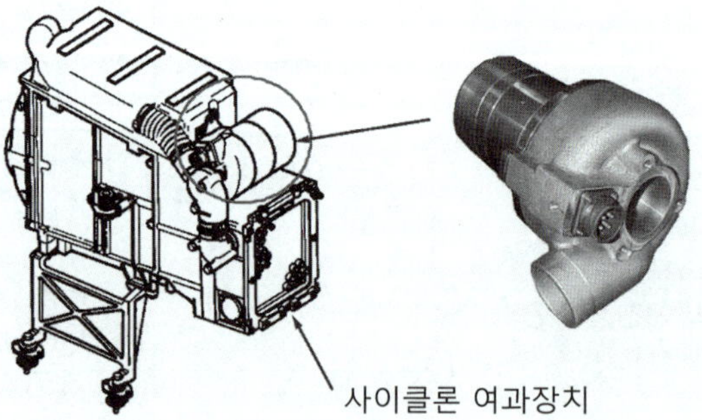

| 표 10-4 | K1(K1A1) 굵은 먼지 배출용 송풍기 개선 전 · 후 비교

구 분	개선전	개선후
형 식	DC Motor(Brush Type DC Motor)	BLDC Motor(Brushless DC Motor)
구 조	회전 전기자형 ·전기자 : 회전자 ·계 자 : 고정자	회전 계자형 ·전기자 : 고정자 ·계 자 : 회전자
정류방법	브러시와 정류자의 기계적 접촉에 의한 스위칭	반도체를 이용한 전자적 스위칭

rent) 모터를 사용한 송풍기로 품질개선을 추진하여, 그 동안 빈번했던 모터 소손 등의 품질결함을 방지하고 브러시 및 회전자 등의 주기적인 부품 교체와 정비가 불필요하게 되었다.

함정용 추적레이더 대함표적 획득시간 개선

함정용 추적레이더의 표적획득 시간이 평균 ○○초 정도로 길게 나타남에 따라 1, 2초를 다투는 전장환경에서 수요군 불만사항이 빈번히 제기되었다. 따라서 관련 문제에 대한 기술검토를 바탕으로 함정용 추적레이더의 표적획득시간 지연 원인을 분석하고, 유사 장비에 대한 관련 자료검토 등을 통해 품질개선 방안을 수립하였다. 주요 품질개선 내용을 살펴보면 추적레이더 표적획득시간 주요 영향인자의 정의 및 분석, 표적획득시간 단축, 추적시 발생되는 헌팅 현상분석 및 해소 등의 기술검토를 통해 전투체계 운용성 향상과 추적레이더를 통한 대공(대함) 사격의 정확성 및 신속성을 높이고자 하였다. 특히 대함 표적획득 시간은 〈그림 10-18〉에서 개선 전에는 약 ○○초, 개선 후에는 약 ○초로 단축되어, 전장에서의 생존율을 보다 높일 수 있어 수요군의 만족도를 제고시켰을 뿐만 아니라, 현재 국내 연구개발 중인 타 장비의 성능향상 측면에도 많은 기여를 하였다.

그림 10-18 대함표적 획득시간 개선 전 · 후 비교

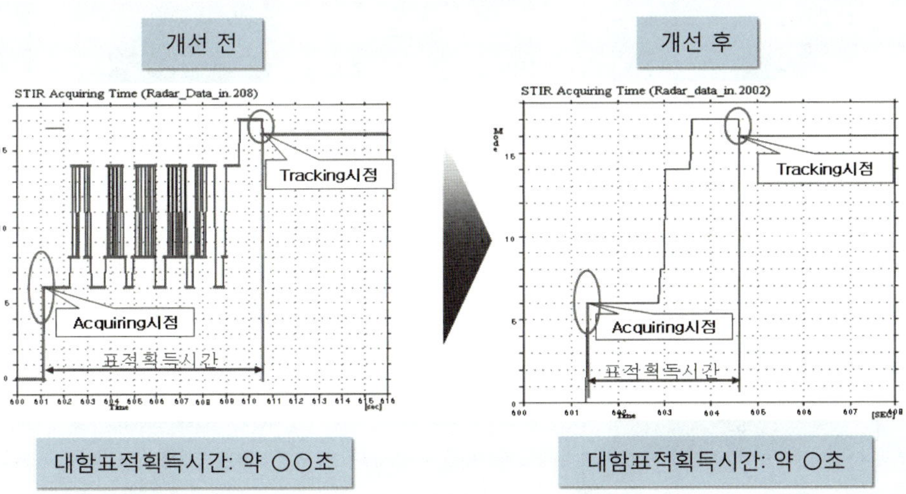

관성핀 설계결함 개선을 통한 안전성 향상

○○부대에서 고폭탄 연습사격 중 송탄 과정에서 원인 미상의 폭발이 발생함에 따라, 품질을 개선하여 고폭탄의 안전성을 확보한 품질개선 사례이다. 원인분석 결과 〈그림 10-19〉와 같이 정상 조립된 관성핀이 운용과정에서 후출된 것으로 추정되었다. 관성핀이 후출된 신관이 송탄 중에 폭발할 가능성을 확인하기 위하여, 실제 총포의 발사환경을 구현한 치구를 제작하여 완성탄 역기능시험 및 부품누락 영향성 시험을 통해 탄의 발사충격으로 장전상태의 신관은 송탄중 기폭 가능하였다. 또한 1차 안전장치인 관성핀이 빠진 신관이 2차 안전장치인 디텐트(Detent)의 존재에도 불구하고 수송 또는 이동간 완전장전 상태로 전환될 수 있는지를 확인하기 위하여 점블시험을 수행한 결과 관성핀이 후출된 신관은 수송 중 기폭되거나 또는 완전 장전상태로 전환될 수 있음이 확인되었다. 시험결과는 〈표 10-5〉와 같다. 국방규격의 환경시험에 대해 시험조건을 강화시켜 실시하여도 관성핀이 하강하지 않음에 따라 〈그림 10-20〉과 같이 탄약 이송경로를 검토하여 추가적인 환경시험 항목 및 필요성을 검토한 결과, 탄약을 함정에 선적하여 이송하는 과정에

그림 10-19 치명결점 관성핀의 최초 조립흔적

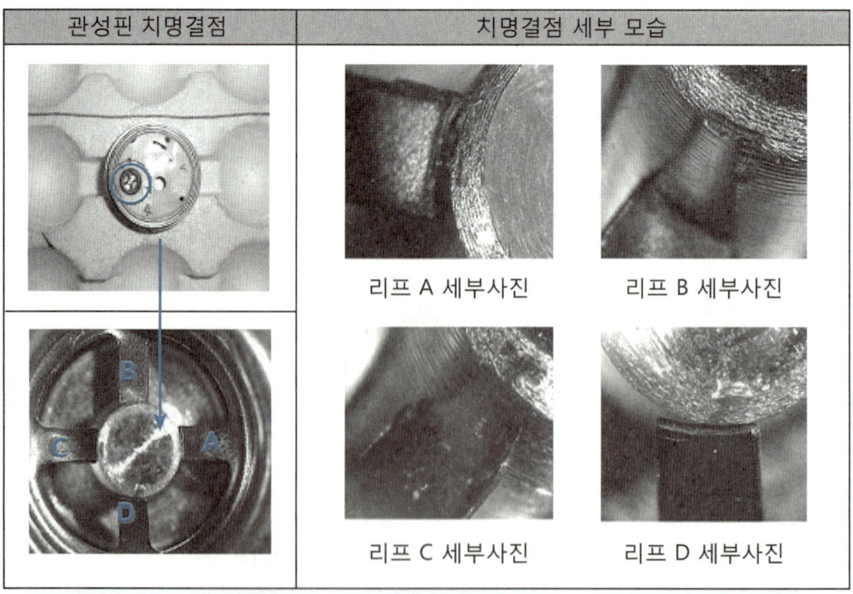

| 표 10-5 | 관성핀 점블시험 결과

시험명	시험조건	시료조건	합격/불합격	시험결과
점블시험	점블시험장비로 3,600회전 30±2rpm	1. 관성핀이 후출된 치명결점 2. 시료수량 : 12발	0/1	1. 시료 12발 중 4발이 완전 장전 상태로 전환 2. 시료 12발 중 2발이 부분 장전 상태로 전환 3. 시료 12발 중 4발이 기폭

서 12M 낙하시험을 통한 탄약의 안전성 검증이 추가로 필요한 것으로 파악되었다. 〈표 10-6〉을 보면 신관에 대한 12M 낙하시험 수행 결과 외부 충격에 의해 관성핀이 관성스프링에서 하강하여 치명결점으로 전환되는 것이 확인되었으며, 소요군 운송 및 운영 과정에서 유사한 외부 충격이 가해질 경우 안전성에 문제가 발생할 수 있음이 확인되었다. 또한 관성핀 검사방법상의 문제점이 도출되었다. 국방규격에는 신관 관성핀하우징 조립체의 안전상태 검사방법으로 〈그림 10-21〉과 같이 디텐트 해제를 통한 관성핀 조립 유무를 확인하고 신관의 안전상태를 검

그림 10-20 탄 운송경로 검토

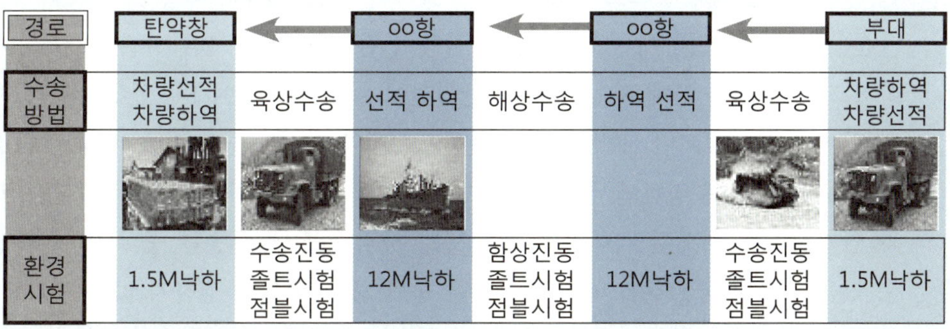

| 표 10-6 | 40MM 고폭탄에 대한 12M 낙하시험 결과 관성핀 후출 현상

번 호	시료내역	수 량	낙하방향	시험결과
Box 01	정상(모서리 "R")	12	Nose Up	이상 없음
	중결점(모서리 "R")	12		치명 결점 2발: 다리 2개 이탈
Box 02	정상	14	Nose Up	치명 결점 1발: 다리 3개 이탈 중결점 1발: 다리1개 이탈
	중결점	10		치명 결점 1발: 다리 2개 이탈

그림 10-21 디텐트 해제에 따른 영향성 확인결과

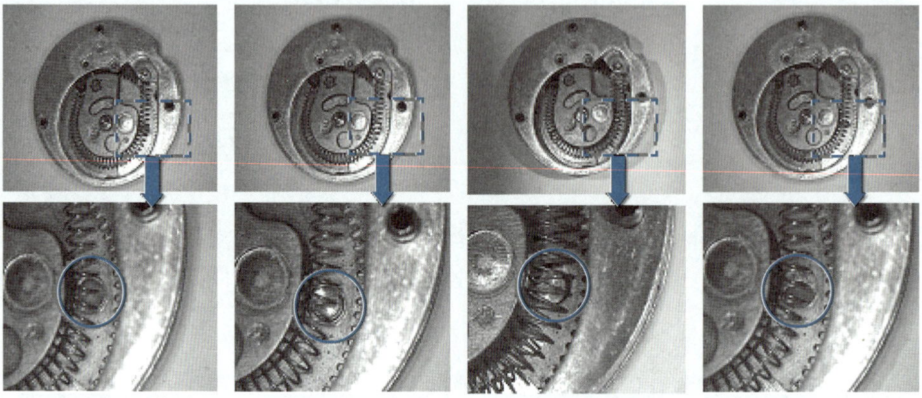

☞관성핀 조립 전 ☞디텐트 해제 전 | ☞관성핀 조립 전 ☞디텐트 해제 전 | ☞관성핀 조립 후 ☞디텐트 해제 후 | ☞관성핀 조립 후 ☞디텐트 해제 후

사하도록 되어 있으나, 디텐트를 해제함에 따라 관성핀이 로터에 의해 Pre-load를 받아 한쪽으로 기울어진 상태로 조립되며, 이는 추후 운용환경에서 제품의 관성핀 조립상태를 중결점으로 전환시킬 수 있음이 확인되었다.

분석결과를 종합하여 보면, 먼전 악작용이 발생한 탄 및 전후 로트의 탄을 회수하여 제품 상태를 분해 확인한 결과 관성핀이 완전 하강하여 1차 안전장치가 해제된 탄이 발견되었으며, 관성스프링의 리프 2개가 관성핀을 지지하지 않는 치명결점 사항이 국내 운영탄에서 발견되었다. 신관에 대한 역기능시험 및 점블시험 결과 안전장치가 해제된 결함탄에 대해서는 사격 과정에서 송탄 중 폭발이 발생할 수 있음이 확인되었으나, 국내 결함탄은 송탄 중 폭발은 발생하지 않는 것으로 파악되었다. 또한 생산과정에서 국방규격상에 명시된 사항에 따라 00MM 고폭탄의 1차 안전장치인 관성핀의 장착 여부를 검사할 경우 로터의 회전력으로 인해 관성핀이 기울어지게 되며, 이는 탄의 소요군 운영 중 중결점을 유발하는 원인으로 확인되었다.

개선방안의 기본방침은 먼저, 관성핀의 관성스프링 조립부위의 형상을 충격력에 취약한 테이퍼(Taper) 형상에서 스텝(Step) 형상으로 변경하여 충격에 대한 안전성을 강화하며, 무게는 안전성 및 작동성능에 중요한 Factor이므로 무게 변경이 발생하지 않도록 형상을 재설계하였다. 품질개선(안)에 대해서는 12M 낙하시험

| 표 10-7 | 유사탄종의 관성핀 형상

관성핀 형상						
관성핀 재질	알루미늄 합금봉	쾌삭 황동봉	쾌삭 황동봉	쾌삭 황동봉	황복합 쾌삭강	스테인레스 강봉

| 표 10-8 | Step 형상의 변경전후 12M 낙하시험 결과

형 상	정하중 (Req't:709~1559 g)	12M 낙하시험 후 관성핀 상태변화	무게/G값
 Taper	1,077.4 g (857~1,142 g)	치명결점 발생	0.079 g/13,637G
 Step	970 g (840~1,100 g)	상태변화 없음	0.080 g/12,125G

을 통해 안전성 강화 여부를 검증하고 비활성 및 활성 발사시험을 통해 성능을 확인한 후, 규격상의 환경시험 수행을 통해 개선안의 타당성 검증 및 효과적인 검사방법을 재설정하였다.

유사탄종 관성핀 형상은 〈표 10-7〉과 같다.

〈표 10-8〉에서는 12M 낙하시험 대해서 Step 형상의 변경전후 시험결과 관성핀의 Taper 형상 보다는 Step 형상이 안전성이 높은 것으로 확인되었다.

〈표 10-9〉는 관성핀의 형상을 Step 형상으로 변경하고 관성스프링에 대한 하중시험 결과 관성핀의 직경에 따라 하중값이 증가함이 확인됨에 따라, 하중시험 및 12M 낙하시험을 통해 관성핀의 최적 치수 및 형상을 도출하였다.

따라서 〈표 10-10〉과 같이 안전성을 확보하기 위한 방안으로 먼저, 신관의 1차

| 표 10-9 | 12M 낙하시험을 통해 관성핀의 최적 치수 및 형상을 도출

구 분	~을	1차 개선	2차 개선	3차 개선
형상	TAPER	STEP	STEP	STEP
REQ'T 직경(mm)	2.28 −0.12 2.256	미정 −0.12 2.221	미정 −0.12 2.468	미정 −0.12 2.475
평균하중값(g)	1077.4	1165	1359.4	1348.7
12M낙하	Failure	Success	Success	Success

| 표 10-10 | 관성핀의 형상 및 검사방법을 변경

항 목	변 경 안	
	~ 을	~ 으로
관성핀 형상	 • 관성핀의 관성스프링 조립부 -형상: Taper -직경: 2.28-0.12	 • 관성핀의 관성스프링 조립부 -형상: Step -직경: Max 2.53-0.12/ Min1.88-0.10
관성핀 검사 방법	치명결점 1. 디텐트를 해제시켰을 때 로터가 비장전 위치에 있지 않는 것 치명결점 1. 검사방법: 육안 / 수동	치명결점 1. 로터가 비장전 위치에 있지 않는 것 치명결점 1. 검사방법: 육안

안전장치인 관성핀의 형상을 기존 Taper 형상에서 Step 형상으로 변경하였다. 수요군 운용 중 수송 중 외부충격으로 인한 안전장치의 중결점 전환을 방지하고자 관성핀의 검사방법을 변경하였다. 관성스프링에 조립되는 부위의 관성핀 형상을 기존 테이퍼(Taper) 형상에서 스텝(Step) 형상으로 변경함으로써, 제품에 대한 관성스프링 하중시험 결과 약 25%의 개선효과가 있음이 확인되었다. 12M 낙하시험 결과 관성핀이 후출되는 치명결함이 발생하지 않음이 입증됨에 따라 탄의 안전성이 크게 개선되었으며, 관성핀의 형상변경을 통해 기존 탄 및 신관의 작동성능에 미치는 영향성 없이 안전성이 강화되었다. 또한 탄약악작용에 따른 수요군 운영탄 분해검사를 통한 확인 결과 디텐트 해제를 통한 관성핀 조립여부의 확인방법이 추후 수요군 운용시 중결점을 유발함이 확인됨에 따라, 디텐트를 해제하지 않고 육안확인만으로 관성핀의 장착상태를 확인하도록 방법을 개선하였다.

유도탄 추진기관 충전공정 개선

유도탄용 추진기관은 국내 최초 독자개발품으로 품질특성의 설정조건이 까다로운 품목이다. 양산중인 제품의 추진제 충전 후 비파괴검사에서 과다한 불량('06년 불량율 9.6%, 주요인: 추진제 내부 기포)이 나타나고 있어, 이에 대한 원인조사 및 품질개선이 필요하였다. 추진제는 유도탄의 중앙 부에 위치하며, 〈그림 10-22〉와 같이 주로 비파괴검사로 이루어진다. '01~'06년 생산분에 대한 비파괴검사 결과에 따른 불량발생 현황을 보면, 추진제 "내부의 기공/Crack 발생"이 전체 부적

그림 10-22 비파괴검사(X-ray) 촬영 장면

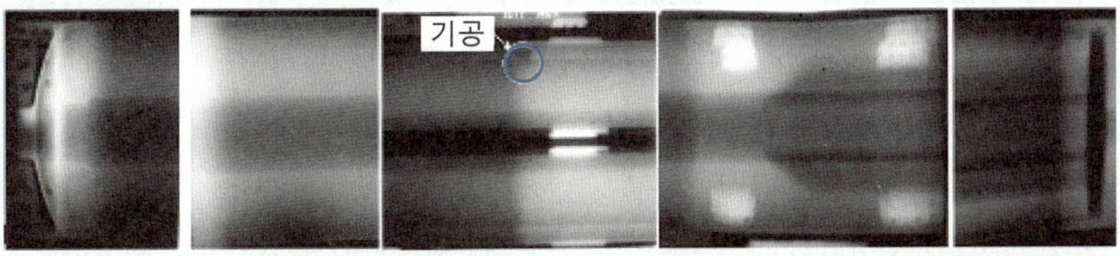

합의 약 82.6%로 가장 많은 불량률을 차지하고 있다. 연도별 추진제충전체의 그레인 기포불량내역 검토결과 '04~'06년 생산분에 대한 추진제충전체의 불량률은 평균 약 9.6%로 나타났다. 비파괴검사결과를 분석한 결과 결함 기공의 분포가 특정부위(코아 꼭지부분, 코아 날개 slot 부분)에 집중되는 현상이 있으며, 품질이력을 보면 여름철 우기에 불량빈도가 높은 특성을 보이고 있었다. 따라서 주요 원인을 도출하기 위해 계통도법을 이용하여 4M(Material, Machine, Method, Man)을 근간으로 추정원인들을 〈그림 10-23〉과 같이 분석해 보았다. 계통도법에 의한 결함의

그림 10-23 계통도법에 의한 결함의 주요 인자 분석

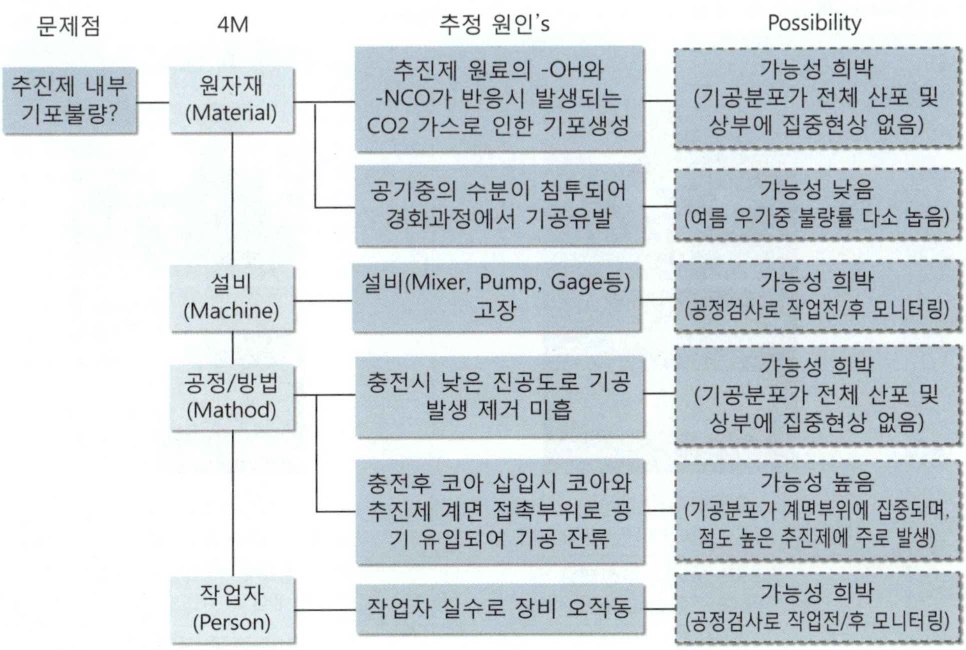

주요 인자를 분석한 결과, 공정상의 현탁액(Slurry) 상태의 추진제를 연소관에 충전 후 Core를 삽입하고 경화되는 과정에서 Core와 추진제 접촉 계면으로 유입된 공기가 잔류되는 요인이 결함발생의 주원인으로 추정되었다. 따라서 Coring(코아삽입)—충전 공정을 개선대상으로 선정하였다.

개선방안으로는 슬러리상태의 추진제 충전공정에서 코아 삽입시기를 후-Coring 에서 선-Coring으로 변경하여, 추진제 충전 후 후-Coring시 Core 표면의 기포가 내부로 유입되는 현상을 방지하였다. 이에 대한 확인을 위하여 1회 충전 Batch 8발중 2발~5발씩 개선방식(선-Coring)으로 충전-경화한 후에 버파괴검사로 확인/모니터링한 결과 양호하여 개선 효과를 나타내었다. 이를 토대로 충전방식별 불량내역을 비교 모니터링한 결과 〈표 10-11〉과 같이 추진제 기포불량이 공

| 표 10-11 | 충전방식별 불량내역을 비교 모니터링

< 분석대상 > '07년 (로트 #032~#036)	불량률		비고
	기존공정	개선 공정	
전체 불량 〈 추진제 기포 불량 〉	18발 (15.6%) 〈 12발 (10.4%) 〉	8발 (10.4%) 〈 1발 (1.3%) 〉	5.2%P ↓

| 표 10-12 | 개선 전후 내용

구분	개 선 전	개 선 후
형상	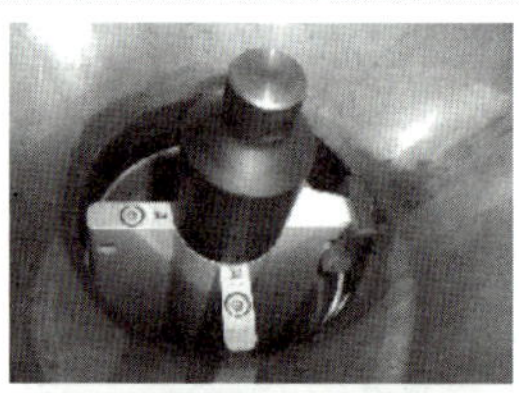 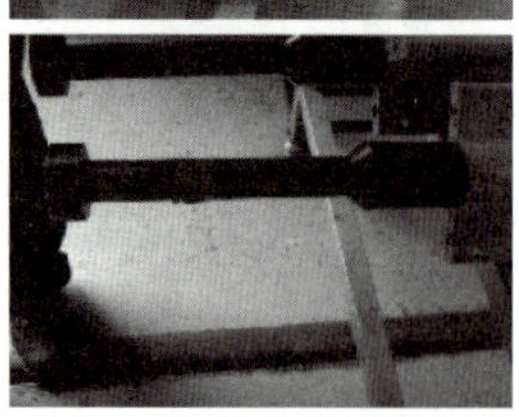 후-Coring 치공구 (분리형 2단 - 코아홀더/날개/Bushing)	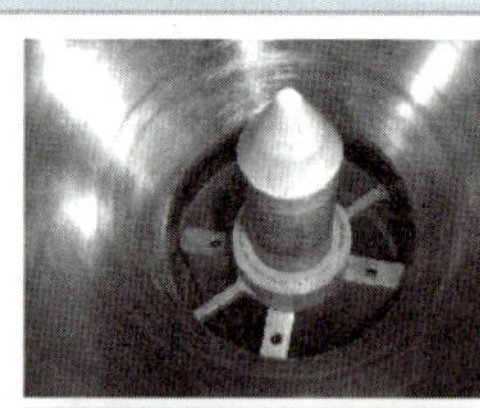 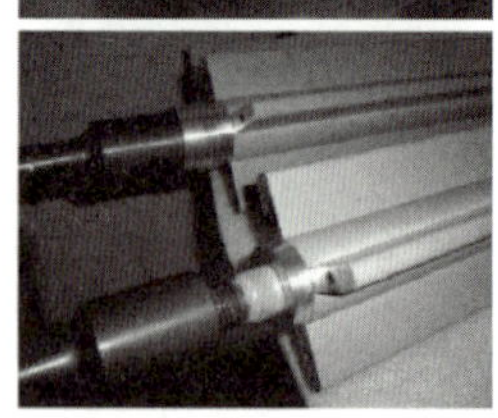 선-Coring 치공구 (일체형 - 코아 홀더/날개/Bushing)
내용	슬러리 상태의 추진제를 충전한후에 코아삽입(후-Coring)	코아를 먼저 삽입한후 슬러리 상태의 추진제를 충전(선-Coring)
조치	-	공정변경(작업표준서) 변경

정개선 전후를 비교시 10.4%에서 1.3%로 감소되었다. 전체적인 두 공정간의 불량률 차이는 5.2%P(전체 불량률) 감소되어 개선이 유효한 것으로 판단되었다. 불량률이 기존년도보다 높은 이유는 공정이 안정화가 미흡한 상태로 숙달되는 기간이 경과되면 좀 더 낮아질 것으로 기대된다. 개선 전후 내용을 요약하면 〈표 10-12〉와 같다. 개선에 대한 기대효과로는 먼저 양산품에 대한 제품 불량률이 현저히 개선(9.6% → 3.1%)되었다. 공정개선을 통한 품질수준의 향상으로, 현 기술수준으로 검출이 곤란한 검사규격 수준이하의 결함요인도 동시에 저하되어 품질에 대한 신뢰성이 높아졌을 것으로 판단된다. 장기저장성 측면에서도 Service-Life가 현저히 증대될 것으로 기대된다. 차후 무기체계의 발전추세(정밀 타격)에 비추어 볼 때, 다른 추진기관/Booster류에 대한 생산기술 및 차후 개발품에 대한 적용기술의 파급효과가 클 것으로 기대된다.

항공기 엔진 FOD 결함 예방을 위한 Test Cell 개선

항공기 엔진 국내생산 시운전 과정에서 FOD (Foreign Object Damage: 외부 이물질이 고속으로 회전하는 엔진으로 흡입됨으로 인한 엔진 손상) 결함이 지속적으로 발생하였다. 이로 인해 엔진 분해, 재검사, 재조립하는 과정에서 원가 상승요인이 발생하였고 Borescope로 확인 불가한 잠재 품질결함을 개선하기 위해 시운전실 내의 공기 유입구 산화물 제거 및 최적의 Screen을 설치하고, Screen 설치로 인한 엔진 시운전실 영향성을 입증하여 안정적인 품질의 엔진 생산 및 후속호기의 FOD 발생을 제거하였다.

〈그림 10-24〉와 같이 엔진이 약 15,000RPM으로 회전시 초당 공기흐름은 249 lb 로 미세한 외부 이물질이라고 하더라도 엔진속으로 빨려들어 갈 경우 심한 손상을 초래하여 압축기 블레이드에 Nick, Dent 등 많은 결함이 발생하게 되었고, 분석 결과 엔진 시운전실 내·외부의 이물질(산화철)로 확인되었다. 시운전실로의 FOD 유입경로는 〈그림 10-25〉와 같이 엔진 시운전실 공기 배출구(Exhaust Stack Turning Vane)를 통과한 공기는 시운전실 공기 흡입구로 재 흡입되는 과정에서 수많은 산화물이 통과되면서 엔진으로 흡입 되는 것이 확인되었다.

먼저, 1차 개선은 시운전실 내의 세척, Inlet Bird Screen 교체 및 IRP/Max 각 1곳에 대하여 Correlation을 수행하였고 그 결과 외부 이물질의 양은 상당히 줄어

그림 10-24 손상된 압축기 블레이드

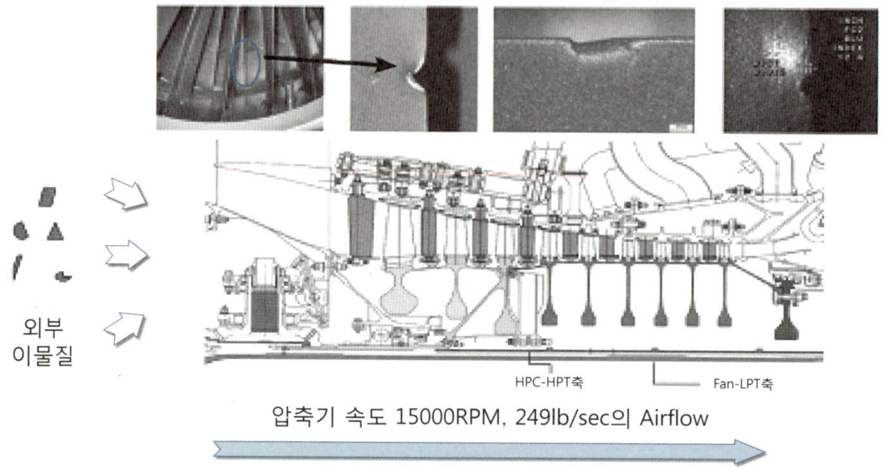

그림 10-25 시운전실에서의 FOD 유입경로

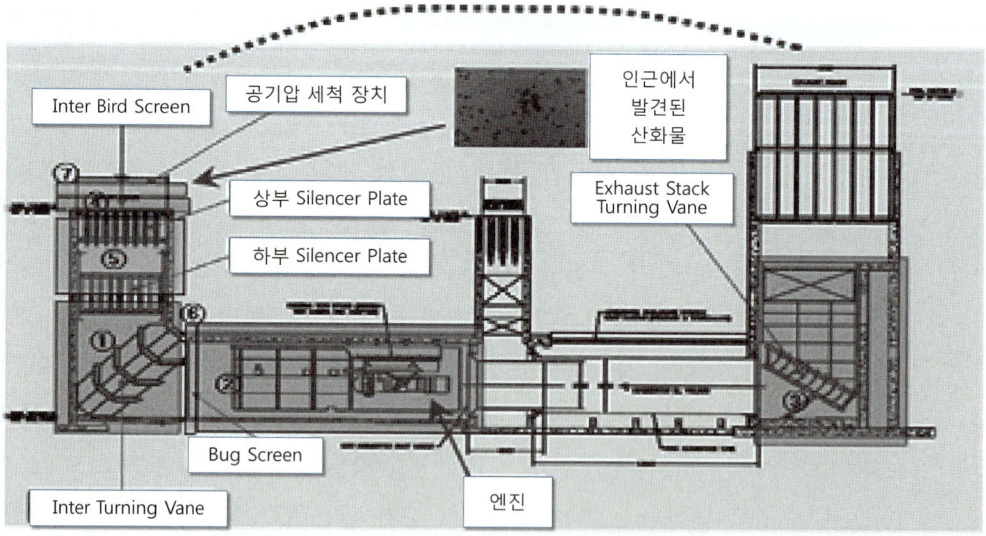

그림 10-26 공간율의 개념

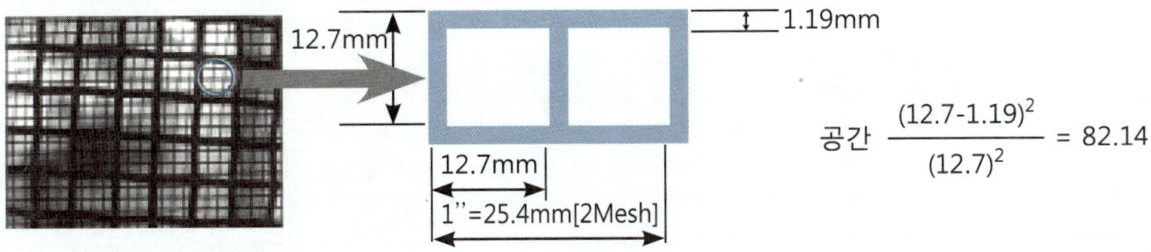

든 것으로 확인되었으나, 엔진 시운전실 노후화로 인해 산화물 근본제거의 한계로 인해 FOD가 재 발생함에 따라 2차 개조가 필요하게 되었고, 이때 고려한 사항이 공간율을 적용한 Bug Screen 교체, 세척 장치추가 및 Full Correlation을 추력 Level별 개조 전/후 각 2회씩 수행함으로써 시운전실 개조작업에 따른 출력변화량을 최소화시키고자 하였다. Bird Screen은 Cell 내부 기존 Burg Screen 공간율(Open Area) 60.26% 이상으로 하되, 엔진으로 유입되는 외부 이물질의 크기는 기존보다 작은 방향으로 검토하였다. Bug Screen 공간율은 Fan 회전수에 따른 공기흐름량의 허용오차 값인 ±0.5% 이내로 Screen을 조합하는 방향으로 검토하였다. 공간율의 개념은 〈그림 10-26〉과 같이 전체 스크린중 공기가 통과할 수 있는 면적을 의미하고 있으며, 두 개의 Screen이 겹칠 경우에는 각각의 공간율을 곱하여 최종 공간율을 계산하도록 되어 있다.

기존 Bird Screen의 공간율은 〈표 10-13〉과 같이 70.98% 인데 이를 외부로부터의 이물질 유입을 최소화시키는데 있어, 유입되는 공기가 시운전실내의 기존 Bug Screen 의 공간율 60.26% 보다는 높게 하여 공기흐름에 영향이 없도록 Screen Mesh 검토하였다. 그 결과 2중 스크린이 요구되었으며 〈표 10-13〉과 같이 공간율 60.50%의 스크린을 선정할 수 있었다. 기존 Bug Screen의 공간율은 60.26% 로서 〈표 10-14〉와 같이 이중스크린으로 되어있고, 개선후의 공간율은 기존값 ±0.5% 이내로 검토함으로써 전체 공기유입량의 변화가 없도록 선정하였다. 기존 3.10mm×1.24mm 크기의 외부 이물질 통과 크기를 0.92mm×0.90mm 이내 크기만 통과 될 수 있도록 조치함으로써 FOD로 인한 손상크기를 1/8로 줄일 수 있었다. 이를 위한 검증은 〈표 10-15〉 및 〈그림 10-27~36〉과 같이 총 10항목에 대하여 실시하였다.

| 표 10-13 | 변경전/후 Bird Screen 사양

<table>
<tr><th></th><th>Mesh 종류</th><th colspan="2">항목</th><th>값</th></tr>
<tr><td rowspan="4">변경전</td><td rowspan="4">Large Mesh</td><td colspan="2">Mesh(No)</td><td>2</td></tr>
<tr><td colspan="2">Wire Dia(mm)</td><td>2</td></tr>
<tr><td colspan="2">Opening(mm)</td><td>10.7</td></tr>
<tr><td colspan="2">공간율</td><td>70.98%</td></tr>
<tr><td rowspan="10">변경후</td><td rowspan="4">Large Mesh</td><td colspan="2">Mesh(No)</td><td>2</td></tr>
<tr><td colspan="2">Wire Dia(mm)</td><td>1.19</td></tr>
<tr><td colspan="2">Opening(mm)</td><td>11.51</td></tr>
<tr><td colspan="2">공간율</td><td>82.14%</td></tr>
<tr><td rowspan="6">Smal Mesh</td><td colspan="2">Mesh(No)</td><td>24</td></tr>
<tr><td rowspan="2">Wire Dia(mm)</td><td>수평</td><td>0.16</td></tr>
<tr><td>수직</td><td>0.14</td></tr>
<tr><td rowspan="2">Opening(mm)</td><td>수평</td><td>0.90</td></tr>
<tr><td>수직</td><td>0.92</td></tr>
<tr><td colspan="2">공간율</td><td>73.65%</td></tr>
</table>

| 표 10-14 | 변경전 Bug Screen 사양

<table>
<tr><td rowspan="4">Large Mesh</td><td>Mesh(No)</td><td>6</td><td rowspan="4">Small Mesh
(Nylon)</td><td rowspan="2">Wire Dia</td><td>수평</td><td>수직</td></tr>
<tr><td>Wire Dia(mm)</td><td>0.71</td><td>0.10</td><td>0.20</td></tr>
<tr><td>Opening(mm)</td><td>3.53</td><td>Opening</td><td>1.24</td><td>3.10</td></tr>
<tr><td>공간율</td><td>69.31%</td><td>공간율</td><td colspan="2">86.93%</td></tr>
</table>

총 10항목에 대한 검증결과 Cell Factor를 추가로 보정할 필요없이 즉시 시운전이 가능한 상태임이 입증되었다. 즉, 검증결과 항목별 허용오차 값을 벗어날 경우 Corrected Inlet Airflow(WATROT/ST2) 대비 Thrust Correction 값을 보정하여 주어야 하는 값인 Cell Factor를 추가로 적용하여야 한다. 참고로 최초의 Cell Factor 값의 적용은 엔진 원 제작사인 P&W사로부터 제공받아 적용하였고 후속 시운전실 개조에 따른 영향성을 재검증 받았다. 시운전실 개선을 통해 통과될 수 있는 산화물 크기는 약 1/2(반지름 기준)로 작아지고(먼지수준), 손상 깊이(충격량)는 약 1/8로 줄어 현재 후속 7대의 엔진이 생산되었으나 FOD로 인한 품질결함은 발생되지 않고 있다.

| 표 10-15 | Correlation 검증항목

검증 항목(10 항목)
① WATROT/ST2 Vs FN/ST2 (Non-AUG)
② WATROT/ST2 Vs FN/ST2 (AUG)
③ DP2/PT2 Vs WATROT/ST2 (Non-Aug)
④ DP2/PT2 Vs WATROT/ST2 (AUG)
⑤ N1/ROT2 Vs WATROT/ST2 (Non-Aug)
⑥ N1/ROT2 Vs WATROT/ST2 (Aug)
⑦ N1/ROT2 Vs EPR (Non-Aug)
⑧ N1/ROT2 Vs EPR (Aug)
⑨ N1/ROT2 Vs FTIT/OT2 (Non-Aug)
⑩ N1/ROT2 Vs FTIT/OT2 (Aug)

여기에서 언급된 상수의 의미는 다음과 같다.

- WATROT/ST2 : 엔진입구로 유입되는 공기량
- FN/ST2 (AUG) : 표준 추력(후방연소시)
- DP2/PT2 : 벨마우스 압력 강화량
- N1/ROT2 : Fan 표준 회전수
- EPR : 엔진압력비·FTIT : 터빈입구온도
- OT2 : 온도 보정계수 = 측정온도/519 ° R
- ST2 : 압력보정계수= 측정대기압/29.92 in·Hg

그림 10-27 WATROT/ST2 Vs FN/ST2(Non-AUG)

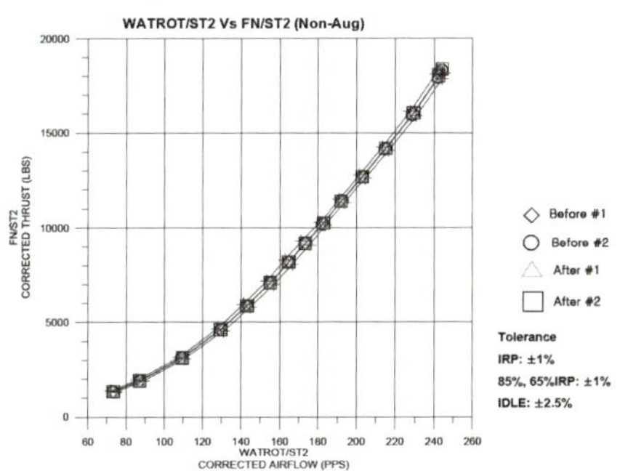

그림 10-28 WATROT/ST2 Vs FN/ST2(AUG)

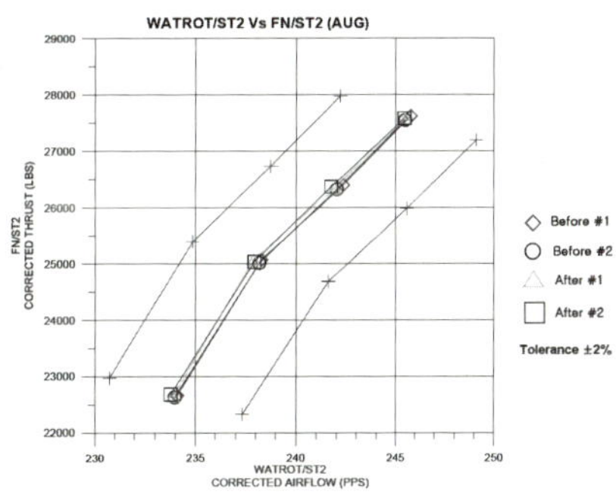

그림 10-29 DP2/PT2 Vs WATROT/ST2(Non-Aug)

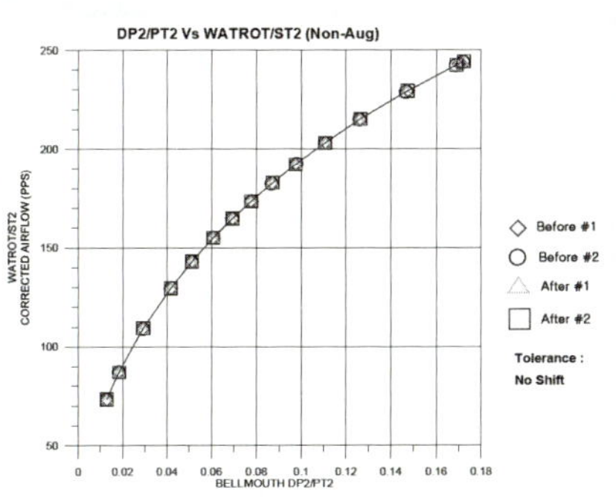

그림 10-30 DP2/PT2 Vs WATROT/ST2(AUG)

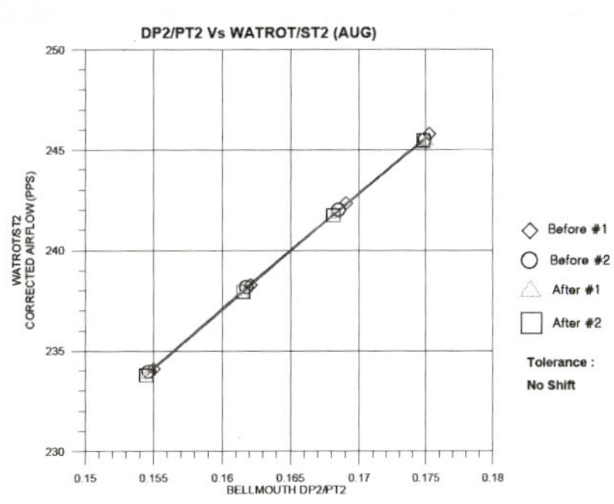

그림 10-31 N1/ROT2 Vs WATROT/ST2(Non-Aug)

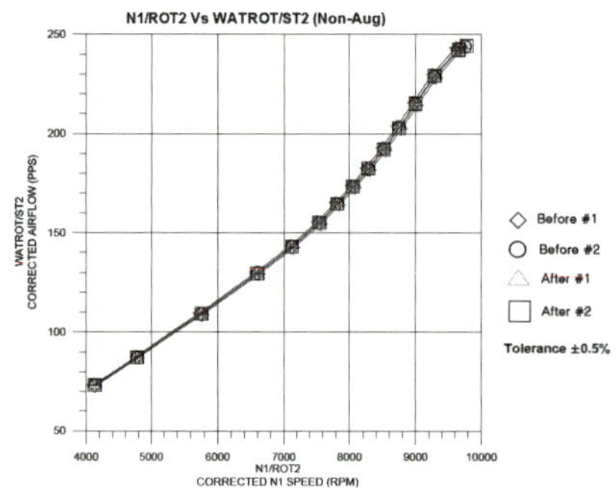

그림 10-32 N1/ROT2 Vs WATROT/ST2(Aug)

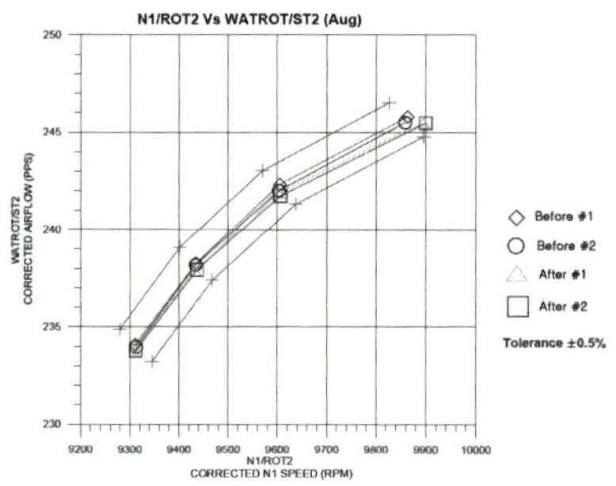

그림 10-33 N1/ROT2 Vs EPR(Non-Aug)

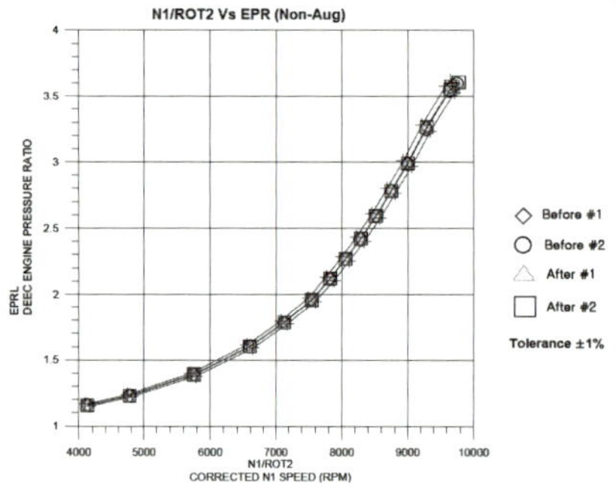

그림 10-34 N1/ROT2 Vs EPR(Aug)

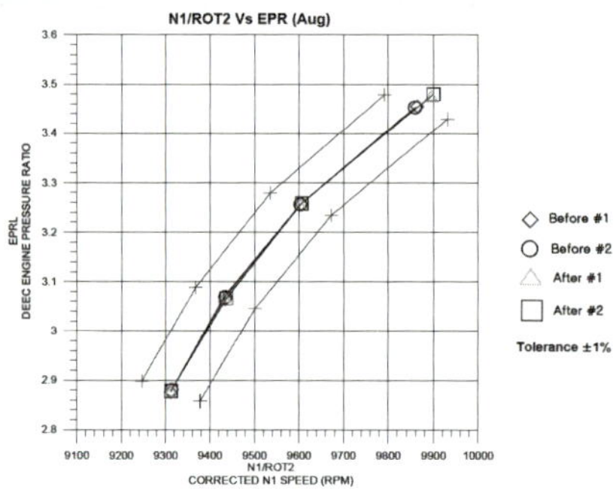

그림 10-35 N1/ROT2 Vs FTIT/OT2(Non-Aug)

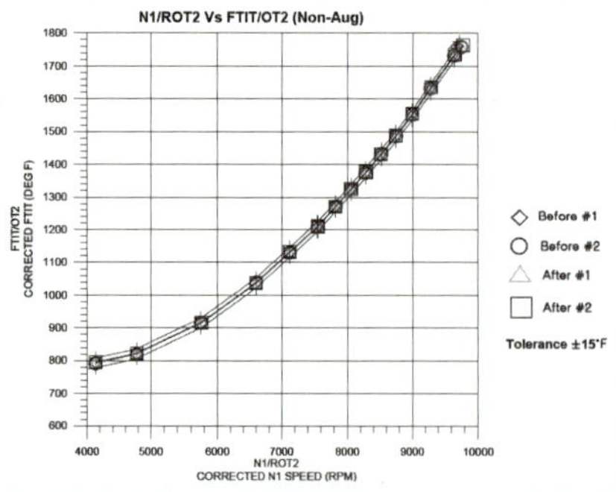

그림 10-36 N1/ROT2 Vs FTIT/OT2(Aug)

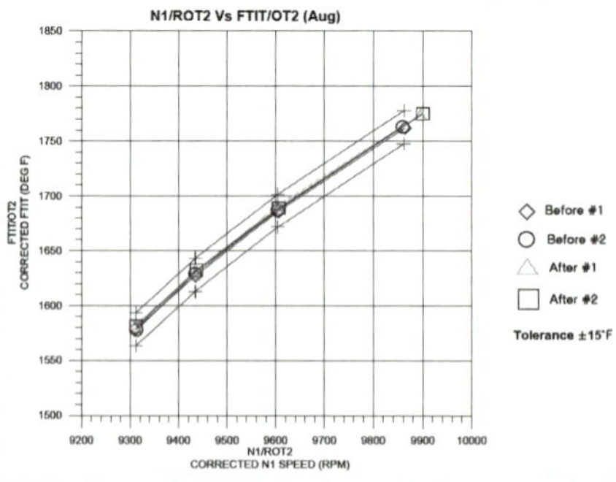

주무장 외부 크랭크 내구성 향상

초도양산 단계의 ○○장비 최초생산품 내구도 사격시험 시 외부 크랭크가 사격간 파손되는 현상이 발생하였다. 최소 3,000발의 내구도가 요구되는 크랭크가 누적 발수 2,527발(내구도 11주기 단발6회)에서 파손되는 현상이 발생하였다. 외부 크랭크는 사격 격발 시 주퇴되면서 작동캠을 따라 상부로 회전 운동을 하게 되는데, 이 때 외부 크랭크의 회전에 따라 같은 축(크랭크 축)에 조립된 좌/우측 크랭크가 회전하고, 이에 따라 공이가 후퇴하고 폐쇄기는 상승한다. 이 때 상승하는 폐쇄기에 의해 칼퀴가 탄피를 후퇴 및 방출시킨다. 〈그림 10-37〉은 외부 크랭크 조립체의 조립위치 및 형상을 나타낸다.

파손 원인분석은 부품 자체 결함 유무(도면 요구사항 만족 여부)와 설계 적합성 부분에 대하여 실시하였다. 부품제작에 있어서 소재, 열처리 경도, 제조방법등 도면 요구사항을 모두 충족하는 것으로 확인 되었다. 따라서 설계 적합성 측면에서 주퇴 시 외부크랭크에 작용하는 외력에 대하여 부품의 강성을 평가해 보았다. 기술자료 검토결과 주퇴 시 작동력 및 속도 그램프에서 최대 하중이 1,500kg, 주퇴복좌 선도

그림 10-37 외부 크랭크 조립체의 조립위치 및 형상

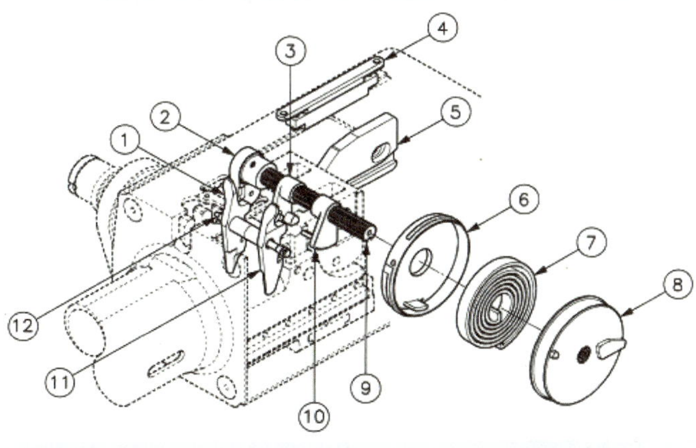

① 칼퀴(좌) ② 외부 크랭크 조립체 ③ 내부 크랭크(좌)
④ 완충재 조립체 ⑤ 작동캠 ⑥ 내부 스프링 케이스
⑦ 폐쇄 스프링 ⑧ 외부 스프링 케이스 ⑨ 크랭크 축
⑩ 내부 크랭크(우) ⑪ 칼퀴(우) ⑫ 칼퀴축

그림 10-38 외부크랭크의 부하하중 시뮬레이션

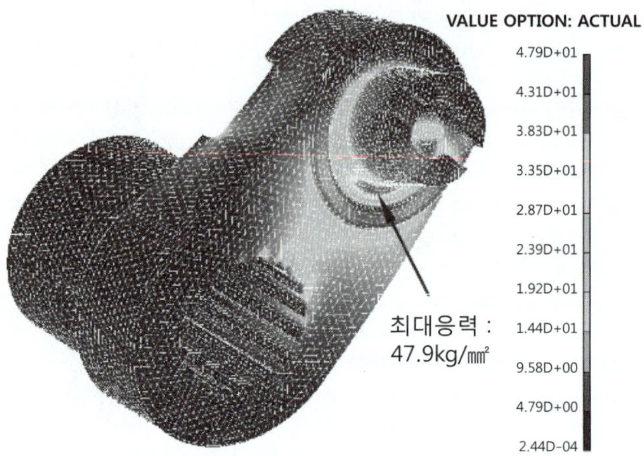

에서 주기가 약 200 msec 정도임을 알 수 있었다. 작동력 1,500kg이 외부크랭크의 부하하중으로 작용한다고 가정하고 외부 크랭크의 강도를 〈그림 10-38〉과 같이 시뮬레이션 한 결과 최대 발생응력은 47.9kg/㎟ 임을 예측할 수 있었다. 충격 하중에 의해 부품에 발생하는 내부응력은 정적으로 작용한 경우에 비해서 크며, 탄성론에 의하면 가벼운 충격에서는 약 1.25～1.5배, 강한 충격에서는 2～3배 정도로 크게 작용하는데, 외부크랭크는 로울러에 의해 주퇴시 작동캠을 따라 운동하는 형식으로 강한 충격은 아니므로 발생응력의 약 2배 정도 설계 항복강도를 가지고 있으면 충분한 것으로 판단되므로 약 96kg/㎟ 까지 작용된다고 볼 수 있다.

이에 반해 외부 크랭크의 소재인 KS D 3709 SNCM439, HRC 45～50 (HB421～475)의 항복강도는 133～150kg/㎟로 충격응력을 고려한 안전율은 최소 1.4～1.6로 분석되었다. 응력이 집중되는 부위는 〈그림 10-39〉과 같으며 Notch 효과를 최소화하기 위한 개선안(R5)ess 2.5 및 Fillet R1.5)에 대해 응력을 분석하였다.

〈그림 10-40〉과 같이 응력 집중부 코너의 반경을 R2.0mm → R2.5mm 변경 시 최대 발생 응력을 약 9% 줄일 수 있음을 시뮬레이션을 통하여 확인하였다. 이상의 구조해석 결과에 따라 응력 집중부 코너의 반경을 R2.0에서 R2.5로 변경시의 피로수명을 MSC/Fatigue S/W를 이용하여 다음과 같이 계산한 결과, 약 2.4배 수준으로 증가하는 것으로 나타났다.

그림 10-39 외부크랭크 단면 형상

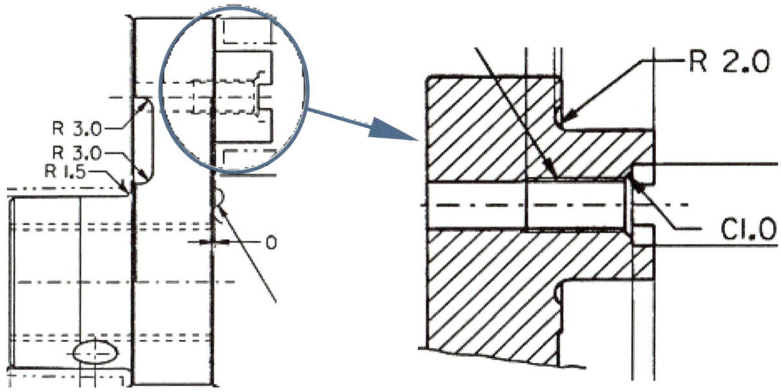

그림 10-40 응력 집중부 코너의 반경변화 시뮬레이션 결과

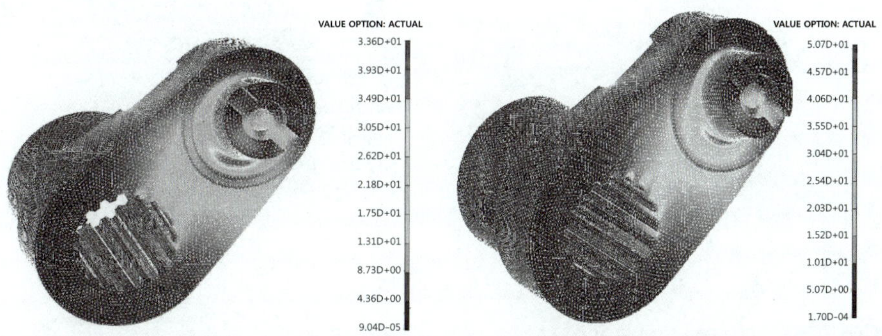

<Recess R=2.5의 최대응력> <필렛 R=1.5의 최대응력>

구분	현 규격 Recess R2.0	Recess R2.5	Fillet R1.5
최대응력	47.9kg/㎟	43.6kg/㎟	50.7kg/㎟
규격 대비 응력 완화율	–	9%	-2.8%

적용 방법: Strength Based Fatigue Analysis Condition

- 각 Case별 하중조건(외부크랭크 최대 작용력)의 내구 강도해석에서 산출된 Stress 결과를 내구해석에 적용함.
- 내구해석은 Uni Magnitude를 갖는 1Cycle의 정규 Sine 함수를 적용함.

그림 10-41 Strength Based Fatigue Analysis Process

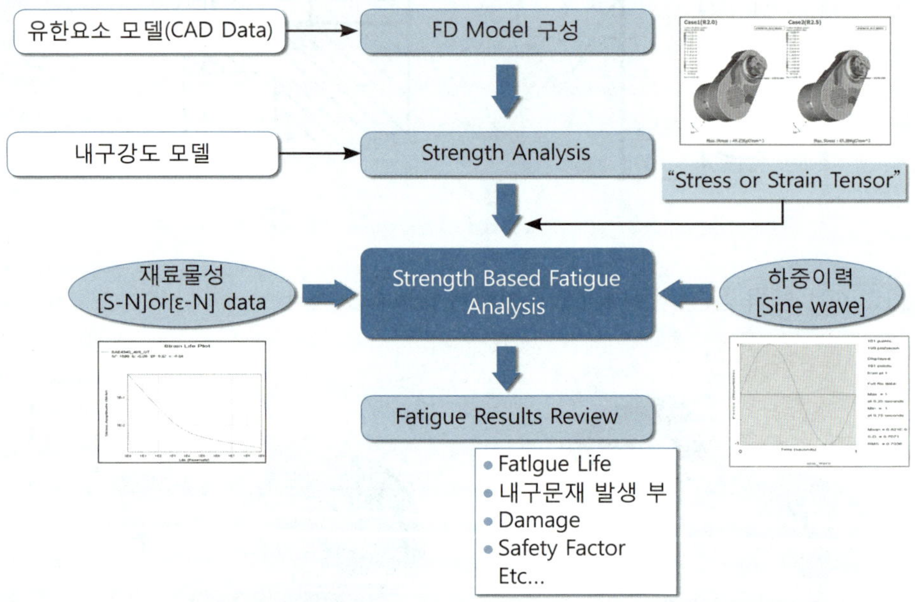

그림 10-42 내구해석 시뮬레이션

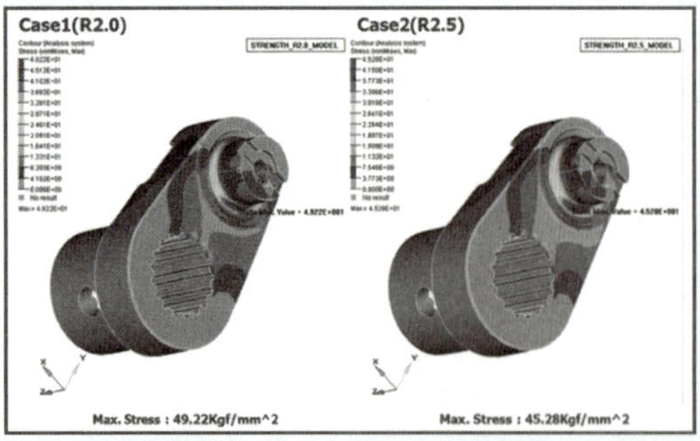

Strength Analysis Stress Results

+

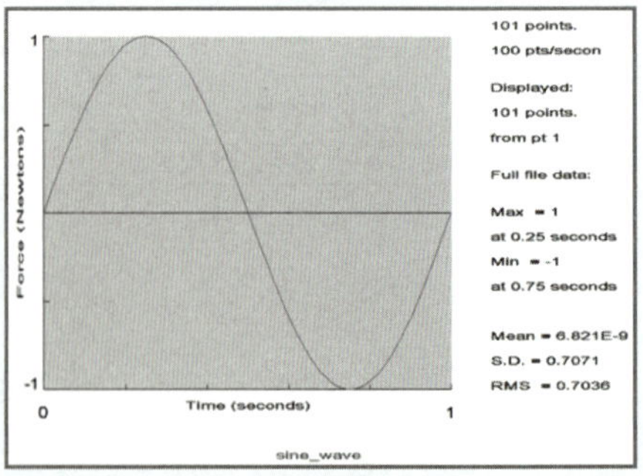

Sine wave

- **적용 재질: 외부크랭크의 재질과 동일한 SAE4340_409_QT (MSC사 에서 제공한 Material DataBase에서 선택)의 S–N 곡선을 사용.**

그림 10-43 SAE4340_409_QT의 응력-수명 선도

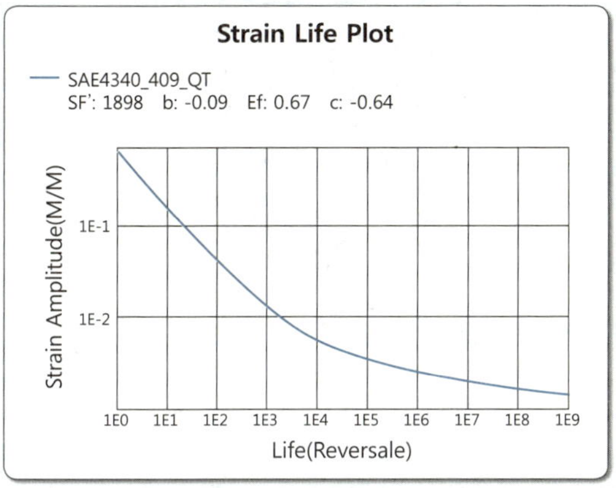

- **KS D 3709 SNCM439, HRC 45~50**
  - 항복강도 : 133 ~ 150 kg/㎟
  - 인장강도 : 145 ~ 175 kg/㎟
- **SAE4340_409_QT**
  - 항복강도 : 139.8 kg/㎟
  - 인장강도 : 149.6 kg/㎟

- **계산 결과: 개선안의 피로수명 약 2.4배 증가**

그림 10-44 내구수명 시뮬레이션

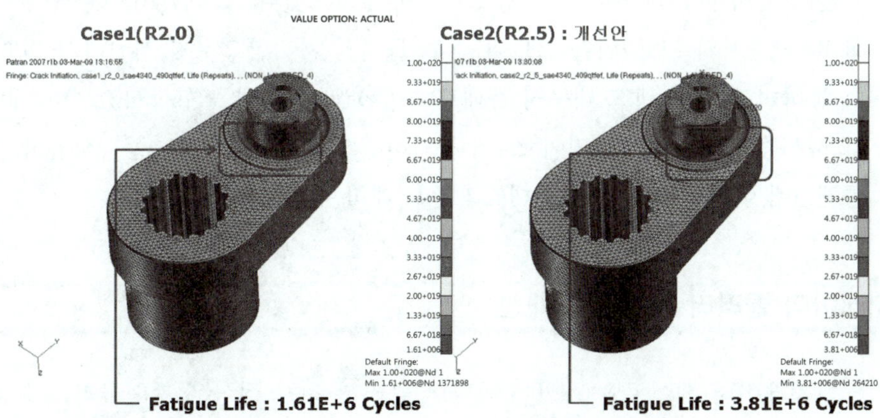

→ **Case1(R2.0)** 대비 **Case2(R2.5)** 개선안의 내구수명은, 약 **2.4**배 향상됨.

또한, 금속표면에 쇼트 피이닝을 하여 압축잔류응력을 발생시키면 피로수명을 크게 증대시킬 수 있는데, 외력에 의한 인장응력이 기 생성되어 있는 압축 잔류응력을 상쇄시키는 만큼 피로수명이 연장된다. 하중집중부위인 홈 R2.5 부위 쇼트

그림 10-45 개선 전/후 비교

개선 전	개선 후
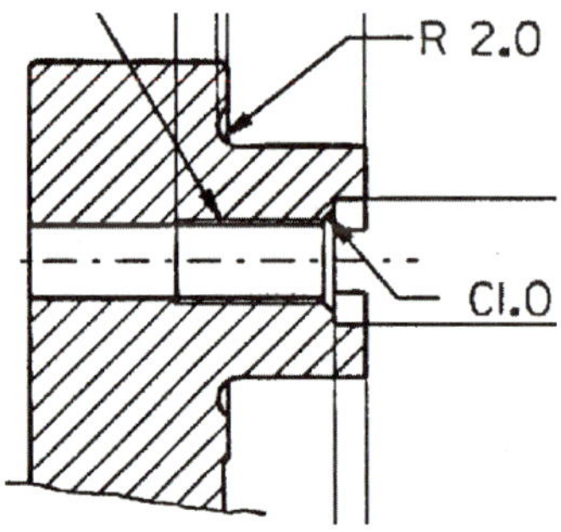	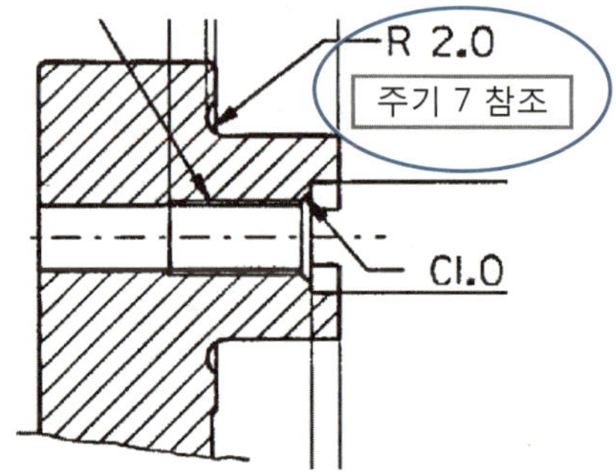 주기 7. R2.5 부위 쇼트피닝 후 폴리싱 처리할 것

피닝 공정을 추가하면 피로강도를 약 20% 향상시킬 것으로 판단된다. 가공방법에 따라 피로한도의 증대가 가능하므로 현 도면 규정에 응력집중 부위에 폴리싱 작업을 추가하면 약 15%의 피로강도가 증대될 수 있다. 〈그림 10-45〉와 같이 구석살 R2.5 증가와 그 주위를 쇼트피닝 후 폴리싱 처리함으로써 개선하게 되었다. 이를 통하여 외부 크랭크 내구성 증대로 주무장의 신뢰성을 향상시켰으며, 구석살을 R2.5로 증가시켜 내구수명이 2.4배 증가하였으며, 쇼트피닝과 폴리싱 공정과 폴를 통해 3배 이상의 내구수명 증대효과를 기대할 수 있었다.

탐지레이더 클러터 제거능력 개선

탐지레이더 제어콘솔 화면에 과다한 클러터 전시 현상은 지형클러터가 많은 주변 운용환경에서 이동표적(실표적)과 고정표적(지형클러터)이 동일 색상(노란색)으로 다량 혼재되어 레이더화면에 전시되고 있다. 이리하여 운용자는 실표적 탐지식별에 대한 현실적 어려움을 호소하였다. 도시지형에 위치한 야전부대 방공진지에서 과다한 지형클러터(Clutter)의 발생으로 실표적 탐지식별이 곤란해짐에 따라 레이더의 개선이 요구되었다.

그림 10-46 방공진지 지형클러터 탐지화면

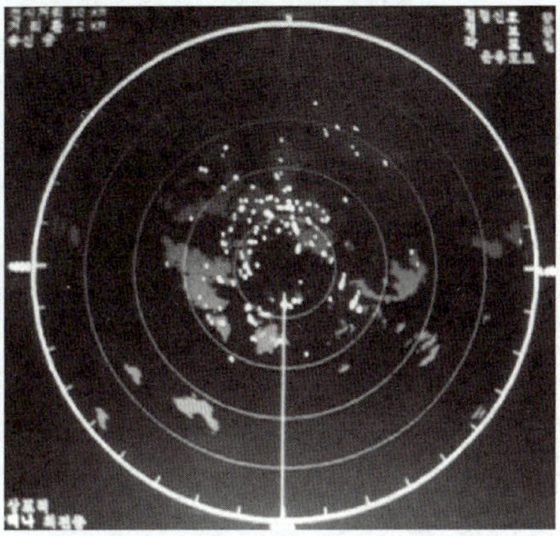

〈그림 10-46〉과 같이 방공진지에서 발생된 과다한 지형클러터 전시현상에 대한 주변 운용환경 지형분석 결과는 레이더 표적탐지에 매우 불리한 고정클러터 발생 환경조건으로 사방으로 산이 방공진지를 에워싸고 있고, 산에는 철탑 구조물, 도로 차량 및 건물 등 인공구조물이 많이 분포되어 있다. 이러한 지형조건의 주변 운용환경은 Spike성 고정클러터가 다량 발생되어 지형클러터의 큰 신호가 많이 발생되며, 탐지레이더의 설계특성을 검토해 본 결과 현재 4단의 MTI(Moving Target Indicator) 필터기능만으로는 지형클러터를 제거할 수 없다는 것을 알게 되었다. 기술검토결과 M/N Detector 적분계수 조정으로 클러터 신호크기가 큰 경우일지라도 고정표적으로 올바르게 전시되도록 신호처리 알고리즘의 Parameter 조정을 최적화할 필요가 있음을 알 수 있었다.

신호처리 개선 Test Case 설계시 Parameter 조정 대상은 M/N Detector 적분계수값, CFAR의 K-Factor값 및 Offset값이다. 최초 시뮬레이션 결과는 M/N Detector 적분계수값을 조정대상으로 기존 6/12을 9/16, 10/16, 11/16의 3가지 Test Case에 대한 결과이며, 조정된 Test Case를 대상으로 실내 및 야외 검증시험 결과는 다음과 같다. 레이더 규격성능의 영향성을 확인하기 위해서 모의표적에 의한 실내 레이더시스템시험에서 11/16은 10/16에 비해서 지형클러터 제거능력 효과가 좋으나, 레이더 규격성능 검증에서 10/16에 비해서 많이 저하되었다. 이 결과와 상반되게 9/16은 10/16에 비해서 지형클러터 제거능력 효과가 나쁘나, 레이더 규격성능 검증에서 10/16에 비해서 효과가 좋은 것으로 확인되었다.

| 표 10-16 | 시뮬레이션 결과에 따른 최적화된 Test Case

CFAR K-factor / CFAR Offest	180	180	364	300	250	350	315
2.85	(기존)	①	×	×	×	×	×
2.60	×	×	②	③	④	×	×
2.50	×	×	×	×	×	⑤	×
2.25	×	×	×	×	×	×	⑥
M/N Detector	6/12	10/16					

한편 결정된 M/N Detector 10/16에 대해 규격성능의 영향성이 최소화(0.2dB 이내) 되는 신호처리 알고리즘 Parameter CFAR의 K-Factor값 및 Offset값을 조정 대상으로 유형별 지형클러터 Data를 입력한 Matlab 시뮬레이션 결과 <표 10-16>과 같은 Test Case 6가지 조합으로 최적화하였다. 설계된 Test Case에 대해 레이더성능시험을 통해 규격성능(MDS, SCV, 탐지거리 등)에 영향성을 확인하였다. 기존 장비와 Test Case 6개에 대해 실내 레이더시험은 '09.4월, 5월 양산중인 레이더 3세트에 적용하였고, <그림 10-47>은 모의표적에 대한 MDS, SCV, MTI IF의 성능항목을 측정한 결과이며, 기존 장비와 개선된 Test Case 6개에 대한 규격성능 수준을 나타내었다.

그림 10-47 Test Case에 대한 MDS 규격 성능 수준

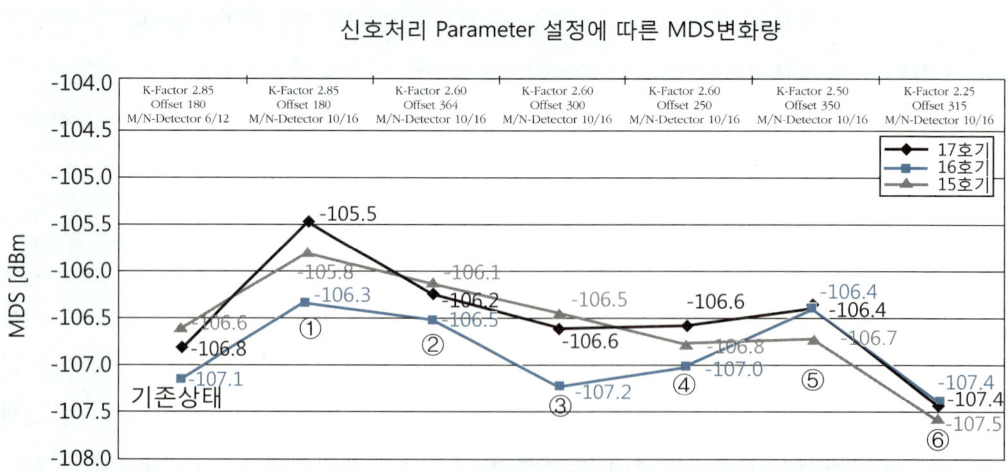

| 표 10-17 | 각 Test Case에 대한 성능시험 결과

Test Case	MDS			SCV			MTI-IF		
	-103dBm이하			26dB이상			33dB이상		
	17호기	16호기	15호기	17호기	16호기	15호기	17호기	16호기	15호기
기존	-106.8	27.7	47.25	-106.8	27.7	47.3	-106.8	27.7	47.3
①	-105.5	27.5	50.0	-105.5	27.5	50.0	-105.5	27.5	50.0
②	-106.2	28.0	58.0	-106.2	28.0	58.0	-106.2	28.0	58.0
③	-106.6	27.3	59.3	-106.6	27.3	59.3	-106.6	27.3	59.3
④	-106.6	27.5	52.3	-106.6	27.5	52.3	-106.6	27.5	52.3
⑤	-106.4	28.0	52.0	-106.4	28.0	52.0	-106.4	28.0	52.0
⑥	-107.4	27.8	50.0	-107.4	27.8	50.0	-107.4	27.8	50.0

그래프에서 기존장비는 개선도 효과 검증의 기준이 되며, 개선된 Test Case 6개에 대한 분석은 다음과 같다.

- Test Case ①은 기존장비 대비 MDS 특성이 약 1dB 정도 저하되며,
- Test Case ②는 MDS 특성이 약 0.5dB 정도 저하된다.
- Test Case ③과 ④는 기존장비 대비 MDS 특성이 동등하다.
- Test Case ⑤은 기존장비 대비 MDS 특성이 약 0.3dB 정도 저하되나,
- Test Case ⑥은 MDS 특성이 약 0.5dB 정도 개선된다.

따라서 Test Case ③, ④, ⑥은 기존장비 대비 MDS 특성이 동등이상이었으며, Test Case ①, ②, ⑤는 MDS 특성이 저하됨을 알 수 있다.

각 Test Case에 대한 성능시험결과는 〈표 10-17〉과 같다.

그림 10-48 M/N적분계수에 따른 지형클러터 개선효과 변화

지형	M/N적분계수 6/10 (기존장비)	M/N적분계수 10/16	M/N적분계수 11/16
도시	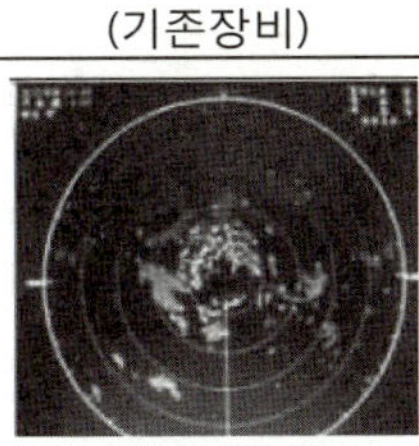	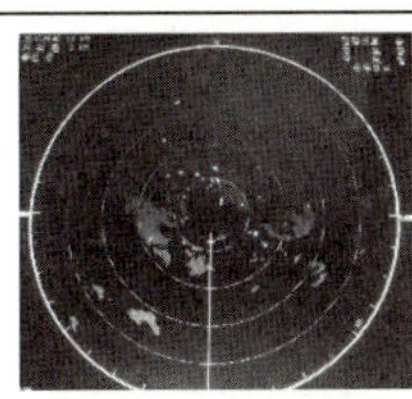	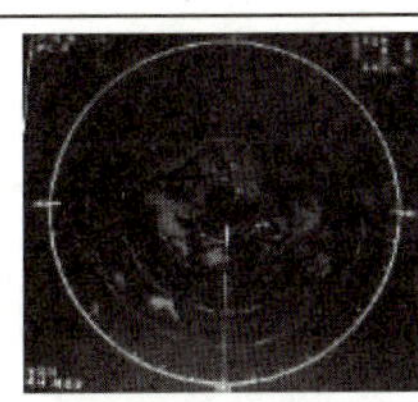
Parameter	CFAR계수는 기존장비와 동일 적용(K-Factor 2.85, Offset 180)		

ㅣ표 10-18ㅣ 각 Test Case에 대한 지형클러터 제거능력 개선도

구 분	OO(도시)		OO(해안)		OO(산악)		OO(산악)		OO(도시/산악)		평균 [dB]
	Detect No.	개선도 [dB]	Detect No.	개선도 [dB]	Detect No.	개선도 [dB]	Detect No.	개선도 [dB]	Detect No.	개선도 [dB]	
기존장비	2484	0.0	442	0.0	922	0.0	1526	0.0	2935	0.0	0.0
Test Case ①	760	-5.1	93	-6.8	142	-8.1	401	-5.8	660	-6.5	-6.5
Test Case ②	392	-8.0	82	-7.3	65	-11.5	269	-7.5	559	-7.2	-8.3
Test Case ③	484	-7.1	99	-6.5	83	-10.5	299	-7.1	704	-6.2	-7.5
Test Case ④	676	-5.7	101	-6.4	153	-7.8	375	-6.1	679	-6.4	-6.5
Test Case ⑤	463	-7.3	90	-6.9	96	-9.8	323	-6.7	603	-6.9	-7.5
Test Case ⑥	667	-5.7	133	-5.2	280	-5.2	649	-3.7	847	-5.4	-5.0

개선된 Test Case의 체계 영향성 검증을 위해 야외 레이더송신시험을 실시한 결과 체계 영향 없이 정상 동작됨을 확인하였다. 개선된 Test Case에 대해 지형별 개선효과검증을 위해 도시지형(000여단 방공진지), 해안지형(00부대 방공진지) 및 산악지형(000 방공진지)에서 야전시험을 수행하였다. 야전시험 결과는 〈그림 10-48〉에서 알 수 있듯이 기존장비 대비 레이더 화면 클러터의 제거에 대해 "개선효과 큼"으로 확인되었다. 해안지형 개선효과 검증 야전시험은 해안지형에 배치되어 있는 00진지의 체계에 적용한 M/N-Detector 및 CFAR Parameter Test Case 6개에 대하여 실시하였는데 시험결과 효과가 좋음을 알 수 있었고, 산악지형에서도 개선효과 검증 야전시험을 수행한 결과도 양호하였다.

지형클러터 data를 수집하여 개선된 Test Case에 대해 유형별 지형클러터 제거능력 개선도를 시뮬레이션한 결과는 〈표 10-18〉과 같이 정리할 수 있다.

클러터 제거능력 개선효과 분석결과를 토대로 각 Test Case별 MDS 성능 측정결과의 평균을 종합하면 다음과 같다. MDS 성능은 규격성능(−103dB 이내) 대비 개선된 Test Case ③, ④, ⑥이 양호한 특성으로 확인되었고, 지형클러터 제거능력 개선도는 Test Case ②, ③, ⑤가 양호한 특성으로 확인되었다. 따라서 두 가지 성능이 양호한 특성인 Test Case ③을 최적화 연구 결과로 얻게 되었고, 평균 MDS 성능 특성이 기존장비 대비 0.1dB 정도의 동등한 수준이며, 지형클러터 제거능력 개선도는 5.6배(7.5dB) 이상으로 크게 향상되었다.

레이더 공기건조기 야전 품질 안정화

공기건조기는 규격을 만족하는 노점, 유량, 건조공기 압력을 도파관을 통해 안테나부로 공급해야 하는 장비로 고장시 타 장비 운용 및 성능에 영향을 주므로 안정적 성능이 보장되어야 하나 장비 신뢰성 부족 등으로 품질 문제가 발생함에 따라 불량률을 낮추기 위한 품질개선을 수행하였다.

【정 의】

〈그림 10-49〉와 같이 내외부 환경분석을 통해 공기건조기에 대한 불량률 감소를 개선 대상으로 선정하고 불량해소를 위한 추진방안으로는 잠재불량 및 미흡한 설계요소 도출, 개선사항 적용 및 검증시험을 실시하여 품질관리방안을 도출하기로 하였다. 활동목표는 기존의 불량률 33%에서 5%로 줄이는데 목표를 두었다.

장비신뢰도 확보 및 미흡한 설계 요소 개선을 위해 〈표 10-19〉와 같이 FMEA 방법을 통해 공기압축기 실린더 고정볼트 파속, regulator 저온 특성 불량, 제어보드 S/W 버전 불량, 노점, 공기압, 유량의 표시반 대비 계측기 측정값 불일치의 4개 CTQ 항목을 선정하였다.

그림 10-49 활동 목표 수립

환경 분석

외부 환경

- 공기건조기 품질에 대한 고객의 관심 증대
- 불량으로 인한 제작업 비용 및 SVC 비용(자제비+출장비) 증가
- 타 사업/업체공기건조기 사용 확정

내부 환경

- 개발시 업체 설계에 대한 충분한 설계 검증 부족
- 잠재 불량 발생 요소 사전 제거를 통한 조기 품질 안정화 필요
- 내부 고객의 불만 해소

ISSUE

장비 신뢰성 부족

- 주요 성능(노점, 유량, 공기압 등) 차이가 심함

미흡한 설계요소 내포

- 잘못된 부품선정, 운용개념 및 동작원리 등

추진방안

잠재불량 및 미흡한 설계요소 도출

개선사항 적용 및 검증시험 실시

품질 관리방안 도출

| 표 10-19 | 설계 요소 개선을 위해 FMEA 방법

부품 및 기능	고장 Mode	잠재적 고장 영향	심각도	고장모드 발생원인	발생 빈도	감지 정도	현재의 관리방법	RPN	CTQ 선정
공기 건조기	공기압축기 실린더 볼트파손	공기건조기 동작 불가	10	고정나사 강도/조립 방업 불량	3	1	분해검사	30	●
	Regulator 저온 특성 불량	건조공기 생산 불가	8	단품 특성 불량	2	5	분해검사	80	●
	Solenold 동작소음 과다	사용자 감성 불만	2	단품 특성 불량	2	5	분해검사	20	
	제어보드 S/W Ver 불량	S/W 불일치 시 표시반, 공기압축기 동작 불량	5	업체 S/W 관리 부실	5	3	분해검사	75	●
	표시반 노점 표시부 소수점 표시 불량	정확한 노점 확인 불가	3	업체 부품관리 부실	9	1	분해검사	27	
	Filter Case Crack	압축기 과열로 인한 공기건조기 동작 불량	8	유증기가 함유된 공기가 내부로 유입	1	7	분해검사	56	
	노점 표시 이상	건조공기 생산 불가	5	노점계 내부 PCB 납땜 불량	1	5	분해검사	25	
	공기건조기 전원 인가시 차단기 작동	타 장비 운용 불가	10	압축기 모터 배선 작업 시 피복 손상	1	7	분해검사	70	
	공기압축기 압력 불량	압축기 과열로 인한 공기건조기 동작 불량	10	열교환기 출구 연결구 호스 풀림	1	7	분해검사	70	
	노점, 공기압, 유량의 표시반 대비 계측기 측정값이 불일치	장비 신뢰도 저하, 규격 미충족 건조공기 안테나 공급에 따른 장비 손상	8	제어보드 S/W 오류	9	3	측 정	216	●
	조립성, 작업성 불량	단순 작업 불량으로 인해 장비 동작 불량	2	업체 Workmanship 부족	9	5	분해검사	90	

◆ 심각도: 1(낮음)→10(높음) ◆ 발생빈도: 1(낮음)→10(높음) ◆감지정도 : 1(쉬움)→10(어려움)
◆ RPN: 심각도*발생빈도*감지정도

【측 정】

CTQ의 현수준을 파악하기 위해 〈표 10-20〉과 같이 측정한 결과, 공기압축기 실린더 고정볼트 파손 현황은 1개 품목에서 2회 발생하였다.

Regulator 저온특성 불량은 2개 품목에서 초기고장 배제 시험 간 저온 및 고온에서 건조공기 압력(건조공기 압력 규격: 2.0±0.6) 불량이 발생하였으며, 또한 건조공기 압력 불량에 따른 공기건조기 불량 발생하였거나, 건조공기 압력 불량이 발생하지 않더라도 온도변화에 따른 압력 변동폭이 큰 경우 다수 발생하였다.

표 10-20 CTQ에 대한 현 수준 조사 결과

구 분	#1	#2	#3	#4	#5	#6	#7	#8	#9	#10	#11	#12
고정볼트 파손	정상	정상	정상	정상	정상	정상	불량 (2회)	정상	정상	정상	정상	정상
레귤레이터 저온특성 불량	정상	정상	정상	정상	정상	정상	정상	정상	불량	불량	정상	정상
S/W Ver. 불일치	불량	불량	불량	불량	불량	불량	불량	불량	정상	정상	정상	정상
유량, 압력, 노점 측정	불량	불량	불량	불량	불량	불량	확인 불가	확인 불가	확인 불가	확인 불가	정상	불량

제어보드의 S/W Version 불량은 6개 품목에서 공기건조기 전원 인가 시 압축기가 1초간 동작 솔레노이드 벨브는 정상 동작하였지만, 노점 표시반 소수점 표시 및 운용시간 표시반 표시가 불량하게 나타났다. 표시반 대비 출력단 계측기 측정값 불일치현상은 5개 품목에서 표시반의 압력, 유량, 노점 표시값과 출력단에서 계측기를 통해 측정한 값의 편차가 장비별로 큰 차이가 나타났다.

【분 석】

공기압축기 고정볼트 파손원인을 분석하기 위해서, 〈표 10-21〉과 같이 불량현상 재현을 위한 진동시험을 실시한 결과 현품 대비 불량 발생 압축기의 G-RMS 값이 〈그림 10-50〉과 같이 약 0.4G 이상 높았다. 이는 압축 실린더와 실린더 헤드 조립 Alignment에 따라 진동 수준 차이가 발생한 것이며, 나사 풀림 현상 발생 시 충격 수준의 진동이 (100Grms) 발생하며 이에 피로 파손이 발생하게 된 것이다. 양산품과 나사 파손 발생 압축기 진동 수준 비교 측정한 결과를 토대로 압축기 진동을 0.7G 이하로 관리하는 것으로 설정하였다.

표 10-21 고정볼트 파손원인 분석

구 분	시험 내용	시험 결과	비 고
부품 교환	전면필터 교환, 전면필터 막음	Grms값 차 없음	
정렬 방법 변경	실린더 블록 정렬 방법 변경 ① +45° 방향으로 기울여 정렬 ② −45° 방향으로 기울여 정렬 ③ 모터축과의 거리 조절(안쪽으로 밀었을 때) ④ 모터축과의 거리 조절(바깥쪽으로 밀었을 때)	정렬 방법에 따라 Grms 증감현상 발생	③ 항이 최대 Grms 값을 가짐
재조립	부품 분해 후 재조립(여러 차례 반복) ① 피스톤 블록 양쪽 분해 후 재조립 ② 압축공기 연결 금속배관 분해 후 재조립	재조립 시 마다 Grms 증감현상 발생	

그림 10-50 압축기의 G-RMS 값

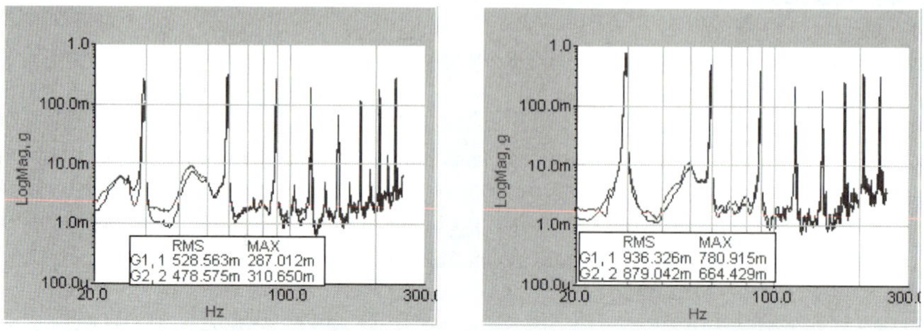

(a) '09년 양산 압축기 (S/N:090004)　　(b) STX 불량 발생 압축기

Regulator 저온 특성 불량 원인분석결과 레귤레이터 내부 구조 분석을 통한 온도에 따른 특성 변화가능한 주요 인자는 〈그림 10-51〉과 같이 Self Vent Port ②, Self Vent Spring ③, Self Vent Valve ④, Lower Diaphragm ⑩, Lower Diaphragm Spring ⑪, Upper Diaphragm ⑬, 압력조절 Spring ⑭이 있다.

레귤레이터의 압력조절 원리를 보면 압력조절 손잡이를 시계방향(CW)로 돌리면, Diaphragm Spring이 Diaphragm과 Self Vent Valve를 눌러주게 되어 Valve가 열리면서 공기가 흐르게 되고, 압력조절 손잡이를 반시계방향(CCW)로 돌리면,

그림 10-51 레귤레이터 분해도

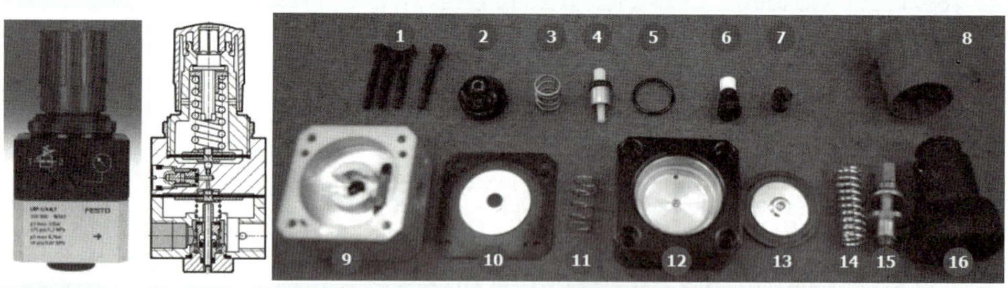

레귤레이　레귤레이터(단면)　레귤레이터 부품

부품명

① 몸체 조립 나사	② Self Vent Port	③ Self Vent Spring	④ Self Vent Valve
⑤ 오링	⑥ 입구필터	⑦ 마개	⑧ 압력조절 손잡이
⑨ 하부몸체	⑩ Lower Diaphragm	⑪ Lower Diaphragm Spring	⑫ 상부몸체
⑬ Upper Diaphragm	⑭ 압력조절 Spring	⑮ 압력조절 나사	⑯ 압력조절용 하우징

그림 10-52 스프링 인장력

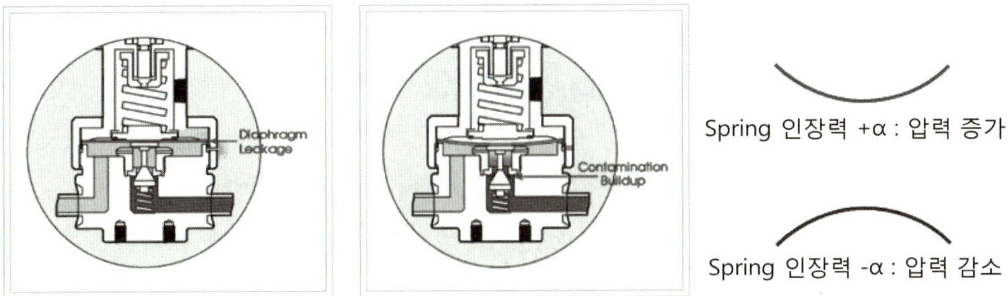

Self Vent Valve를 위로 올려주어 압력이 감소하게 된다. 따라서, 압력조절의 주요 역할은 스프링의 인장력과 Diaphragm(횡경막)에 의해 이루어진다.

온도에 따른 압력 조절 불량 원인으로는 Diaphragm이 온도 변화에 따라 변형을 일으킴에 따라 미세한 압력의 변화(증가, 감소)를 발생시키기 때문이다. 하지만, 스프링의 인장(또는 압축력)은 온도에 따른 변화가 크지 않다.

| 표 10-22 | 센서 출력 범위 및 환산식

항 목	센서출력 범위	표시 범위	환산식
유량센서	0 ~ 5V	0 ~ 1080 L/Hr	(센서출력×18×60)/4.8 − 120
노점센서	4 ~ 20mA	−80℃ ~ +20℃	(센서출력×250) − 1)×100/3.8 − 80
압력센서	4 ~ 20mA	0 ~ 5Psi	((센서출력×250) − 1)×5/3.8

그림 10-53 출력값의 Offset 발생

항목	센서출력 범위	표시 범위	환산식
유량센서	0 ~ 5V	0 ~ 1080 L/Hr	(센서출력×18×60)/5.0 − 120
노점센서	4 ~ 20mA	−80℃ ~ +20℃	(센서출력×250) − 1)×100/4.0 − 80
압력센서	4 ~ 20mA	0 ~ 5Psi	((센서출력×250) − 1)×5/4.0

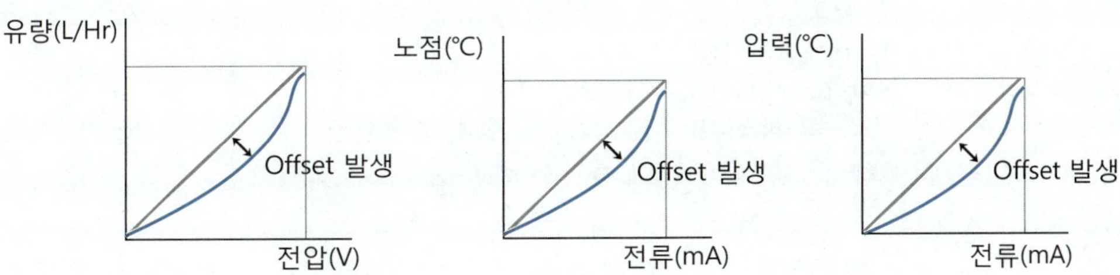

계측기 측정값을 표시반으로 Display하는 원리는 Analog 센서의 출력값(전압, 전류)을 ADC(Analog to Digital Converter)를 통해 Digital 값으로 변환하고, 센서 출력값을 〈표 10-22〉와 같이 각각의 환산식을 통해 표시반으로 출력시킨다.

계측기 측정값과 표시반 Display 값의 불일치 원인분석 결과, 변환식의 ADC의 V_{ref}의 초기 설정 값(노점 및 압력센서: 3.8V, 유량센서: 4.8V) 오류로 Analog 센서의 특성상 사용시간이 증가함에 따라 〈그림 10-53〉과 같이 출력값이 최초 대비 Offset 되는 값을 고려하지 않음으로 인하여, 센서 사용 시간이 길어지면 출력값의 Offset이 발생되며, 그 결과 측정값과 표시반 표시값에서 차이 가 발생된 것이다.

【개 선】

공기압축기 고정볼트 파손의 개선은 〈표 10-23〉과 같이 먼저 나사 풀림 방지를 위하여 Safety wire 적용 모터 몸체에 Post 4개소 추가하였으며, Post와 실린더 블록 고정나사와 Safety Wire를 체결하였다. $\frac{1}{4}$-24UNC에서 M8 나사로 나사의 직경을 $\varPhi$6.3→$\varPhi$8.0 증가시켰다. 〈표 10-24〉와 같이 형상변경을 통해 공기 건조기의 시스템공진 30Hz를 150Hz, 180Hz 공진으로 회피하였다. 이를 위해 하부 베이스판 형상을 변경 적용하였다.

Regulator 저온 특성 불량 개선은 표준 구매품에 대한 내부 설계 변경이 불가능하므로 단품에 대한 입고 검사 및 조립 검사 강화하였으며, 공기건조기조립체 납품 시 업체 시험성적서를 첨부하도록 하였다. Regulator 단품에 대해서는 〈그림 10-54〉와 같은 온도시험을 통해 단품 성능 확인하였다.

표시반 대비 계측기 출력값 불일치 개선은 납품 전 성능검사 시 계측기를 이용한 노점, 유량, 공기압력을 측정하도록 하였으며, 계측기 측정 시험절차서 및 성적서를 업체 납품 시 첨부하도록 하였다. 사용 시간 증가에 따른 센서(노점, 유량, 압

| 표 10-23 | 고정볼트 파손의 개선

구 분	상세내용	비 고
나사풀림 방지 대책	• Safety Wire 적용 • 나사 크기 증가(1/4-24UNC → M8) • 노드락, 록타이트(고온/고강도용) 적용: 기 적용됨	
하부 베이스판 공진 회피	• 베이스판보강바 2개소 추가 → 150Hz, 180Hz 시스템 공진 회피	
조립성 개선을 통한 진동 수준 관리	• '09년 양산분(S/N:090004 기준) 0.7Grms 이하로 관리	승인원 시험항목 추가

| 표 10-24 | 형상 변경을 통한 시스템공진 회피

형상 변경	진동 해석 결과		결론
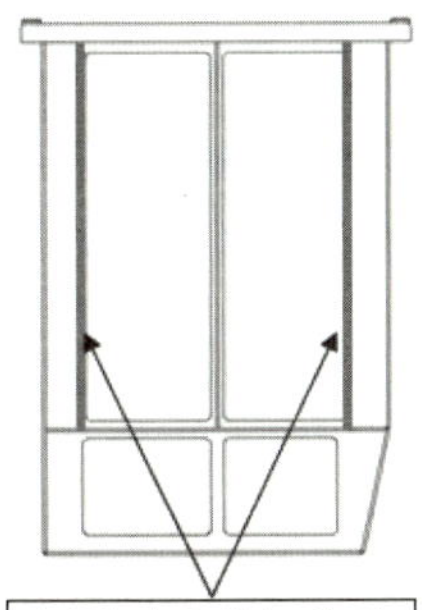			·베이스판 형상 변경을 통해 압축기 모터(1,800RPM)에서 발생하는 150Hz, 180Hz의 공진 주파수를 회피

그림 10-54 온도 시험 Profile

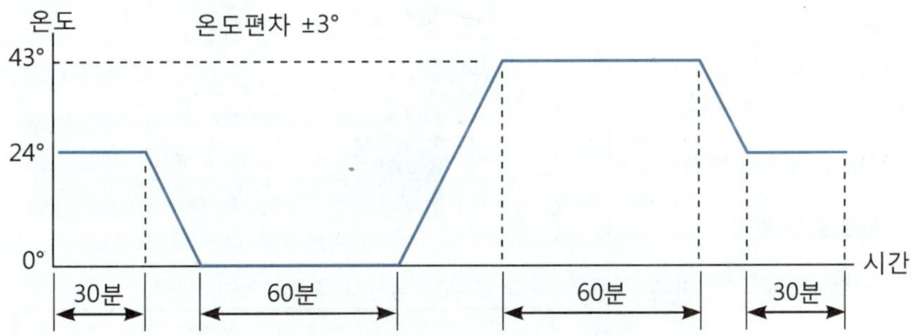

력)의 출력값 Offset 발생에 대한 개선은 변환식의 ADC의 V_{ref}의 초기 설정 값 오류를 수정 후 반영하였다.

【관 리】

고정볼트의 파손을 방지하기 위해서 형상을 변경하였으며, 조립성에 따른 진동 수준을 0.7Grms 이하로 관리하였다. 또한, 지속적인 품질 안정화를 위하여 업체 Workmanship을 강화하였고, 공기건조기 관련 운용 및 정비교육을 실시하였다.

사격콘솔 Range Mark 오차 개선

사격콘솔에서 Range/Speed Indicator 정렬시 Range Mark 오차 발생으로 재정렬 시간이 과다하게 소요되는 문제점이 발생되어 품질개선을 추진하였다.

【정 의】

Range/Speed Indicator 정렬시 Range Mark 오차 발생으로 사용군에서 불만이 발생하고 있다. 이는 장비의 노후 및 유지연장 등의 환경요인이 있을 수 있다.

활동목표는 〈그림 10-55〉와 같이 기존의 Range Mark 오차를 ±17mm에서 ±15mm로 감소하는 것으로 설정하였다.

그림 10-55 활동 목표 수립

환경 분석

- 장비의 장기 사용 (구성품의 성능 저하)
- 장비 운용기간 연장
- Field 요구 증가
- 구성품 성능 시험 만족
- 재작업 시간 과다 소요

현상 분석

Range Mark 오차 발생

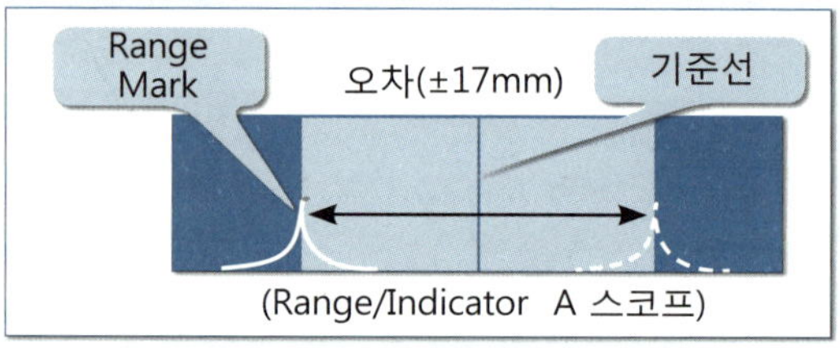

※ BCC 주요 불량내용에서 테마 선정

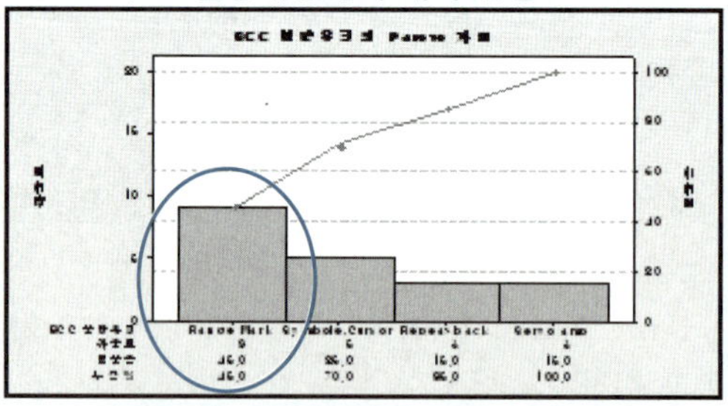

Range Mark 생성에 영향을 주는 구성품을 조사한 결과, 〈그림 10-56〉과 같이 sweep generator, ROR sweep generator, range rate control, video amp, range indicator와 같이 5개의 구성품이며, 이를 예비 CTQ로 선정하였다.

그림 10-56 예비 CTQ로 선정

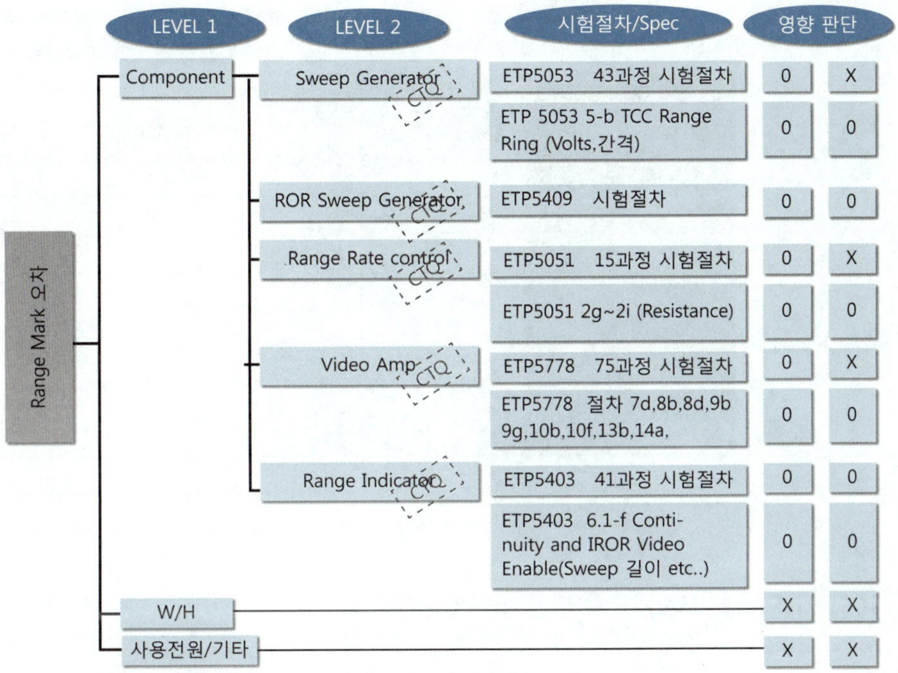

ETP : Engineering Test Procedure

【측 정】

KPI 측정지표 및 CTQ 측정을 위해 먼저, 측정시스템에 대해 〈그림 10-57〉과 같이 GAGE R&R를 실시하여 측정시스템의 신뢰성을 확보하였다.

현 수준의 측정을 위하여 '05~'06년 출고장비의 Range Mark 오차의 공정능력 분석결과, 〈그림 10-58〉과 같이 목표값에 대한 평균값의 이동이 (Cp-Ppk)=1.42〉0.5으로 크게 나타났으며, Cp=0.14〈1.33으로 산포의 개선이 필요하였다. 하지만, 군간 변동은 Cp−Pp=0.05〈0.2로 미미함을 알 수 있다. 따라서 Range Mark의 Out Spec(중심선±1.6mm) 원인분석이 중요함을 알 수 있다.

〈그림 10-59〉와 같이 Range Mark 오차에 대해 4M 1E을 기준으로 특성요인도(Fish Bone Diagram)를 통하여 가인자를 도출하였다.

그림 10-57 GAGE R&R

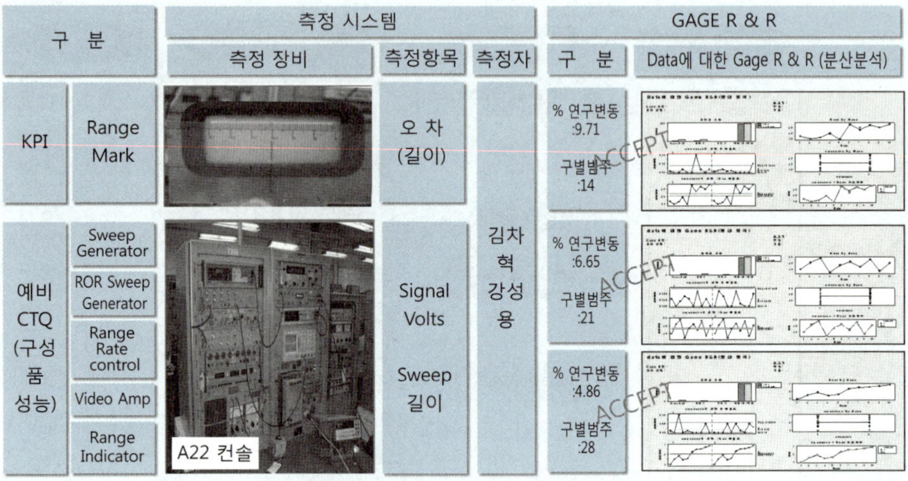

그림 10-58 Range Mark 오차의 공정능력 분석결과

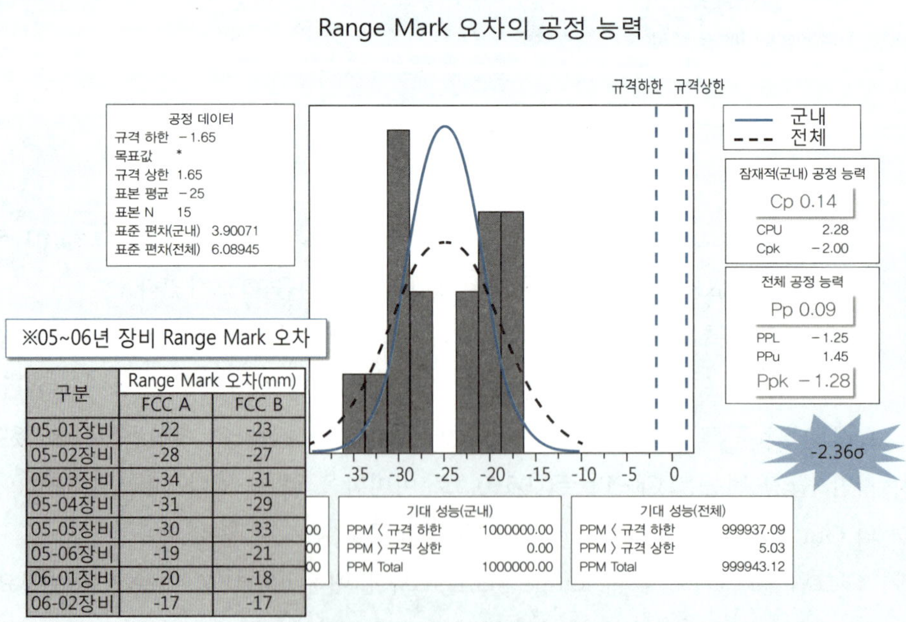

※05~06년 장비 Range Mark 오차

구분	Range Mark 오차(mm)	
	FCC A	FCC B
05-01장비	-22	-23
05-02장비	-28	-27
05-03장비	-34	-31
05-04장비	-31	-29
05-05장비	-30	-33
05-06장비	-19	-21
06-01장비	-20	-18
06-02장비	-17	-17

그림 10-59 Range Mark 오차의 가인자 도출

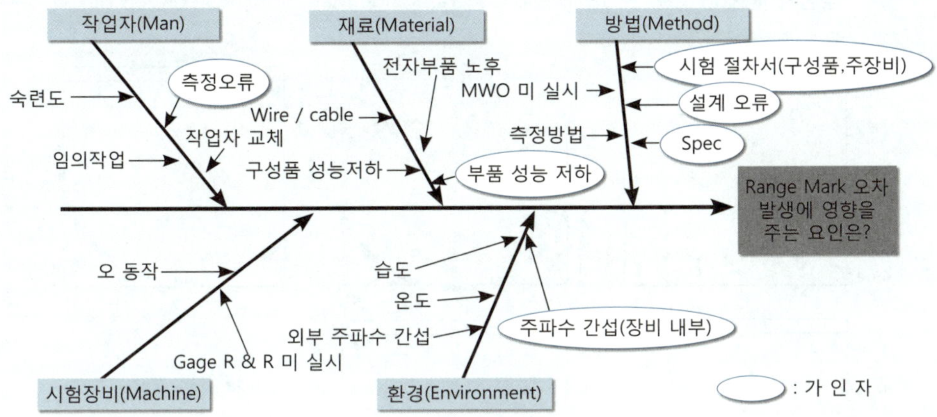

【분 석】

Range Mark 발생회로 분석결과 〈그림 10-60〉과 같이 5종의 CTQ가 영향이 있음을 재확인하였으며 CTQ들에 대한 Range Mark 오차와의 상관관계 선별이 필요하였다.

그림 10-60 Ranging control and display system-블록도

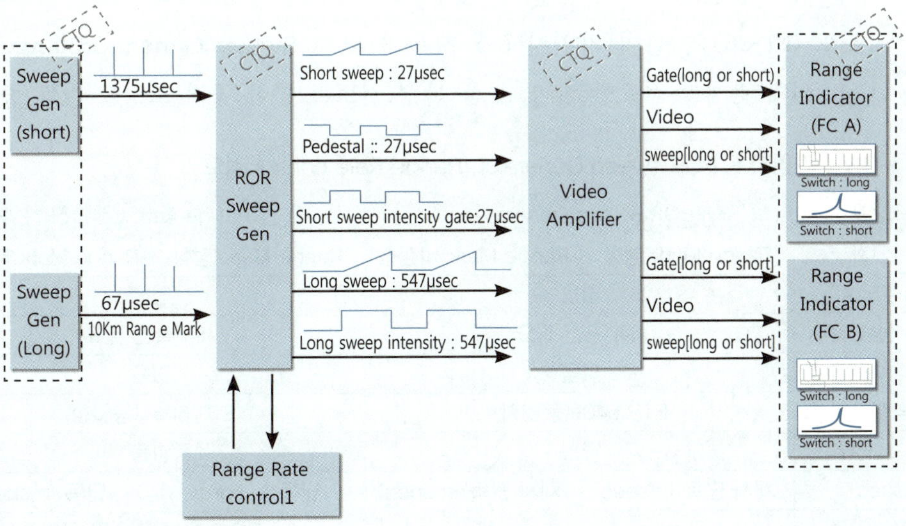

그림 10-61 CTQ(S)와 Range Mark 오차와의 산점도

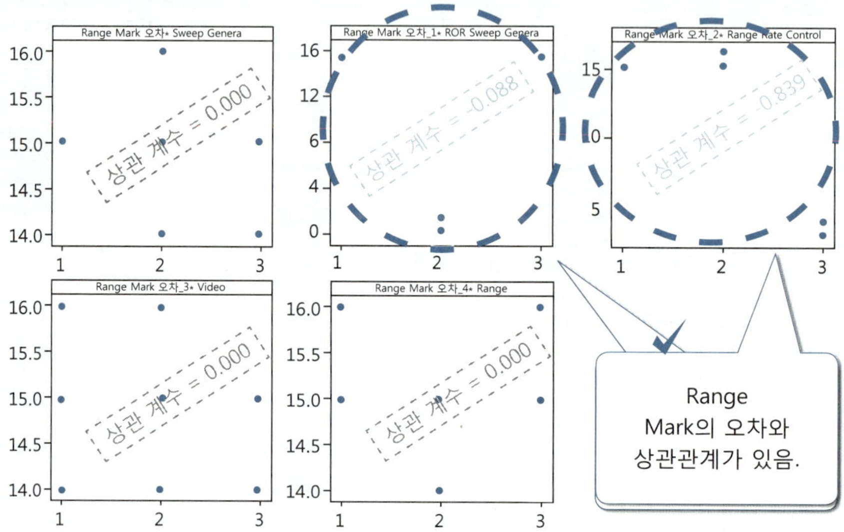

치명인자 선정를 위하여 CTQ의 영향을 검토한 결과, 〈그림 10-61〉과 같이 ROR Sweep Generator, Range Rate control과 Range Mark 오차와 상관관계가 있음을 확인하였다. ROR Sweep Generator, Range Rate control과 가인자(6개)가 어떤 영향이 있는지 분석이 필요하였다.

〈표 10-25〉와 같이 가인자 6개 항목과 ROR Sweep Generator,Range Rate Control의 관계를 검토한 결과, 부품 특성 검토를 통한 규격 조정을 검토 중점 방

| 표 10-25 | 가인자 & ROR sweep Generator, Range Rate control 검토

구성품	ROR Sweep Generator		Range Rate Control	
가인자	Range Mark 정상	Range Mark 비정상	Range Mark 정상	Range Mark 비정상
측정오류	없음		없음	
부품 성능저하	세부확인 필요		세부확인 필요	
주파수간섭	없음		없음	
시험절차서	ETP 5409(동일함)		ETP 5051(동일함)	
설계 오류	없음		없음	
Spec	채시 단독:In spec	채시 단독:In spec	단독:In spec	단독:In spec
비고(차이점)	Short sweep voltage 차이		DC Range R1A값 차이	

향으로 선정하였다.

ROR Sweep gene, Range Rate control 관련 회로를 검토하여 〈그림 10-62〉와 같이 Range Rate control의 DC Range R1A 저항을 정렬(Range Mark 오차)에 영향

그림 10-62 ROR sweep Gene, Range Rate control 회로 분석

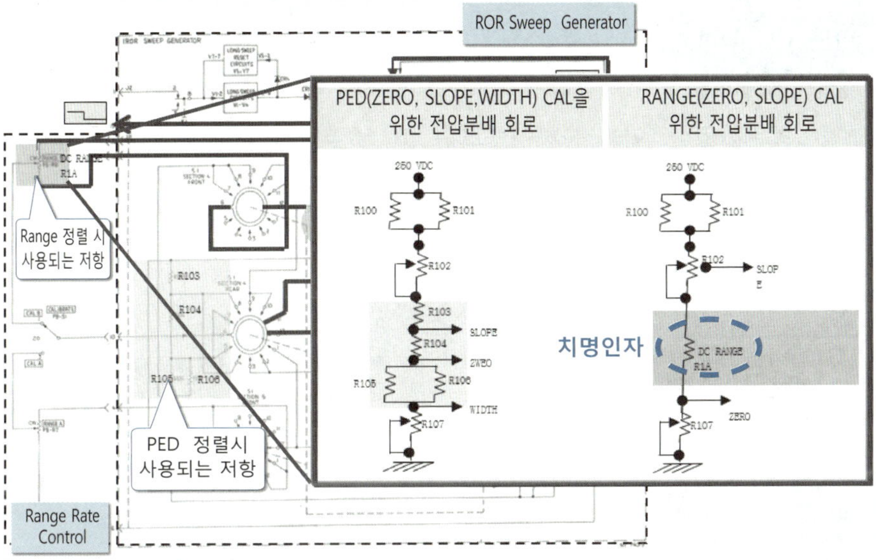

그림 10-63 DC Range R1A & Range Mark 오차

- P/N : 9192694
- 기능 : 거리제어신호를 ROR sweep generator에 제공
- Spec : 20KΩ±5%, 19 ~ 21 KΩ

[저항 값 변화방법]

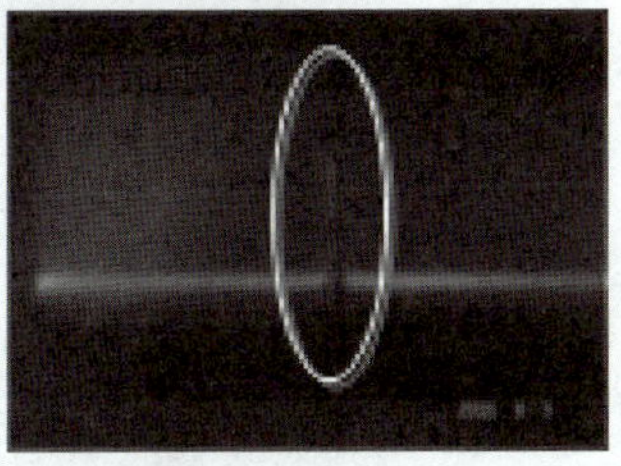

[저항 값 :19.8 KΩ]

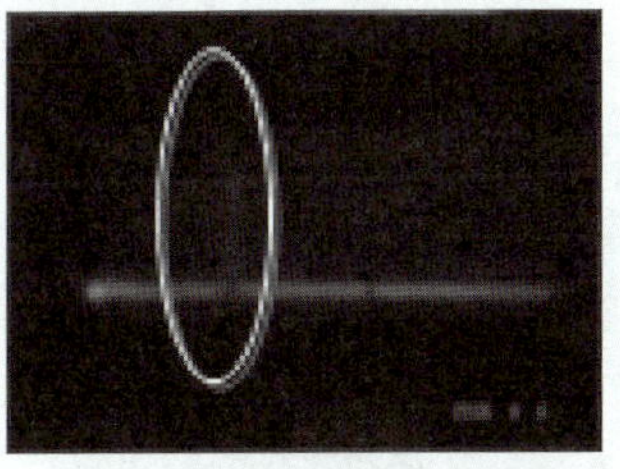

[저항 값 : 21 KΩ]

있는 치명인자로 선정하였다. 치명인자(DC Range R1A) 성능 변화에 따라 〈그림 10-63〉과 같이 Range Mark 오차가 변화되는 것을 확인하였다.

【개 선】

〈그림 10-64〉와 같이 Pedestal 정렬저항 합 오차, ROR sweep generator를 만족하는 저항의 허용범위, Range Mark 오차를 만족하는 저항의 허용범위를 고려하여 DC Range R1A의 spec을 20k±1%으로 설정하였다. Range Rate control 저항값(DC Range R1A)에 〈그림 10-65〉와 같이 저항 420kΩ을 병렬로 연결하여 회로를 보완하였다. 이를 통하여 〈그림 10-66〉과 같이 Range Mark 오차를 해소하였으며 공정능력을 개선하였다.

그림 10-64 DC Range R1A Spec 설정

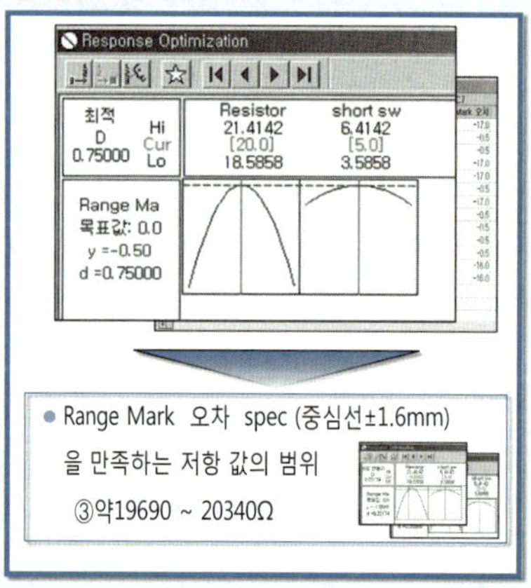

	구 분	DC Range R1A spec	비고
1	Pedestal 저항 합 오차	19970 ~ 20016 Ω	
2	ROR sweep gen 만족	19750~20250 Ω	
3	Range Mark 오차 만족	19690 ~ 20340Ω	20K±1.5%
4	구성품 시험조건	19800 ~20200Ω	20K±1%

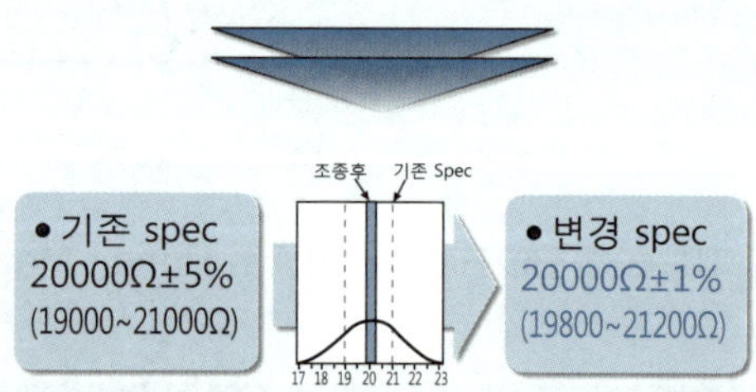

그림 10-65 회로의 개선

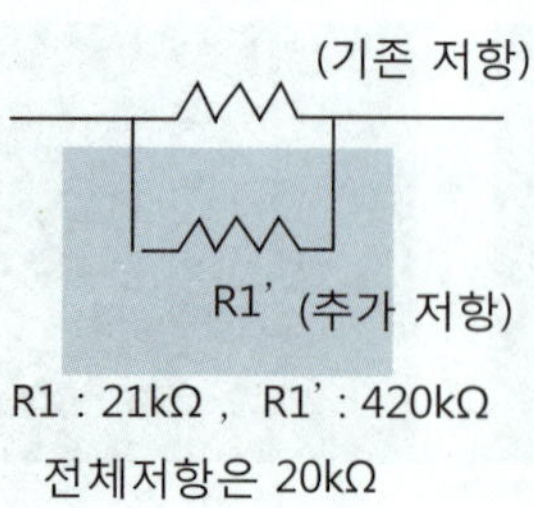

그림 10-66 개선 후 공정능력 분석

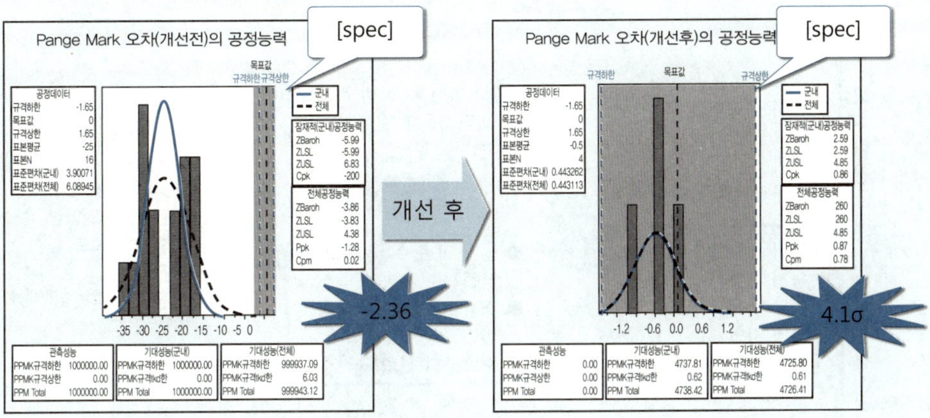

【관 리】

Range Rate control 저항 값(DC Range R1A)을 조정된 Spec내에 유지하기 위해 관리중점으로 선정하여 관리하고 있다.

레이더 안테나 PEDESTAL 소음 개선

【정 의】

〈그림 10-67〉과 같이 장비 시험 중 안테나 회전 시 장비 자체의 과다소음으로 인하여 품질개선이 필요하였다. ANT-PEDESTAL의 소음정도에 대하여 현수준을 파악하기 위해 내외부 고객으로 나누어 만족도 조사를 실시하였다. 내부 고객의 요구 품질은 〈표 10-26〉과 같이 소음이 80dB이하일 경우에 고객 만족도가 높게 나타났다. 외부고객인 사용자의 요구 품질에 대한 분석은 〈표 10-27〉과 같이 외부 고객 만족도는 81dB이하로 나타났다. 따라서, 두 가지를 만족하는 80dB의 소음을 목표로 설정, 전체 평균값을 현 수준으로 설정하였다. 예비 CTQ 도출을 위하여 로직트리를 이용했고, ANT-PEDESTAL의 소음 관련 인자를 나열하여 CTQ에 대한 인자별 영향도 분석결과, 〈그림 10-68〉과 같이 기어조립체의 신형 및 구형 기어와 베어링의 마모가 치명인자로 식별되었다.

그림 10-67 테마선정 배경

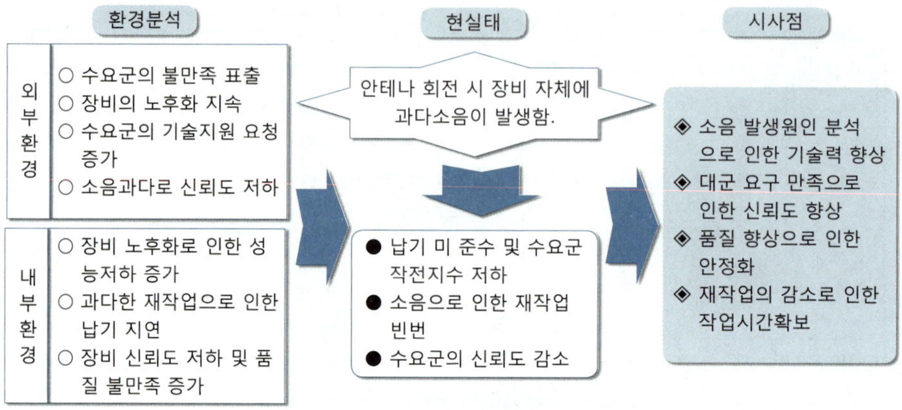

| 표 10-26 | 소음 발생정도에 따른 만족도 분석

고객 / dB	고객 중요도	내부 평가자(고객A~G)							만족도	
		A	B	C	D	E	F	G	가중치	백분율(%)
96dB	2	1	1	1	1	1	1	1	14	11%
93dB	2	1	6	1	1	1	6	6	44	34%
90dB	2	6	1	6	9	6	1	6	70	55%
85dB	2	6	6	6	6	9	1	9	86	68%
80dB	2	9	6	9	9	9	9	9	120	95%
78dB	2	9	9	9	9	9	9	9	126	100%
75dB	2	9	9	9	9	9	9	9	126	100%

※ 고객 품질 만족도 수치: 만족(9), 보통(6), 불만족(1)

※ 고객 중요도: 2

| 표 10-27 | 외부고객의 소음에 대한 만족도 조사

구 분	외부고객						평균소음	실무자 평가
	A사람	B사람	C사람	D사람	E사람	F사람		
000	101	99	99	100	99	100	99.7	불만족
000	92	93	93	93	92	94	92.8	불만족
000	76	78	79	78	78	79	78.5	만족
000	80	79	81	80	80	78	79.7	만족
000	89	89	90	89	90	88	89.1	불만족
000	96	96	97	97	96	97	96.5	불만족
						전체평균값:	89.3	현수준

그림 10-68 예비 CTQ 도출(Logic Tree)

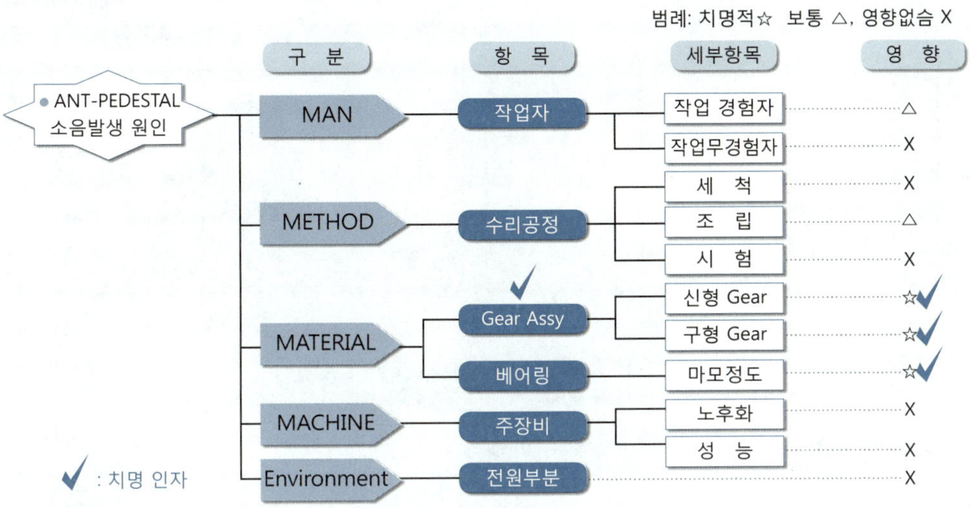

【측 정】

측정도구인 버니어 캘리퍼스로 GAGE R&R을 실시하여 신뢰성을 분석한 결과 〈그림 10-69〉와 같이 신뢰할 수 있는 수준임을 확인하였다.

그림 10-69 GAGE R&R

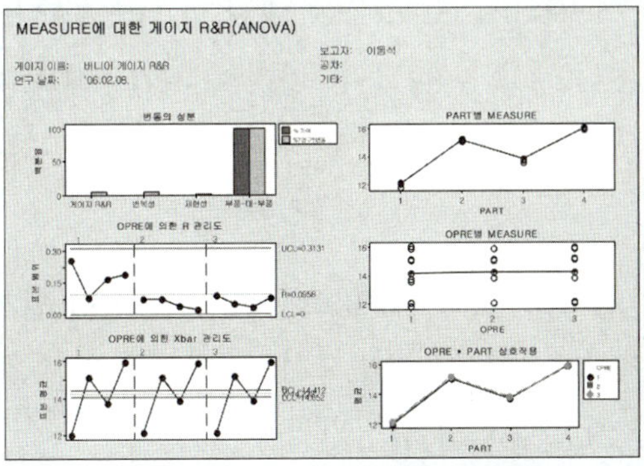

게이지 R&R			
%기여(분산			
출처	분산 성분	성분의)	
총 게이지 R&R	0.00756	0.25	
반복성	0.00594	0.20	
재현성	0.0162	0.05	
OPRE	0.00162	0.05	
부품-대-부품	3.00045	99.75	
총 변동	3.00802	100.00	
표준			
총처	편차(SD)	연구 변동 (6*SD)	%연구 변동(%SV)
총 게이지 R&R	0.08698	0.5219	5.01
반복성	0.07710	0.4626	4.45
재현성	0.04025	0.2415	2.32
OPRE	0.04025	0.2415	2.32
부품-대-부품	1.73218	10.3931	99.87
총 변동	1.73436	10.4062	100.00

구별되는 범주의 수 = 28
MEASURE에 대한 게이지 R&R

❑ %연구변동 : 5.01 ACCEPTED

※ 버니어 캘리퍼스의 선택 목적
1. Gear Ass'y부분과 Drive Moter부분의 상태확인
2. 백래쉬의 유격확인
3. Gear사이의 유격확인

그림 10-70 개선전 공정능력 분석결과

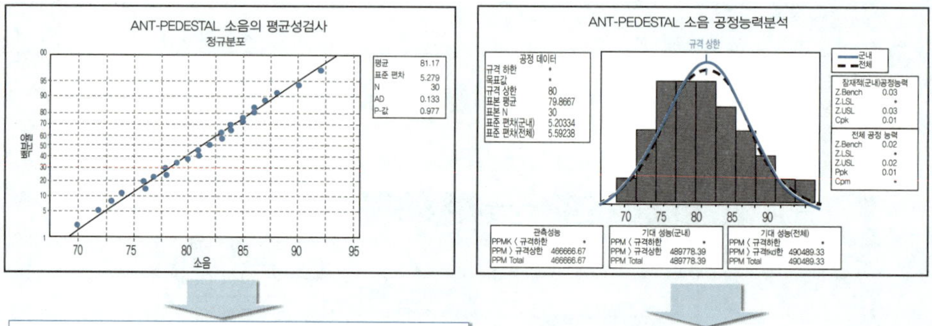

대립가설 : ANT-PEDESTAL 소음이 정규성을 띄지않는다.
귀무가설 : ANT-PEDESTAL 소음이 정규성을 띈다.

P-Value : 0.977 > 0.05이므로 귀무가설이 채택이 됨.

PM Total : 490489.33
검증(계량형) : 0.49 × 10^{-1}
현 σ 수준 : 0.02 σ + 1.50 σ
= 1.52 σ

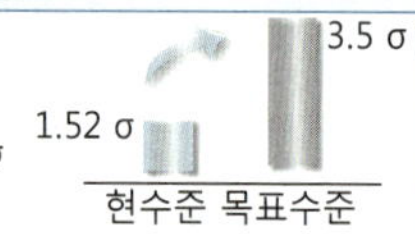

ANT-PEDESTAL 소음을 측정하여 소음의 크기에 대한 개선전 공정능력을 분석한 결과, 〈그림 10-70〉과 같이 현 수준은 1.52시그마로 나타났다.

두 가지의 예비 CTQ(베어링과 GEAR ASS'Y)에 대해서 소음 측정했을때, 베어링은 P-값이 0.590이므로 유의 수준 0.05보다 크므로 귀무가설이 채택되어 소음과 베어링과의 관계는 없었으며, GEAR ASS'Y는 P-값이 0.000이므로 유의수준 0.05보다 작음으로 대립가설이 채택되어 소음과 기어간의 관계는 있는 것으로 확인되었다. 또한 신형 기어는 소음평균이 76.300dB으로 소음에 대해 만족하였으나, 구형기어는 소음평균이 88.150dB로 불만족으로 나타났다. 따라서 ANT-PEDESTAL 소음과 가장 큰 관계성을 띄는 것은 GEAR ASS'Y 중 구형 GEAR로 확인되었다.

【분 석】

구형기어의 가인자를 재 선정하기 위하여, ANT-PEDESTAL의 소음 관련 인자를 〈그림 10-71〉과 같이 나열하여 예비 CTQ를 도출하였으며, 백래쉬에 따른 소음 변화와 토크정도에 따른 소음 변화가 예비 CTQ로 선정되었다.

ANT-PEDESTAL 소음발생의 가인자인 토크강도에 따른 소음 변화와 백래쉬에 따른 소음 변화를 분석한 결과, 토크 강도에 따른 소음은 〈그림 10-72〉와 같이 P-Value: 0.000 〈 0.05이므로 대립가설인 "토크강도에 따라 상관관계가 있다."가

그림 10-71 구형기어의 가인자를 재선정

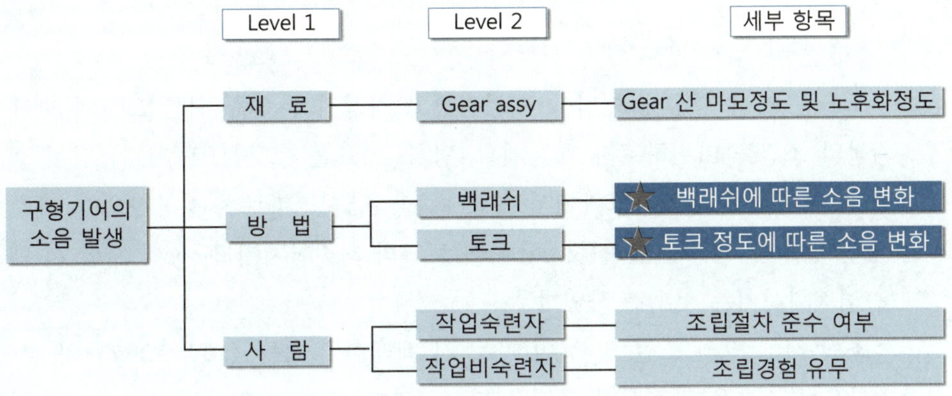

그림 10-72 토크강도에 따른 소음 측정

단위 : inch-pound

토크강도	500	550	600	650	700	750	800	850	900	1000
소음 크기(dB)	87	87	85	81	80	79	79	77	77	77

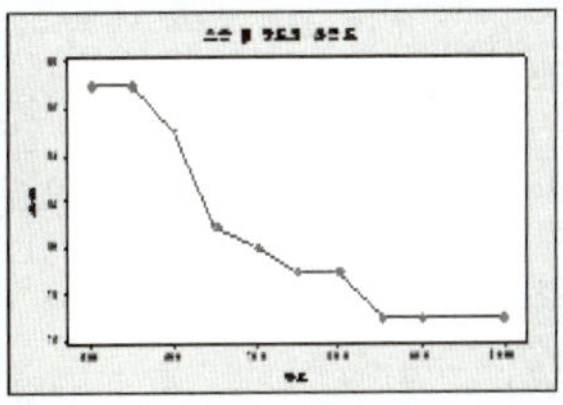

상관 분석 : 토크 & 소음
토크와 소음의 Pearson 상관 계수 : -0.928
P-Value : 0.000

대립가설 : 토크강도에 따라 상관관계가 있다.
귀무가설 : 토크강도에 따라 상관관계가 없다.

P-Value : 0.000 < 0.05 이므로 대립가설 채택

그림 10-73 백래쉬에 따른 소음 측정

단위 : inch

백래쉬의 정도	1/1000	2/1000	3/1000	4/1000	5/1000	6/1000	7/1000	8/1000	9/1000	10/1000
소음의 크기(dB)	91 dB	89 dB	83 dB	79 dB	78 dB	75 dB	75 dB	79 dB	83 dB	74 dB

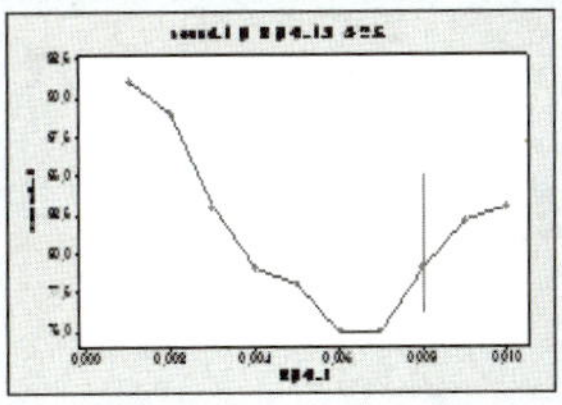

상관 분석 : 백래쉬 & 소음
백래쉬와 소음의 Pearson 상관 계수 : -0.669
P-Value : 0.000

대립가설 : 백래쉬에 따라 상관관계가 있다.
귀무가설 : 백레쉬에 따라 상관관계가 없다.

P-Value : 0.000 < 0.05 이므로 대립가설 채택

채택되었으며, 백래쉬에 따른 소음은 〈그림 10-73〉과 같이 P-Value: 0.000〈 0.05으로 대립가설인 "백래쉬에 따라 상관관계가 있다."가 채택되었다.

【개 선】

도출된 개선 항목에 대하여 재점검하고 정성적 분석을 위한 토크와 백래쉬의 최적의 조건을 마련하고자 개선계획, 방향, 목표를 〈그림 10-74〉와 같이 설정하였다. 현 수준인 1.52시그마에서 목표수준을 3.5시그마로 설정하였으며, 개선방향은 장비 조립 시 토크렌치를 사용하여 토크의 최적화시키고, 장비 시험 시 백래쉬를 최적화시키는 것으로 하였다.

조립 시 토크의 조절 및 장비 가동 시 백래쉬 절차를 〈그림 10-75〉와 같이 수행함으로 소음을 감소시켜 품질을 확보하였다. 토크의 위치는 Gear ass'y의 NUT 부분으로 하고 강도는 700inch-pound 이상의 조건을 유지하며, 백래쉬는 Gear ass'y와 Drive Moter와의 세부적인 유격을 조정하며, 백래쉬 조정범위는 4/1000～8/1000로 설정하였다.

ANT-PEDESTAL 소음을 측정하여 소음의 크기에 대한 개선 후 공정능력을 분석한 결과는 〈그림 10-76〉와 같다. 공정능력 분석결과 개선 전 1.52시그마 수준에서 개선 후 3.62시그마로 공정이 개선된 것으로 분석되었다.

그림 10-74 개선계획 및 목표설정

개선 계획

분석 내용	개선 방향	비고
▶소음 발생 요인의 분석 - 백래쉬와 소음의 상관계수: -0.669 - 토크와 소음의 상관계수 : -0.928 ▶종 합 상관계수의 값이 -0.669 및 -0.928으로써 두 치명 인자가 소음에 밀접한 관계가 있음.	▶장비 조립 시 토크렌치를 사용 토크의 최적화 시킴 ▶장비 시험 시 백래쉬를 최적화 시킴	장비관리 개선

그림 10-75 개선내용 및 결과

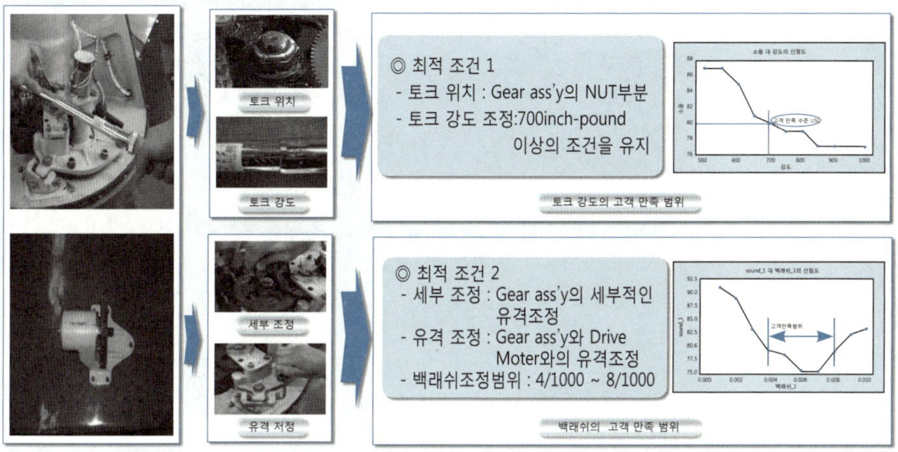

그림 10-76 개선 후 공정능력 분석 결과

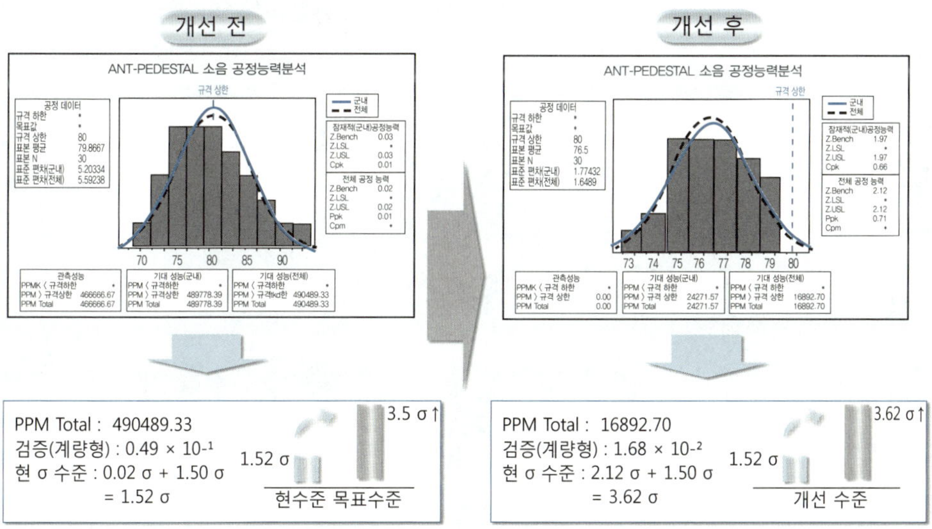

【관 리】

ANT-PEDESTAL 소음에 대한 품질개선 결과를 유지 관리하기 위해 CTQ인 백래쉬와 코트의 강도를 관리대상으로 정하여 시험 절차서에 관리 항목 추가하여 관리하고 있다.

CHAPTER 11

제 11 장 부품단종 관리

Diminishing Manufacturing Sources and Material Shortages, DMSMS

"무기관리는 요람에서 무덤까지(From cradle to grave)."

CHAPTER 11

본 장에서는 원활한 무기체계의 획득과 운영유지를 방해하는 대표적인 요소인 부품단종에 대하여 서술하였다. 부품단종을 효과적으로 관리하지 못할 경우에는 후속 군수지원이 어려워져서 전투준비 태세 유지가 곤란해지고 총소유비용이 증가하게 된다. 총수명주기에 걸친 부품단종 관리는 무기체계의 품질을 만들고 실현하며 유지하기 위해 매우 중요한 요소 중 하나이다. 부품단종 관리를 설명하기 위해 제1절에서는 부품단종의 정의, 부품단종이 무기체계 총수명주기 관리에 미치는 영향, 부품단종의 사전 · 사후 관리 전략 및 해결방안에 대하여 서술하였다. 제2절과 3절에서는 미국의 GIDEP과 부품단종 관리 사례, 국내의 부품단종 관리 실태 조사결과를 정리하였다. 제4절에서는 부품단종 관리 제도, 조직, 관리요소 정립 및 시행방안을 중심으로 발전방향을 제시하였다.

11.1 부품단종의 개요

11.1.1 DMSMS 정의

무기체계는 수많은 부품과 구성품들로 이루어진 결합체 형태로 구성되어 있다. 여기에서 부품(Parts)이라 하면 볼트, 너트, 저항, 집적회로와 같이 더 이상 분해할 수 없는 최하위 구성 단품에서부터 이들 단품이 서로 연결되거나 조립되어 서로 뭉쳐진 조립체 형태로 구분 할 수 있으며 체계장비를 구성하는 기본 요소라 할 수 있다. 이러한 부품은 수요에 따라 개발되어 생산되다가 기술의 발전 또는 시장 상황의 변화에 따라 노후화가 진행되어 생산이 중단되거나 생산업체의 도산, 자원의 고갈로 인한 공급 중단 등으로 인해 부품의 확보가 더 이상 불가능한 상태가 될 수 있으며 이러한 경우를 부품단종이라 한다.

미국 국방부의 획득 관련 규정인 DoD 4140.1-R, Supply Chain Material Management Regulation 에서는 부품단종을 "원자재, 생산용 또는 수리용 부품의 마지막 알려진 생산자나 공급자의 상실 또는 상실이 임박한 경우"라고 정의하고 DMSMS라 칭하고 있다. 또한 미국 산업체에서는 "원자재, 생산용 또는 수리용 부품의 원래 생산자나 공급자의 상실 또는 상실이 임박한 경우"라고 정의하고 있으며, 영국 국방부에서는 부품단종을 "원자재의 결핍이나 생산용, 수리용 부품의 마지막 알려진 생산자나 공급자의 상실 또는 상실이 임박한 경우"로 정의하고 있다.

무기체계의 수명주기 관점에서 볼 때 원자재나 생산용 부품은 개발 및 양산 단계에서 소요되며, 수리용 부품은 운영유지 단계에서 소요된다. 실제로 몇몇 부품의 수명주기는 매우 짧아서 단종 문제는 체계 개발 단계 또는 양산 초기 단계에 발생하는 경우도 있다. 따라서 부품단종에 대한 위의 정의들과 무기체계 수명주기를 종합적으로 고려해 볼 때, 부품단종이란 "무기체계 개발 및 양산, 운영유지 단계에서 원자재, 생산용 또는 수리용 부품의 마지막 알려진 생산자나 공급자의 상실 또는 상실이 임박한 경우"라고 정의할 수 있다. 또한 부품 또는 원자재의 생산자나 공급원이 생산을 중단했다고 하더라도 그 부품의 재고가 남아있어 부품 소요를 충당할 수 있는 경우가 있다. 미국의 방위산업체와 우리나라의 일부 방위산업체에서는 위와 같은 경우에 대해 재고 단종(Stock 단종)이라는 개념을 추가하여 제작사 단종(Maker 단종)과 구분하고 있다. 다시 말하자면 단종이 발생한 시점에 따라 제작사 단종과 재고 단종으로 구분할 수 있으며, 일반적으로 제작사 단종이 심화되어 더 이상 재고품도 없어서 조달, 불출, 사용 및 청구할 수 없는 상태를 재고 단종이라 말한다. 그러나 국내에서는 주로 재고 단종을 단종으로 인식하고 있어 부품단종 대응에 많은 어려움을 겪고 있음은 물론, 단종문제 해결에 더 많은 비용과 시간의 투자를 수반하게 되고 무기체계의 가용도와 전투준비태세에 심각한 문제를 야기하기도 한다.

11.1.2 DMSMS의 원인

생명체가 탄생하여 성숙 과정을 거치고 노화 후 생명을 다하는 수명주기가 있듯이 모든 부품들도 개발 후 활발한 생산 단계를 지나 쇠퇴 단계에 접어들고 단종이 된다. 이러한 부품의 수명주기와 단종 현상은 기술의 발전과 시장의 상황 변화에 크게 영향을 받는다. 특히 무기체계에 사용되는 부품에서 단종의 원인은 보다 복잡하여 다양한 요소들에 의해 영향을 받으며 〈그림 11-1〉에서와 같이 시대의 변화에 따라 영향을 미치는 요인들이 증가하고 있는 실정이다.

그림 11-1 부품 노후화 및 단종의 원인

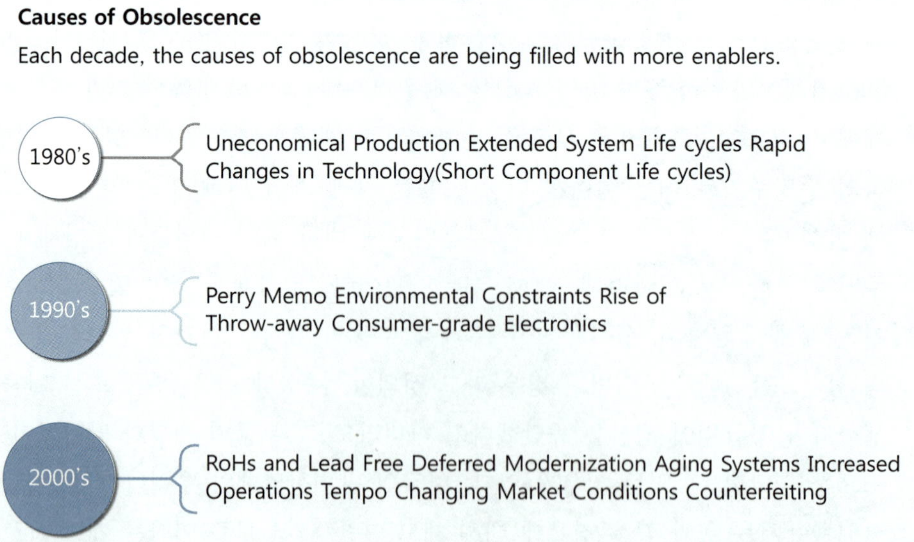

【부품 수명주기의 단축】

산업혁명 이후 과학기술의 발전은 빠른 속도로 이루어져 다양한 제품의 개발 및 생산을 가능케 하였으며 대량 생산 체제의 정착을 달성하였다. 특히 근래의 전자산업 분야에서 반도체 기술의 발전은 놀라울 정도로 비약적인 발전을 이루면서 타 산업분야에도 지대한 영향을 미치고 있다.

이와 같은 반도체 기술의 빠른 발전은 전자 부품의 조기 노후화를 유발하며 전자 부품 자체뿐만 아니라 전자 부품을 사용하는 제품의 수명주기를 단축시켜 부품의 노후화와 단종에 직접적인 영향을 미치게 된다. 일반적인 전자 부품의 평균 수명주기는 10년 이내로써, 군용은 12.5년 이상, 상업용의 경우 평균 8.5년 이내이며, 특히 마이크로프로세서 메모리와 같은 특별한 경우에는 채 2년을 넘지 못한다.

또한, 반도체 집적기술이 점차 발전함에 따라 집적회로 소자의 고집적화는 전력 및 발열 문제를 발생시키고, 이러한 문제를 해결하기 위해서 〈그림 11-2〉와 같이 저 전력 집적회로 소자의 사용이 일반화되고 있다. 이러한 저 전력 집적회로 소자로의 이전 추세는 기존장비와의 전압 레벨 차이로 인하여 전자부품의 단종문제를 가속화시키는 요인이 되고 있다.

그림 11-2 디지털 소자의 인가전압 변화추이

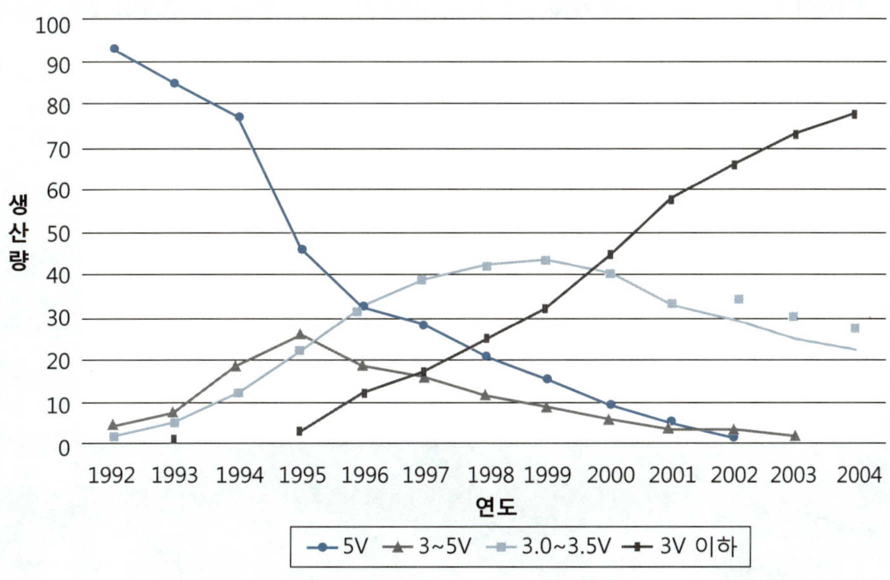

【무기체계의 수명주기 장기화】

항공기, 유도무기 등과 같은 복잡한 무기체계를 개발하여 전력화하는 데는 많은 비용과 시간이 소요된다. 따라서 무기체계의 개발을 계획하는 시점 또는 설계 시에는 당시의 최고 기술과 부품을 사용하였더라도, 사용된 기술과 부품이 빠른 속도로 발전하여 무기체계가 생산되고 운용되는 시점에는 이미 노후화되는 문제가 자주 발생하게 된다. 특히, 기술 발전의 속도가 빠른 통신·전자 분야에서 부품의 조기 노후화는 생산 단계 또는 전력화 초기부터 소요 부품이나 수리부속이 단종되어 안정적인 생산과 전력유지 및 정비에 심각한 영향을 미치게 된다.

한편, 구 소련의 붕괴에 따른 탈냉전 시대를 맞으며, 국제적으로 군비 감축의 요구가 증대되었는데, 미국의 경우도 예외는 아니어서 국내·외의 정치·군사적 변화와 국내 경제상황으로 대규모의 국방비 감축이 불가피하게 되었다.

국방예산 감축으로 기존의 무기체계 획득 및 유지 전략으로는 장비의 성능 유지가 불가능하게 되자 미 국방부는 장비의 국방 요구도를 저비용으로 충족하기 위한 방안을 연구하기 시작하였고, 선진화된 민수산업 기반을 활용하기 위해 많은 부분을 민영화하는 등 대폭적인 체질개선 노력을 시작하였다. 특히 1991년 걸프전을 수행하는 동안 현지에서 신속하고 원활한 군수지원을 위해 상용품을 구매하여 조달한 결과 조달기간 단축 및 예산절감 효과가 있음을 경험한 미 국방부는 수년의 연구 및 준비를 거쳐, 규격 체계의 정비 및 성능형 규격의 확대 등 군사규격 개혁(MIL-Spec Reform, 1994~2001)을 통한 국방비 집행의 효율성 재고에 중점

그림 11-3 산업별 반도체 시장 점유율

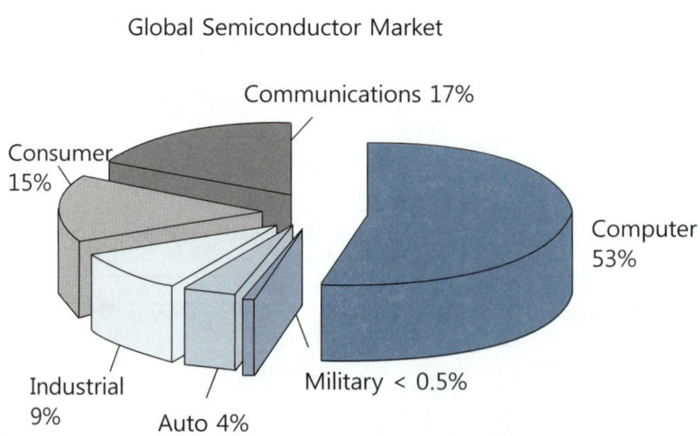

을 둔 획득개혁(Acquisition Reform)을 추진하였다.

이에 따라 미 국방부는 상용품의 사용을 권장하고 상당한 양의 미 군사규격을 폐지하였다. 또한 군사규격 작성 시 상세형 규격(Detail Specification)을 지양하고, 최종제품의 성능만을 요구하고 성능달성을 위한 제반 자재, 제작공정 등을 제작자가 선택할 수 있도록 한 성능형 규격(Performance Specification)을 제정하게 함으로써, 제조업체에게 보다 많은 융통성을 주고 제조기술의 혁신을 도모하여 궁극적으로 무기체계 획득기간 단축과 사업비용 절감을 위해 노력하였다. 그러나 획득개혁은 결국 군용 부품 시장의 축소를 야기하고 있으며, 그 정도는 점점 심해지고 있다. 특히 반도체 부품 시장의 경우 컴퓨터 및 통신기술의 발달로 상용시장의 매출이 급성장하고 있으나 군용 반도체 부품 시장의 매출 점유율은 급격히 감소하여 전체 시장 점유율에서 0.5%에도 미치지 못하고 있는 실정이다. 따라서 많은 수의 반도체 부품 제조업체들이 군용 부품의 생산 중단을 선언하고 있으며, 업체 간 인수, 합병 등이 활발하게 진행되고 있어 반도체 부품 시장에서 군용 부품의 획득이 점점 어려워지고 있다.

그림 11-4 무기체계의 수명주기와 전자부품의 수명주기

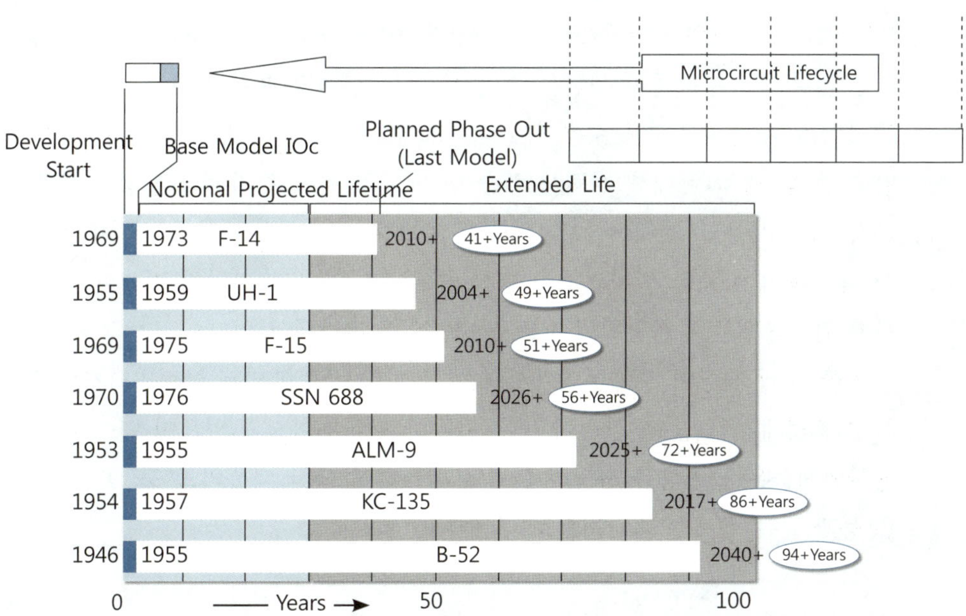

또한 무기체계에서도 경제성은 중요한 변수가 되어 현 무기체계와 새로운 무기체계에 대한 비용분석 등을 통해 기존 무기체계를 유지한 채 부품의 성능을 개량하는 접근방식을 많이 택하고 있다. 따라서 사용 수명주기가 〈그림 11-3〉에서 보는 바와 같이 초기 계획 대비 40~90년으로 늘어나면서 무기체계의 운용 유지 기간에 부품단종의 문제는 더욱 심각해지고 있다. 개발기간 측면에서도 무기체계가 복잡해지면서 신규 개발되는 무기체계의 개발기간이 길어지는 반면, 전자부품의 수명주기는 점점 짧아짐에 따라 개발이 완료되기 전에 부품단종이 발생하는 경우도 발생하고 있다.

【기타 원인】

최근 선진국에서는 자원의 효율적인 이용과 환경오염을 최소화하기 위한 녹색산업에 많은 노력을 기울이고 있다. 이에 따라 환경 친화적인 제품에 관심을 가지고 제품의 생산 단계에서 부터 환경 유해 물질에 대한 사용을 규제하는 규정과 제도를 도입하고 있다. 대표적인 규제로는 유럽연합이 2006년 발효한 유해물질 사용 제한 지침 RoHS(Restriction of Hazardous Substances)로 전기전자 부품에 포함된 6대 유해물질(Pb, Hg, Cd(VI), PBB, PBDE)의 사용을 규제한다. 특히 RoHS의 규제 대상 중 전기전자 부품에서 가장 많이 사용되는 물질은 납땜에 사용되는 납(Pb)으로 무연납의 사용을 요구하고 있다. 이에 따라 기존에 납을 사용하여 생산하던 많은 전자부품들이 생산을 중단하고 무연납을 사용한 부품으로 전환되고 있는 실정이나 현재까지 군수분야에서는 RoHS 규제 제외 대상이고 무연납을 사용한 부품 및 공정에 대해 신뢰성 검증 미흡 등의 이유로 기존의 공정과 부품을 당분간 계속 사용할 계획이다. 그러나 근래에 무기체계에서 상용 전자부품의 사용이 증가하여 사용한 전자부품이 생산 중단되는 경우가 빈번히 발생함에 따라 강화된 환경규제는 부품단종의 새로운 원인으로 부각되고 있다.

또한 세계 시장이 보호무역에서 벗어나 하나로 통합되는 글로벌화가 진행되면서 제조업체들의 인수, 합병이 매우 활발하게 이루어지고 있으며 이에 따라 부품생산업체들은 급변하는 시장의 환경에 대응하여 생산 제품의 변경, 통합, 조기 단종 등과 같은 문제를 적극적으로 대응하고 있다.

11.1.3 DMSMS의 영향

【총소유비용의 증가】

무기체계 총수명주기에 부품단종이 발생하면 추가 예산의 지출이 불가피해진다. 이러한 지출은 무기체계를 운용하는 소요군 뿐만 아니라 생산업체에도 부품단종에 대응하기 위한 비용의 지출과 불용 재고의 발생 등에 따른 추가 비용을 유발하게 된다. 실례로 한 방위산업체의 전차에 사용되는 부품의 경우 1999년 전력화되어 현재 운영단계에 있으나 Pip-PIN을 생산하는 원 제조사가 비생산적이라는 이유로 생산라인을 다른 업체로 이관함에 따라 유효 재고를 추적할 수가 없었다. 따라서 유일하게 해당자재를 보유하고 있는 미국의 한 부품판매업체를 찾아 1년 전의 실적가보다 약 8배에 이르는 구매비용을 지불하였다. 게다가 부품 발주 수량은 49개였지만 부품딜러업체가 요구하는 최소주문수량(MOQ, Minimum Order Quantity)인 100개를 강제적으로 수용할 수밖에 없어 필요주문수량외의 51개는 불용재고로 남게 되었다.

【장비의 신뢰성 확보 곤란】

과거 군수산업 기술이 민수산업 기술보다 우위에 있어 민간산업을 이끌어 왔다면, 현재는 민간의 첨단기술력이 장기 운용되는 군수산업에 많은 영향을 주고 있다. 특히 우리나라는 많은 장비를 미국과 유럽 등 해외에서 수입하여 사용하고 있음을 감안할 때 부품단종 발생 시의 정보력 미흡과 수동적 대응으로는 적기 전력화가 어렵다. 또한 장비의 신뢰성과 성능을 보장할 수 없게 될 뿐만 아니라 단종된 부품을 대체할 만한 동등부품이 존재한다 하더라도 부품의 신뢰성을 검증할 표준 인프라가 국내에는 아직 미흡한 실정이다. 또한 최근 들어 중국, 동남아 등지에서 생산되는 위조(Counterfeit)부품과 원생산업체에서 부품 생산을 중단한 후에 생성되는 부품 2차 시장(After-Market) 부품들의 생산과 유통이 날로 증가하고 있으며, 이는 무기체계 신뢰성에 치명적인 타격을 줄 수도 있다.

또한 수리부속품의 고갈은 정비지연과 무기체계의 가동상태 유지를 어렵게 하여 전투준비태세 유지에 큰 걸림돌이 되고 있다.

그림 11-5 미 GIDEP에 보고된 위조부품 현황

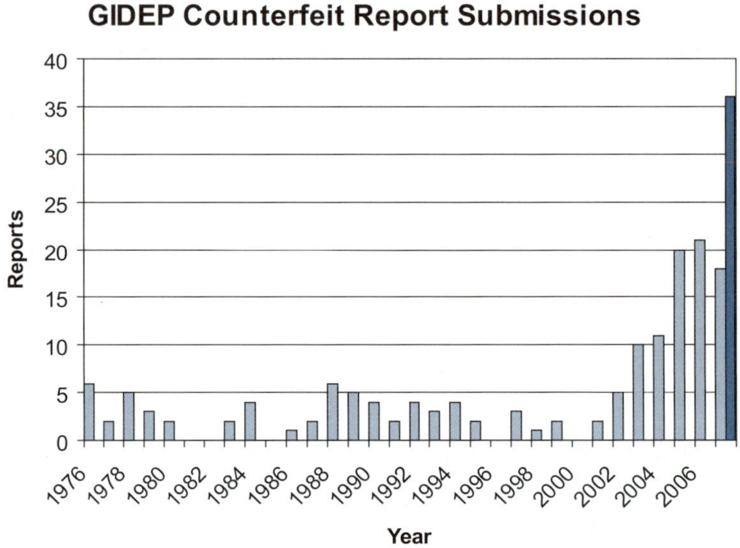

11.1.4 DMSMS 관리 전략

수명 주기 관점에서 보면 부품은 〈그림 11-6〉과 같이 도입(Introduction), 성장(Growth), 성숙(Maturity), 포화(Saturation), 쇠퇴(Decline), 소멸(Phase-Out)의 수명 과정을 거치게 된다. 부품의 생산 및 판매량은 개발 후 서서히 증가하여 성숙과 포화 단계를 거치며 최대가 되고 안정화 된 후 쇠퇴 후 소멸 단계에서 생산과 판매는 줄어들어 최종적으로 생산이 중단되며 가격은 상승하게 된다. 부품이 쇠퇴 단계를 거쳐 소멸 단계에 이르면 일반적으로 생산업체는 부품단종 예정을 공지하게 되며 이때부터 부품단종으로 인식되어 해당 부품을 사용하는 사용자는 이를 해결하기 위한 관리 노력이 필요하다.

부품단종 관리는 대응 시기에 따라서 크게 두 가지로 구분할 수 있다. 첫 번째 부품단종이 발생하기 전에는 아무런 조치도 하지 않고 부품단종이 인지되거나 발생된 후에 문제를 해결하는 사후(Reactive) 관리 방법이 있다. 반면, 부품단종을 사전에 예측하고 이에 대한 대응 방안을 부품 단종 발생 전에 수립하고 이행하는

그림 11-6 부품 단종 관리 대응시기에 따른 분류

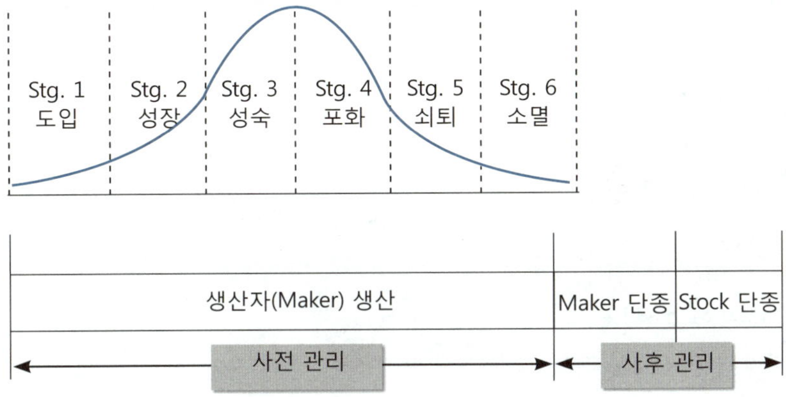

것을 부품단종에 대한 사전(Proactive) 관리 방법이라 한다. 특히, 사전관리 방법은 부품의 지원성 강화 및 비용 절감의 기회가 있을 때에 미래의 노후화의 위기를 완화하는 수단으로 무기체계의 전 순기에 걸친 부품의 수명주기를 고려한 과학적 접근방식이라 할 수 있다. 이는 부품단종 관리 도구와 기법을 통해서 다양한 수준의 의사결정이 가능하도록 조치를 수행하여 수명주기 예측을 하는 단종관리 방법이다. 또한 이러한 사전 관리에는 개발단계에 최적의 설계 즉, 개방형 체계 설계 및 신기술을 제품에 적용하는 등 획득 전략과 관련된 방법이 포함된다.

부품단종 문제가 점차 확대됨에 따라 부품단종 위험에 대한 완화와 미래를 예측하기 위해 유용한 데이터베이스 및 구체적 대안과 도구의 필요성도 점차 늘어나고 있다. 그러나 대부분이 전자부품에 한정된 사전, 사후 대응 방법들에 대해 초점이 맞추어져 있으며 사전적, 사후적 시기에만 의존하기에는 현실적으로 가변적인 상황들이 많이 발생하고 있다. 따라서 다변화 시대의 상황들을 고려하여 이 두 가지 방법보다 더 탄력적인 대응방안이 필요하다.

즉, 능동적 사전관리와 수동적 사후관리 방법을 적절히 혼합하여 적극적인 단종자료들, 예를 들어 단종정보, 미래 기술정보, 사업 방향 등을 활용해 사안에 따라 탄력적으로 대응하면서 보다 장기적이고 넓은 관점에서 대응하기 위한 전략이 필요하다. 전략적 관리가 필요한 원인은 첫째, 모든 시스템은 점차 부품단계(Part-level)가 아닌 회로기판(Circuit Card), 회로박스(Circuit Box)나 LRU(Line Replaceable Units) 레벨의 관리가 필요하다고 인식되고 있다. 둘째로 노후화는 시스템의 하드웨어뿐만이 아니라 소프트웨어에도 영향을 미치므로 두 가지가 병행관리 되어야 한다. 셋째 복합 체계와 하부 체계를 고려한 전략이 필요하며, 넷째 새로운 기술계획과 정책에 대해 어떻게, 어느 시점에, 어떤 문제를 적용시킬 것인가를 고려해야 한다. 마지막으로 노후화 위기, 시기, 해결비용, 결과 등이 불확실할 경우에 최적의 해결방안을 모색하기 위한 다각적인 접근이 필요하다. 따라서 탄력적인 계획수립 및 갱신을 통해 보다 구체적인 무기체계 수명주기관리 전략을 세워야 한다.

【사후(Reactive) 관리】

부품단종 사후관리는 생산업체가 생산을 중단 또는 단종을 공지한 시점, 즉 제작사(Maker) 단종 시점 이후에 실시되는 관리방법으로써, 이전까지는 아무런 조치도 취하지 않는다.

부품단종은 생산업체 또는 공급원이 부품에 대한 생산 중단을 선언하거나 생산 중단된 부품을 조달하려고 시도할 때 최초로 식별된다. 부품단종이 통보되면, 무기체계의 해당 부분에 대하여 부품단종으로 인해 발생되는 문제의 정도와 범위를 결정하기 위한 분석이 이루어진다. 이때, 생산업체가 생산을 중지했더라도 단종된 부품에 대한 재고가 가용할 경우에는 대량 구매를 통해 부품단종 문제를 해결하며, 재고가 부족할 경우에는 대체공급원을 파악한다. 대체공급원의 파악 이후에는 해당 부품에 대한 수요를 분석하는데, 이 경우에는 단종된 부품에 대해 추후 요구되는 조건들을 고려해야 한다. 수요분석 이후에는 대량구매, 재설계 및 재개발 등 가용한 대안을 선택하고 가용예산을 투입하여 부품단종을 해결한다. 〈그림 11-7〉은 부품단종 사후관리 절차를 보여주고 있다.

부품단종 후 대응 방법에는 대체공급원 확보, 동등품 대치, 상용품 적용, 동등품 개발, 일괄구매, 재설계/설계변경 등이 있다.

'대체공급원 확보(Alternate Source)'는 원래의 제작사와 다른 제조업체의 부품을 사용함으로써 부품단종에 대처하는 관리방법이다.

'동등품 대치(Substitution)'는 단종부품의 특성을 분석하고, 허용 가능한 범위 내에서 동등 성능 이상의 부품으로 교체하는 관리방법이다.

'상용기성품(COTS: Commercial Off The Shelf) 적용'은 군수품에 적용이 가능한 상용부품을 식별하고 적용하여 부품단종에 대처하는 관리방법으로, 부품조달의

그림 11-7 부품단종 사후관리 절차

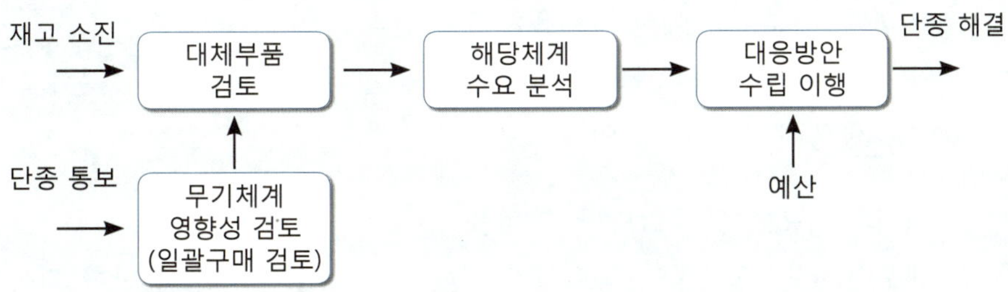

유연성을 부여할 수 있으며 가격이 저렴한 특징이 있다. 단, 상용품은 적용된 시스템에 요구되는 환경조건을 만족해야 한다.

'동등품 개발(Emulation)'은 단종된 부품을 대체하기 위해 최신 기술 및 장비를 사용하여 부품이나 모듈 단위로 대체할 수 있는 부품을 개발함으로써 부품단종에 대처하는 관리방법으로 해당 부품의 수량이 적을 경우에는 단가가 높아질 가능성이 있다.

'일괄구매(LOT: Life-of-Type Buy)'는 단종이 예상될 때 무기체계의 양산에 필요한 부품을 미리 구매하여 일괄적으로 사용자에게 공급하는 방법으로써 단기적인 관리방법으로 쓰인다.

'재설계/설계변경(Redesign/Design Modification)'은 부품의 단종률이 높은 경우에 주로 적용되는 관리방법으로 재설계 비용과 설계의 변경에 따른 군수지원 측면을 고려해야 한다. 그러나 이 방법은 기존 시스템에 비해 동일한 성능 혹은 동등 이상의 성능 및 안정성을 확보할 수 있다. 대부분의 경우 신기술을 이용하여 카드 단위로 F3I(Form-Fit- Function-Interface)를 유지하면서 대체할 수 있는 방식이 널리 사용된다.

부품단종 사후관리 방법을 적용하기로 결정할 경우에는 단종된 부품의 성능과 인터페이스 등 부품의 특성과 가용예산, 예상일정, 방법론 등이 고려되어 비용 대비 가장 효과적인 최상의 대안을 선정해야 한다. 이때, 최상의 대안은 하나 또는 그 이상의 대안들을 혼합하여 고려할 수도 있다.

부품단종 사후관리 방법은 가장 보편적이고 쉬운 관리방법이지만 품목의 단종 문제가 현실화된 이후 필요한 조치를 강구하기 때문에 대응시간이 부족하고, 재고 고갈에 대한 사전 미인지로 인하여 장비의 불가동 현상이 발생할 수 있다. 또한 문제 품목마다 전체 체계를 분석하므로 인력소요가 과다하고, 예산의 미편성으로 인하여 타 분야의 예산 전용을 필요로 한다.

이와 같은 수동적 사후관리 전략은 아래와 같은 항목 중 하나 또는 그 이상의 상황이 발생될 때 선택될 수 있다.

- 계획의 비용이 쉽게 감당할 수 없을 경우
- 제품이 운용 요구를 만족시키기 위해 조달되어 왔으며, 유한한 지속기간을 갖고 더 이상 계획된 구매가 없는 경우
- 노후화의 가능성이 매우 낮은 경우. 예) 낮은 기술 제품
- 제품이 신뢰할 수 있거나 이용 가능한 예비품이 장비의 수명기간에 걸쳐 지원될 수 있는 경우
- 신뢰할 수 있는 부품업체의 보증이 있는 경우

【사전(Proactive) 관리】

부품단종에 대한 능동적인 사전관리는 무기체계의 구성 부품들에 대해 미래에 발생 가능한 단종 부품을 사전에 식별하여 영향을 최소화하도록 대응하는 방법이다. 부품단종 관리 예측 도구를 이용하여 장비의 구성부품들에 대한 수명주기 정보를 모니터링하고 단종이 예상되는 부품이 식별되면 단종 예상부품에 대한 대체부품을 파악하고, 보급 정보를 사전에 확보함으로써 부품 단종을 사전에 해결한다. 부품단종을 사전에 예측하기 위해서는 사전 단종관리 대상 장비에 대한 최하위 구성 단품까지의 부품을 정확히 기록한 구성 자재명세서(BOM: Bill Of Material)와 부품의 수명주기 정보를 포함하는 예측도구가 필요하다.

단종 예측도구로 평가한 부품단종 예측 자료를 토대로 각 부품들에 대한 단종관리 대안을 수립한다. 부품 단종이 임박한 부품에 대해서는 대체부품 검토 등을 수행하여 부품 단종 전에 대응방안을 수립토록 한다. 또한 자재명세서 평가결과에 따른 가용 대안들을 수립하는데, 여기서 단종 대안 수립은 부품단종에 영향을 미치는 요소를 제거 또는 억제하기 위해 필요한 절차나 기술적인 방법 등을 수립하는 것을 의미한다.

부품 단종 대안 수립 이후에는 부품단종 관리를 위해 별도로 편성되어 있는 예산을 배정받아 부품단종을 해결하게 된다. 부품단종 해결 후에는 자재명세서

그림 11-8 부품단종 사전관리 절차

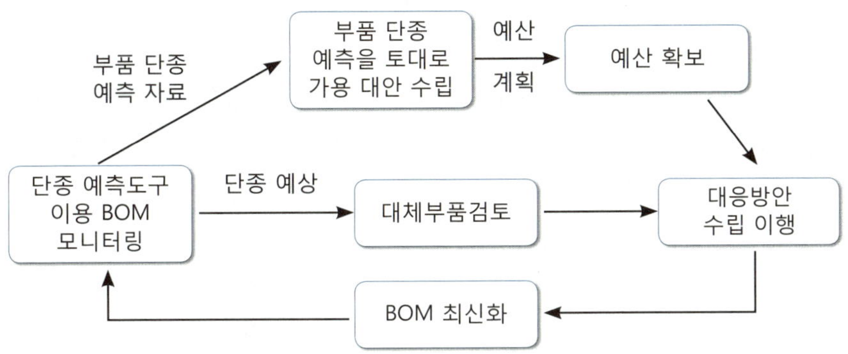

(BOM)를 최신화하여 차후에 발생하는 부품 단종에 관한 사전 관리를 위해 계속적으로 활용하여야 한다.

이러한 부품단종 사전관리는 미래에 발생할 부품 단종을 미리 예측하여 대응방안을 수립하는 방법으로 특히, 제품의 개발 단계에 고려하여야 할 요소가 많으며 개방형 시스템 및 모듈화 설계방법, VHDL(VHSIC Hardware Description Language), PLDs(Programmable Logic Devices)를 활용한 설계방법, 교체 등에 적용될 수 있다.

'개방형 시스템 설계(Open System Design)방법'이란 표준 또는 공통적으로 사용하는 부품 및 모듈을 선택하여 하부체계를 만들고, 특별한 기능의 모듈만을 추가하여 완전한 설계를 만드는 설계 개념을 말한다. 개방형 시스템 설계방법은 모듈이나 카드 단위에서 외부와의 인터페이스와 프로토콜을 명확히 하고 내부소자는 설계자가 변경하여도 무관한 설계방식이기 때문에 빠르게 변화하는 기술의 발전과 시스템의 변화에 유연하게 대응할 수 있고 부품단종 문제를 최소화할 수 있어 재설계 및 시스템의 성능개량과 같은 경우에 유리한 특징이 있다.

'모듈화 설계방법'이란 시스템을 구성하는 하드웨어 및 소프트웨어를 정확한 기능 단위로 분해하여 각각 독립적으로 모듈화하여 설계하는 방식을 말한다. 모듈화 설계는 시스템 설계를 기능별로 모듈화하여 설계함으로써 재설계 및 수정시 대부분의 모듈은 원래의 것을 사용하고 일부 모듈만을 수정·보완하면 원하는 목적을 달성할 수 있어 성능개선 및 반복적인 부품단종 문제에 높은 적응성을 갖는다.

'VHDL(VHSIC Hardware Description Language)'이란 접적회로(IC)의 설계를 위한

디지털 회로들의 기능과 구조를 묘사할 수 있는 표준화된 프로그래밍 언어이다.

'PDLs'란 프로그램이 가능한 논리소자로써 설계자에 의해 궁극적인 기능이 결정되는 디지털 소자들의 집합체이다. VHDL과 PDLs를 활용한 설계방법은 하드웨어 기반 언어인 VHDL를 사용하여 복잡한 시스템을 가상시제를 통해 쉽게 구현할 수 있고, 표준화된 언어의 형태로서 하드웨어의 특성에 큰 영향을 받지 않으며 시뮬레이션이 가능한 장점이 있다. 또한 PDLs는 VHDL을 이용하여 사용자가 목적에 맞게 프로그램을 작성하여 사용할 수 있으므로 부품단종이 발생하더라도 쉽게 대처할 수 있다.

'교체'는 부품단종 시기가 도래하기 전에 각 부품에 대해 기술검토를 실시함으로써 주기적으로 부품을 교환하는 방법이다. 이 방법에는 기술의 발달을 고려하여 신기술로 교체와 단종부품보다 차상위의 조립체 교체, 동등이상 성능부품으로의 교체가 있다.

【위험관리】

미국에서는 부품단종에 따른 위험을 〈그림 11-9〉와 같은 4단계의 표준화된 절차에 따라 관리하고 있다.

- 식별(Identify): 현재 혹은 가까운 미래에 노후화 될 예정인 LRU에서 문제가 될 부품들을 식별한다. 단종 부품을 조기에 식별하고 이를 해결하는 것은 사전예방적인 프로그램의 핵심이다.
- 평가(Assess): 문제가 되는 부품의 수량을 고려하여 현재와 향후 부품단종에 따른 영향을 가장 크게 받는 LRU를 결정하고 우선순위를 정한다.
- 분석(Analyze): 처음에 높은 우선순위의 LRU에서 문제가 되는 부품들을 연구하여 각각의 LRU 마다 최적화된 부품 단종 해결책을 개발한다.
- 실행(Implement): 우선순위가 높은 LRU에 대한 해결책에 필요한 예산안을 기획하고, 획득하고, 계약을 체결하며, 일정을 조정하고, 시행하는 각종 제반 활동을 수행하는 단계이다.

몇 개의 부품에 대한 해결책을 개발하는 것은 그리 어렵지 않은 일이나 하나의 시스템에서 효과적이며 사전 예방적인 부품 단종 관리 프로그램을 개발하는 것은 매우 어렵고 비용이 많이 드는 일이며 모든 무기 체계에 동일한 부품 단종 관리 프로그램을 적용할 수 없다. 따라서 미국 국방부는 부품 단종 관리 실행 강도

그림 11-9 부품단종 관리 표준절차

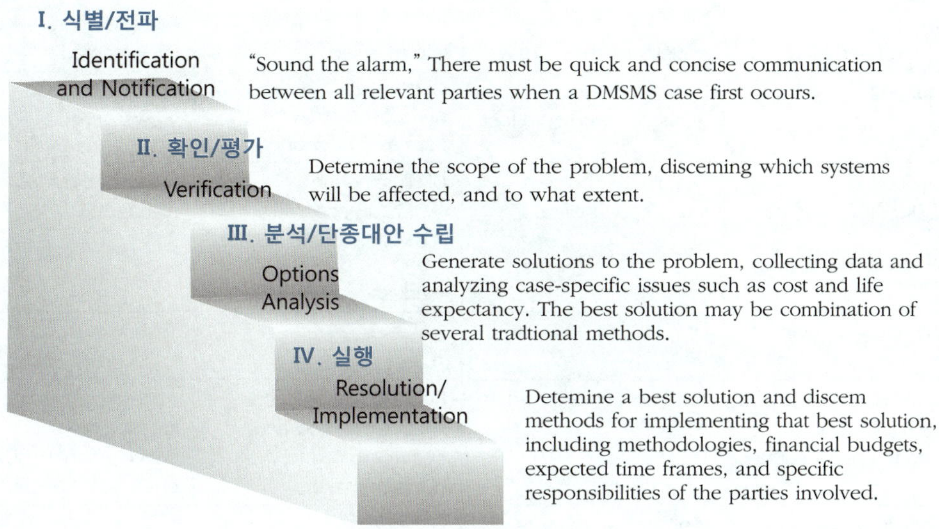

에 따라 4 단계로 구분하여 시행하고 있으며 각각의 단계마다 부품단종에 따른 영향을 최소화하기 위한 일련의 시행 수칙들을 보여주고 있으며 세부적으로 살펴보면 다음과 같다.

- Level 1- 이미 알려진 노후화 문제로 해결하기 충분한 시행 방법들로 대개 사후 대응적인 방법이다.
- Level 2- 향후 노후화 될 품목들의 위험을 완화시키기 위한 시행 방법들이며 부분적으로 사전 대응적인 요소들이 내재되어 있다.
- Level 3- 지원가능성을 향상시키거나 총 소유비용을 감소할 수 있는 가능성이 매우 높을 경우 노후화 문제의 위험을 완화시키기 위한 사전 예방적인 시행 수칙들
- Level 4- 새로운 체계의 개념 설계나 생산 및 배치 중에도 지속적으로 개발되는 사전 예방적인 시행 수칙들

〈표 11-1〉은 각각의 단계별로 시행 수칙들을 나타내고 있으며 각각의 상위 레벨을 기준으로 하위 레벨의 모든 시행 방법들을 포함한다. 부품단종 관리 실행 강

| 표 11-1 | 부품단종 관리 실행 강도에 따른 대응 방안

Intensity Level 1	Intensity Level 2	Intensity Level 3	Intensity Level 4
DMSMS program established and funded	All Level 1 practices implemented	All Level 2 practices implemented	All Level 3 practices implemented
DMT formed	BOM processed through a predictive tool	DMSMS life-cycle costs and cost avoidance estimates developed	Technology road mapping used
DMT trained in • DMSMS fundamentals and • DMSMS for executives	Results of predictive tool output analyzed	DMT trained in • DMSMS essentials • DMSMS case studies, and • advanced DMSMS	System upgrades planned
DMSMS program plan written and approved	DMSMS solution database established		Technology transparency attained
Complete BOM developed with periodic reviews planned to keep it current	Budget established to fund future obsolescence solutions	Funding shortfall and impact identified and communicated to decision makers	Accessibility realized for alternate souce development (VHDL, emulation, MEPs)
Solutions to near-term obsolescence problems implemented	Website established	For legacy systems, DMSMS tasking and data requirements included in applicable contracts	
For new acquisitions, DMSMS tasking and data byproducts inserted in the development, production, or support contracts	Method established to prioritize LRUs/WRAs for DMSMS risk	Circuit design guidelines established	
		Technology assessment and insertion under way	
		DMSMS metrics establisheda	
		Eletronic data interchange used	

Notes: BOM = bill of materials, DMT = DMSMS management team, LRU = line replaceable unit, MEP = Manufacturing Extension Partnership, VHDL = VHSIC (Very High Speed Integrated Circuit) Hardware Description Language, WRA = weapons replaceable assembly.

[a]Metrics include number of cases, number of solutions implemented, life-cycle costs, and cost avoidance.

도를 결정하는 논리적 절차는 〈그림 11-10〉과 같다.

사업관리자는 프로그램의 복잡성, 가용 자원들, 관리 철학 그리고 획득 수명 주기 단계를 고려하여 실행 강도를 정한다. 예를 들어, 기술 개발 단계에 들어가는 프로그램은 시스템 개발과 시연 단계를 고려한 제안 요청서에 level 3 시행 수칙을 통합하여 계획할 수 있다. 그러나 운용 및 지원 단계에 있는 프로그램은 모든

그림 11-10 부품단종 관리 실행강도를 결정하는 논리적 절차

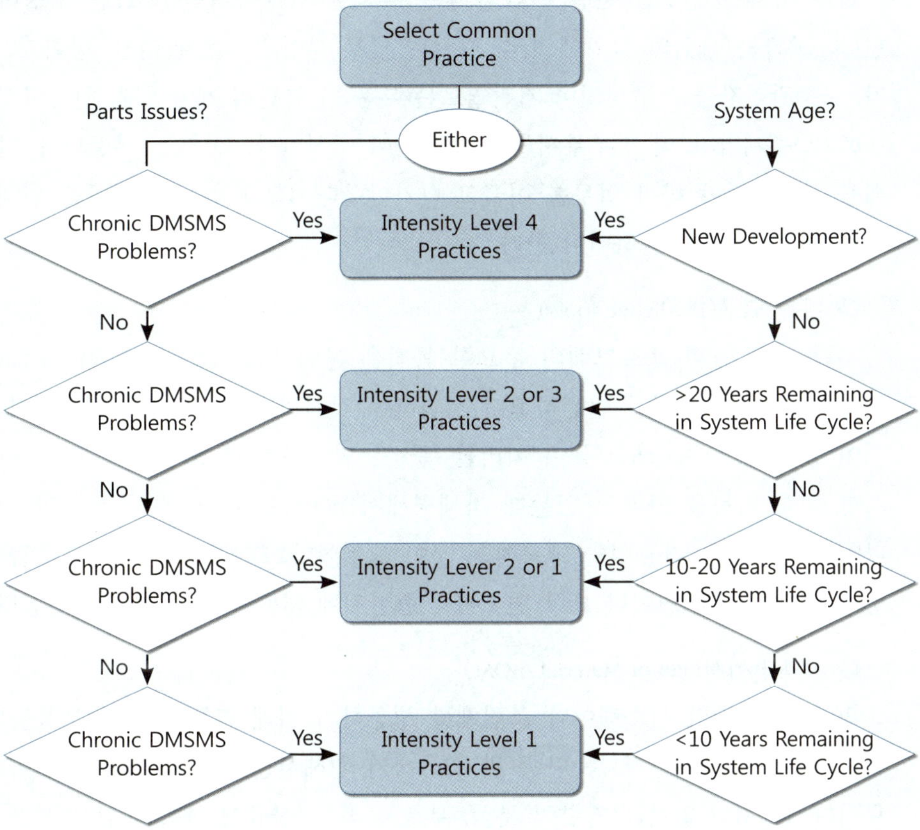

도면을 전산화 된 포맷으로 변환하는 것이 재정적으로 불가능 할 수도 있다. 시간이 경과함에 따라 사용자는 비용을 절감하고 향후 예상되는 노후화의 위험을 감소하기 위해 상위 레벨의 부품단종 완화 시행 방법들을 시행할 수도 있다.

【핵심 요소】

관리상의 지원(Support from management)

최고 관리자의 참여는 성공적인 부품 단종 관리를 위해 매우 중요하다. 최고 관리자의 관심은 기술, 군수지원, 관리 및 계약에 관한 다양한 지원 사항들이 부품단종 관리와 공조하여 진행되는 것을 보장한다. 고객과 공급자 양측 관리자들로부터 관리 지원을 확보하기 위한 방법은 계약상의 문구에 책임과 역할을 명확하게 명시하는 것이다.

부품단종 관리팀(DMSMS Management Team, DMT)

특정 사업에서 부품 단종 관리의 좋은 결과를 달성하려면 DMT를 구성하여야 한다. DMT는 사업의 상황에 따라 다르나 업무 분야별로는 관리자, 공학자, 기술자, 군수관리자들로 구성되며 기관별로는 부품 단종 관리 계약업체, 원장비제작사(OEM), 주계약자 및 정부부서들을 포함하여 구성한다. DMT는 부품단종 관리계획을 작성하여야 하며 업무를 이끌고 나가야한다. DMT의 임무 성공을 위해서는 적절한 자원들을 지원하여야 한다.

예측 도구(Predictive tools)

부품 단종 관리 프로그램의 주요한 목적은 문제 부품 보고서(Problem Part Reports, PPR)에서 문제를 발견하고 문서화하는 것이며 문제를 해결하는 것이 포함되어 있다. 많은 예측도구들이 이러한 목적을 달성하는 데 도움을 주고 있으며 유사한 핵심 기능을 가지고 있는데 자재명세서(BOM)로 부터 전자 부품의 상태를 파악하고 노후화 가능성을 예측하는 것이 그것이다. DMT는 선정할 도구들이 해당 사업에서 비용 면이나 요구 면에서 적합한지에 대한 검토도 수행해야 한다.

자재명세서(Bill of Material, BOM)

BOM은 하나의 시스템이나 조립체를 생산하기 위해 필요한 모든 부품들의 목록으로 사전예측적인 부품 단종 관리를 하기 위해서는 반드시 필요한 데이터 자료이다. BOM이 없이는 영향력 분석, 부품 분석, 생산중단 예측과 같은 부품 단종 관리 관련 활동들이 불가능하다. 특히 계층 구조로 작성된 BOM은 최하위 단품에서부터 박스 단위 부품, 시스템에까지의 관계를 알 수 있게 하며, 부품들의 목록만으로 구성된 BOM은 부품간의 계층 구조 관계를 알 수 없다. DMT의 첫 번째 임무 중의 하나는 BOM을 획득하고 이로부터 가용 데이터를 확보하는 것이다. BOM을 확보하지 못하면 DMT는 계약자 소유의 기술 자료 패키지, 기술 매뉴얼(Technical Manuals), 기술 변경 제안서(Engineering change proposal, ECP)의 접속 권한 문제를 협의하게 된다.

DMT가 능동 소자 부품들이 반영된 최소한의 BOM을 만들거나 얻는다면 사전예측적인 부품 단종 관리의 좋은 출발점이 될 수 있다. 이러한 제한된 BOM 만으로도 DMT는 예측 도구를 실행하여 부품의 상태를 식별하고 몇 가지 기본적인 분석을 수행할 수 있다. DMT는 재설계나 새로운 체계의 획득 사업에서 보다 나은 부품 단종 관리를 하기 위해서는 BOM이 포함되어야 한다는 것을 깨닫게 되며 새로운 체계의 획득에서는 특정 형태의 BOM 자료의 확보를 신중하게 고려하게 된다.

COTS 부품들에 대해서는 주기적으로 원생산업체(OEM)에 대한 조사를 실시하여 제품의 상태와 예상 수명에 관한 업데이트 된 정보를 얻을 수 있다. 이러한 조사에서 얻어진 정보들은 OEM의 내부 부품 단종 프로그램과 부품 공급자에 의해 제공된 자료의 신뢰성과 같은 요소들을 고려하여 판단하게 된다.

성과기반군수지원(PBL) 계약에서는 DMT가 BOM을 유지 관리할 필요가 없다. 왜냐하면 노후화 관리는 PBL 공급자가 수행하기 때문이다. 그럼에도 불구하고, 공급자가 무기 체계의 지원을 중단하거나 사업을 접을 경우를 대비하여 보호할 수 있는 장치가 강구되어야 한다. 이러한 만일의 사태를 대비하기 위해 계약서상에 제품의 지원을 보증하고 유기적 능력을 지원하기 위해 필요한 모든 기술 문서를 계약자가 제공하여야 한다는 내용이 명시되어야 한다.

획득과 생산 단계 도중에 OEM은 노후화되어 있거나 곧 노후화되는 부품의 리스트를 제공하여야 한다. 비록 이러한 방법이 사후대응적인 것이라 하더라도, 적어도 노후화 되거나 노후화 될 위험에 처해있는 부품들을 검증하는 방법을 제공하게 된다.

이와 함께 프로그램의 개발 단계 초기에 부품 단종 관리를 위한 자금이 집행되어야 한다.

11.1.5 DMSMS 프로그램 요소

【관리 기반(Infrastructure)】

이 요소는 부품단종 관리 프로그램의 가용 자원과 능력의 조합을 말한다. 초기에 DMT는 식별된 문제들을 수집하고 문제 해결 프로세스가 잘 관리할 수 있도록 부품단종 프로그램 통합업무 담당부서(Program Integrating Agent, PIA)의 선정을 필요로 한다. PIA는 주계약자, 부품단종 관리 지원계약자 그리고 내부부서 중에 하나를 선정하게 된다. DMT는 PIA와 협조하여 해당 프로그램을 위한 부품 단종 관리 계획(DMSMS management plan, DMP)을 수립하여야 한다. 부품단종 관리 계획서에는 프로그램의 목적을 언급하고, 프로그램의 요소들을 설명하고, DMT의 역할과 책임을 정의하고 프로그램의 자원들을 묘사하고 DMT 절차들을 특성화시켜야 한다. 이 계획에는 프로그램의 진행사항과 결과를 측정하기 위해 DMT가 사용하게 될 접근법들을 명시하여야 한다. 선정된 측정 변수들은 국방부에 의해 승인되고 표준화된 평가 변수들, 부품 및 보고에 필요한 상위 단계의 요구사항들을 포함해야 한다. 부품단종관리 계획서의 작성을 지원할 목적으로 Plan Builder 등과 같은 자동화된 계획 수립 프로그램을 활용하는 것이 바람직하다.

DMT는 부품 단종 예측 도구를 선정해 BOM 상의 부품들 중 전자 부품들에 대해 노후화 문제를 예측해야 하므로 많은 예측 도구들이 개발되어 있다. 이 내용은 부품 단종 지식 공유 포탈인 DKSP(DMSMS Knowledge Sharing Portal)에서 확인할 수 있다. 해당 도구들의 인터페이스나 특징들이 매우 상이하기 때문에 DMT는 예측 도구를 선정하기 전에 후보가 될 만한 도구들의 시연회를 가진 후 해당 프로그램의 목적이나 사용자 편의성을 고려하여 도구들을 선정해야 한다. 단 한 가지의 특정 도구만으로는 모든 부품단종 문제를 해결할 수 없으며, 예측 도구를 통해 산출된 결과를 바탕으로 담당자의 기술적 분석이나 판단이 모든 부품단종 문제를 다루는 핵심 요소라는 점을 알아야 한다. 또한 DMT는 문제를 식별하고 해결책을 강구하기 위해 여러 데이터베이스를 이용할 수 있으며 〈표 11-2〉에서 미국 정부기관에서 이용 가능한 도구를 정리한 내용을 설명한다.

복잡한 프로그램의 경우 여러 장소에서 수백 개의 부품단종 관리 프로그램에 대한 동시 다발적인 조사를 필요로 하기 때문에 DMT는 자신의 작업을 기록하고 조직화하기 위한 데이터베이스가 필요하다. 이때 DMT는 자기 자신의 데이터베이스를 구축하거나 다른 프로그램의 데이터베이스를 채택하는 것도 가능하다. DMT에서는 부품단종 문제들의 우선순위를 정하는 방법론을 개발하거나 채택할 필요가 있는데 이는 무기체계와 같은 다중의 시스템으로 구성되어 있는 복잡한 플랫폼에서는 매우 중요하다. 아래는 부품단종이 미치는 영향을 고려하여 LRU의 우선순위를 정하기 위한 판단 기준들의 예시이다.

- 기회의 창(Window of opportunity): 부품이 수명주기 구매(lifetime buy)가 가능하여 문제 해결에 시간적인 여유가 있는가?
- 운용상의 영향력: 부품단종 문제에 의해 SRU나 LRU를 공급받지 못해 무기체계가 영향을 받는 시기는 언제인가?
- 가용 예산: 부품단종 문제를 다루기 위해 언제, 어디서 그리고 어떻게 예산을 가용 할 수 있는가?

| 표 11-2 | 미 정부기관에서 이용할 수 있는 단종 관련 도구

Tool	OPR	Fee?	Usage
ASSIST	DSPO	No	Specifications and standards
CDMD-OA	NAVSEA (DETPAC)	No	Configuration status accounting of systems and equipment
D200C	AFMC	No	LRU and SRU failure data
EMALL	DLA	No	Item of supply information and ordering (DLA Item Catalog)
GIDEP Notices	GIDEP	No	Historical and new discontinuance notices
JEDMICS	AFMC	No	Engineering drawing file system
MEDALS	DLA	No	Engineering drawing location and revision
Microcircuit Query	DSCC	No	Manufacturer part number to standard micro-circuit drawings
PC Link	DLA	No	Access to service databases
REMIS	AFMC	No	Reliability data
SDW	DLA Headquarters	No	Discontinuation notices
Sunset Supply Base	NAVSEA	Yes	COTS piece part solutions with OEMs
WebFLIS	DLA	No	Federal total item record
WebLink	DLA	No	Web-based version of PCLink

Notes: AFMC = Air Force Materiel Command, ASSIST = Acquisition Streamlining and Standardization Information System, CDMD-OA = Configuration Data Managers Database-Open Architecture, D200C = Recoverable Item Requirements Computation System (Air Forece), DLA = Defense Logistics Agency, DSCC = Defense Supply Center Columbus, GIDEP = Government-Industry Data Exchange Program, JEDMICS = Joint Engineering Data Management Information and Control System, LRU = line replaceable unit, MEDALS = Military Engineering DAta Asset Location System, NAVSEA = Naval Sea Systems Command, OPR = Office of Primary Responsibility, REMIS = Reliability Engineering Management Information System, SDW = Shared Data Warehouse, SRU = shop replaceable unit, WebFLIS = Federal Logistics Information System Web Inquiry, WebLLink = Web Logistics Information Network.

DMT는 요구되는 입력 자료를 수집하고, 일련의 시스템에 자료를 적용한 후 중요도 순으로 우선순위를 정하는데, 예측 도구를 활용하여 체계 내에서 발생할 수도 있는 부품단종 문제의 심각성을 분석할 수 있으며 노후화된 부품을 조사한다.

【운용(Operations)】

운용 요소는 부품단종관리 계획서에 따라 부품단종 프로그램을 관리하는 것을 말한다. 아래에는 DMT가 인지하고 있어야 할 몇 가지 중요한 것들을 보여주고 있다. 초기에 연속적으로 발행되는 문제부품 보고서(PPR)의 처리는 DMT의 새로운 업무 부하가 될 것이며, 이때 DMT 참여자에게 동기 부여를 함과 동시에 상위 관리

층의 확실한 보증이 필요하다. 예측 도구와 데이터베이스에 대한 초기 연구가 끝난 후에는 PPR이 DMT 멤버들에게 검토를 받기위해 배포된다. DMT의 검토를 거친 후 일반적인 경우 PPR은 DSCC(전자부품의 경우), 계약자, 군수센터를 거친 후 담당 사업관리팀으로 보내진다. 부품단종 관리 비용을 이해하고 부품단종 프로그램의 성과를 평가할때는 프로그램 변수들의 측정을 위해, 사업관리자를 추천하여 승인된 대응 방안들을 문서화하고 대응 방안의 이행을 모니터링 한다. 프로그램 평가 변수의 중요한 부분은 해결책의 유형과 구현 비용이며 성공 여부를 측정하고 경향성을 인지하기 위해 추적이 필요하다. 이러한 활동을 통해 산출되는 정보들은 PBL 제공자들이 성능 목표를 달성하는데 유용한 도구가 될 수 있다.

사실에 대한 자세한 조사 후에 개별적 해결책들을 전체 LRU나 부체계에 대한 해결방안으로 제시할 수 있다. 예를 들어 해결책 중 7개의 회로 카드를 교체하고 하나의 카드는 emulation하는 것이 나을지 아니면 회로 카드를 재설계 하는 것이 나을지 하는 질문들이다. 노후화 문제를 평가하고 해결책을 강구하는 것은 전체 시스템의 공학적 접근방법을 필요로 한다. 무수히 많은 개별적 권고들을 명료한 하나의 보고서로 압축하는 수단이 포함되어야 한다.

【지원(Support)】

부품단종 프로그램의 지원 요소에는 교육, 보고, 분석과 같은 업무가 있다. 부품단종 관리계획서에는 다양한 DMT 팀원에 대한 개별적인 지원 업무에 대해 정의되어 있어야 하며 다음은 지원 업무의 사례들이다.

- DMSMS action items의 실행
- 계획된 주기에 의해 새로운 정보와 함께 부품단종 관리 우선순위를 다시 정할 때
- DMT 회의의 주제, 안건, 조정, 회의록 등을 준비
- 필요시 정기 DMT 전화 회의에 참여
- DMT 팀원들에게 DMSMS 관리 도구사용법을 교육
- DMSMS 프로그램에 대한 소개 프레젠테이션 개발
- 고위층을 위한 프로그램 운영 리뷰 자료 준비
- 월별 PPR 진행 현황과 DMT 산출물의 작성 및 게시
- 비용 분석 및 프로그램 시행 효율성을 산출

- 군수산업 포럼에서 DMSMS 프로그램에 대한 설명
- 부품 소모와 고장 정보의 집계
- 해결 방안 이행을 위한 사업 목표 설명

11.1.6 DMSMS 해결 방안

〈그림 11-11〉에 보이는 총수명주기의 어느 단계에 있는가에 따라 부품단종 문제의 실질적인 해결책 수립을 위한 대상 품목이나 체계가 달라진다. 그러나 단일 품목이 여러 체계에 적용되어 있고 각각의 체계가 서로 다른 수명 주기 단계에 있을 때, 2차 해결책에 대한 비용과 효용에 대해 더욱 세밀한 분석을 수행할 필요가 있다. 〈표 11-3〉은 미국 부품단종 관리 지침서에서 제시하고 있는 수명주기에 따른 부품단종 위험 완화 방안들이며 이를 이용하여 부품단종 문제에 대한 잠재적인 해결책을 강구할 수 있다.

지속적인 현대화 계획은 지원 전략에서 중요하며 상용기성품(COTS), 비개발품목(NDIs), 기술변경제안(ECPs)과 가치공학 변경제안서(VECPs), 개방형 설계(OSA), 성과기반군수지원(PBL), 집적 회로 에뮬레이션 프로그램 등의 사용을 통해 부품단종을 완화할 수 있으며 각각의 전략은 다음과 같다.

그림 11-11 총수명주기간 부품단종 해결방안

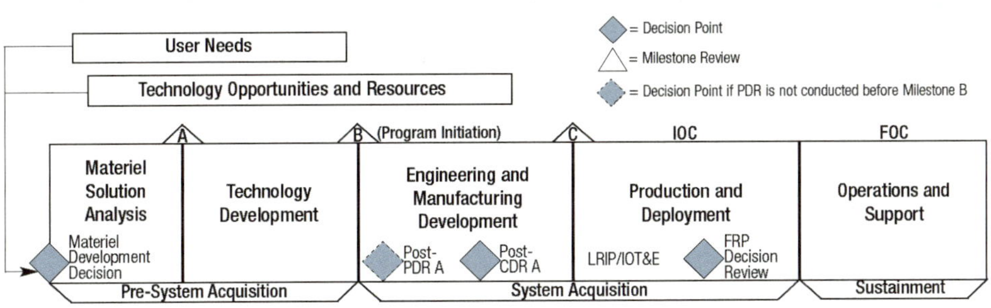

Source: DoD Instruction 5000.02, "Operation of the Defense Acquisition System," December 2008, p. 12.
Notes: CDR = critical design review, FOC = full operational capability, FRP = full-rate production, IOC = initial operational capability, IOT&E = initial operational test and evaluation, LRIP = low-rate initial production, PDR = preliminary design review.

| 표 11-3 | 부품단종에 대한 잠재적인 해결방안

Action category	Action type	Life-cycle phase		
		Pre-system acquisition	System acquisition	Sustainment
DMSMS project	Existing source (stock)		×	×
	Reclamation		×	×
	Alternative source		×	×
	Existing substitute		×	×
	Commercial item or NDI substitution	×		
	After-market manufacturing (reverse engineering)			×
	Emulation			×
	Modification or redesign	×	×	×
Acquisition and design strategy	Perfomance-based requirement	×	×	
	Continuous modernization		×	×
	System upgrade and SLEP			×
	Technology refresh		×	×
Acquisition Strategy	Breakout		×	
	Bridge buy		×	×
	Contractor-maintained inventory		×	×
	Contractor requirement or availability guarantee		×	×
	DPAS			×
	DLA War Stopper List		×	×
	Early-life-cycle parts procurement		×	×
	Government/organic fabrication facility		×	×
	JMPAB		×	×
	LOT buy		×	×
	Modemization through spares		×	×
	Performance-based life-cycle product support	×	×	×
	Early warmin gdatabase			×
Design strategy	Design for obsolescence			×
	Design technique	×		
	Open systems architecture	×	×	
	Redefined requirement	×	×	×

Notes: DLA = Defense Logistics Agency, DPAS = Defense Priorities and Allocations System, JMPAB = Joint Materiel Priorities and Allocation Board, LOT = life-of-type, NDI = nondevelopmental item, SLEP = Service Life Extension Program.

【상용기성품 및 비개발품목(COTS items and Non-developmental Items)】

미국 정부 전자 정보 기술협회(Government Electronics and Information Technology Association)는 DSPO와 공조하여 상용기성품/비개발품목(COTS/NDI) 집적 회로, 반도체들에 대한 최소한의 요구사항을 개발하고 이들 부품들을 항공용 인증 전자 부품(AQEC, Aerospace Qualified Electronic Components)으로 지정했다. AQEC 공급자들에는 약 15개의 반도체 제조업자와 항전 부품 개발자가 있으며, 이들의 주목적은 군수품에 COTS 품목들의 사용을 증가시키기 위한 것이다.

AQEC 문서에는 군사 규격과 순수 상용품 사이에 수정 COTS 부품들을 생산하기 위한 지침이 명기되어 있는데, AQEC 공급자는 5년 이상 제품을 공급해야 하며 수명 주기가 그보다 짧을 때는 부품을 입수하는 방법에 대한 정보를 제공해야 한다.

COTS/NDI 솔루션은 다음과 같은 많은 장점을 가지고 있다.

- COTS/NDI 솔루션은 주문 제작의 HW나 SW 제품보다 넓은 상업적 기반을 가지고 있다.
- COTS/NDI 솔루션은 군사 규격을 만족하는 제품보다 획득이나 지원에 비용이 저렴하다.
- 산업체가 COTS나 NDI의 R&D 활동에 자금을 투입하기 때문에 정부가 부담이 없다.
- 전통적인 군사용 획득 경우보다, COTS/NDI가 출시 시간이 훨씬 짧다.
- 짧아진 수명 주기는 주문 제작형 설계보다 지속적이고 빠른 개선의 기술적 능력을 보유하고 있다.

【기술변경제안서/가치공학변경제안서】

기술변경제안(Engineering Change Proposals) 프로세스는 진행 시간이 더딜 수 있으며 노후화 위험을 식별하고 완화시키는 책임이 정부에게 있다. 반면에 가치공학변경제안(Value Engineering Change Proposals) 프로세스는 단순하고 탄력적이며 구조화된 일련의 도구, 기술 및 절차들을 사용하여 다음과 같은 여러 가지 장점을 가지게 된다.

- DMSMS 문제에 대한 획기적인 해결책을 개발하여 비용 절감, 품질 및 성능 향

상과 같은 2차적인 장점을 제공하며 해결 방안들을 적시에 빠르게 제공한다.

- 국방부가 겪고 있는 DMSMS 문제들을 완화시키기 위해 국방부와 산업체간의 협력을 통해 능숙한 공학적 작업을 사용하여 이익 기반의 인센티브를 포함하는 사업 모델을 제공한다.
- DMSMS 해결책 구현에 투자한 계약자를 포상하고 축적된 정보를 공유한다.
- 국방부가 전 기간에 걸쳐 발생하는 일회성 엔지니어링 비용을 준비하고 보다 쉽게 집행할 수 있게 한다.

PBL의 사용이 가치 공학의 필요성을 배제하는 것은 아니다. 장기적으로 계약자가 국방부에 이익이 되는 접근법을 채택하도록 유인하기 위해 인센티브를 제공함으로써 가치공학변경제안이 사업체를 변화시킬 수 있기 때문이다. 관련 기술변경제안 혹은 가치공학변경제안을 검토하고 승인할 때, DMT는 비용 영향력을 완벽하게 이해하고 기대되는 수명 주기에 잠재적인 산출물들을 확실하게 이해해야 한다.

【개방형 시스템 설계(Open Systems Architecture, OSA)】

개방형 구조 설계는 생산 중단 부품, 노후화된 기술 그리고 단일 공급처와 같은 단점을 감소시킴으로써 무기 체계의 가용성과 유지성을 향상시키는 데에 그 목적이 있다. 무기 체계수명 주기 동안 자체 기술 안에 갇혀 있거나 단일 공급처에 의존하는 것은 임무에 매우 위험한 일이 될 수 있다. 따라서 나선형 개발이 노후화 관련 문제들의 경감에 도움이 될 수 있다.

【성과기반 수명주기 제품지원(Performance-Based Life-Cycle Product Support)】

성과기반 수명주기 제품지원은 새로운 사업 방식으로 기존 체계를 현대화 하는 전통적인 접근법과는 달리 체계의 가용성과 유지가능성을 전체적으로 관리한다. 이는 연속적인 현대화를 촉진하기 위해 지원 통합 담당자와 부품 제공자가 노후화의 위험과 비용을 감당하기 때문이다.

11.2 미국의 부품단종관리 사례

미국의 부품단종관리는 미 국방부의 지속적인 관심으로 민·관·군의 정보 공유를 현실화시키고, 특히 민간업체들의 적극적인 참여를 고취시키는 제도와 지침을 마련하여 운영하고 있다. 뿐만 아니라 사용자들의 편의를 위해 온라인상에서는 신뢰성과 예측 가능한 부품단종 정보체계를 구축하고, 오프라인 상에서는 지속적인 부품 단종에 관련된 교육이 가능한 학술회의를 개최해 DMSMS 정보와 경험을 교환하면서 적극적인 활동들을 펼쳐오고 있다. 이것이 오늘날 미국 DMSMS 발전에 큰 기여를 하고 있는 핵심 요소라고 할 수 있다.

미국의 DMSMS 관리를 위한 정보체계로써 중요한 역할을 하고 있는 것으로 정부 산업간 정보교류프로그램인 GIDEP(Government-Industry Data Exchange Program)을 들 수 있는데, GIDEP은 정부와 산업체 간에 연구, 개발, 설계, 시험, 획득 및 군수지원 등과 관련된 다양한 정보를 상호 교환하는 협력 프로그램으로 제품의 실패경험, 공학 정보를 포함해 제품 정보뿐만 아니라 도량형 정보 등 다양한 정보를 제공하고 있다.

11.2.1 GIDEP

GIDEP은 데이터베이스를 기반으로 하는 정보화 체계라 할 수 있다. 데이터베이스의 기본 자원은 데이터라 할 수 있는데, 특히 부품 단종과 관련된 데이터의 근원은 〈그림 11-12〉에서와 같이 GIDEP 회원, 부품 정보 생성업체, 부품 제조업체로부터 데이터를 수집하여 회원들에게 제공하고 있다. GIDEP의 추가적인 데이터는 GIDEP이 직접 운영하는 부품단종 지식공유포탈(DKSP:DMSMS Knowledge Sharing Portal)과 노후화정보저장소(ODR: Obsolescence Data Repository)와 각 군, 국방부 산하 관련기관 뿐만 아니라 NASA와 같은 정부기관에서 운영하는 데이터베이스에서 구할 수 있다. GIDEP은 이러한 다수의 데이터베이스로 부터 확보한 자료를 관리하고, 분석하며 연구, 개발하는 정보 기술(Information Technology)이라 할 수 있다.

GIDEP의 대부분의 업무는 인터넷을 통해 이루어지며 특히 부품단종 정보의 60~65%는 웹을 통해 획득한 정보이다. GIDEP은 부품단종 정보를 제공하기 위해 부품단종 웹 페이지를 운영하고 있으며 부품단종 정보의 처리는 다음의 절차에 따라 이루어진다.

그림 11-12 GIDER의 운영 개념도

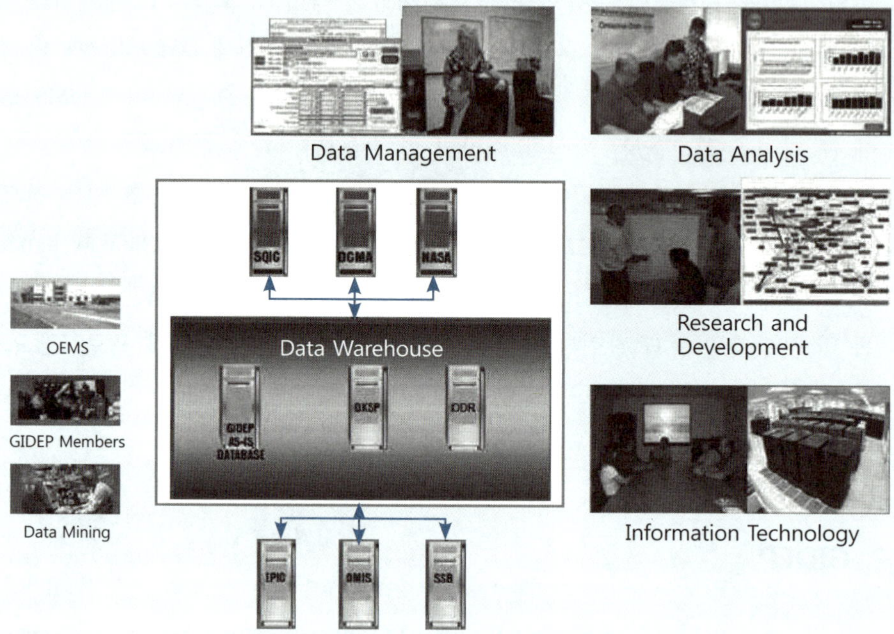

- 우선 부품생산업체, OEM, 공급업체, 정부기관 및 기타 제3자로부터 단종되는 부품에 대한 정보를 입수한다.
- GIDEP에서는 단종 부품에 대한 추가적인 정보를 확인하고 분석업무를 수행하며 단종 공지 자료의 완전성에 대해 검토한다.
- 생산 중단 또는 제품 변경 정보를 각각 부품단종 공지 양식과 제품변경 공지 양식으로 회원에게 배포된다.
- 정부기관에서 해당 부품에 대한 사례 검토 결과가 있을 때에는 최초 부품 단종 공지에 추가사항으로 회원에게 배포된다.

사용자는 GIDEP가 제공한 정보에 대해 이용보고서를 GIDEP에 제출하면 이는 향후의 GIDEP의 사례보고서 데이터베이스에 저장되고, 향후 대안 수립 및 검증 시에 유용한 자료로 활용된다. GIDEP에서 부품단종 관리를 위해 제공하는 서비스는 〈표 11-4〉와 같다.

| 표 11-4 | GIDEP의 부품단종 관리 서비스 종류

서비스 종류	내 용
DMSMS Web Pages	• 회의, 세미나 공지 • 자료실 및 Presentation 자료 • 관련 Site 공유
Weekly DMSMSParts Listing	• 단종 부품 리스트(주간단위)
Push Mail(weekly/custom)	• GIDEP 참여자에게 E-Mail로 정보제공(주간) - News, UDRs, 문서 및 부품 리스트 제공
Batch Match	• 제품 Part List와 GIDEP Database정보 비교 - 부품단종 정보 검토 - GIDEP 추가 Database와 지속적으로 비교 검토 - 일일 단위 새로운 정보 발생시 E-Mail로 제공
Urgent Data Request	• 일반적인 방법으로 정보 입수가 힘들 때 회원들에게 정보 요청 - 부품, 조립품, 소재 등에 대한 공급원 정보 - Failure Experience, Spec., Test Data 등
DMSMS Knowledge Sharing Portal	• 별도 Web Page 운영: www.dmsms.org - DMSMS Library 등의 메뉴 운영

11.2.2 미국의 DMSMS 사례

미국 국방부에서는 부품단종으로 인한 군수산업의 비효율화의 개선을 위해 1996년 가장 효율적인 단종대처 사업 사례인 B-2폭격기에 관한 DMSMS 사전 관리 프로그램을 실행했다. B-2폭격기의 DMSMS 사례는 최근에도 국방부의 데스크북을 통해 최신화 관리되고 있다.

【프로세스 및 자원】

이 프로젝트에서는 무기체계의 전자장비 체계의 SRU 및 LRU 단종요소를 검토하여 경제적이고 사전대응적인 단종해결법을 찾아 B-2에 대한 총 수명주기의 비용절감을 달성하는 것이 목적이다. 이를 위해 최초의 B-2 폭격기 DMSMS 프로그램에 대한 태스크포스(TFT)인 부품단종팀(DMT)이 구성되었는데, 여기에는 B-2 전투체계지원단, 국방부 전자장비팀, 국방물자공급센터(DSCC), ARINC사를 비롯하여 B-2 OEM사인 Northop Grumman사와 Sarnoff사가 참여하였다.

우선, 국방물자공급센터(DSCC)의 단종데이터베이스를 기반으로 예측도구를 통해 진부화를 발견하고 SRU 성능상태를 점검하여 다음과 같은 솔루션이 제시되었

그림 11-13 B-2 폭격기 DMSMS 위기관리 프로젝트 사이클

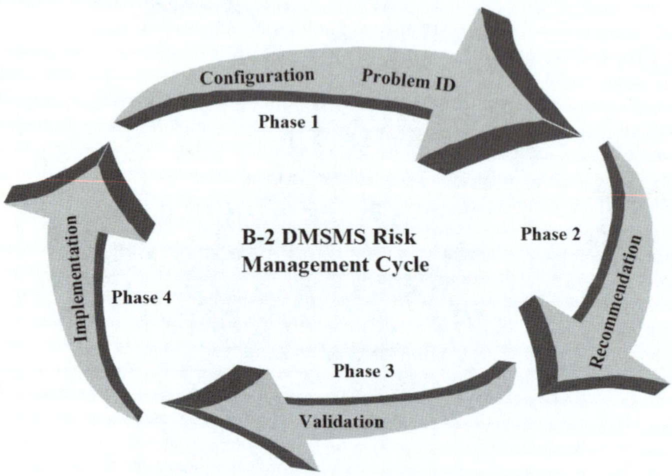

그림 11-14 LRU 단위 운용영향도 분석 예

LRU Name	Initial Qty LRU Spares	2002	2003	2004	2005	2006	2007	2008	2009	2010	2011	2012
Fire Warning Control Unit (FWCU)	8	G 8	G 8	G 8	G 8	G 7	G 7	G 7	G 6	G 6	G 6	G 6
Conditioned Air System Controller	5	G 5	G 5	G 5	G 5	G 5	G 5	G 5	G 5	G 5	G 5	G 5
Load Select Indicator Panel	2	G 2	G 2	G 2	G 2	G 2	G 2	G 2	G 2	G 2	G 2	G 2
Electro-Mechanical Actuator 1	3	G 3	G 3	G 3	G 3	G 3	G 3	G 3	G 3	G 3	G 3	G 3
Electro-Mechanical Actuator 2	4	G 4	G 4	G 4	G 4	G 4	G 4	G 4	G 4	G 4	G 4	G 4
Pilot Alert Sensor	1	G 1	G 1	G 1	G 1	G 1	Y 0	Y 0	Y 0	R -1	R -1	R -1
Pilot Alert Processor	1	G 1	G 1	G 1	Y 0	Y 0	Y 0	Y 0	Y 0	Y 0	Y 0	Y 0
Data Entry Panel	8	G 8	G 8	G 8	G 8	G 8	G 8	G 8	G 8	G 8	G 8	G 8
Display Processor Unit (DPU)	27	G 27	G 27	G 27	G 27	G 27	G 27	G 27	G 27	G 27	G 26	G 26
Multipurpose Display Unit (MDU)	32	G 31	G 31	G 31	G 31	G 30	G 30	G 30	G 30	G 30	G 29	G 29
Alarm Monitor Group	12	G 12	G 12	G 12	G 12	G 12	G 12	G 12	G 12	G 12	G 12	G 12
Vertical Indicator	3	G 3	G 2	G 2	G 1	G 1	G 1	Y 0	Y 0	R -1	R -1	R -2
Pressure Altimeter	3	G 3	G 2	G 1	G 1	Y 0	R -1	R -1	R -2	R -2	R -3	R -4
Airspeed Indicator	3	G 3	G 3	G 3	G 3	G 3	G 3	G 3	G 3	G 3	G 3	G 3
Interface Unit, Flt Instruments	4	G 2	G 1	Y 0	R -2	R -3	R -5	R -7	R -8	R -10	R -11	R -13
Proximity Switch Logic Unit	2	G 2	G 2	G 2	G 2	G 2	G 2	G 2	G 1	G 1	G 1	G 1
Power Supply	3	G 3	G 3	G 3	G 2	G 2	G 2	G 2	G 2	G 2	G 2	G 2
Electronic Control, Navigation Set	12	G 12	G 12	G 12	G 12	G 12	G 12	G 11	G 11	G 11	G 11	G 11
Astroinertial Instrument	10	G 10	G 10	G 10	G 10	G 10	G 10	G 10	G 10	G 10	G 10	G 10
Switch, RF Transmitter	4	G 4	G 3	G 2	Y 0	Y 0	R -2	R -2	R -4	R -5	R -6	R -7
Switch, RF Transmitter	10	G 10	G 9	G 8	G 6	G 6	G 4	G 4	G 2	G 1	Y 0	R -1
Relay Assembly Group	1	G 1	G 1	G 1	G 1	G 1	G 1	G 1	G 1	G 1	G 1	G 1
Circuit Card Assembly	4	G 4	G 4	G 4	G 4	G 4	G 4	G 4	G 4	G 4	G 4	G 4
Circuit Card Assembly	4	G 2	Y 0	R -2	R -3	R -5	R -7	R -8	R -10	R -12	R -15	R -17
Radar Transmitter	30	G 30	G 30	G 29	G 29	G 29	G 29	G 29	G 29	G 29	G 29	G 29
Receiver-Exciter	24	G 24	G 23	G 23	G 23	G 23	G 23	G 23	G 23	G 23	G 23	G 23

다. 또한, 부품단종팀(DMT)은 컴포넌트 단계와 체계 범주에 따라서 해결방안 솔루션을 제안 할 것과 조직별 업무 분담으로 부품을 획득을 하고, 통합사업팀(IPT)이 예산 소요 및 기술 문서를 변경하고 각 부품제조사들은 필요한 기술적 조치를

취하도록 하였다. DMSMS의 해법을 위해 DMSMS 문제를 일으킬 수 있는 부품을 식별하고(Phase 1), 단종 문제를 가장 경제적으로 해결 할 수 있는 대책수립(Phase 2), 각각의 부품 수급 대책에 대한 평가(Phase 3), 수립 및 평가된 대책의 실행(Phase 4)의 순서로 사이클을 만들어 실행하였다. 〈그림 11-13〉은 B-2 DMSMS 위기관리 프로세스를 나타낸다. 단종 예측도구들은 SRU, LRU 단위로 부품단종의 위험을 Red, Yellow, Green, Blue의 색깔로 표시하여 단종의 시급성을 알려준다. 〈그림 11-14〉는 그 예를 나타낸다. 이 때 사용하는 단종 예측도구에는 AVCOM, TAGRAC, Q-STAR 등이 있다. Phase 2에서는 경제적 관점에서 단종 부품의 재개발(LRU 단위) 또는 대체 부품 사용 등의 방법을 결정한다.

【B-2 DMSMS 활동 분석】

B-2 사업에서 1997년~2008년 사이의 11년간 부품단종 관리 사업비용 분석을 통해 사전관리와 사후관리를 비교한 결과는 〈표 11-5〉에서 볼 수 있듯이 투자대비 6배의 수익을 달성한 것으로 보고되었다. 즉, 사전 대응 실행을 위해 US$47.3M가 투자되었지만 결과적으로 사후대응 프로그램의 전체비용 $426M보다 무려 4.57배의 비용대비효과를 누리게 되었다. 이러한 B-2 프로그램의 성과는 DMSMS 사전대응을 효과적으로 지원하는 팀워크의 가장 모범적 사례가 되었다.

| 표 11-5 | B-2 사업비용 분석 결과(1997년~2008년)

항 목	사후관리	사전관리
투자비용	$0	$47.3M
유지비용	$426M	$93.2M
총 비용	$426M	$140.5M
대응방안 수	1,903	4,191
대응방안 별 평균비용	$223.840	$33.510
비행시간 대비 평균비용	$5.955	$1.963
순 비용절감액		$285.5M
순익 분기점		6년
비용 대비 이익		7배
투지 대비 수익		6배

그림 11-15 사후관리와 사전관리의 비용 추이 분석

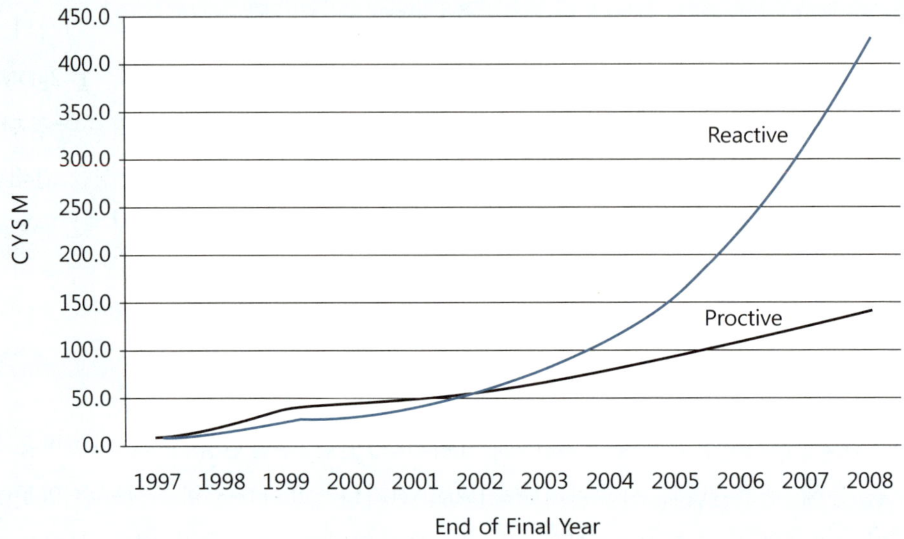

11.3 국내의 부품단종 관리

국내 방산업체들은 무기체계 개발 및 생산을 직접 수행하는 당사자로서 장비를 생산 및 유지 관리하기 위해 부품단종 관리를 필수사항으로 인식하고 있지만 실제적으로 단종대책을 수립하여 해결하는 것이 쉽지 않다는 것을 알고 있다. 특히 각 업체 별로 부품단종 대응방식에 다소 차이가 있어 프로그램 구축 및 전산 프로세스 운영을 하는 것이 힘들다. 하지만 부품단종 해결이 적극적으로 이루어지기를 기대하며 이를 위해 각자의 방식을 가지고 해결책을 고민하고 있다. 다음과 같은 사항에 대해서는 공감대를 형성하고 있다.

【개발장비 규격화시 단종부품 Screening】

규격화 이전의 개발장비는 단종부품이 발생하더라도 양산단계 장비보다 단종해결이 용이하다. 따라서 개발장비는 Design Review 단계에서 핵심부품별 단종정보를 확인하여 단종부품을 식별하고, 단종 해결 여부 또는 대책이 수립되었는지를 확인한 후 규격화를 실시하여 양산단계에서 부품단종으로 인한 기술변경을 최소화해야 한다.

【COTS(전자Board류) 단종정보 입수 창구 단일화】

개발기간 단축, 개발비 절감 및 성능 구현을 위해 COTS(상용 전자 Board류)가 많이 적용되고 있으나 상용 전자 Board류는 그 수명주기가 짧고, 사용 중인 단종예측 Tool에서 상용 전자 Board류와 같은 조립체에 대해서는 단종정보가 제공되지 않는다. 따라서 방산업체에서는 상용 전자 Board류의 단종정보를 입수하기 위해 국내 Agent를 활용하고 있으나 사전 단종통보나 대체품 정보 입수에 어려움이 있다. 따라서 국방부에서 국내 방산업체가 주로 사용하는 상용 전자 Board류의 생산자(Maker)를 파악하여 생산자로부터 직접 사전 단종정보나 대체정보를 입수하여 방위산업체에 제공하는 방안도 고려할 필요가 있다.

【재설계 비용 보상】

양산단계나 운용유지단계에서 단종 재발을 차단하기 위한 근원적인 해결책은 재설계이다. 하지만 재료비만 보상되고 재설계에 따른 개발비용이나 개발공수 등은 보상받지 못하기 때문에 방산업체에서 비용확보가 어려워 재설계를 실행하기가 쉽지 않다. 이러한 이유로 재설계만으로는 근원적으로 단종을 해결할 수 없고, 주로 재고(Stock) 확보를 단종해결 방법으로 채택하고 있다. 따라서 원활한 장비 운용유지를 위해서는 재설계에 따른 비용보상 규정의 보완 방안을 검토할 필요성이 있다.

【중소업체 단종해결 지원】

단종대체를 위해 협력업체와 단종부품 국산화를 진행하려고 하지만 입증시험이 어렵고 예상되는 소요량이 적어 포기하는 경우가 자주 있다. 방산장비의 특성상 성능 및 신뢰성이 상당히 중요하기 때문에 중소업체의 경우 개발을 하더라도 성능 및 신뢰성을 입증하는데 필요한 환경시험이나 (체계)장비 확보에 어려움이 있으므로 단종 부품에 대한 국산화 장려를 위해 국방부에서 환경시험, 장비시험 등을 적극 지원할 필요가 있다. 또한 중소업체는 국방부에서 구매할 물량이 많지 않아 개발할 수 있더라도 이윤이 남지 않아 포기하고 있기 때문에 국방부에서 이윤이 날 수 있는 최소수량 구매나 투자 금액 보상 방안을 검토할 필요성이 있다.

【소요예측 및 보상대책 마련】

양산 및 운영유지단계에서는 재고(Stock)를 확보하여 장비에 사용하는 것이 단종해결 방법 중 적은 비용으로 가장 안정적이고 후속 행정적인 절차가 없어 선호되고 있다. 다만 재고 확보에 대한 기준이 명확하지 않아 재고수량 산출에 어려움이 있으며 재고 확보 대상 부품의 기준 역시 명확치 않다. 따라서 국방부에서 향후 필요한 부품 수량을 예측하여 요청하거나 공지하는 방식으로 단종부품 재고확보를 주도적으로 진행하여 장비 가용성 및 운용성을 제고할 수 있도록 해야 한다. 재고확보는 부품 수량이 많은 경우 많은 자금이 필요하고, 보관, 관리 및 이자손실이 발생된다. 하지만 이에 대한 보상규정이 없어 생산에 필요한 재고수량만 확보하고 운용유지단계에 필요한 수량 확보에 어려움을 겪고 있다. 예를 들어 방산업체에서 단종부품의 향후 예상 소요량을 먼저 확보하여 관리하고 있더라도 성능개량 사업으로 인해 확보한 단종부품이 필요없게 될 경우 방산업체에 손실을 보상하는 제도를 검토해야 한다. 또한 단종부품의 재고를 먼저 확보해 군의 장비가동성을 올리는 성과를 냈을 때에는 그에 따른 보상이 이루어지는 PBL(Performance based Logistics) 형태의 계약방안이 마련되어야 한다.

【단종대체품 사용 절차 간소화】

양산 및 운용유지 단계에서는 규격화된 부품들이 초도양산단계에서 이미 노후화되어 부품단종이 자주 발생한다. 부품단종의 원인은 업체 도산, 업체인수/합병, 부품 Revision 변경 등으로 다양하다. 이 때문에 단종부품의 단종해결을 위해 대체부품 선정, 기술검토 및 시험을 통해 동등부품으로 사용하려고 하나 부품번호가 다른 경우가 많아 대부분 기술변경(ECP)이 필요하다. 생산자(Maker) 부품번호체계 변경에 따라 부품번호가 변경되더라도 기술검토 및 시험을 통해 성능입증한 후 기술변경(ECP)으로 처리된다. 따라서 현재 이원화된 형상통제심의를 단일화하고 관련 형상통제 업무 처리절차를 일원화하고 빠른 업무처리가 필요하다.

【MIL 규격 부품단종에 따른 대체 방안】

현재 운용중인 장비들에는 MIL 규격 부품이 많이 적용되어 있으나 대부분 단종되어 MIL 규격부품 구매가 쉽지 않다. 오래 전부터 개발장비에 MIL 규격부품이 아닌 상용부품이 사용되고 있으므로 운용/유지 단계에 있는 체계 장비의 성능에 문제가 없을 경우 상용부품으로 변경할 수 있는 조치가 필요하다. 상용부품의 경우 그 발전 속도가 상당히 빠르기 때문에 단종이 자주 발생한다. 특히 무기체계의 특성상 신뢰성이 높은 부품을 적용하는데, 신뢰성 높은 부품은 그 단가가 높고 요구하는 곳이 많지 않기 때문에 쉽게 단종되는 경향이 있다. 그러므로 단종된 고신뢰성 부품을 대체하기 위해 상위 레벨 품목 성능에 문제가 없을 경우 MIL 부품대신 상용 부품을 적용할 수밖에 없음을 고려하여 상세형 규격보다는 성능형 규격 제정 필요성과 연계해서 공감대를 가져야 할 것이다.

11.4 발전 방향

11.4.1 제도 및 조직

무기체계에 사용되는 부품은 시장논리에 따른 생산중단의 위험성과 적용 기술의 발전 속도가 빨라 부품단종의 위험에 상시 노출되어 있어 이에 대한 제도적인 대책 수립이 시급한 실정이다.

이러한 부품단종의 문제에 대응하기 위해 먼저 무기체계의 획득 및 유지와 관련된 규정과 지침에 부품단종 관리를 위한 조직, 임무, 기능, 업무 절차 등을 명문화하고 규정화함으로써 관련 업무의 처리에 대한 책임과 한계를 명확히 하여야 한다. 또한 무기체계 및 구성품의 계약 시에 부품단종 관리 관련 요구조건 및 이행사항을 계약 요구조건으로 규제하여야 한다. 또한, 무기체계 및 장비의 가동률 향상, 신뢰성 향상 등을 통해 우리 군이 추진하고 있는 국방목표 달성을 위해서는 국방부, 각군, 관련기관 등에 총수명주기체계에 걸쳐 DMSMS 업무를 담당할 관련 조직 보강이 필요하다. 국방부 차원에서 DMSMS 위원회를 구성하여 운영하고 단종관리에 관한 업무를 발전시켜야 하며, 이와 병행하여 부품단종 정책의 시행에 필요한 예산을 편성하여 원활한 업무가 수행될 수 있도록 하여야 한다. 그리고 DMSMS 연구 및 기술지원 업무를 수행할 전문기관을 지정하여 운영할 필요가 있다. DMSMS 관리 전문기관은 현재 국방과학기술에 대한 정보관리와 군수품 총수명주기에 걸쳐 업무를 수행하고 있는 기관을 지정하는 것이 적절할 것이다. 특히 부품단종 관리 업무를 부품국산화 개발관리와 관련 자료의 종합관리 업무와 연계하여 수행한다면 업무의 효과적인 수행과 발전에 시너지 효과가 있을 것이다.

DMSMS를 중요한 사업관리 요소로 관리하기 위해서는 획득단계 사업관리를 담당하는 사업관리 부서에 DMSMS 업무 담당자를 지정하여 개발 초기부터 획득 과정의 DMSMS 업무를 주관토록 하고 DMSMS에 필요한 예산을 확보토록 하여야 한다. 그리고 유지운용 단계 DMSMS를 위해 각 군에 무기체계별 DMSMS 담당자를 지정하여 관련 업무를 수행토록 하여야 한다.

11.4.2 관리요소 정립 및 시행방안

부품단종 관리와 관련된 법, 규정을 통해 부품단종 제도의 정비가 이루어지면 이에 따른 업무 수행 방안이 정립되어야 한다. 부품단종은 무기체계 전 수명 주기에 걸쳐 발생함에 따라 이에 대한 관리 업무 요소는 사업관리자에서부터 생산자, 운용자, 계약자 등 무기체계 획득과 관련된 전 부서에 산재해 있다고 할 수 있다. 이에 따라 부품단종 관리 업무는 매우 숙련되고 전문화된 인력들로 구성된 관리팀이 정교하게 수립된 업무 계획에 따라 수행되어야 할 것이며, 관련 분야의 인프라 구축과 지원이 따라야 할 것이다.

【DMSMS 관리팀】

미국의 경우 부품단종 관리 업무의 수행 주체는 부품단종 관리팀(DMT)이라 할 수 있으며 부품단종 관리의 핵심 요소 중 하나로 꼽히고 있으며 사업관리, 군수지원, 부품단종관리 조직과 주계약자, OEM, 부품단종지원 계약자 등 다수 기관의 전문가들로 구성하여 운영하고 있다. 소규모 사업이나 조립체 단위의 제품에 대한 부품단종 관리 업무는 비교적 간단하여 계약자와 사업관리자 간에 쉽게 할 수 있으나 사업 규모가 크고 여러 기관이 관련 업무를 수행하는 체계 사업에서 부품단종 관리의 좋은 결과를 달성하려면 국내에서도 부품단종 관리팀을 구성하여 관련 업무를 수행하는 것이 필요하다.

【부품단종 예측 도구와 자재명세서(BOM)】

부품단종에 대한 사전 관리는 대상 장비에서 단종이 예상되는 부품을 식별하고 이 부품에 대한 문제를 해결하는 과정이라 할 수 있는데 자재명세서(BOM)으로부터 부품단종 예측 도구를 사용하여 전자 부품의 상태를 파악하고 노후화 가능성을 예측하는 것이 그것이다. 따라서 부품단종에 대한 사전 관리를 위해서는 예측 도구와 대상 장비의 자재목록이 필수 구비 조건이다.

BOM은 사전예측적인 부품단종 관리를 하기 위해서는 반드시 필요한 데이터 자료로 이것이 없이는 영향력 분석, 부품 분석, 생산중단 예측과 같은 부품단종 관리 관련 활동들이 불가능하다. 특히 계층 구조로 작성된 BOM은 최하위 단품에서부터 박스 단위 부품, 시스템에까지의 관계를 알 수 있어 단종 부품에 대한 영향력 분석을 가능케 한다. 부품단종 관리를 위한 실무 업무의 첫 번째는 BOM을 확보하고 이로부터 가용 데이터를 확보하는 것이다. 구매 사업에서와 같이 BOM의 확보가 어려운 경우 기술 매뉴얼(Technical Manuals)과 같은 기술 자료들로부터 BOM에 상응하는 구성 부품 목록을 확보하여야만 부품단종에 대한 사전 관리가 가능하게 된다. 만약 BOM 또는 이에 상응하는 자료의 확보가 불가능할 때는 부품단종과 제품의 노후화에 대한 관리를 성과기반군수지원(PBL) 계약과 같이 계약자가 수행토록하거나 사후 관리 방법의 적용을 고려하여야 할 것이다. PBL 계약에도 불구하고, 공급자가 무기 체계의 지원을 중단하거나 사업을 중단할 경우를 대비한 장치가 강구되어야 하며 만일의 사태를 대비하기 위해 계약서에 관련 내용이 명시되어야 한다.

부품단종 계획서에 따라 우선관리 대상으로 선정된 전기, 전자 계통 LRU에 대해서 LRU를 구성하는 최하위 전자 부품들이 반영된 BOM을 확보하거나 만드는 것이 부품단종에 대한 사전 관리의 출발점이 될 수 있다. 이러한 BOM으로부터 예측 도구를 실행하여 부품의 상태를 식별하고 기본적인 분석을 수행할 수 있다. 따라서 신규 획득 사업에서 부품단종에 대해 사전 관리를 하기 위해서는 사전 관리 대상 LRU의 BOM은 반드시 포함되어야 한다는 것을 인식할 필요가 있다.

유료로 판매되고 있는 유사한 기능의 몇몇 부품단종 예측도구들이 자료의 신뢰성과 비용 및 요구도 측면에서 적합한지에 대한 검토도 수행하여야 한다. 또한 부품의 수명 예측 자료가 통계적인 기법을 통해 분석한 결과를 바탕으로 함에 따라 실제 수명과 일치한다고 할 수는 없다. 따라서 주요 전자 부품과 회로카드조립체 단위로 구매되는 부품과 상용기성품(COTS)들에 대해서는 주기적으로 부품 생산 업체에 대한 조사를 실시하여 제품의 상태와 예상 수명에 관한 업데이트 된 정보를 얻는 것이 중요한 업무 중 하나라고 할 수 있다.

【개발단계 DMSMS】

부품단종의 문제는 운용 유지단계에만 발생하는 것이 아니라 개발 단계에 부품의 선정과 동시에 노후화가 진행되며 부품단종 문제가 발생되기도 한다. 따라서 무기체계의 설계 초기부터 부품과 무기체계의 수명주기를 고려해 미래에 발생할 수 있는 부품단종에 대비한 장비를 설계하고 개발하여야 한다. 구성 부품이 단종될 경우 대체가 쉬워야 하며, 제품의 변경 또는 업그레이드를 하기 쉽고 유연한 인터페이스와 상호 운용성, 상업적 경쟁제품의 최적 사용 등을 고려하여 개발하여야 한다. 이를 통해 부품단종에 효과적으로 대응하여 획득비용의 절감, 사업의 위험 감소 및 계약자간의 경쟁 촉진을 통해 소요군이 필요로 하는 무기체계를 빠른 시일 내에 고품질로 제공할 수 있다.

【DMSMS 대비 설계 전략】

냉전 시대의 첨단 기술의 개발은 무기의 개발 과정을 통해 이루어진 것에 비해, 탈냉전 시대 이후에는 군비가 축소되어 군수 산업분야 시장 규모는 민수 시장과 비교할 때 크게 위축되었다. 따라서 최근의 과학 기술의 발전과 적용은 민수 분야 위주로 진행되고 있으며 빠른 기술 발전으로 민수 시장은 매우 급속하게 변화하고 있는 실정이다. 이에 따라 최근 미국을 비롯한 선진국에서는 무기체계의 개발에 발달한 민수분야 기술을 적극 활용하고 이를 무기체계의 개발과 생산에 적용하여 획득비용을 절감하고 있는 실정이다. 그러나 민수 분야에서 개발된 상용 부품은 민수시장의 상황 변화에 따라 조기에 부품단종 문제를 야기할 수 있어 개발단계에 미리 이에 대한 대응 전략 수립이 필요하다. 개발단계에 고려할 수 있는 부품단종 대응 전략으로는 개방형 시스템 설계(Open System Design), 모듈화 설계, VHDL(VHSIC Hardware Descriptive Language) 및 PLD(Programmable Logic Devices) 등을 활용한 설계 방식이 있다.

【표준화】

표준화의 목적은 생산, 소비 여러 분야에 능률을 증진시키고 경제성을 높이는 데 있다. 특히 국방 군수분야에서 표준화는 매우 중요한 요소로 유사 장비에 사용되는 부품의 표준화와 공용화가 이루어진다면 독자 부품 사용으로 인한 개발 비용 상승을 방지하고 일정 수량의 생산 및 구매를 통한 비용 감소를 기대할 수 있으며 부품 수 감소를 통한 재고량 및 정비소요 감소 등의 효과를 기대할 수 있다.

그림 11-16 총수명주기 부품단종 대응 방안

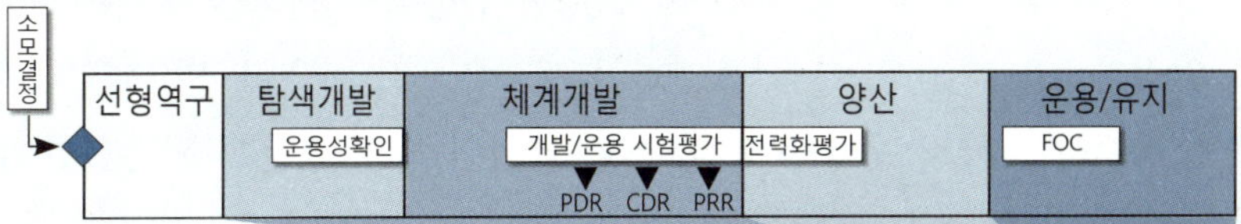

구분	대응 방안	개발	양산	운용/유지
획득 및 개발전략	성과기반 요구	○	○	○
	생산 독려		○	○
	지속적인 최신화		○	○
	성능개량/수명연장 사업			○
	(일정)수명주기 구매		○	○
	성능형 규격	○	○	
	설계기술(VHDL, PLD)	○		
	개방형/모듈화 시스템 구조	○	○	
단종부품 대응방안	재고 확보		○	○
	재생품 사용		○	○
	대체품 사용		○	○
	상용품 사용	○		
	부품국산화 개발	○	○	○
	수정 또는 재설계	○	○	○

또한 부품의 수요량이 일정 규모 이상이 됨으로 부품단종에 대한 대응과 국산화 개발을 보다 효과적으로 추진할 수 있다. 그러나 우리나라에서는 관련 정책의 부재로 부품 표준화와 공용화에 대한 노력과 실제 적용은 매우 부족한 상태이다. 부품이 표준화되지 않았다는 것은 새로운 부품의 확산을 의미하며 부품단종 문제를 심화시키는 요인이 된다.

부품표준화를 위해서는 첫째, 부품 표준화를 위한 부품 관리 활동을 규정화하고 이를 확인, 감독하는 체계가 확립되어야 한다. 사업관리자는 표준화의 필요성을 인식하고, 개발 초기 단계부터 부품 표준화에 대한 검토와 이행을 전 순기에 걸쳐 관리하여야 한다. 또한 이를 위한 상시 전문위원회를 운영할 필요가 있으며, 장기적으로는 부품관리를 위한 전담 조직과 부품관리 규정을 확립해야 한다. 둘째, 부품 정보 전산화를 통해 부품의 중복개발 및 유사 부품의 증가를 억제해야 한다. 이를 위해 상용품 개발시장에서 활발히 이용되고 있는 여러 가지 설계 및 관리 툴들의 적용방안을 강구해야 하며, 부품개발에 따른 설계도면 등을 전산화하여 관리함으로써 향후 유사무기체계 개발 시 적용 가능한 부품을 최대한 발굴하여 활용할 수 있도록 해야 한다. 셋째, 부품 표준화에 대한 인센티브 제도를 운영해야 한다. 사업별로 일정기준을 정해서, 부품 표준화와 재사용으로 비용이 절감되었을 경우 인센티브를 부여하는 제도 운영을 통해 개발 업체의 부품 표준화를 촉진할 수 있을 것이다. 무기체계 설계시 표준화된 부품을 활용하여 유사기능을 가지는 공통된 하부체계를 설계하고 특별한 기능의 상위체계만을 추가하여 전체 체계를 구성한다면, 반복적으로 발생되는 부품단종을 효과적으로 관리할 수 있을 것이다.

【획득 및 유지운용 단계 DMSMS】

획득 및 유지운용 단계의 부품단종 관리에서 우선적으로 고려하여야 할 사항은 부품단종 관리 전략의 수립으로 사전 관리를 선택하느냐, 사후 관리를 선택하느냐이다. 관리 전략의 선택에서 고려하여야 할 사항은 부품단종에 따른 위험도와 사업 또는 계약의 조건이 될 것이다.

부품단종에 따른 위험도 평가에서는 부품단종 발생 확률(Probability), 부품단종에 따른 영향력(Impact) 그리고 비용(Cost) 세 가지 요소를 고려할 수 있다. 첫 번째 단계는 체계나 장비를 관리할 수 있는 수준의 하부 조립체 또는 LRU 단위로 나누는 것이며 위험도 평가를 통해 사전 관리 활동 대상품을 선정하고 이들에 대한 우선순위를 정하고 관리 강도를 조절하여 관리 활동을 수행하면 효율적인 관리를 할 수 있을 것이다.

부품단종 관리자는 위험도 평가를 실시할 때는 확률, 영향력 그리고 비용을 세 축으로 하여 입체적으로 평가할 수 있다. 각 요소별 위험 평가 결과 분류를 고, 중, 저로 하여 도식화함으로써 부품단종에 따른 위험 수준을 분석하고 관리자가 채택할 적절한 접근법을 결정하는 데 도움을 준다. 부품단종에 따른 위험도 분석 결과가 낮은 경우 사후 관리 방법을, 높은 경우 사전 관리 방법을 고려할 수 있으며, 장비에 따라 두 가지를 조합하여 활용할 수도 있다.

【사후 관리 방법】

부품단종 관리에서 부품단종이 인지될 때 까지 아무것도 하지 않는 전략이 사후 관리적인 접근법이다. 이러한 방법은 부적절해 보일 수 있으나 부품단종에 따른 위험도가 낮은 경우 운용상 중요하지 않고 단종 부품이 쉽고 빠르게 해결될 수 있는 품목에 대해서는 유효한 방법이다. 이러한 방법은 구조가 단순하고 노후화의 가능성이 낮은 제품, 상세 기술자료가 있으며 제조 가능한 품목, 제조업자가 생산 중단을 공지할 때 최종 구매 기회가 있는 부품들, 제조 데이터나 라이센스가 이전될 수 있는 상품 그리고 복수의 공급처에서 조달 가능한 품목들에 적용될 수 있다. 또한 제품이나 계약의 특성상 사전관리에 따르는 비용을 감당하기 어려운 경우 고려될 수 있다.

사후 대응적인 방법을 취하는 것이 노후화 문제를 회피하는 것은 아니다. 오히려 사전 예측적인 접근법을 적용하였을 때, 불필요한 예산이 낭비될 위험이 증가하게 된다. 이 방법은 앞에서 언급된 위험도 평가와 제품 및 계약 등의 특성 검토를 기반으로 결정되어야 하며 세부 사항들은 부품단종 관리 계획서에 기록되어야 한다.

【사전 관리 방법】

부품단종에 대한 사전 관리는 다양한 노력과 행동들을 수반할 수 있다. 따라서 사업의 성격이나 특정 요구사항에 따라 최적화될 수 있는 사전 예측적인 관리 활동들이 요구된다. 다음에 제시되는 사전 예측적인 접근법은 부품단종 문제의 발생 가능성을 줄일 수 있을 것이다.

설계 시 고려 사항들

장비의 설계에 영향을 미치는 요구사항들은 사업의 착수 단계에서 적용되어야 한다. 자재, 부품 그리고 인터페이스의 선택은 단종 위험을 최소화 하는 방향으로 이루어져야 한다. 단종에 영향을 미치는 규정의 변경, 복수의 공급처를 물색하는 것, 최종 구매 기회를 공지하기 위한 생산 중단 알림과 같은 것들도 고려되어야 될 사항이다.

기술 투명성(Technology Transparency)

기술 투명성 설계 방법론은 인터페이스 규격에 따르는 것으로 특히, F3(Form, Fit, Function)가 정의되어 개별모듈이나 구성품의 대체가 가능한 모듈식의 장비나 상용기성품(COTS)과 관련성이 깊다. 해당 인터페이스의 사양이 완전하고 투명하게 정의되어 있지 않다면 부품의 교체 중에 문제가 발생할 가능성이 높기 때문이다.

부품단종 예측 및 모니터링

장비에 사용되는 구성 부품, 공정 그리고 부품의 수명주기와 생산정보를 모니터링 하고 단종을 추적하는 일련의 일들과 연관되어 있다. 사전 관리가 적용된다면 기

그림 11-17 부품단종에 대한 사전관리와 사후관리의 선택

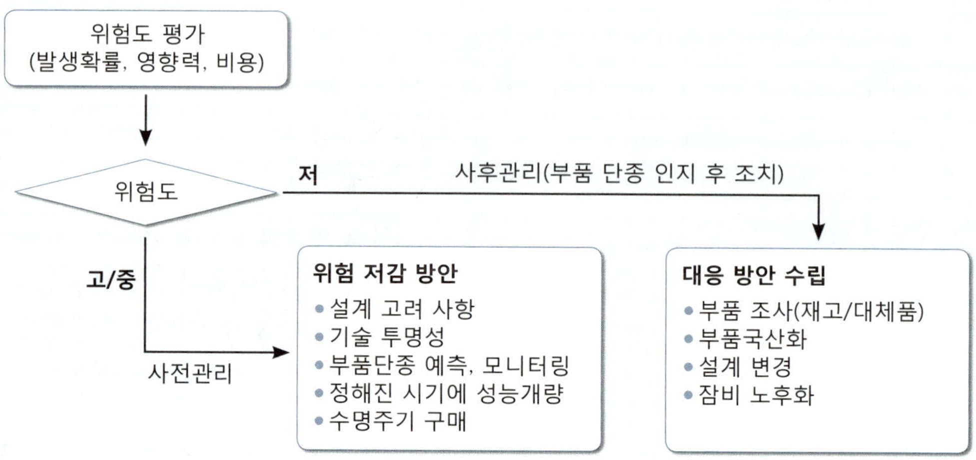

술 로드맵 수준에서 부터 부품 모니터링 도구에까지 요구사항이 만족하는지를 관리할 필요가 있으며 부품단종 관리계획서에 아래와 같은 사항이 기술되어야 한다.

- 모니터링을 실행할 대상들(조립체, LRU, 부품 등)
- 모니터링 수행 주체
- 모니터링 수행 방법에 대한 것(도구, 프로세스 등)
- 모니터링 결과의 세부 활용 방안들(수단 및 빈도)

성능 개량 계획

이 방법은 제품의 수명주기 동안 장비의 모든 혹은 일부의 설계가 최신화 혹은 성능 개량되고 노후화되어 단종이 되거나 예상되는 부품들이 교체될 시기를 미리 결정하는 일과 연관되어 있다. 장비의 성능 개량 프로그램은 장비의 수명 주기 비용을 감소시키는 방향으로 추진되어야 하며 이러한 접근법은 COTS나 Military COTS가 장비에 도입될 때 유용할 수 있다.

수명주기 구매

수명 주기 동안 제품을 지원할 수 있는 품목의 획득 혹은 다음에 계획된 체계의 업그레이드까지 지원되는 품목을 획득하는 것은 프로젝트에 식별된 진부화 위험을 감소시킬 수 있다. 예를 들면 Life Time Buy나 Bridge Buy와 같은 형식이 있다.

【대응방안 수립】

무기체계의 획득과 유지운용 단계에 부품은 지속적으로 단종이 발생하게 된다. 따라서 단종으로 식별된 개별 부품에 대한 대응 방법으로는 대체공급원 확보, 대체품 개발, 상용품 적용, 동등품 개발, 일괄구매, 재설계/설계변경 등이 있으며 특히 국내에서는 부품 국산화를 고려할 수 있다.

대체공급원 확보(Alternate Source)

원제작사와 다른 제조업체의 부품을 사용함으로써 부품단종에 대처하는 방법이며, 대체품(Substitution)개발은 단종부품의 특성을 분석하고, 허용 가능한 범위 내에서 동등 성능 이상의 부품으로 교체하는 방법이다.

상용기성품(COTS) 적용

군수품에 적용 가능한 상용품을 식별, 적용함으로써 부품단종에 대처해 부품조달의 유연성을 부여할 수 있으며 기존 군수품에 비해 조달 가격이 저렴한 특징이 있다. 단, 상용품이 적용된 시스템은 반드시 무기체계가 요구하는 환경조건을 만족해야 한다.

동등품 개발(Emulation)

단종된 부품을 대체하기 위해 최신 기술 및 장비를 사용하여 부품이나 모듈단위로 대체할 수 있는 부품을 개발함으로써 부품단종에 대처하는 관리방법으로 수량이 대단히 많을 경우 유용한 방법이다.

일괄구매(Life-of-Type Buy)

단종이 예상될 때 미리 무기체계의 양산 및 운영유지에 필요한 부품을 선 구매하여 일괄적으로 사용자에게 공급하는 방법으로 단기 관리방안으로 쓰인다.

재설계/설계변경(Redesign/ Design Modifications)

부품의 단종률이 높은 경우 주로 실시되는 방법으로 재설계 비용과 설계변경에 따른 군수지원 측면을 고려해야 한다. 그러나 이 방법은 기존시스템에 비해 동일한 성능 혹은 동등 이상의 성능 및 안정성을 확보할 수 있다. 대부분의 경우 신기술을 이용하여 카드단위로 형태와 성능을 그대로 유지하면서 대체할 수 있는 F3I(Form-Fit-Function-Interface)방식을 널리 사용한다.

개별 단종 부품에 대한 대응 방법 결정시에는 단종된 부품의 성능과 인터페이스 등 부품의 특성과 소요수량, 가용예산, 예상일정, 방법론 등을 고려한 Trade Study를 통해 가능한 대안들을 검토하여 비용 대비 가장 효과적인 최상의 대안을 선정해야 한다. 부품단종 관리를 위한 방법은 설계와 개발이 이루어지는 개발 단계와 장비의 사용으로 인해 부품단종 관리에 시간적 제약이 발생하는 양산 및 운영유지단계로 구분해 볼 수 있으며, 실제로 비용감소 및 부품단종 관리의 실효성을 높이기 위해서는 개발단계부터 부품단종에 대비한 설계와 전략을 계획하고 실현하는 것이 부품단종의 영향을 최소화하기 위한 필수 사항이라 할 수 있다.

【대안 실행】

단종 대응 방안 중 대체품 개발, 동등품 개발, 상용품 적용, 설계변경과 같은 방법들은 적용 시에는 체계 적합성 확인을 위한 기술검토를 수행하게 되며 필요시에 시험평가를 수행하게 된다. 그러나 일괄구매, 재생 등의 경우 시험평가 요소는

그림 11-18 단종 부품에 대한 업무 흐름

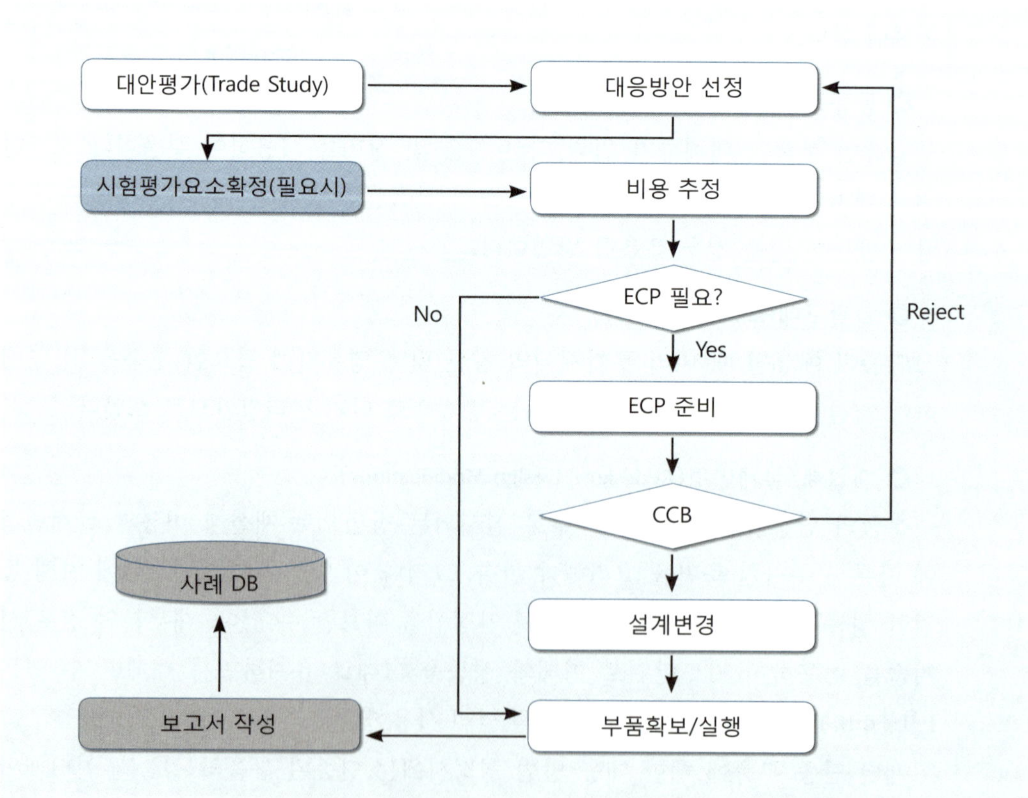

고려하지 않아도 된다. 따라서 시험평가를 위한 기간과 비용을 고려하여 가장 합리적인 결정이 이루어져야 한다. 또한 체계의 지속적인 운용뿐 아니라 체계 획득을 위한 비용 요소가 반드시 고려되어야 한다. 단종 발생의 특성상 발생시점과 영향을 사전에 파악하는 일이 쉽지 않으므로, 구체적인 비용추정을 바탕으로 효과적인 단종관리를 위한 방안을 수립하여야 한다.

부품단종 대응 방안들 중에는 설계변경이 필요한 경우와 그렇지 않은 경우로 구분지을 수 있다. 설계변경이 불필요한 경우는 부품 확보를 통해 단종 대응은 종료되지만, 설계변경이 필요한 경우는 형상통제 위원회의 검토를 통해 설계변경의 타당성을 검증받아야 한다. 설계변경까지 끝난 단종 부품에 대한 대응 방안은 부품 확보와 실행을 통해 종료하게 되며 부품 식별에서부터 실행까지의 일련의 업무는 보고서로 작성하여 사례 데이터베이스에 저장하여 향후 활용 가능토록 한다. 〈그림 11-18〉은 단종부품에 대한 업무 흐름을 나타낸다.

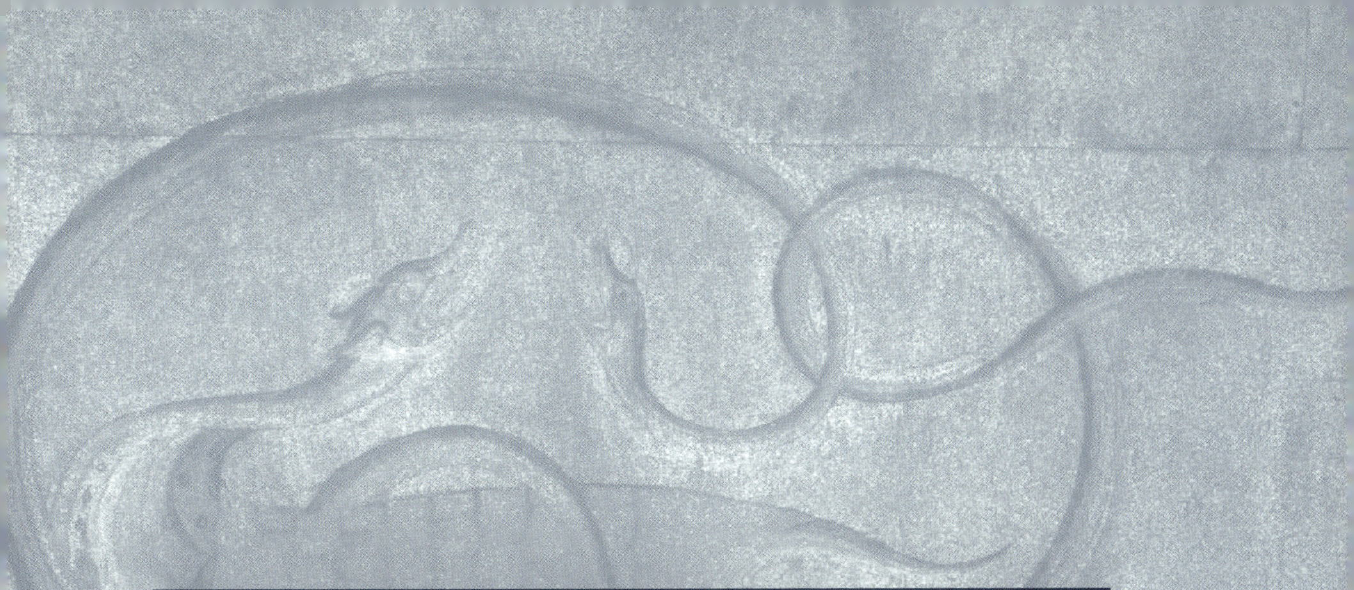

CHAPTER 12

제 12 장 군용항공기 감항인증

Military Airworthiness Certification, MAC

품질의 辭典에는 "Excuse"라는 단어가 없다.

CHAPTER 12

국방품질보증 방법론의 마지막으로 본 장에서는 군용항공기의 감항인증에 대하여 서술하였다. 군용항공기 감항성은"승인된 용도와 제한조건들 내에서 안전하게 비행을 시작하고, 유지하며, 종료하기 위한 특정 항공시스템 형상의 특성"으로 정의한다. 감항인증은 '군용항공기 비행안전성 인증에 관한 법'으로 규정되어 있으며, 항공기의 개발, 양산, 운영, 유지보수 등 항공기의 전체 수명주기에 걸쳐 관련된 모든 활동들이 체계적으로 관리되고 있음을 보증하는 인증이다. 군용항공기 감항인증의 올바른 이해를 위해 먼저, 제1절에서는 감항성을 정의하고, 감항인증의 내용과 요소에 대하여 서술하였다. 제2절에서는 민간항공기의 감항인증과 비교한 군용항공기 감항인증의 특징을 정리하였으며, 제3절에서는 미국, 캐나다 및 프랑스의 군용항공기 감항인증 사례 조사 내용을 서술하였다. 제4절에서는 항공기 체계의 안전성 보장을 위해 필요한 항공기 탑재 부품 및 구성품의 인증제도를 중심으로 한 군용항공기 감항인증의 발전방향을 제시하였다.

12.1 감항인증의 개요

12.1.1 감항성 정의

항공기는 3차원 공간에서 운영되는 특성이 있기 때문에 임무 수행을 위한 성능 요구조건을 충족하기에 앞서, 안전한 비행을 위한 고도의 신뢰성과 안전성을 가져야 한다. 일반적으로 감항성(airworthiness)은 안전한 비행을 유지할 수 있는 항공기의 본질적인 특성으로 이해할 수 있으며, 미 국방부는 MIL-HDBK-514에서 감항성을 다음과 같이 정의하고 있다.

“The property of a particular air system configuration to safely attain, sustain, and terminate flight in accordance with the approved usage and limits.”

즉, 미 국방부는 감항성을 “승인된 용도와 제한조건들 내에서 안전하게 비행을 시작하고, 유지하며, 종료하기 위한 특정 항공시스템 형상의 특성”으로 정의하고 있다. 이는 항공기의 감항성은 항공기가 사용되는 용도나 운용환경 등에 따라 항공기 형식 별로 감항성에 대한 필요 요건이 달라질 수 있음을 의미하며, 감항성이 비단 항공기에만 적용되는 것이 아니라 운항을 지원하는 각종 지원체계(훈련, 정비, 관제 등)를 포함한 포괄적 의미의 항공 시스템에 적용되는 것임을 알 수 있다.

FAA(Federal Aviation Authority)는 감항성에 대한 명확한 정의를 내리고 있지 않지만, 훈령에서 아래의 두 가지 조건을 만족할 때 항공기가 “airworthy”한 것으로 정하고 있다.

- 항공기는 형식설계와 합치해야 한다. 형식설계와 합치한다는 것은 항공기의 형상과 장착된 구성품이 도면, 규격 그리고 형식증명에 포함된 각종 데이터와 일치한다는 것을 의미한다.
- 항공기는 안전한 운영상태에 있어야 한다. 이는 기체표면부식, 윈도우 잔금, 누유, 타이어 마모 등 항공기의 마모나 열화현상 등과 관련된 것을 언급하는 것이다.

이와 같이 FAA는 항공기의 형상이 형식승인을 받은 설계 내용과 합치하고 항공기가 운용을 포함한 전체 수명주기에 걸쳐 안전한 비행 상태를 유지할 수 있을 때

항공기가 감항성을 가지고 있다고 정의한다.

미 국방부와 FAA의 감항성에 대한 정의를 살펴보면 두 가지의 공통점이 있다. 첫째, 감항성은 법 또는 규정에 의해 관리된다. 이러한 사실은 미 국방부의 "the approved usage and limits"라는 표현과 FAA의 "conform to type certification"이라는 표현에서 알 수 있다. 따라서 항공기를 개발하거나 제작 및 운영하는 사람은 법적인 테두리 내에서 감항성을 관리하여야 한다. 둘째, 감항성은 안전성(safety)이라는 개념과 일맥상통한다. 군용항공기 분야에서 감항성에 대한 개념을 임무성, 생존성, 내탄성, 내추락성 등과 같은 군 전용항공기의 특성을 반영하여 감항성이 "안전성"에만 국한된 것이 아님을 주장하는 시각이 있는데 이는 잘못된 것이다. 물론 안전성을 확인하기 위한 감항인증기준 및 적합성 확인 방법이 군 특수성을 반영할 수는 있겠지만 감항성은 곧 안전성이다.

하지만 감항성이 단순히 기술적인 안전성만을 의미하는 것이 아님에 유의해야 한다. 감항성은 항공기의 개발, 양산, 운영, 유지보수 등 항공기의 전체 수명주기에 걸쳐 관련된 모든 활동들을 체계적으로 관리할 수 있을 때 보장될 수 있기 때문이다.

12.1.2 감항인증 내용

감항성은 항공기의 전체 수명주기에 걸쳐 보장되어야 한다. 따라서 감항성 보장은 인증기관이 감항기준을 설정하고, 항공기의 설계, 생산 및 운용이 감항인증기준을 만족하는지를 적합한 절차에 따라 검증 및 확인함으로써 이루어지는데, 이러한 기준설정과 검증 및 확인행위를 통하여 항공기의 감항성을 공식(문서)적으로 보증해 주는 것을 감항인증이라고 한다.

일반적으로 감항인증 활동은 형식증명, 생산증명, 감항증명, 계속감항증명의 4가지 개념으로 구분하여 시행한다.

- 형식증명은 비행성능 및 안정성, 기체구조 건전성, 세부설계 제작, 동력장치, 계기 및 전기전자 시스템 등의 분야에 대하여 계산, 해석, 시험, 검사, 문서검증 등의 방법 및 경험적 판단 등을 이용하여 설계에 대한 적합성을 증명하는 것이다.

- 생산증명은 항공기 및 부품을 제작하기 위한 생산 시설과 방법 및 인력 등 품질관리체계가 적절하고, 생산품이 승인된 설계 형식과 일치함을 보증하는 것이다.
- 감항증명은 제작된 개별 항공기가 승인된 형식설계와 합치하고 안전한 작동 상태에 있음을 증명하는 것이다.
- 계속감항증명은 운용중인 개별항공기에 대하여 주기적으로 감항성 유지여부를 확인하는 것이다.

이러한 구분은 민간항공기 인증체계에 따라 분류한 방법으로 실제 군용항공기 인증체계에서는 형식증명, 생산증명, 감항증명, 계속감항증명의 개념이 명확히 구분되지 않는다. 특히 군용항공기의 감항인증 업무는 실제 민간항공기의 형식증명 활동에 가까운 것으로 용어의 사용에 일부 혼란이 있을 수 있다. 또한 군용항공기의 경우 생산증명 제도를 도입하지 않고, 기존의 방산분야 품질보증체계를 이용하여 이를 대신하고 있다. 하지만 본 연구에서는 군용항공기의 감항성 보장을 위한 개발 및 운영단계에서의 활동들이 민간항공기 인증활동과 실질적으로 유사하기 때문에 이러한 분류법을 인용하여 설명하였다.

12.1.3 감항인증 요소

항공기 설계 및 양산과 운영단계에 걸쳐 법적으로 항공기의 감항성을 관리하기 위해서는 법규, 조직 그리고 기준의 3가지 요소가 구비되어야 한다.

민간항공기의 경우 국제민간항공협약(ICAO Convention) 부속서 8.『Airworthiness of Aircraft』를 기반으로 하여 각 국에서 미국 FAA의 연방항공규정(Federal Aviation Regulation, FAR)이나 유럽항공안전기구(European Aviation Safety Agency, EASA)의 합동감항요구조건(Joint Airworthiness Requirements, JAR)에 부합하도록 법적인 근거와 절차를 수립하여 관리하고 있다. 따라서 세계적으로 민간항공기의 감항인증체계는 거의 유사하다.

반면, 군용항공기의 경우는 〈표 12-1〉에서 보는 바와 같이 각 국의 실정에 맞게 군의 규정이나 지시서 또는 자국법 등을 근거로 하고 있기 때문에 법적 근거가 서로 상이하며, 이에 따라 감항인증 조직과 기준도 다르다.

| 표 12-1 | 군용항공기 인증 요소 사례 분석

국 명		인증 법규	인증 조직	인증 기준
미국	공군	AFPD 62-6, MIL-HDBK-514 * 정책지시서 및 편람	사업관리기관, AC3B, ASC, USAF/IL, 공군주요사령부	MIL-HDBK-516B
	육군	AR70-62 * 규정	AMCOM, 사업관리기관, ARDECOM, Deputy Chief of Staff, G-4	ADS-51-HDBK, MIL-HDBK-516B
	해군	OPNAVINST 3710.7T, NAVAIRINST 13034.1C * 지침서	NAVAIRSYSCOM, AIR-4.0, 사업관리기관	MIL-HDBK-516B
캐나다		캐나다 항공법, 군 정책지시서 * 법 및 정책지시서	캐나다 국방부, 사업관리기관	ADSM, TAM
영국		JSP 553 * 절차서	JAC, DASB, 사업관리기관	DEF STAN 00-970, DEF STAN 00-971
프랑스		프랑스 법 (Decret n°2006-1551) * 법	DGA 프랑스 국방부	FAR, JAR

※ 본 표의 인증기준은 각 군에서 제정·적용하는 최상위 수준의 감항인증 및 설계기준 또는 교범을 의미하며, 개별 항공기에 대한 감항인증기준(규격)을 의미하지 않는다. 현재 캐나다와 영국은 인증기준 개발이 미완료 상태이다.

감항인증기관은 법적인 대표성을 가지는 인증당국을 중심으로 위임제도를 통하여 실무를 수행하는 조직 또는 개인으로 구성되며, 항공기의 감항성을 공식 문서로 인증한다. 미국, 캐나다, 프랑스의 사례를 살펴보면 〈표 12-2〉와 같이 군용항공기 감항인증조직은 인증권한을 가지고 있는 인증당국과 기술기준을 설정 및 통제하며 인증당국을 지원하는 기술관리조직, 그리고 운용중인 항공기에 대한 감항성 유지 활동을 수행하는 운영관리조직으로 구성이 되어 있다.

감항인증기준은 항공기 시스템을 설계 및 운영 할 때 고려해야 하는 요소들(임무/성능, 안전성, 신뢰성, 생존성, 운용성, 정비성 등) 중에서 항공기의 기본적인 요구사항인 비행 안전성을 보장하기 위한 요구사항들을 추출하여 정의한 것이다. 민간항공기의 경우는 FAR나 JAR 등을 근간으로 하여 항공기의 인증기준을 법적으로 엄격하게 규제하고 있다.

하지만 군용항공기의 경우 모든 항공기 설계 및 운용 요구조건이 표준적으로

| 표 12-2 | 외국의 군용항공기 감항인증 조직

구 분		인증당국	기술관리조직	운영관리조직
미 국	공군	사업책임자	AC3B, ASC	공군주요사령부 USAF/IL
	육군	AMCOM	AMCOM, ARDECOM	운영부대
	해군	NAVAIRSYSCOM(AIR-4.0)	NAVAIRSYSCOM(AIR-4.0)	운영부대
캐나다		Chief of the Air Staff (공군참모총장)	DGAEPM	DGAEPM, 1 CAD/A3 Ops
프랑스		국방부장관(각 군), DGA	DGA	각 군

설정된 인증 기준의 범위를 크게 벗어나는 경우가 많기 때문에 FAR나 JAR처럼 법적인 규제가 불가능하다. 따라서 미 군사표준, 산업계 표준 또는 FAR/JAR 등을 참고하여 개별 항공기 설계에 맞는 감항인증규격서를 별도로 작성하여 항공기 개발 및 유지에 이용하는 것이 일반적이다.

12.2 군용항공기 감항인증의 특징

군용항공기에 대한 감항인증은 항공기의 전체 수명주기에 걸쳐 비행안전성을 시스템적으로 보장한다는 점에서 민간항공기의 인증 개념과 크게 다르지 않다. 이것은 미 국방부의 감항인증 4대 원칙을 보거나, FAA의 감항인증을 전체 혹은 부분적으로 인정하는 미국과 유럽의 군용항공기 감항인증 정책에서 알 수 있다.

하지만 군용항공기는 민간항공기와 설계 및 운용목표가 다르다. 즉 민간 항공기는 ICAO 협약 아래 승객의 안전한 이동을 보장하고, 국민의 생명과 재산을 보호하는 것이 목표이지만 군용항공기는 무장 등의 위험물을 탑재하고 열악한 환경 조건에서 극한의 성능을 발휘하여 임무를 완수하는 것이 목표이다. 특히 군용항공기의 고객은 임무수행에 적합한 항공기를 획득하기 위하여 개발 초기단계에서부터 적극적으로 참여하며, 최대한 수요군의 요구사항을 반영하려고 한다. 그러므로 민간 항공기에 비해 군용항공기의 형상과 운용개념은 항공기 형식마다 큰 차이를 보일 수밖에 없다. 군용항공기 감항인증체계는 민간항공기와 비교하여 다음과 같은 차이점이 있다.

- 고위험 특수 감항성 보장
- 성능지향 맞춤화
- 국가별 특성화
- 사용자 자주(自主) 인증

각각의 차이점에 대한 세부 내용은 다음과 같다.

【고위험 특수 감항성 보장】

군용항공기는 민간항공기와 달리 생존성, 내탄성과 같은 고 위험도의 특수 감항성을 반드시 보장해야 한다. 미 국방부 MIL-HDBK-514의 감항성 정의에서 언급한 바와 같이, 감항성은 사용용도와 제한조건에 많은 영향을 받기 때문에, 가혹한 조건에서 전투/무장투하, 정보수집, 침투 등 고 위험도의 임무를 수행해야 하는 군용항공기는 비행안전성 만을 보장해서는 획득자의 요구를 만족시킬 수 없다. 이는 미 육군의 감항기술기준 ADS-51-HDBK 『Rotorcraft and Aircraft Qualification Handbook』의 다음 문구를 통해서 확인할 수 있다.

"In addition to safety, the military agencies concern themselves with the military utility and effectiveness required by the various services."

물론 군용항공기 감항인증의 기본 목적이 민간항공기와 동일하게 "비행안전성 보장"이지만, 실제로 이러한 목적을 실현하는 감항기술기준이나 인증활동은 다르다는 것을 의미한다.

【성능지향 맞춤화】

군용항공기의 감항인증기준은 기본적으로 표준화에 바탕을 두기보다는 성능지향 맞춤화에 바탕을 두고 있다. 민간 항공기는 불특정 고객을 대상으로 개발이 진행되기 때문에 국제 항공규약과 대규모 항공시장을 확보하고 있는 미국이나 유럽의 설계기준에 부합하도록 개발하는 것이 일반적이다. 하지만 소요제기 단계에서부터 구체적인 고객의 식별이 가능한 군용항공기의 경우는, 고객이 개발 초기 단계에서부터 직접 참여하여 요구사항을 적극적으로 반영하려고 하기 때문에 감항인증기준 설정 시 표준화 보다는 성능지향 맞춤화에 초점을 맞출 수밖에 없다. 이 같은 이유로 미 국방부가 제정한 각종 감항인증기준들은 항공기를 설계할 때 지침서로서 사용되며 규정적 구속력이 없다.

【국가별 특성화】

민간항공기의 획득 및 관리체계는 ICAO나 FAA/EASA의 표준 및 권고 아래 세계 대부분의 나라에서 거의 유사한 형태로 구축되어 있으나, 군용항공기 획득체계는 각국의 군용항공기 획득 조직 및 절차의 상이, 국가 간 군사보안 등의 이유로 전 세계적으로 통용될 수 있는 국제표준을 만들기가 쉽지 않다. 또한 감항인증 관리형태도 각 나라의 실정에 따라 다양하다. 예를들어 육/해/공군이 독자적으로 항공기 획득을 관리하며 각 군이 대규모의 항공기를 독자적으로 운용하는 미국의 경우는 각 군에서 주도적으로 개발 및 운용항공기의 감항인증을 관리하고 있지만, 병기본부(DGA)를 통해 항공기를 획득하는 프랑스의 경우, DGA에서는 형식증명 발행업무를 수행하고 소요군은 감항증명 발행업무를 수행하고 있다.

【사용자 자주(自主) 인증】

항공기 운용자의 입장에서 봤을 때, 민간항공기의 경우는 정부조직인 감항인증당국에서 인증을 위한 법규를 제정하고 인증활동을 수행하는 제3자 인증개념이다. 하지만 군용항공기의 경우는 일반적으로 사용자와 감항인증당국이 동일조직에 속하기 때문에 최종 획득자인 군이 자체적으로 감항관리 정책과 규정을 제정하고, 감항성 보장 및 유지를 위한 활동을 수행하며, 감시 및 사고조사 업무를 수행한다. 즉, 군용항공기의 감항성은 일반적으로 항공기를 획득하고 운영하는 고객인 군(관련) 조직에 의해 관리된다고 할 수 있다.

12.3 감항인증 사례

12.3.1 미 국

미 국방부는 감항인증제도를 도입하기 전에는 비행안전인증(Certification for Safety of Flight, SoF인증)이라는 개념을 이용하여 항공기 및 부품에 대한 안전성을 관리하여 왔다. 하지만 SoF인증은 개발, 생산, 운영단계에 걸쳐 유기적으로 안전성을 관리하기 위한 프레임워을 제공할 수 없는 한계가 있었기 때문에 미 국방부는 감항인증제도를 도입하여 군용항공기에 대한 안전관리를 시작하게 되었다.

| 표 12-3 | 미국의 감항 정책서 및 기술문서

구분	문서번호	문 서 명
공통	MIL-HDBK-516B	Airworthiness Certification Criteria
	JSSG-2000	Air System
	JSSG-2001	Air Vehicle
	JSSG-2005	Avionic Subsystem, Main Body
	JSSG-2006	Aircraft Structures
	JSSG-2007	Engines, Aircraft, Turbine
	JSSG-2008	Vehicle Control and Management System
	JSSG-2009	Air Vehicle Subsystems
미 공군	MIL-HDBK-514	Operational Safety, Suitablility, and Effectiveness for the Aeronautical Enterprise
	AFI 63-1201	Assurance of Operational Safety, Suitability, and Effectiveness(OSS&E)
	AFPD 62-4	Standards of Airworthiness for Passenger Carrying Commercial Derivative Transport Aircraft
	AFPD 62-5	Standards of Airworthiness for Commercial Derivative Hybrid Aircraft
	AFPD 62-6	USAF Aircraft Airworthiness Certification
	AFPD 63-12	Assurance of Operational Safety, Suitability, and Effectiveness (OSS&E)
미 육군	ADS-50-PRF	Rotorcraft Propulsion Performance Qualification Requirements and Guidelines
	ADS-51-HDBK	Rotorcraft and Aircraft Qualification Handbook
	ADS-62-SP	Data and Test Requirements for Airworthiness Release for Helicopter Sensor Data and Testing Requirements in Development Stage
	ADS-63-SP	Radar System Airworthiness Qualification and Verification Requirements
	ADS-65-HDBK	Airworthiness Qualification and Verification Requirements for Electro-Optics and Infrared Sensor Systems
	ADS-66-HDBK	Guidance for Data for Safety of Flight Airworthiness Release for Helicopter Aircraft Survivability Equipment (ASE)
	AR 95-1	Flight Regulations
	AR 70-62	Airworthiness Qualification of US Army Aircraft Systems
미 해군	NAVAIRINST 13034.1C	Flight Clearance Policy For Air Vehicles and Aircraft Systems
	OPNAVINST 3710.7T	NATOPS General Flight and Operating Instructions
	OPNAVINST 3510.15	Air Naval Tactics, Techniques And Procedures(NTTP) Manuals And Naval Aviation Technical Information Product(NATOP) Program

미 국방부는 기본적으로 전 군에서 공통적으로 적용할 수 있는 감항인증기준서만 관리하고 있으며, 개발 및 운용하는 항공기의 감항성 보장은 해당 군이 직접 수행하는 것을 원칙으로 하고 있다. 따라서 각 군은 자체규정, 정책지시서, 지침서 등을 이용하여 개발 및 운용항공기의 감항성을 독자적으로 관리하고 있다. 또한 군용항공기 감항인증 업무의 효율성을 위하여 군용으로 전용하거나, 군사목적으로 일부 개조하는 민간항공기에 대해서 미 연방 항공청의 감항인증을 인정하고 있으며, 각 군간 감항인증을 상호 인정하고 있다. 미국은 기존의 군사규격이 민간기술을 도입하는데 장애가 되고 사업비용을 증가시키는 원인이 되는 것을 방지하기 위해서 국방규격을 정비하였다. 국방규격 정비 작업을 통해 만들어진 군사규격은 설계상의 해법보다는 성능 및 기능과 관련된 요구사항과 개발대안을 담고 있고, 정량적인 부분들은 대부분 공란으로 규제하지 않는다. 이로 인해 고객과 개발자가 장비를 개발하거나 구매할 때 선택의 폭이 넓은 장점이 있는 반면, 규격의 내용이 정성적이고 구체적이지 않기 때문에 설계의 적절한 수준을 정하기가 어려운 단점이 있다.

〈표 12-3〉은 미국의 감항관련 정책서 및 기술문서로서, 미 국방부 차원에서 관리하고 있는 감항성 관련 편람 및 지침서는 MIL-HDBK-516B와 합동규격지침서(Joint Service Specification Guide, JSSG)이다.

1) MIL-HDBK-516B

MIL-HDBK-516B는 미 군용항공기의 개발 및 유지를 위한 감항인증기준을 설정할 때 참고하는 편람이다.

본 편람은 고정익 항공기, 회전익 항공기, 무인 항공기, 엔진 등에 따라 별도로 제시된 기술기준은 없고, 전체적인 공통기준을 제시하고 있으며, 〈표 12-4〉에서 보는 바와 같이 시스템 공학요건 등 21장, 794개 점검항목으로 구성되어 있다. 감항인증 요구항목과 이에 대응하는 JSSG와 FAR와의 상호관계를 함께 제시하여 기술기준 설정의 편의를 도모하고 있다.

MIL-HDBK-516B의 감항인증기준의 제정과 변경사항은 미 공군의 승인을 받아야 한다.

| 표 12-4 | MIL-HDBK-516B의 구성 내용

구 분	제 목	구성내용
1장	적용범위	목적, 적용범위 등
2장	적용문서	DoD 137종, FAA 50종, 기타 39종
3장	용어정의 및 약어	용어 정의, 약어
4장	시스템 공학	설계기준, 치공구 등 17개 항목
5장	항공기 구조	하중, 구조 동특성 등 32개 항목
6장	비행 기술	비행 안정성 및 조종성 등 161개 항목
7장	추진장치 및 추진장치 장착	추진장치 안정성 관리 등 89개 항목
8장	항공기 하위시스템	유압/공압 시스템 등 14개 항목
9장	승무원 시스템	사출 및 탈출 시스템 등 76개 항목
10장	고장진단 시스템	고장모드 등 7개 항목
11장	항전장비	항전장비 구조 등 14개 항목
12장	전기시스템	발전기 시스템 등 25개 항목
13장	전자기 환경 영향	구성품/하위시스템 전자기 환경 효과 등 13개 항목
14장	시스템 안전	시스템 안전 프로그램 등 17개 항목
15장	컴퓨터 리소스	항공기 프로세스 구조 등 27개 항목
16장	정비	정비 교범/점검표 등 11개 항목
17장	무기/무장 체계	포/로켓 체계 및 인터페이스 등 20개 항목
18장	승객 안전성	승객 생존성 등 19개 항목
19장	자재	특성 및 프로세스 등 18개 항목
20장	기타 고려사항	임무/시험장비 등 3개 항목
21장	주기	문의 연락처, 개정 비교표 등

2) JSSG(합동규격지침서)

본 지침서는 미 정부 및 방산산업계, 미 공군, 육군, 해군사업에 공통적으로 사용할 수 있는 범용적인 규격작성 지침서로서 개발 항공기의 요구조건 및 검증 방법을 체계적으로 기술할 수 있게 해 준다. 특이한 점은 시스템에 대한 요구사항이 기술되고, 해당 요구사항에 대한 검증방법이 뒤 이어 기술된다는 점이다. 또한 규격 작성의 효율성과 융통성을 극대화하기 위하여 요구사항 및 검증내용을 공란 처리한 점도 특이하다. JSSG의 구조는 3층 구조로 되어 있으며, 각 단계별 작성현황은 〈그림 12-1〉과 같다.

그림 12-1 JSSG 구성 및 작성 현황

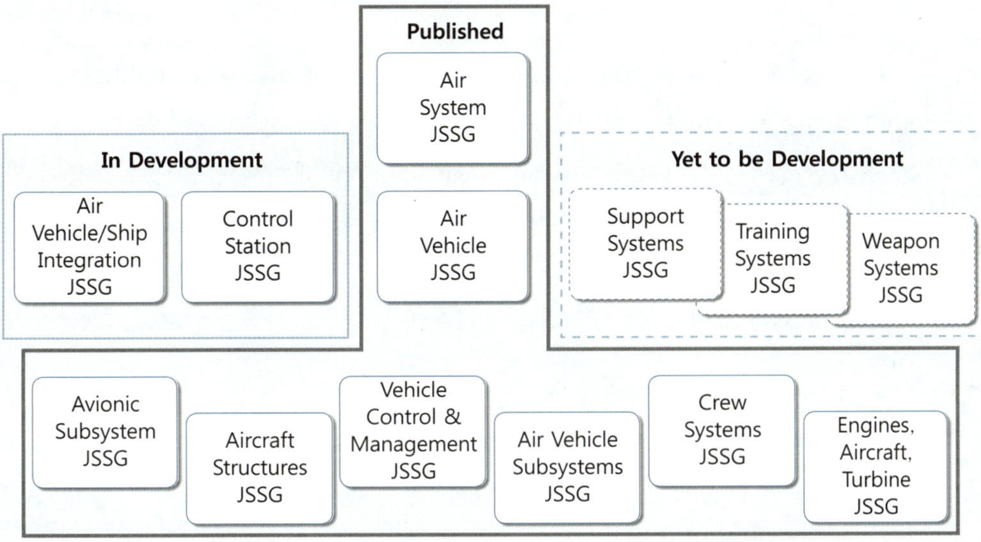

3) 공 군

미 공군은 비행 및 운영 교범에 명시된 조건하에서 조종사가 항공시스템을 안전하게 유지하고 운영할 수 있음을 검증/확인하기 위하여 감항인증을 수행하며, 항공시스템의 OSS&E(Operational Safety, Suitability, & Effectiveness)를 보장하기 위한 19개의 인증활동 중에서 감항인증을 가장 핵심적인 인증으로 보고 있다. 감항인증 권한은 사업책임자에게 있으며, 감항인증서는 운용항공기의 공군기술지시서(Air Force Technical Order, AFTO) Form 781에 포함하여 보관하거나 항공기 내에 비치하도록 하고 있다.

(1) 미 공군 인증기준 및 절차

가. TACC(맞춤형감항인증기준서)

맞춤형감항인증기준서(Tailored Airworthiness Certification Criteria, TACC)는 특정 항공기 형식의 감항인증기준을 정의하는 문서로서, 감항인증 업무관련 수행자가 MIL-HDBK-516B를 바탕으로 미 군사표준, FAR, 산업계표준 등을 참고하여 작성한다. TACC는 항공기 개발 시 설계적합성을 확인하기 위한 점검표로 활용되며, 항공기 개조 등 형상변경이 발생할 때도 감항성 영향 평가를 위한 점검표로 활용된다. 따라서 TACC에 대한 형상관리는 항공기의 총 수명주기 동안 이루어진다.

TACC를 개발할 때는 항공기의 임무 및 요구성능에 따라 MIL-HDBK-516B의 해당 인증기준을 수요군과 협의를 거쳐 변경, 추가, 삭제한다. 하나의 TACC는 임무가 동일한 임무형식시리즈(Mission Design Series)에 대해서 공통으로 적용이 가능하다. 즉 F-16 항공기의 경우 F-16A, F-16B와 같이 동일한 비행교범을 적용할 수 있는 항공기는 TACC도 동일하다.

TACC문서에 포함되어야 할 내용은 다음과 같다.

- 일자/수정차수/사업책임자
- 임무형식시리즈 설명(Mission Design Series Description)
  적용받는 기존의 기체프레임 식별자, 엔진 종류 및 개수, 승무원/승객 수, 항공기의 테일/일련 번호 등
- 인증기준
  인증대상 항공기에 적용가능한 MIL-HDBK-516B나 FAR 또는 산업계 감항기술기준을 현지화된 인증 기준
- 부가데이터
  감항인증기준을 보충해 주는 규격, 지시서, 감항성유지절차 등
- 제한사항
  시스템을 안전하게 운용하기 위한 한계, 일시적 제한사항, 그리고 운용자가 반드시 지켜야 할 절차 등

나. MACC(개조감항인증기준서)

항공기의 감항성은 최초 개발뿐 아니라 개조 시에도 유지되어야 한다. 미 공군은 이를 위해 개조 항공기의 감항성 관리를 위한 개조감항인증기준서(Modification Airworthiness Certification Criteria, MACC)를 작성하여 개조사업에 적용한다. MACC의 내용은 항공기의 개조부분에 적용할 수 있는 감항기준, 초기 인증내용(기능, 환경, 운용영역 등)과의 등가성에 대한 검증 내용, 항공기 개조부분에 대한 관련 자료, 개조 한계 등을 담고 있으며 TACC의 일부로 간주된다.

(2) 인증 절차

개발 및 개조 항공기에 대한 감항인증은 기본적으로 다음과 같은 5가지 단계를 거쳐 이루어진다.

① 형상정의

인증대상 항공기의 형상을 정의한다. 기 개발항공기의 경우는 기술교범 등을 활용하여 정의한다.

② 인증기준개발

사업책임자의 주관 하에 개발자, ASC, 소요군 등 감항인증 사업관련자가 TACC 문서를 개발한다.

③ 적합성 확인 데이터 식별 및 수집

사업담당부서는 적합성 확인에 사용할 수 있는 데이터를 식별 및 수집한다. 신규 개발항공기의 경우에는 적합성 확인을 위한 부서별 업무분장을 업무기술서(Statement of Work, SOW)나 목표기술서(Statement of Objectives, SOO)에 반영하여야 하며, 기존 시스템의 경우는 사업책임자나 수석기술자가 감항인증 업무에 활용할 수 있도록 현재 보유하고 있는 각종 매뉴얼이나, 규격, 시험데이터, FAA형식증명 등의 자료를 함께 수집하여야 한다.

④ 적합성 확인 및 문서화

적합성을 확인하고 문서화한다. 신규 개발항공기의 경우는 분석, 시험, 검사, 시연 등의 방법을 통하여 적합성을 확인한다. 하지만 기존 시스템에 대한 적합성은 비용 대 효과를 고려하여 비행교범이 항공기의 성능을 정확하게 반영하고 있고, 정비교범이 타당하고 최신으로 유지되고 있으며, 비행안전성에 영향을 주는 보고서나 권고 등이 있는지를 점검하여 확인된다. 사업책임자는 감항인증서 발행에 앞서 초도비행점검회의(First Flight Readiness Reviews, FFRR)를 통하여 초도비행 전 비행안전성에 대한 판단을 내려야만 한다.

⑤ 인증서 발행

사업책임자는 감항인증서를 발행한다. 기본원칙은 TACC의 감항기준을 모두 만족하여야 하지만, 그렇지 못한 경우는 사업책임자가 모든 감항기준을 만족시킬 때 까지 일시적 제한사항을 가진 임시감항인증서를 발급할 수 있다.

4) 육 군

(1) 미 육군 인증기준 및 절차

미 육군의 감항인증기준은 항공기 설계 표준 편람인 ADS-51-HDBK 『Aeronautical Design Standard Handbook』이다(〈표 12-5〉 참고). ADS-51-HDBK는 항공기 체계 및 부 체계 혹은 구성품의 감항성을 결정하기 위한 검증절차(분석, 설계, 시험, 문서화)와 감항기준 및 엔지니어링 데이터 등을 정의하고 있는 최상위 수준의 문서이며 감항인증기준을 설정할 때는 다음의 내용을 참고해야 한다고 정하고 있다.

항공시스템 설계 표준서

- 미 군용 및 FAA의 규격, 표준 및 편람
- 미 국방부의 정책 및 절차에 따라 제정된 산업계 표준
- 미 정부 또는 산업표준에 바탕을 둔 업체의 규격 및 표준
- 공학적으로 타당성이 인정된 설계 편람
- 과거 경험을 바탕으로 출판된 설계 원칙
- 출판된 시험 및 평가 절차 및 기준

안전성과 신뢰성 그리고 유지보수성에 대한 제한사항

- 비행제한조건(속도, 순항, 전자기환경, 고도, 온도 등 환경요건)

| 표 12-5 | ADS-51-HDBK의 구성 내용

장	제 목	내 용
1	Introduction	문서의 목적 및 용어정의, 고정익기와 회전익기의 감항인증 개요
2	Airworthiness Qualification Program	감항인증 절차 및 관련 문서 설명
3	System Safety	시스템안전성 검증절차, 안전성 및 위험요소 분석, 비행안전품목
4	Technical Reviews, Data, and Documentation	기술검토과정 및 이에 필요한 데이터와 문서요구사항
5	Qualification Assurance	하드웨어/소프트웨어 품질보증 내용 및 절차
6	Modeling	감항인증에 적용할 수 있는 모델링 기법
7	Component Qualification	구성품 검증 요구사항 및 절차
8	Subsystem Qualification	서브시스템 검증요구사항 및 절차
9	System Qualification	시스템 검증요구사항 및 절차
10	Operational Readiness Qualification	운용성, 정비성, 신뢰성 등 운용과 관련된 감항인증 내용
11	Government Testing	정부주관 시험의 목적과 계약자 지원내용
부록	Appendix A~F	감항인증 문서(AQP, AQS, CFR, AWR, SAQ, AQSR)의 내용과 형식

- 탑재중량, 무게중심, 연료량, 외부 장착물, 무장의 무게
- 지속적인 안전운행에 필요한 구조수명 또는 마모율 등
- 추력시스템의 성능한계
- 비정상적 비행조건(비행제어 컴퓨터 오동작 등)에서의 서브시스템의 제한사항(전기부하 등)

계속감항성 관련 사항

- 운용 및 제한조건을 초과한 사항에 대한 적절한 유지보수(검사, 수리, 교환)
- 항공기의 특성과 성능을 유지할 수 있는 정비절차에 따른 정비
- 비행안전성 품목(Critical Safety Item, CSI)에 대한 감항성 관리

(2) 인증절차

미 육군의 감항인증 절차는 육군규정 AR 70-62에 정의되어 있으며(〈그림 12-2〉 참고) 감항인증 절차의 세부내용은 다음과 같다.

① 감항검증계획서 작성

사업책임자는 운영요구서(Operational Requirements Document, ORD)나 시스템위협평가보고서(System Threat Assessment Report, STAR)를 이용하여 시스템요구사항을 정의하고 시험평가기본계획서(Test & Evaluation Master Plan, TEMP)를 작성한다. 이와 동시에 감항당국과 협조하여 감항검증요구사항을 도출한 후 이를 감항검증계획서(Airworthiness Qualification Plan, AQP)에 작성한다. 일반적으로 TEMP와 AQP는 사업제안공고에 포함되며 AQP의 주요내용은 다음과 같다.

- 성능 요구조건
- 체계안전 요구사항 (MIL-STD-882)
- 분석, 모델링, 시험, 조사, 입증
- 모형(Mock-up) 및 시뮬레이션 요구조건
- 구매, 자재, 공정 규격 요구조건 및 인증
- 기능, 구조, 환경, 내구성 및 생존성 시험
- 유사성에 의한 인증
- 소프트웨어 검증 및 타당성 확인
- 신뢰성, 가용성, 정비성 시험 및 입증

- 종합군수지원 타당성 확인
- 정부시험

② 감항검증규격서 작성

감항검증규격서(Airworthiness Qualification Specification, AQS)는 감항인증 요구사항을 구체화하고 어떻게 입증할 것인지를 정의한다. 감항성 검증활동은 AQS에 따라 수행되며 주요 내용은 다음과 같다.

- 체계안전
- 적용문서
- 설계검토 및 도면배포
- 모형(Mock-up)
- 구매 및 공정 규격
- 구성품 시험
- 시스템 확인
- 공식 계약자 입증시험

감항검증을 위한 방법은 다음과 같은 것들이 있다.

- 기술적 분석, 모델링, 시뮬레이션
- 검사, 설계검토, 안전성 평가
- 비행 및 지상 개발시험
- 구성품 성능 및 환경 검증시험
- 계약자 시연
- 정부 시험

③ 감항검증입증보고서 작성

사업책임자는 지상 및 비행시험을 통해 확보한 데이터를 바탕으로 감항검증입증보고서(Airworthiness Qualification Substantiation Report, AQSR)를 작성한다. AQSR은 항공기에 대한 기능 및 형상에 대한 설명과 함께 감항검증 결과를 정리하고 적합성 여부를 상세하게 설명하는 문서로 감항인증 절차의 마지막 단계에 작성하여 발간된다. 이 자료는 항공기의 감항검증 이력을 관리하기 위한 것으로 항공기 전체수명주기에 걸쳐 관리된다. 개조사업의 경우는 기존의 AQSR을 분석하여 개조

그림 12-2 미 육군 감항인증 절차

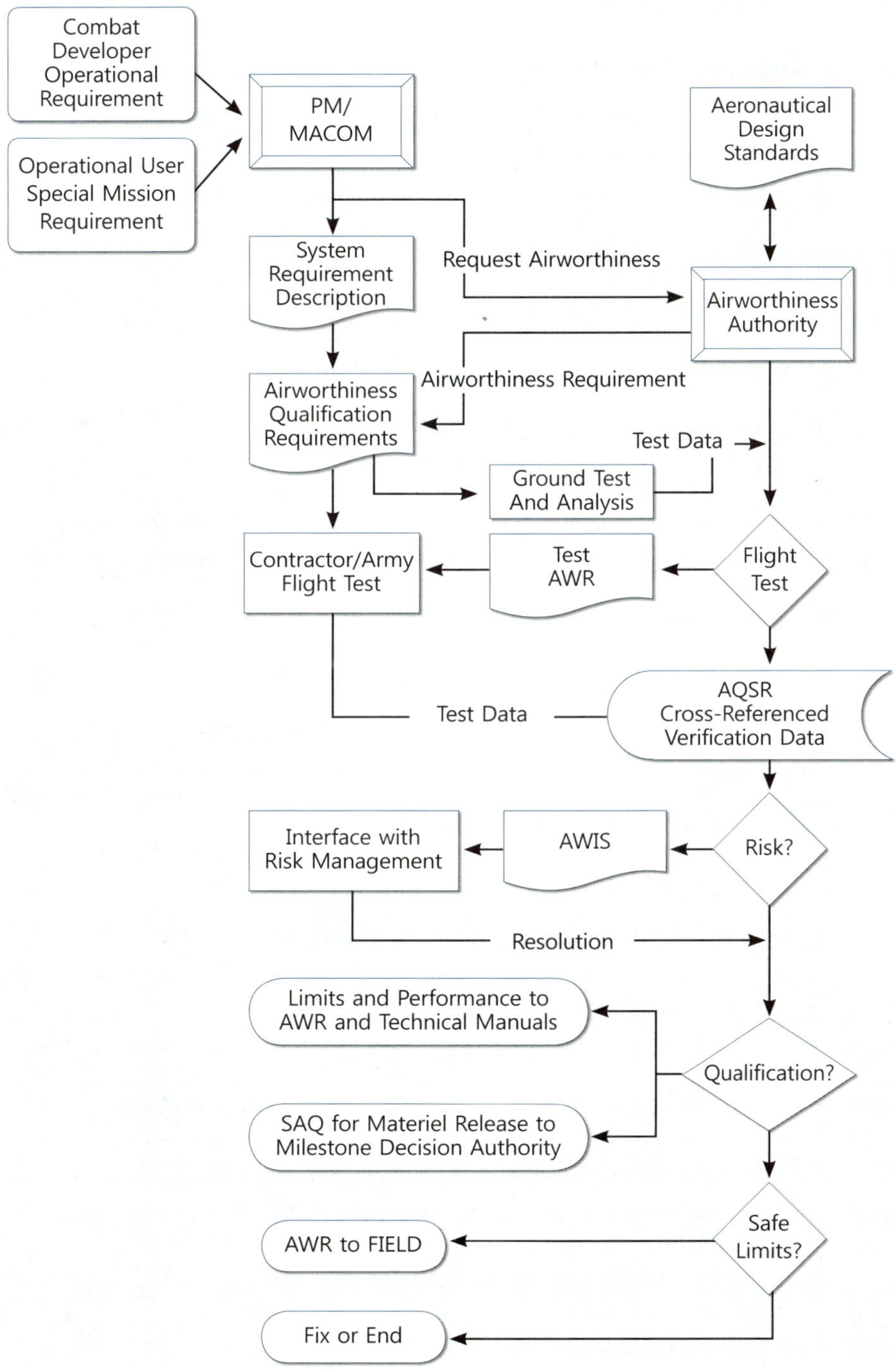

내용이 감항성에 영향을 주는 위험요소를 가지고 있다고 판단되면 위험관리를 통하여 문제점을 해결한다.

④ SAQ(감항검증명세서) 작성

감항검증이 완료되면 항공기 형상과 운용지시 및 절차, 한계 및 제한조건, 감항성유지를 위한 요구사항 등이 SAQ에 포함된다.

12.3.2 캐나다

1) 인증 기준

캐나다군의 감항인증관리를 위한 정책과 절차는 〈표 12-6〉과 같다.

기본적으로 캐나다의 군용항공기 감항인증 시스템은 기술감항교범(Technical Airworthiness Manual, TAM)과 감항설계표준교범(Airworthiness Design Standards Manual, ADSM)을 바탕으로 하고 있으며, 개별 항공기의 형식설계를 위한 인증기준서(Basis of Certification, BoC)를 작성하여 적합성 여부를 확인한다.

① 기술감항교범(TAM)

TAM은 기술감항프로그램의 업무절차와 규정 및 부서별 담당업무 등을 정의하고 있다. TAM은 기술감항프로그램 업무를 위한 교범이지만, 실무에서는 운영감항프로그램과 조사감항프로그램에도 적용된다.

② 감항설계표준교범(ADSM)

ADSM은 미 국방부의 MIL-HDBK-516B에 해당하는 문서로서 미 군사표준, 영

| 표 12-6 | 캐나다 군 감항인증 정책 및 절차

구 분	정책 및 절차
기술감항 프로그램	• CFTO C-05-005-001/AG-001 Technical Airworthiness Manual (TAM) • CFTO C-05-005-001/AG-002 Airworthiness Design Standards Manual (ADSM)
운영감항 프로그램	• B-GA-100-001/AA-000, Flying Orders, Flight Rules, Air Standards and Air Procedures • B-GA-164-000/AA-00, Aerospace Control Orders 1 CAD Orders, Volume I, II and III • GPH 204, Flight Planning and Procedures, Canada and North Atlantic • GPH 200, DND Flight Information Publication.
조사감항 프로그램	• A-GA-135-001/AA-000, Flight Safety for the Canadian Forces • B-GA-297-001/TS-000, Safety Orders for Air Weapons.

국 군사표준(DEF STAN), FAR 등을 참고하여 개발된 캐나다 군의 최상위 감항인증 기준을 제시하는 문서이다. 따라서 ADSM은 캐나다 군용 항공기의 형식설계 인증 기준인 BoC를 개발할 때 이용된다.

2) 인증 절차

개발 및 개조항공기에 대한 감항인증(형식인증) 절차는 다음과 같다.

① 운용목적명세서 작성(Statement of Operating Intent, SOI)

SOI는 항공기의 임무, 작전시나리오, 운용환경, 승무원/조종사의 작업내용, 항공기 형상에 대한 개략 정보를 담고 있는 문서이며 감항인증당국에 제출된다. 이 문서의 작성목적은 감항성 평가와 감항기준 설정을 위한 기초자료를 제공하는 것이다.

② 위험요소 분석

항공기 개발 및 양산과정에서 적용할 설계표준을 선정하고 항공기 설계의 잠재적 위험요소 분석에 이용된다.

③ 인증기준서(BoC) 작성

SOI와 위험요소 평가 결과를 바탕으로 항공기 인증에 필요한 설계표준 및 업무표준들을 식별하고 감항인증기준을 설정한다.

④ 인증계획서 작성

형식인증을 획득하기 위한 활동계획을 감항인증당국에 제출한다.

⑤ 적합성 확인 프로그램

적합성 확인 매트릭스를 작성하고 이를 기반으로 항공기 형식이 BoC의 요구사항을 만족하는지를 확인한다. 적합성 확인 매트릭스는 다음 내용을 담고 있다.

- 감항인증 요구사항
- 적합성 입증방법
- 적합성 증거자료
- 적합성 확인자, 확인결과, 일자, 서명 등

⑥ 감항문서 작성

기본적으로 적합성 확인 매트릭스에 포함되는 자료들로 구성이 되며, 부가적으로 계속감항을 위한 지시, 면제사항에 대한 관리방법, 비행교범과 운영지시서 등이 포함되며, 배치 후 후속지원계획도 포함된다.

⑦ 감항인증

위의 전 과정이 성공적으로 수행되고 신청자가 제출한 문서에 대한 검토 및 보완이 완료되면 감항인증당국은 해당 항공기 형식에 대하여 감항인증을 한다.

12.3.3 프랑스

프랑스는 2006년까지는 법적으로 군용항공기에 대한 감항인증제도가 없었으며, 민간의 감항인증 체계를 활용하고 적용하여 왔다. Decret n° 2006-1551라는 법을 제정한 후 군용항공기도 프랑스 정부의 항공기 범주에 포함시키면서 부터 군용항공기에 대한 감항성 관리 의무가 생겼다. Decret n° 2006-1551은 우리나라 방위사업청에 해당하는 DGA를 기술감항조직으로 지정하고, 프랑스 국방부(육군, 해군, 공군)를 운영감항조직으로 지정하고 있다.

프랑스의 감항인증 절차는 〈그림 12-3〉과 같다. 프랑스 군용항공기 감항인증체계의 특이한 점은 민간 감항인증체계와의 등가성을 유지하기 위하여 FAA나 EASA의 감항기준인 FAR, JAR를 대폭 수용하고 있다는 점이다. 특히 항공기가 민간 감항인증을 받았을 때는 DGA는 이를 군용항공기 감항인증으로 인정하고 있다.

그림 12-3 프랑스 감항인증 절차

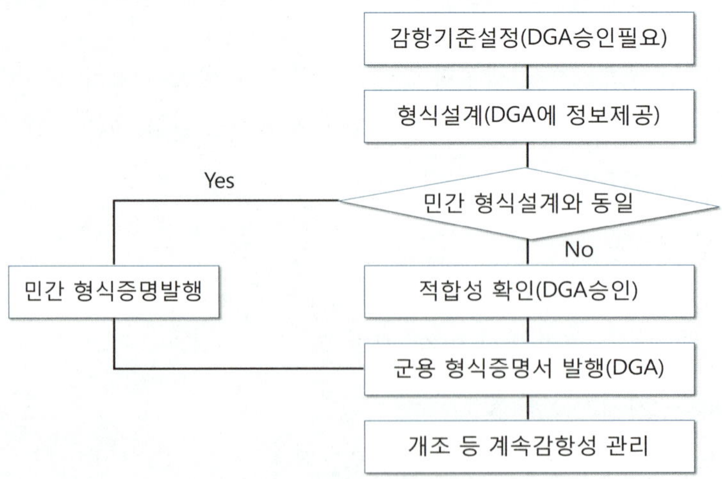

12.4 발전방향

항공기 체계의 안전성을 보장하기 위해서는 항공기에 탑재되는 부품 및 구성품에 대한 인증제도를 구축하는 것이 필요하다. 부품인증제도는 표준품에 대한 인증제도와 비표준품에 대한 인증제도로 구분이 가능하며, 비표준품의 경우 체계개발의 일부로 개발되는 부품은 항공기 체계에 대한 감항인증 시 체계에 포함되어 동시인증을 받고, 양산 및 운용단계에서 유지부품으로 개발되는 부품에 대해서는 제작자 인증제도를 통해 부품을 인증하는 것이 필요하다.

- 표준품 인증제도
- 비표준품 인증제도
  - 체계개발에 포함되어 개발되는 비표준품 인증
  - 양산/운용단계에서 개발되는 비표준품 인증

우리나라 민간항공기 부문의 부품인증 제도 역시 앞서 언급한 형태를 취하고 있음이 확인되었다. 이러한 국내외 제도조사 내용을 바탕으로 국내 군용항공기 부품·구성품 인증제도는 〈표 12-7〉의 세 가지 방향에 따라 구축하는 것이 필요하다.

| 표 12-7 | 부품 · 구성품 인증제도 구축 기본방향

원 칙	설 명
국제표준성	• 국내 인증제도에 대한 국제적 신뢰 • 국산 항공 부품 해외 수출용이
민·군 제도 호환성	• 민·군 공용부품 상호인증 • 국내 인증 인프라(조직, 시험시설) 활용
제도구축 경제성	• 제도구축 비용/시간 최소화 • 국내 여건 고려 제도의 실효성 지향

【표준품 인증제도】

표준품에 대한 인증제도는 국내 고유 부품에 대한 표준화의 실효성과 표준품 인증제도의 적용범위에 대한 검토 후 제한적으로 도입해야 할 것으로 판단된다. 그 예로 미국의 경우는 항공기에 공용 부품 및 구성품에 대해 제품인증목록(Qualified Product List, QPL)/제조자인증목록(Qualified Manufacturer List, QML) 및 기술표준품 승인(Technical Standard Order Approval, TSOA)제도를 구축하고 있지만, 영국이나 캐나다 등의 나라는 표준 부품류에 대해서는 별도의 표준을 제정하지 않고 미국의 QPL/QML이나 국제 표준 규격을 그대로 인정하고, 대신에 항공기 계기류나 발전기와 같은 주요 구성품에 대한 기술표준만 자국에서 제정하여 관리하고 있다. 이러한 내용은 우리에게 시사하는 바가 크다고 할 수 있다. 즉 국내 고유 형상의 부품에 대한 표준화 필요성과 효용성은 극히 낮을 것으로 판단되기 때문에 별도의 제도를 수립하기 보다는 다음과 같은 국내외 표준품을 그대로 인정하는 방향으로 제도를 수립하는 것이 경제적일 것으로 예상된다.

- SAE(Society of Automotive Engineers)
- NAS(National Aerospace Standard)
- AN(Army-Navy Aeronautical Standard)
- MS(Military Standard)
- TSO(Technical Standard Order)
- QPL/QML규격
- 기타 국제표준으로 통용되는 규격 및 표준

단 계기류, 비행정보기록장치 등 표준화가 가능하고 국내 개발(국산화) 및 이로 인한 기술파급 효과가 있는 아래와 같은 항공기의 주요 구성품에 대해서는 표준 규격을 제정/고시하여, 인증할 필요성이 있다.

- 항법장비류
- 통신장비류
- 데이터기록장비류
- 충돌회피장비류
- 발전기 및 배터리류
- 착륙장비류(타이어, 휠, 브레이크 등)
- 구명 및 생존장비류

【체계개발 비표준품 인증제도】

체계장비(항공기, 엔진, 프로펠러)에 포함되어 개발되는 부품 및 구성품은 기본적으로 체계에 대한 감항인증 시, 체계에 포함되어 동시 인증하여야 한다. 이를 위해서는 체계 인증 시 체계를 구성하는 부품 및 제작자 목록을 제출토록 하고, 감항인증당국은 체계장비의 감항성 유지를 위해 부품 및 제작자 목록을 승인 및 관리하여야 한다. 우리나라의 감항인증 관련 현행 규정을 보면 이에 대한 명확한 규정이 없기 때문에 이에 대한 보완이 필요한 것으로 판단된다. 또한 양산/운용단계에서 추가 공급원 확보를 위한 부품 개발과 인증업무에 활용하기 위한 설계 및 시험자료의 확보도 중요하다.

【양산/운용단계 부품 인증제도】

미 국방부나 캐나다 국방부는 원제작사의 제품과 동일 또는 유사한 제품을 개발할 수 있는 능력을 보유한 업체에 한해서 항공기 생산 및 운영단계 부품을 개발 및 납품할 수 있도록 허가하고 있는데 반해, 우리나라의 경우 항공용 부품의 제작자를 제한할 수 있는 제도적 장치가 없기 때문에 국산화 능력 유무와 상관없이 어떠한 업체든지 기본적으로 항공용 부품을 개발하여 납품할 수 있다. 특히 대부분의 국외 도입항공기용 부품은 원제작사의 기술자료 없이 역설계를 통해서 개발되고 있는 실정으로, 국내 개발된 항공용 부품의 신뢰성과 체계 항공기 영향성에 대한 보장이 미흡한 실정이다. 따라서 이러한 국내의 여건을 고려할 때 제도적으로 제작업체의 개발 및 제작 능력에 대한 검증과 부품에 대한 인증시험을 수행하여 정부가 신뢰성 있는 부품 제작자를 인증하고 관리하는 부품제작자인증제도의 도입은 무엇보다 필요하다고 할 수 있다.

주요안전품목 또는 체계의 비행안전에 심각한 영향을 초래하는 품목에 대해서는 특히 감항인증이 최우선적으로 이루어져야 한다. 이를 위해서는 신규로 국내개발 또는 국외 도입되는 항공기에 대해서는 반드시 주요안전품목에 대한 목록을 개발 또는 입수하여 감항인증당국에서 이를 승인 및 관리할 필요가 있으며, 주요안전품목에 대한 식별이 되어 있지 않은 기존 개발 및 국외 도입 항공기에 대해서는 운용군과 체계업체가 체계의 비행안전에 심각한 영향을 초래하는 품목을 식별하여 감항인증당국에 제출토록 할 필요가 있다. 또한 민·군이 공용으로 사용하는 부품에 대해서는 민간에서 인증받은 부품을 군용으로 그대로 인정하는 제도의 도입으로 민·군 중복인증 방지를 통한 부품인증의 효율화를 기해야 할 것이다.

부품제작자 인증시 검토해야 하는 자료는 다음과 같다.

- 인증기준(설계 및 시험관련 기술자료)

- 인증계획(개발, 제작, 시험의 일정 및 방법 등)
- 주장비(항공기, 엔진, 프로펠러) 감항인증 기준 충족여부
- 품질시스템 인증관련 자료(생산계획, 공정, 설비, 자재, 인력 등)
- 도면 및 하위 부품목록
- 원제작사 면허 합의서

참고문헌

[1] 김용섭·최재승·김덕환 외 편저, 국방품질경영총론, 형설출판사, 2010.

[2] 김용섭·김덕환, 균형적 품질경영: 국방 분야 품질경영 및 정부품질보증기관의 역할, 한국품질경영학회 추계학술대회, 2009.

[3] Hauser and Clausing, The House of Quality, Harvard Business Review, 66, 63-73, 1988.

[4] Government Acquisition Office, Increased Focus on Requirements and Oversight Needed to Improve DoD's Acquisition Environment and Weapon System Quality, Report to Congressional Committees, 2008.

[5] Department of Defense, Operation of the Defense Acquisition System, 2008.

[6] Defense Acquisition University, http://acc.dau.mil, 2010.

[7] Department of Defense, Production Readiness Review-Program Risk Assessment Checklist, 2007.

[8] Department of Defense, Defense Acquisition Guidebook, 2004.

[9] 이상봉, 글로벌경쟁력확보를 위한 품질 및 신뢰성 대응전략, 2009 신뢰성 심포지움, June. 25, 2009.

[10] 한국인정원, ISO 전문분야별 인증제도 동향, 2003.

[11] 한국품질환경인정협회, ISO 9001:2000 해설서, 2001.

[12] 한국품질재단, 프로세스 접근방법의 이해와 적용, 2003.

[13] KS A 9000 품질경영시스템-기본사항 및 용어, 2001.

[14] KS A 9001 품질경영시스템-요구사항, 2001.

[15] 국방 0050-9000 국방품질경영시스템 규격서, 2002.

[16] DOD-STD-2167A, Defense System Software Development, 1985.

[17] MIL-STD-498, Software Development and Documentation, 1994.

[18] Beizer, B., Software System Testing and Quality Assureance, Van Nostrand Reinhold, USA, 1984.

[19] Beizer, B., Software Testing Techniques, Van Nostrand Reinhold, USA, 1990.

[20] David Coward P., A review of Software Testing, Information and Software Technology, 30(3), 1984.

[21] Fairley, R., Software Engineering Concepts, McGraw-Hill, USA, 1985.

[22] Korel, B., Al-yami, A., Assertion-oriented Automated Test Data Generation, Proceedings of ICSE-18, Berlin, Germany, Mar. 25-30, 1996.

[23] Pressman, R., Software Engineering, McGraw-Hill, USA, 1992.

[24] Software Engineering, john Wiley & sons, 1993.

[25] 미공군 STSC, Guidelines for successful Acquisition and Management of Software Intensive Systems, 1995.

[26] 국방기술품질원, 국방규격 체계정립 및 국제규격 수준화, 민·군 규격 통일화 사업, 2008.

[27] DMSMS Center Of Excellence , DMSMS Conference, Palm Spring, Canada, 2008.

[28] Electronic Industries Alliance, GEB1 ; DMSMS Management Practices, 2000.

[29] Electronic Industries Association, Product Life Cycle Data Model, Electronic Industries Association, 1997.

[30] Donna, M., DoD Parts Management Reengineering, DSP Conference, 2005.

[31] Bob, S., Integrating Parts Management into System Engineering, DSP Conference, 2007.

[32] DMSMS & Parts Management Overview, DSP Conference, 2007.

[33] 홍현수, 무기체계 획득관리시스템과 획득기술지원업무 발전방안, 국방품질관리소, 기술보고서, 1998.

[34] Defense Standardization Program Journal, Director's Forum, 2010.

[35] Defense Standardization Program Office, A Guidebook of Best Practices and Tools for Implementing a DMSMS Management Program, 2009.

[36] USAF, Case Resolution Guide, 2001.

[37] 이재화, 군용항공기 감항인증체계 구축에 관한 보고서, 석사학위논문, 한성대학교, 2008.

[38] 항공산업연구, 우리나라 항공기산업의 산업효과의 변동추리, 2004.

[39] 이제헌·안영갑·윤성현 외, 항공기 부품 구성품 및 훈련체계 인증제도에 관한 연구, 방위사업청 연구용역보고서, 2010.

[40] Airworthiness Qualification Specification for Korean Utility Helicopter, 2008.

[41] T-50 First Flight Readiness Review(FFRR) Plan, 2002.

[42] US Army, Rotorcraft and Aircraft Qualification Handbook, 1996,

[43] USAF, Assurance of Operational Safety, Suitablity, and Effectiveness(OSS&E), 2007.

[44] US Army, Airworthiness Qualification of US Army Aircraft Systems, 2007.

[45] US Army, Flight Regulations, 2006.

[46] UK MOD, DEF STAN 00-970(Part 13), 2007.

[47] Federal Aviation Administraion, Part 21 Certification Procedures for Products and Parts, 2004.

[48] Department of Defense, Airworthiness Certification Criteria, 2004.

[49] Department of Defense, Specifications & Standards—A New Way of Doing Business, 1994.

[50] US Navy, Flight Clearance Policy for Air Vehicles and Aircraft Systems, 2004.

[51] US Navy, NATOPS General Flight and Operating Instructions, 2001.

[52] DND/CF, Technical Airworthiness Manual(TAM)(Part 1, 2, 3, 4, 5), 2007.

[53] United State of Code, Title 10-Armed Forces Subtitle A-General Military Law

[54] Federal Acquisition Regulations, Subpart 9.2

[55] Department of Defense, Defense Standardization Program Policies and Procedures, 2000.

[56] Department of Defense, Provisions Governing Qualification, 1999.

[57] Department of Defense, The DOD Qualification Program(How to use it), 2002.

[58] US, National Defense Authorization Act For Fisical Year 2004, 2003.

[59] DSC, Critical Item Source Approval Request(SAR) Guide, 2005.

[60] ALC, Source Approval Information Booklet, 2008.

[61] Department of Defense, Classification of Characteristics

[62] Department of Defense, DoD Spare Parts Breakout Program

[63] Federal Aviation Administraion, Parts Manufacturer Approval Procedures

[64] Federal Aviation Administraion, Voluntary Industry Distributor Accreditation Program

[65] Aviation Supplier Association, Quality System Standard

[66] SAE, NADCAP Requirements for Accreditation of Full Distributors

[67] 한국표준협회, KS A 9000: 한국산업규격 KS A 9000: 2001, 품질경영시스템-기본사항 및 용어, 2001.

[68] Babin, J. and Griffin, M., The nature of satisfaction: an updated examination and analysis, Journal of Business Research, 41, pp.127-136, 1998.

[69] Fornell, C., Michael, D., Eugene, W., Cha, J., and Barbara, E. The American customer satisfaction index: Nature, purpose and findings, Journal of Marketing, 60, pp.7-18, 1996.

[70] Oliver, R., Satisfaction: a behavioral perspectives on the consumer, McGraw-Hill, USA, 1997.

[71] 김동남·조재립, 구조방정식을 이용한 고객만족도 평가모델에 관한 연구, 한국품질경영학회 2003년도 춘계학술대회 논문집, 2003.

[72] 정지영·조재립, 구조방정식을 이용한 고객만족지수 개발과 고객의사결정에의 활용방안에 관한 연구, 한국품질경영학회 2003년도 춘계학술대회 논문집, 2003.

[73] 박성현·박영현, 통계적품질관리, 민영사, 2003.

[74] 여운승, 뉴밀레니엄 마케팅 조사방법, 시그마 프레스, 2003.

[75] 오상락·여운승, 시장조사 방법론, 대영사, 1983.

[76] 국방기술품질원, 군수업체 품질보증능력 평가분석, 기술보고서, DQAA-97-266-R, 1997.

[77] 국방기술품질원, 국방품질경영시스템 인증제도 발전방안연구, 2008.

[78] 프랑스 병기본부, Quality Performance Report, 2009.

[79] 지식경제부 기술표준원 KSA 한국표준협회, 국가품질상 포상운영계획, 2009.

[80] 숭실대학교, 국방품질대상 제도 도입에 관한 연구, 2003.

[81] 국방기술품질원, 민군규격통일화사업 연구과제 선정평가 모델에 관한 연구, 기술보고서, DTaQ-09-1989-O, 2009.

[82] 최재승, 총수명주기 균형적 국방품질경영 전략, 국방품질정책 발전세미나, 2009.

[83] 서상현·이재화 외, K200 신뢰성 관리활동을 통한 품질보증, 국방품질관리소, 기술보고서, 1991.

[84] European Space Agency, Concurrent Design Facility, 2010.

[85] Defense Acquisition University, Defense Acquisition Guidebook(DAG), 2010.

[86] Hauser and Clausing, The House of Quality, Harvard Business Review, 66, 63-73, 1988.

[87] Chan, L. and Wu, M., Quality Function Deployment: A Literature Review, European Journal of Operational Research, 143, 463-497, 2002.

[88] Kim, K. and Kim, D., Research Issues in Robust QFD, Industrial Engineering and Management Systems, 7(2), 93-100, 2008.

[89] Khoo, L. and Ho, N., Framework of a Fuzzy Quality Function Deployment System, International Journal of Production Research, 34(2), 299-311, 1996.

[90] Kim, K., Kim, D., and Min, D., Robust QFD: Framework and a Case Study, Quality and Reliability Engineering International, 23(1), 31-44, 2007.

[91] Xie, M., Tan, K., and Goh, T., Advanced QFD Applications, ASQ Press, USA, 2003.

[92] Chi, R., Applying QFD techniques to aerospace supportability, Proceedings of the Third Space Logistics Symposium, April 30, Colorado Springs, 1990.

[93] Maddux, G., Amos, R., and Wyskida, A., Organizations can apply quality function deployment as strategic planning tool, Industrial Engineering, 23(9), 33-37, 1991.

[94] Pinker, A., Smith, C., and Booher, J., Selecting effective acquisition process metrics, Acquisition Review Quarterly, 1997.

[95] 국방기술품질원, 2008년 우수제안 모음집, 2008.

[96] 국방기술품질원, 2009년 우수제안 모음집, 2009.

[97] 권순범, 군수품 품질보증 정책발전에 관한 연구, 석사학위논문, 한성대학교, 2007.

[98] 김연성·박영택·서영호·유왕진·유한주,「품질경영」, 서울: 박영사, 1999.

[99] 이재화·최재승 외, K200 정부품질보증절차, 국방품질관리소, 기술보고서, 1990.

[100] 서재현, 품질개선의 중요성과 2006 추진실적,「국방품질경영」, 창간호, 2006.

[101] 권순범 외, 제품인증제도 실태분석, 국방품질관리소, 기술보고서, 2003.

[102] 유종관, 6시그마 추진절차,「국방품질경영」, 통권4호, 2007.

[103] 박동기 외, KT-1경면제보고서, 국방품질관리소, 기술보고서, 2004.

[104] 이기현, 절차평가와 IQUE 비교, 국방품질관리소, 기술보고서, 1995.

[105] 이수림, 무기체계 총수명주기체계 관리를 위한 부품단종관리방안, 한국품질경영학회 추계학술대회, 2010.

[106] U.S. DCMA, Product Assurance, Instructions, 2008.

Appendix

부 록

1. 품질경영시스템 요구서(국/영문판)
2. 품질프로그램요구서
3. 검사제도요구서
4. 교정제도요구서

부록 1

품질경영시스템 요구서(국/영문판)

국방규격

규격번호: KDS 0050-9000-1
ICS 코드: 03.120
제 정: 2002. 07. 19
개 정: 2010. 1. 29

품질경영시스템 요구서

1. 적용범위

1.1 적용

이 규격은 계약 및 제품규격 요구조건에서 규정된 바에 따라 군수품 및 관련 서비스의 공급을 위한 조직의 품질경영시스템 요구사항을 규정한다.

조직 및 제품의 성격으로 인하여 이 규격의 어떤 요구사항이 적용될 수 없는 경우, 그 요구사항의 제외를 고려할 수 있다.

Defense Specification

Specification N.O.: KDS 0050-9000-1
ICS code: 03.120
Established: 2002. 07. 19
Revised: 2010. 1. 29

Quality Management System Requirements

1. Scope

1.1 Application

This Defense Specification specifies requirements for a quality management system of the organization for the provision of defense products and associated services as prescribed in requirements of contract and product Specification .

Where any requirement(s) of this Defense Specification cannot be applied due to the nature of an organization

이 경우 제외될 요구사항은 7. 내의 요구사항에 한정되어야 이 규격에의 적합성을 주장할 수 있으며, 그러한 제외는 고객 요구사항 및 적용되는 법적 및규제적 요구사항을 충족시키는 제품을 제공하기 위한 조직의 능력 또는 책임에 영향을 미치지 않아야 한다.

and its product, the requirements may be considered for exclusion.

Where exclusions are made, claims of conformity to this Defense Specification are not acceptable unless these exclusions are limited to requirements within Clause 7, and such exclusions do not affect the organization's ability, or responsibility, to provide product that meets customer requirements and applicable statutory and regulatory requirements.

1.2 다른 요구조건과의 관계

이 규격과 이 규격을 이행하기 위하여 발행된 문서 또는 절차는 법규, 규제 및 계약 요구사항을 침해하지 않아야 한다. 이 규격에 규정된 품질경영시스템 요구조건은 제품 규격이나 계약의 다른 요구조건에 추가하여 충족되어져야 한다.

조직은 모든 계약조항을 준수하고 이에 일치하는 제품 또는 서비스를 공급할 책임이 있으며 만일 계약상의 요구조건과 이 규격간의 일치하지 않는 점이 있으면 계약이 우선한다.

1.2 Relationship with other requirements

This Defense Specification, documents and procedures established for the fulfillment of this Defense Specification shall not violate laws, regulations and contractual requirements. Requirements of quality management system specified in this Defense Specification as well as requirements of other product Specifications and contracts shall be satisfied.

The organization shall comply with all contractual provisions and be responsible for supplying products and services conforming to the contractual provisions and if contractual requirements and this Defense Specification disagree, contract will prevail.

2. 적용문서 및 개정규격의 적용

2.1 적용문서

입찰공고일 당시 유효한 다음 문서는 여기에서 규정한 범위 내에서 이 규격의

2. Documents and the application.

2.1 Documents

The following documents which are valid on the date of notification shall be applied as part of this Defense Spec-

일부로 적용된다.

KS Q ISO 9000:2007 품질경영시스템-기본사항 및 용어

KS Q ISO 9001:2009 품질경영시스템-요구사항

2.2 개정 규격의 적용

계약 발효일 이후에 이 규격이 개정되었을 경우 조직은 비용 또는 수수료가 증가되지 않는 한 개정된 규격을 따르를 수 있고 그의 공급자에게도 따르도록 할 수 있다.

조직이 개정된 규격에 따를 때에는 이 선택 결정 요지를 고객 또는 고객대리인에게 서면으로 통보하여야 하며, 이 경우 조직은 전적으로 개정된 내용에 따라야 한다.

3. 용어의 정의

이 규격의 목적을 위하여 KS Q ISO 9000:2007에 제시된 용어와 정의를 적용한다.

이 규격에 사용된 아래의 용어들은 다음과 같이 다른 규정 및 규격상의 용어와 동의어로 취급된다.

a) 조직(organization) - 계약업체
b) 고객 또는 고객대리인 - 정부품질보증원 , 정부기관 및 소요군
c) 특채(concession) - 면제(waiver)

ification within the scope specified in this Defense Specification.

KS Q ISO 9000:2007 Quality -Management System-Terms and Definitions

KS Q ISO 9001:2009 Quality -Management System-Requirements

2.2 Application of the revised specification

If this Defense Specification is revised after the valid date of the contract, the organization may apply revised defense Specification and ask its suppliers to apply the revised Specification unless charges or fees increase.

When applying revised Defense Specification, the organization shall notify the summary of such decision in writing to customer or customer representative and in such case the organization shall thoroughly apply the revised Defense Specification.

3. Terms and definitions

For the purpose of this Defense Specification, the terms and definit ions given in KS Q ISO 9000:2007 apply.

Following terms used in this Defense Specification are regarded as synonyms for terms in other regulations and specification.

a) organization - contractor
b) customer or customer's representative - Government Quality Assurance, Representative (GQAR), Government Organization and the

d) 공급자(supplier) - 임가공 업체
e) 고객재산(customer property) - 관급품
f) 형상관리(configuration management) - 형상관리

Armed Forces as customer
c) concession - waiver
d) supplier - provider of products to the contractor
e) customer property - government-issue equipment
f) configuration management-configuration management

4. 품질경영시스템

4.1 일반사항

조직은 이 규격의 요구사항에 따라 품질경영시스템을 수립, 문서화, 실행 및 유지하고 품질경영시스템의 효과성을 지속적으로 개선하여야 한다.

조직은 다음 사항을 이행하여야 한다.

a) 품질경영시스템에 필요한 프로세스 결정 및 조직 전반에 걸친 프로세스 적용의 결정(1.1 참조)
b) 프로세스 순서 및 상호 작용의 결정
c) 그 프로세스에 대한 운영 및 관리가 모두 효과적임을 보장하는데 필요한 기준 및 방법의 결정
d) 그 프로세스의 운영 및 모니터링을 지원하는 데 필요한 자원 및 정보의 가용성 보장
e) 그 프로세스의 모니터링, 적용 가능한 경우 측정, 그리고 분석
f) 그 프로세스에 대한 계획된 결과와 지속적 개선을 달성하는데 필요한 조치의 실행

4. Quality management system

4.1 General requirement

The organization shall establish, document, implement and maintain a quality management system and continually improve its effectiveness in accordance with the requirements of this Defense Specification.

The organization shall

a) determine the processes needed for the quality management system and their application throughout the organization (see 1.1),
b) determine the sequence and interaction of these processes,
c) determine criteria and methods needed to ensure that both the operation and control of these processes are effective,
d) ensure the availability of resources and information necessary to support the operation and monitoring of these processes.
e) monitor, measure where applicable, and analyse these processes, and
f) implement actions necessary to achieve planned results and continual

이 프로세스는 이 규격의 요구사항에 따라 조직에 의해 관리되어야 한다.

조직이 요구사항에 대한 제품 적합성에 영향을 미치는 어떠한 프로세스를 외주처리할 경우, 조직은 이러한 프로세스가 관리된다는 것을 보장하여야 한다.

이들 외주처리된 프로세스에 적용되는 관리의 형태와 범위는 품질경영시스템 내에서 규정되어야 한다.

비고 1 위에서 언급된 품질경영시스템에 필요한 프로세스는 경영활동, 자원 확보, 제품실현과 측정, 분석 및 개선을 포함한다.

비고 2 '외주처리된 프로세스'는 조직의 품질경영시스템을 위해 필요로하는 프로세스로서 외부 관계자에 의해 수행되도록 조직이 선택한 프로세스이다.

비고 3 외주처리된 프로세스를 관리하는 것이 모든 고객 요구사항, 법적 및 규제적 요구사항에 대한 적합성 책임에 대하여 조직의 책임을 면제하지는 않는다. 외주처리된 프로세스에 적용되는 관리의 형태와 범위는 다음 사항의 요소들에 의해 영향을 받을 수 있다.

a) 요구사항에 적합한 제품을 제공하기 위하여 외주처리된 프로세스가 조직 능력에 미치는 잠재적 영향
b) 프로세스에 대한 관리가 분담된 정도
c) 7.4를 적용해서 필요한 관리가 달성되

improvement of these processes.

These processes shall be managed by the organization in accordance with the requirements of this Defense Specification.

Where an organization chooses to outsource any process that affects product conformity to requirements, the organization shall ensure control over such processes. The type and extent of control to be applied to these outsourced processes shall be defined within the quality management system.

Note 1 Processes needed for the quality management system referred to above include processes for management activities, provision of resources, product realisation and measurement, analysis and improvement.

Note 2 An outsourced process is identified as one needed for the organization's quality management system but chosen to be performed by a party external to the organization.

Note 3 Ensuring control over outsourced processes does not absolve the organization of the responsibility of conformity to all customer, statutory and regulatory requirements. The type and extent of control to be applied to the outsourced process can be influenced by factors such as

a) the potential impact of the outsourced process on the organization's capability to provide product that conforms to requirements,

는 능력

4.2 문서화 요구사항

4.2.1 일반사항

ISO 9001:2008 4.2.1 "일반 사항"이 적용된다.

국방 규격의 추가적 요구사항:

조직은 내부 인원이 문서화된 품질경영시스템에 접근이 가능하며 관련 절차를 인식하고 있음을 보장하고, 고객 또는 고객대리인이 품질경영시스템에 접근 가능함을 보장하여야 한다.

4.2.2 품질매뉴얼

조직은 다음을 포함하는 품질매뉴얼을 수립하고 유지하여야 한다.

a) 적용의 제외에 대한 상세한 내용 및 정당성을 포함한 품질경영시스템의 적용범위(1.1참조)
b) 품질경영시스템을 위하여 수립된 문서화된 절차를 포함하거나 이를 인용
c) 품질경영시스템 프로세스간의 상호 작용에 대한 기술

4.2.3 문서관리

품질경영시스템에 필요한 문서는 관리되어야 한다. 기록은 문서의 특별한 형식이며, 4.2.4의 요구사항에 따라 관리되어야 한다.

다음 사항의 관리에 필요한 사항을 정

b) the degree to which the control for the process is shared,
c) the capability of achieving the necessary control through the application of clause 7.4.

4.2 Documentation requirements

4.2.1 General

ISO 9001:2008 4.2.1 "General" shall apply.

Defense Specification specific requirement Add:

The organization shall ensure that the organization's personnel have access to a documented quality management system and are aware of relevant procedures. The organization shall also ensure customer or customer's representative have access to the quality management system.

4.2.2 Quality manual

The organization shall establish and maintain a quality manual that includes

a) the scope of the quality management system, including details of, and justification for, any exclusions (see 1.1)
b) the documented procedures established for the quality management system, or reference to them, and
c) a description of the interaction between the processes of the quality management system.

4.2.3 Control of documents

Documents required by the quality

하기 위한 문서화된 절차서가 수립되어야 한다.

a) 문서는 발행 전에 적정함을 승인
b) 필요시 문서의 검토 및 갱신 그리고 재승인
- 조직은 문서의 제, 개정 및 폐지 근거가 되는 검토기록을 유지하여야 한다(4.2.4 참조).
c) 문서의 변경 및 최신 개정 상태의 식별을 보장
d) 적용되는 문서의 해당본이 사용되는 장소에서 이용 가능함을 보장
e) 문서가 읽기 쉽도록 유지되고, 쉽게 식별됨을 보장
f) 품질경영시스템을 기획하고 운영하기 위하여 필요하다고 조직이 결정한 외부출처 문서의 식별 및 배포가 관리됨을 보장
g) 효력이 상실된 문서의 의도되지 않은 사용을 방지하며, 어떤 목적을 위해 보유할 경우에는 적절한 식별의 적용

4.2.4 기록관리

ISO 9001:2008 4.2.4 "기록관리"가 적용된다.

국방 규격의 추가적 요구사항:

기록의 보유기간은 법규, 계약 및 고객요구사항에 충족될 수 있도록 관리되어야 한다.

기록은 고객 또는 고객 대리인이 이용

management system shall be controlled. Records are a special type of document and shall be controlled according to the requirements given in 4.2.4

A documented procedure shall be established to define the controls needed

a) to approve documents for adequacy prior to issue,
b) to review and update as necessary and re-approve documents
- The organization shall maintain records of review, which serve as basis for establishment, revision and abolition of documents. (see 4.2.4).
c) to ensure that changes and the current revision status of documents are identified
d) to ensure that relevant versions of applicable documents are available at points of use,
e) to ensure that documents remain legible and readily identifiable,
f) to ensure that documents of external origin, determined by the organization to be necessary for the planning and operation of the quality management system, are identified and the distribution of the documents are controlled, and
g) to prevent the unintended use of obsolete documents, and to apply suitable identification to them if they are retained for any purpose.

4.2.4 Control of records

ISO 9001:2008 4.2.4 "Control of records" shall apply.

가능함을 보장하여야 한다.

5. 경영자 책임

5.1 경영자 의지

ISO 9001:2008 5.1. "경영자책임" 이 적용된다.

5.2 고객중심

ISO 9001:2008 5.2. "고객중심" 이 적용된다.

5.3 품질 방침

ISO 9001:2008 5.3 "고객중심" 이 적용된다.

5.4 기획

5.4.1 품질목표

ISO 9001:2008 5.4.1 "품질목표"가 적용된다.

5.4.2 품질경영시스템 기획

ISO 9001:2008 5.4.1 "품질경영시스템 기획"이 적용된다.

Defense Specification specific requirement Add:

Retention period of records shall be controlled to conform to statutory, regulatory and customer requirements.

It shall be ensured that records are available to customer or customer representative.

5. Management responsibility

5.1 Management commitment

ISO 9001:2008 5.1 "Management responsibility" shall apply

5.2 Customer focus

ISO 9001:2008 5.1 "Customer focus" shall apply

5.3 Quality policy

ISO 9001:2008 5.3 "Quality policy" shall apply

5.4 Planning

5.4.1 Quality objectives

ISO 9001:2008 5.4.1 "Quality objectives" shall apply

5.4.2 Quality management system planning

ISO 9001:2008 5.4.2 "Quality management system planning" shall apply

5.5 책임, 권한 및 의사소통

5.5.1 책임과 권한

ISO 9001:2008 5.5.1 "책임과 권한"이 적용된다.

5.5.2 경영대리인

ISO 9001:2008 5.5.2 "경영대리인"이 적용된다.

국방 규격의 추가적 요구사항:

d) 품질에 관련된 문제 해결을 위한 독립성 보장

5.5.3 내부 의사소통

ISO 9001:2008 5.5.3 "내부 의사소통"이 적용된다.

국방 규격의 추가적 요구사항:

조직은 품질성과와 고객만족 수준을 조직 내부의 인원에게 전파하여야 한다.

5.6 경영 검토

5.6.1 일반사항

ISO 9001:2008 5.6.1 "일반사항"이 적용된다.

국방 규격의 추가적 요구사항:

경영검토 기록은 고객 또는 고객대리인이 이용 가능함을 보장하여야 한다.

5.6.2 검토입력

ISO 9001:2008 5.6.2 "검토 입력"이 적용된다.

5.5 Responsibility, authority and communication

5.5.1 Responsibility and authority

ISO 9001:2008 5.5.1 "Responsibility and authority" shall apply

5.5.2 Management representative

ISO 9001:2008 5.5.2 "Management representative" shall apply.

Defense Specification specific requirement Add:

d) ensuring the freedom to resolve quality management issues.

5.5.3 Internal communication

ISO 9001:2008 5.6.2 "Internal communication" shall apply.

Defense Specification specific requirement Add:

The organization shall propagate the performance of the quality management system and customers' satisfaction level to its internal personnel.

5.6 Manager review

5.6.1 General

ISO 9001:2008 5.6.1 "General" shall apply

Defense Specification specific requirement Add:

It shall be ensured that records of management review are available to customer or customer representative.

5.6.3 검토출력

ISO 9001:2008 5.6.3 "검토 출력"이 적용된다.

6. 자원관리

6.1 자원확보

ISO 9001:2008 6.1 "자원 확보"가 적용된다.

6.2 인적자원

6.2.1 일반사항

ISO 9001:2008 6.2.1 "일반사항"이 적용된다.

6.2.2 적격성, 교육훈련 및 인식

ISO 9001:2008 6.2.2 "적격성, 교육훈련 및 인식"이 적용된다.

국방 규격의 추가적 요구사항:

조직은 요구되는 교육훈련을 내부에서 실시할 경우 내부교육의 기획, 개발 및 실행에 대한 요구사항을 문서화된 절차에 규정하여야 한다.

6.3 기반구조

ISO 9001:2008 5.6.3 "검토 출력"이 적용된다.

5.6.2 Review input

ISO 9001:2008 5.6.2 "Review input" shall apply

5.6.3 Review output

ISO 9001:2008 5.6.2 "Review output" shall apply.

6. Resource management

6.1 Provision of resources

ISO 9001:2008 6.1 "Provision of resources" shall apply

6.2 Human resources

6.2.1 General

ISO 9001:2008 6.2.1 "General" shall apply.

6.2.2 Competence, training and awareness

ISO 9001:2008 6.2.2 "Competence, training and awareness" shall apply.

Defense Specification specific requirement Add:

The organization shall establish a documented procedure to define planning, development and implementation of internal education in the documented procedure if required training is conducted within the organization.

6.3 Infrastructure

ISO 9001:2008 5.6.2 "Review input" shall apply.

6.4 업무 환경

조직은 제품 요구사항에 대한 적합성을 달성하기 위해 필요한 업무환경을 결정하고 관리하여야 한다.

비고 제품 품질에 영향을 미치는 환경에는 온도, 습도, 조명, 소음, 청결, 안전, 전자파 장애로부터의 보호 등이 포함된다.

6.4 Work environment

The organization shall determine and manage the work environment needed to achieve conformity to product requirements.

Note Work environment which affects the product quality includes temperature, humidity, lighting, noise, cleanliness, safety and protection from electromagnetic interference.

7. 제품실현

7.1 제품실현의 기획

ISO 9001:2008 7.1 "제품실현의 기획"이 적용된다.

7.1.1 품질계획서

조직은 제품실현을 위해 요구되는 품질계획서를 문서화하여 타당성을 확인하고, 제품이나 프로세스 등이 변경될 경우 적절하게 검토하고 최신화하여야 한다.

품질계획서는 고객 또는 고객 대리인이 이용 가능함을 보장하여야 한다.

비고 품질계획서는 고객 또는 고객대리인의 요구조건을 참조하여 수립되어야 할 것이다.

7.1.2 형상관리

조직은 제품의 형상관리를 적절하게 이행하여야 하며, 문서화된 절차에는 다음 요구사항이 규정되어야 한다.

7. Product realisation

7.1 Planning of product realisation

ISO 9001:2008 7.1 "Planning of product realisation" shall apply.

7.1.1 Quality plan

The organization shall document and validate required quality plan to achieve product realisation and any change in products or processes shall be appropriately reviewed and updated.

It shall be ensured that quality plan is available to customer and customer representative.

Note Quality plan shall be established by referring to requirements of customer or customer representative.

7.1.2 Configuration management

The organization shall appropriately implement configuration management of products and documented procedures shall specify

a) 형상식별

b) 형상통제

c) 형상자료유지

d) 형상확인

형상관리 체계는 고객 또는 고객대리인의 형상관리 규정에 충족되어야 하며, 고객 또는 고객대리인이 이용 가능하여야 한다.

비고 형상관리 체계는 고객 또는 고객대리인의 규정을 참조하여 수립되어야 할 것이다.

7.2 고객관련 프로세스

7.2.1 제품에 관련된 요구사항 결정

ISO 9001:2008 7.2.1 "제품에 관련된 요구사항 결정"이 적용된다.

7.2.2 제품에 관련된 요구사항 검토

ISO 9001:2008 7.2. "제품에 관련된 요구 사항 검토"가 적용된다.

7.2.2.1 생산 및 납기충족 가능성 검토

조직은 계약 또는 주문을 수락하기 전에 제안된 제품의 생산 및 납기충족 가능성을 검토하고 기록을 유지하여야 한다 (4.2.4참조).

7.2.3 고객과의 의사소통

ISO 9001:2008 7.2.3 "고객과의 의사소통"이 적용된다.

a) configuration identification,

b) configuration control,

c) configuration status accounting,

d) configuration audit.

Configuration management system shall conform to the configuration management regulation of customer or customer representative and be available to customer or customer representative.

Note Configuration management system shall be established by making reference to customer's or customer representative's regulation.

7.2 Customer-related processes

7.2.1 Determination of requirements related to the product

ISO 9001:2008 7.2.1 "Determination of requirements related to the product" shall apply.

7.2.2 Review of requirements related to the product

ISO 9001:2008 7.2.2 "Review of requirements related to the product" shall apply.

7.2.2.1 Review the possibility of production and delivery on-time

The organization shall review possibility of meeting production schedule and delivery schedule of proposed product prior to accepting the contract order and maintain the records. (see 4.2.4)

국방 규격의 추가적 요구사항:

d) 생산진행과 품질상태에 대한 주기적인 고객 통보 또는 협의

e) 계약으로 규제된 내용 중 고객과의 협의사항

7.2.3 Customer communication

ISO 9001:2008 7.2.3 "Customer communication" shall apply.

Defense Specification specific requirement Add:

d) regular notification to customer or regular consultation with customer on production progresses and quality conditions, and

e) consultations with customer, which is included in contract requirement.

7.3 설계 및 개발

7.3.1 설계 및 개발 기획

ISO 9001:2008 7.3.1 "설계 및 개발계획"이 적용된다.

7.3.2 설계 및 개발 입력

ISO 9001:2008 7.3.2 "설계 및 개발입력"이 적용된다.

7.3.2.1 설계 및 개발 관리

조직은 설계 및 개발을 위해 최소한 다음 사항을 보장하여야 한다.

a) 회사 내부, 국가 및 국제적 표준과 규정에 제시된 기술자료의 확보

b) 설계 표준들의 적용

c) 도면을 포함한 규격서의 제정과 유지를 위한 표준의 적용

d) 이전의 유사설계에서 획득된 자료의 이용

7.3 Design and development

7.3.1 Design and development planning

ISO 9001:2008 7.3.1 "Design and development planning" shall apply.

7.3.2 Design and development inputs

ISO 9001:2008 7.3.2 "Design and development inputs" shall apply

7.3.2.1 Design & development management

The organization shall ensure the followings, as a minimum, for design and development

a) obtaining technical data indicated in in-house, national and international standards and regulations,

b) application of design standards,

c) application of standard to establish and maintain specification including

e) 설계 및 개발과정에서 발생되는 문제들을 가능한 조기에 식별하기 위한 프로세스의 감시
f) 설계분석의 적용

7.3.3 설계 및 개발 출력

ISO 9001:2008 7.3.3 "설계 및 개발출력"이 적용된다.

7.3.4 설계 및 개발 검토

ISO 9001:2008 7.3.4 "설계 및 개발검토"가 적용된다.

국방 규격의 추가적 요구사항:

c) 다음 단계로의 진행여부 결정

7.3.5 설계 및 개발 검증

ISO 9001:2008 7.3.5 "설계 및 개발검증"이 적용된다.

국방 규격의 추가적 요구사항:

최종 제품에 이르기까지 적절한 단계마다 해당되는 요구조건에 충족됨을 보장하기 위하여 검증이 수행되어야 한다. 검증은 규정된 환경 요구조건에서 완전함을 보장하여야 한다.

대체 계산 및/또는 시뮬레이션은 고객 또는 고객대리인의 요구가 있을 경우 동의되어야 한다. 검증과 실증시험은 필요하다면 생산 프로세스능력의 실증을 포함하여야 한다.

각 설계 및 개발 검증활동에 앞서 검증

drawings,

d) use of materials acquired from previous similar designs,
e) process monitoring to identify problems as early as possible, which arise during design and development stage, and
f) application of design analysis.

7.3.3 Design and development outputs.

ISO 9001:2008 7.3.3 "Design and development outputs" shall apply.

7.3.4 Design and development review

ISO 9001:2008 7.3.4 "Design and development review" shall apply. D

Defense Specification specific requirement Add:

c) to determine whether to proceed with the next phase.

7.3.5 Design and development verification

ISO 9001:2008 7.3.5 "Design and development verification" shall apply.

Defense Specification specific requirement Add:

Verification shall be performed to ensure conformity with the corresponding requirements at appropriate stages up to and including the final product. Verification shall ensure that the final product is perfect at the specified environmental requirement.

Alternative calculation and/or simulation shall be consented if customer or customer representative requests.

되어야할 품목이 유효한 형상임을 보증하기 위하여 형상검토를 수행하여야 한다.

비고 설계 및 개발검증은 다음 내용을 포함할 수 있다.

a) 대체계산의 실시
b) 이용가능 하다면, 새로운 설계를 입증된 유사한 설계와 비교
c) 시험과 실증의 실시
d) 배포 전 설계단계별 문서의 검토

7.3.6 설계 및 개발 실현성확인/타당성확인

ISO 9001:2008 7.3.6 "설계 및 개발 실현성 확인/타당성 확인"이 적용된다.

국방 규격의 추가적 요구사항:

비고

a) 설계 및 개발 타당성확인은 성공적인 설계 및 개발 검증 다음에 이루어진다.
b) 타당성확인은 일반적으로 정해진 운용 조건하에서 수행된다.
c) 타당성확인은 일반적으로 최종제품에 대하여 수행되지만 제품 완성 이전 단계서 필요할 수도 있다.
d) 여러 가지 용도가 있다면 다수의 타당성확인이 수행될 수도 있다.

7.3.6.1 설계 및 개발 타당성확인의 문서화

조직은 설계 및 개발이 완료된 제품이 정해진 운용 요구조건에 충족되고 정상적으로 작동됨을 보장할 수 있도록 보고서,

Verification and demonstration test shall include, if necessary, demonstration of production process capability.

Prior to each design and development verification, configuration review shall be performed to ensure that items subject to verification has effective configuration.

Note Design and development verification may include

a) conducting alternative calculation,
b) if available, comparing new design with similar and approved design,
c) conducting test and demonstration, and
d) reviewing document at each design stage prior to distribution.

7.3.6 Design and development validation

ISO 9001:2008 7.3.6 "Design and development validation" shall apply.

Defense Specification specific requirement Add:

Note

a) Design and development validation should be performed after successful design and development verification.
b) Validation shall be generally performed under defined operation conditions.
c) Validation is generally performed for final products but it may be needed at a stage prior to the completion of

계산, 및 시험결과 등을 기록으로 유지하여야 한다(4.2.4참조).

7.3.7 설계 및 개발 변경관리

ISO 9001:2008 7.3.7 "설계 및 개발 변경관리"이 적용된다.

국방 규격의 추가적 요구사항:

조직은 설계 및 개발 완료 이후의 변경관리에 있어서 고객 또는 고객대리인의 승인을 포함하여야 한다(7.1.2참조).

7.4 구매

7.4.1 구매프로세스

ISO 9001:2008 7.4.1 "구매프로세스"가 적용된다.

국방 규격의 추가적 요구사항:

조직은 고객이 지정한 공급자를 포함하여 모든 공급자로 부터 구매한 제품의 품

the product.

d) Multiple validations may be performed if there are various purposes.

7.3.6.1 Documentation of design and development validation.

At the completion of design and/or development, the organization shall ensure that reports, calculation, test results, etc., demonstrate that the product definition meets the specification requirements for all identified operational conditions. (see. 4.2.4)

7.3.7 Control of design and development changes

ISO 9001:2008 7.3.7 "Control of design and development changes " shall apply.

Defense Specification specific requirement Add:

The organization shall include approval from customer or customer representative for control of design and development changes after completion (see 7.1.2).

7.4 Purchasing

7.4.1 Purchasing process

ISO 9001:2008 7.4.1 "Purchasing process" shall apply.

Defense Specification specific requirement Add:

The organization shall be responsible for the conformity of all products purchased from suppliers, including prod-

질에 대한 책임을 져야 한다.

7.4.2 구매정보

ISO 9001:2008 7.4.2 "구매정보"가 적용된다.

국방 규격의 추가적 요구사항:

d) 제품규격, 도면, 프로세스 요구사항과 기타 관련 기술자료의 제목 또는 명확한 식별표시 및 적절한 발행본
e) 조직과 그들의 고객 또는 고객대리인이 관련되는 공급자 시설 및 품질기록에의 접근 권한 보장

7.4.3 구매한 제품의 검증

ISO 9001:2008 7.4.3 "구매한 제품의 검증"이 적용된다.

국방 규격의 추가적 요구사항:

비고 검증활동은 다음사항을 포함할 수 있다.

a) 공급자로부터 제품의 품질에 대한 객관적인 증거의 확보(증빙자료, 보증서, 시험성적서, 통계기록, 프로세스관리 등)
b) 공급자 시설에서의 검사 및 심사
c) 요구되는 문서의 검토
d) 입고검사
e) 공급자에게 검증인원 파견 또는 공급자 인증

조직이 공급자에게 검증인원을 파견할 경우 검증인원의 자격조건을 정하여 관리

uct from sources defined by customer.

7.4.2 Purchasing information

ISO 9001:2008 7.4.2 "Purchasing information" shall apply.

Defense Specification specific requirement Add:

d) requirements for product Specification, drawings and process, and the title of other associated technical data, or clear identification marking and applicable publication, and
e) ensuring organization's or its customer or customer representative's right to access to the applicable area of all facilities, at any level of supply chain, involved in the order and to all applicable records.

7.4.3 Verification of purchased product

ISO 9001:2008 7.4.3 "Verification of purchased product" shall apply.

Defense Specification specific requirement Add:

Note Verification activities may include

a) obtaining objective evidence concerning product quality from suppliers (e.g. accompanying document, certification of conformity (CoC), test record, statistical records, process control records and etc),
b) inspection and audit at supplier's facility,
c) reviewing requested documents,
d) warehousing inspection, and

하여야 한다.

조직의 고객 또는 고객대리인은 공급자 및 조직의 현장에서 구매한 제품이 규정된 요구사항에 적합하다는 것을 검증할 권리를 부여받아야 한다.

조직은 구매한 제품에 대한 고객 또는 고객의 대리인의 검증이 조직이나 공급자가 품질을 효과적으로 관리했다는 증거로 사용되지 않음을 보장하여야 된다.

e) dispatching personnel for verification to supplier or certifying supplier

The organization shall define and manage the qualification for verification personnel when dispatching verification personnel to suppliers.

The organization's customer or customer representative shall be granted the right to verify that products, purchased at the premises of supplier or organization, conform to specified requirements.

The organization shall ensure that verification of purchased products conducted by customer or customer representative will not be used as evidence for effective quality management by the organization or the supplier.

7.5 생산 및 서비스 제공

7.5.1 생산 및 서비스 제공의 관리

ISO 9001:2008 7.5.1 "생산 및 서비스 제공의 관리"가 적용된다.

7.5.1.1 예방 보전

조직은 프로세스장비가 최적상태로 유지 및 관리되고 있음을 보장하여야 한다. 이를 위해 조직은 주요 장비를 파악하고 이들을 효과적으로 관리하기 위한 적절한 자원의 제공과 관리방법을 문서화된 절차에 규정하여야 한다.

7.5.1.2 인도후 활동

조직은 인도후 제품에 대한 문제점을 포함한 고객불평과 관련된 정보의 보고,

7.5 Production and service provision

7.5.1 Control of production and service provision

ISO 9001:2008 7.5.1 "Control of production and service provision" shall apply.

7.5.1.1 Preventive maintenance

The organization shall ensure that process equipment is maintained and managed in optimal condition. To that end, the organization shall identify major equipment and shall establish a documented procedure established to provide appropriate material and management methods for effective management.

7.5.1.2 Post-delivery activities

The organization shall establish a

조치방안의 결정과 고객 및 고객대리인에게 피드백하기 위한 방법을 문서화된 절차에 규정하여야 한다.

서비스가 규정된 요구사항일 경우 조직은 효과적인 서비스를 위해 적절한 자원을 제공하여야 한다.

7.5.2 생산 및 서비스 제공에 대한 프로세스의 실현성확인/타당성확인

ISO 9001:2008 7.5.2 "생산 및 서비스 제공에 대한 프로세스의 실현성확인/타당성확인"이 적용된다.

7.5.3 식별 및 추적성

ISO 9001:2008 7.5.3 "식별 및 추적성"이 적용된다.

7.5.4 고객재산

ISO 9001:2008 7.5.4 "고객재산"이 적용된다.

7.5.5 제품의 보존

ISO 9001:2008 7.5.5 "제품의 보존"이 적용된다.

7.5.5.1 포장 및 표시

조직은 포장 및 표시에 대한 고객 또는 고객대리인의 요구사항에 충족됨을 보장하여야 한다.

7.5.5.2 손상 및 열화

조직은 손상 및 열화성 자재를 결정하여 적절한 관리방법을 문서화하고 이행하

documented procedure to define methods to report information related to customer complaints including problems of products arising after delivery, to determine measures to be taken and to provide feedback to customer or customer representative.

When provision of service is specified as requirement, the organization shall provide appropriate resources for effective service.

7.5.2 Validation of processes for production and service provision

ISO 9001:2008 7.5.2 "Validation of processes for production and service provision" shall apply.

7.5.3 Identification and traceability

ISO 9001:2008 7.5.3 "Identification and traceability" shall apply.

7.5.4 Customer property

ISO 9001:2008 7.5.4 "Customer property" shall apply.

7.5.5 Preservation of product

ISO 9001:2008 7.5.5 "Preservation of product" shall apply.

7.5.5.1 Packaging and marking

The organization shall ensure that packaging and marking meet requirements of customer and customer representative.

7.5.5.2 Damage and deterioration

The organization shall determine materials, which are vulnerable to damage

여야 한다.

7.6 모니터링장비 및 측정장비의 관리

ISO 9001:2008 7.6 "모니터링장비 및 측정장비의 관리"가 적용된다.

7.6.1 내부교정

조직은 내부 교정시설을 이용하여 교정활동을 실시할 경우에는 이들의 범위를 결정하고 다음 사항을 포함한 기술적 요구조건에 충족되도록 문서화된 절차에 규정하여야 한다.

a) 교정시설을 운영하기 위한 절차
b) 교정을 수행하는 인원의 자격요건
c) 공인된 교정표준과의 소급성
d) 교정시설의 환경조건
e) 관련된 품질기록의 검토

비고 공인기관 또는 고객 또는 고객대리인이 인정하는 시험실이 교정능력이 없을 경우 교정활동은 장비 공급업자가 실시할 수 있다.

and deterioration, and establish documented procedure for proper management and implementation.

7.6 Control of monitoring and measuring equipment

ISO 9001:2008 7.6 "Control of monitoring and measuring equipment" shall apply.

7.6.1 Internal calibration

When calibration activities are conducted using internal calibration facilities, the organization shall determine and specify the scope of calibration activities in the documented procedures in accordance with the technological requirements including

a) procedure to operate calibration facilities
b) qualification for personnel conducting calibration
c) traceability with accredited calibration standard
d) environmental conditions of calibration facilities.
e) review of the relevant quality record.

Note If accredited institutes or test facilities approved by customer or customer representative are not capable of performing calibration, calibration activities can be carried out by equipment suppliers.

8. 측정, 분석 및 개선

8.1 일반사항

ISO 9001:2008 8.1 "일반사항"이 적용된다.

8.2 모니터링 및 측정

8.2.1 고객만족

ISO 9001:2008 8.2.1 "고객만족"이 적용된다.

국방 규격의 추가적 요구사항:

조직은 고객만족을 위한 성과측정 시 최소한 다음 사항을 포함하여야 한다.

a) 고객 반송품을 포함한 고객불평
b) 납기 준수율
c) 품질 및 납기문제와 관련된 고객 지적 사항

8.2.2 내부 심사

ISO 9001:2008 8.2.2 "내부 심사"가 적용된다.

국방 규격의 추가적 요구사항:

심사기록은 고객 또는 고객대리인이 이용 가능함을 보장하여야 한다.

8.2.3 프로세스의 모니터링 및 측정

ISO 9001:2008 8.2.3 "프로세스의 모니터링 및 측정"이 적용된다.

8. Measurement, analysis and improvement

8.1 General

ISO 9001:2008 8.1 "General" shall apply.

8.2 Monitoring and measurement

8.2.1 Customer satisfaction

ISO 9001:2008 8.2.1 "Customer satisfaction" shall apply.

Defense Specification specific requirement Add:

The organization shall include followings as a minimum when measuring performance concerning customer satisfaction.

a) customer complaints including return products.
b) on time delivery rate
c) customer's dissatisfactions on quality and delivery date

8.2.2 Internal audit

ISO 9001:2008 8.2.2 "Internal audit" shall apply.

Defense Specification specific requirement Add:

Audit records shall be ensured to be available to customer or customer representative.

8.2.3 Monitoring and measurement of processes

ISO 9001:2008 8.2.3 "Monitoring and

8.2.4 제품의 모니터링 및 측정

ISO 9001:2008 8.2.4 "제품의 모니터링 및 측정"이 적용된다.

8.2.4.1 모니터링 및 측정의 문서화

모니터링 및 측정을 위한 문서화는 최소한 다음사항을 포함하여야 한다(7.1.1참조).

a) 합격 및 불합격 기준
b) 측정 및 시험되어야 할 기능이나 특성
c) 결함분류 기준
d) 측정 및 시험 주기, 샘플크기, 허용기준이 포함된 샘플링계획
e) 요구되는 측정 및 시험장비(필요시 이들의 활용을 위한 지침서 포함)
f) 요구되는 측정 및 시험방법
g) 기록되어야 할 데이터

8.2.4.2 내부시험

조직은 내부 시험시설을 이용하여 시험활동을 실시할 경우에는 이들의 범위를 결정하고 다음 사항을 포함한 기술적 요구조건에 충족되도록 문서화된 절차에 규정하여야 한다.

a) 시험시설을 운영하기 위한 절차
b) 시험을 수행하는 인원의 자격요건
c) 시험의 정확도 및 관련 시험표준과의 소급성
d) 관련된 품질기록의 검토

비고 1. 조직은 KS Q ISO/IEC 17025를 참조하여 내부시험에 대한 문서화된 절차

measurement of processes" shall apply.

8.2.4 Monitoring and measurement of product

ISO 9001:2008 8.2.4 "Monitoring and measurement of product" shall apply.

8.2.4.1 Documentation of monitoring and measurement

Documentation for monitoring and measurement shall include the followings as a minimum (see 7.1.1)

a) acceptance criteria (on a pass and fail basis)
b) functions and characteristics that should be measured and tested
c) criteria for classifying defects
d) intervals for measurement and test, size of sample, sampling planning which includes acceptance criteria
e) required measuring and test equipment (including instructions for the use of them, if necessary)
f) required measuring and test methods
g) data to be recorded

8.2.4.2 Internal test

When test activities are conducted using internal test facilities, the organization shall determine and define the scope of test activities in the documented procedures in accordance with the technical requirements including

a) procedures to operate test facilities
b) qualifications of the personnel conducting the test
c) accuracy of the test and the trace-

를 수립하여야 할 것이다.

비고 2. 치수 및 관능검사, 생산전용 장비를 사용하는 시험 및 시험 후 확인이 불가능한 현장 확인평가 등은 이 규격의 요구조건에서 제외된다.

8.3 부적합제품의 관리

ISO 9001:2008 8.3 "부적합제품의 관리"가 적용된다.

국방 규격의 추가적 요구사항:

조직은 부적합제품의 사용 또는 수리를 위해서는 고객 또는 고객대리인에게 특채를 제안하여 승인을 받고, 채택된 부적합사항과 수리 및 재검사에 대한 내용은 실제상태를 알 수 있도록 기록되어야 한다(4.2.4참조).

비고 고객 또는 고객대리인은 부적합제품의 처리절차에 따라 필요한 관리가 이루어지지 않는다고 판단될 경우 이를 불승인할 수 있다.

8.4 데이터의 분석

ISO 9001:2008 8.4 "데이터의 분석" 이 적용된다.

국방 규격의 추가적 요구사항:

조직은 데이터 분석 내용을 기록으로 유지하고, 고객 또는 고객 대리인이 이용가능함을 보장하여야 한다(4.2.4참조).

ability with related test standard d) review of related quality record

Note 1 The organization shall refer to KS Q ISO/IEC 17025 and establish documented procedures for internal test.

Note 2 This specification shall exclude measuring and sensory test and test using devices exclusively for production and on-site assessment that cannot be verified after tests.

8.3 Control of nonconforming product

ISO 9001:2008 8.3 "Control of nonconforming product" shall apply.

Defense Specification specific requirement Add:

The organization shall obtain customer or customer representative's approval for use or repair of nonconforming product. Details of nonconformities, repair and re-inspection activities shall be recorded so that their conditions can be identified. (see 4.2.4)

Note Customer or customer representative may not approve such proposal, if she/he determines that necessary control is not properly conducted in accordance with the procedures of nonconforming product.

8.4 Analysis of data

ISO 9001:2008 8.4 "Analysis of data" shall apply.

8.5 개 선

8.5.1 지속적 개선

ISO 9001:2008 8.5.1 "지속적 개선"이 적용된다.

국방 규격의 추가적 요구사항:

조직은 지속적 개선 내역을 기록으로 유지하고, 고객 또는 고객대리인이 이용 가능함을 보장하여야 한다(4.2.4 참조).

8.5.2 시정조치

ISO 9001:2008 8.5.2 "시정조치"가 적용된다.

국방 규격의 추가적 요구사항:

g) 공급자에 대한 시정조치 방법
h) 고객 및 고객 대리인의 시정요구 사항에 대한 시정조치 방법

8.5.3 예방조치

ISO 9001:2008 8.5.3 "예방조치"가 적용된다.

Defense Specification specific requirement Add:

The organization shall maintain the result of data analysis and ensure that the records are available for customer and customer representative (see 4.2.4)

8.5 Improvement

8.5.1 Continual improvement

ISO 9001:2008 8.5.1 "Continual improvement" shall apply.

Defense Specification specific requirement Add:

The organization shall maintain records of continual improvement and ensure that the records are available to customer and customer representative (see 4.2.4).

8.5.2 Corrective action

ISO 9001:2008 8.5.2 "Corrective action" shall apply.

Defense Specification specific requirement Add:

g) corrective actions on Supplier, and
h) corrective actions on request for correction from customer or customer's representative.

8.5.3 Preventive action

ISO 9001:2008 8.5.3 "Preventive action" shall apply.

9. 주기

다음 사항은 이 규격을 사용함에 있어서 지침을 제공할 뿐이며 계약상의 구속 요건은 아니다.

9.1 관련문서

다음 문서는 조직이 품질경영시스템을 기획하고 이행하는데 참고문서로 활용될 수 있다.

KS Q ISO 9004:2007(ISO 9004) 품질경영시스템-성과개선 지침

KS Q ISO 10005(ISO 10005) 품질경영-품질계획서에 대한 지침

KS Q ISO 10007(ISO 10007) 품질경영-구성관리 지침

KS A ISO 19011(ISO 19011) 품질시스템 심사지침

KS Q ISO/IEC 17025(ISO/IEC 17025) 시험기관 및 교정기관의 자격에 대한 일반 요구사항

9.2 참고자료

이 규격서는 KS Q ISO 9001:2009을 참조하여 작성한 것이다.

9. Remarks

The followings serve only as guidelines for utilizing this Defense Specification but not as contractual restrictions.

9.1 Relevant documents

The following documents can be used as a reference for organization to plan and implement quality management system.

KS Q ISO 9004:2007(ISO 9004) Quality Management System - Guidelines for Performance Improvement

KS Q ISO 10005(ISO 10005) Quality Management-Guidelines for Quality Plan

KS Q ISO 10007(ISO 10007) Quality Management-Guidelines for Configuration Management

KS A ISO 19011(ISO 19011) Guidelines for Auditing Quality System

KS Q ISO/IEC 17025(ISO/IEC 17025) General Requirements for Qualifications for Test Provider and Calibration Provider

9.2 Reference

This Defense Specification was drafted by making reference to KS Q ISO 9001:2009.

부록 2

품질프로그램요구서 (QUALITY PROGRAM REQUIREMENTS)

이 규격은 MIL-Q-9858A를 참조하여 작성한 것이다.

1. 적용범위

1.1 적용

본 규격서는 계약서 및 제품규격서 요구조건에서 규정한 바에 따라 군수품 및 용역에 적용된다.

1.2 계약상의 목적

계약업체는 계약요구조건을 준수하고 제품의 품질을 보증하기 위하여 본 규격서에 따라 품질보증절차, 생산공정 및 제품에 대한 품질프로그램을 문서로 작성하고 정부품질보증부서의 검토를 받아야 한다. 만일 계약업체가 제시한 품질프로그램이 소기의 목적을 달성할 수 없다고 판단될 때에는 정부품질보증부서는 이를 불승인 또는 시정시킨다.

1.3 개요

본 규격서에는 계약업체의 여타 관리 및 기술프로그램과 일치되는 효과적이고 경제적인 품질프로그램을 요구한다. 품질프로그램은 계약업체의 여타 관리 계획 또는 기술적인 계획과 일치하는 효과적이고 경제적인 것이어야 하며 제품 및 그와 관련된 공학적 설계 및 소요자재에 대하여 기술 및 제조측면을 고려하여 설계되어야 한다.

품질프로그램은 설계, 개발, 가공, 제조, 조립, 검사, 시험, 정비, 포장, 출하, 저장 및 설치 등 계약 이행상의 모든 분야에 걸쳐 적절한 품질을 보증할 수 있어야 한다. 계약된 모든 제품과 용역은 그것이 계약업체의 공장 또는 다른 어떤 공급처에서 제조 또는 수행되든 간에 계약요구조건에 일치함을 보증하는데 필요한 모든 면에서 관리되어야 한다. 품질프로그램은 규격불일치 사항을 예방하고 즉각적으로 이를 탐지하여 적시적이고 즉각적인 시정조치를 취할 수 있도록 작성되어야 한다. 계약업체는 정부품질보증부서에 품질이 일치한다는 객관적인 증거를 언제든지 제시할 수 있어야 하며 품질에 관한 각종 지시서 및 기록들은 반드시 관리되어야 한다.

품질의 설계, 생산, 시험 및 검사 담당자들 각각의 권한과 책임이 명확하게 설정되어야 한다. 프로그램은 품질결함과 품질비용이 가격에 미치는 영향을 용이하게 판단할 수 있도록 작성되어야 한다. 요구된 품질의 제품을 생산하는데 필요한 도면, 기술변경사항, 측정 장비 등과 같은 시설 및 각종 표준들도 효과적으로 관리하도록 하여야 한다.

품질프로그램에는 구매물자와 임가공계약 업무를 효과적으로 관리할 수 있는 조항이 포함되어야 하며 계약업체의 공장에서 실시하는 제조, 가공 및 조립작업은 완전하게 관리되어야 한다. 품질프로그램에는 정부 재산관리 또는 정부의 원천지검사 같은 정부의 활동과 관련된 사항에 대한 효율적인 실행조항이 또한 포함되어야 한다.

1.4 다른 계약요구조건과의 관계

본 규격서와 본 규격서를 수행하기 위하여 발행된 문서 또는 절차는 기본계약요구조건을 침해해서는 안되며, 계약서나 작업지시서에 포함된 세부요구조건에 부가하여 사용 시 차질이 있어서는 안된다. 본 규격서에 규정된 품질 프로그램 요구조건은 작업명세서나 계약의 다른 요구조건에 추가하여 충족되어져야 한다.

계약업체는 모든 계약조항을 준수하고 이에 일치하는 제품 또는 용역을 공급할 책임이 있으며 만일 계약서상의 일반조항과 본 규격서간에 일치하지 않는 점이 있으면 계약서가 우선한다. 품질프로그램은 신뢰성을 효과적으로 유지하도록 계획하고 사용되어야 한다.

1.5 검사제도요구서와의 관계

본 규격서는 검사제도요구서(KDS 0050-0029) 규격보다 더 많은 요구조건을 포함한다. 이는 계약 요구조건에의 완전한 일치는 검사 및 시험뿐만 아니라 작업 및 제조공정관리 등 모든 분야의 관리를 실시하여야 최선의 성과를 얻을 수 있기 때문이다.

2. 적용문서 및 수정규격의 적용

2.1 적용문서

입찰공고일자 당시 유효한 다음 문서는 여기에서 규정한 범위 내에서 본 규격서의 일부로 적용된다.

국방규격서

KDS 0050-0029 검사제도 요구서

KDS 0050-0030 교정제도 요구서

품보편람

편람-1 검사제도 검토기준서

편람-2 품질프로그램 검토기준서

편람-3 교정제도 검토기준서

2.2 수정 및 개정규격의 적용

계약발효일 이후에 본 규격서가 수정되거나 개정되었을 경우 계약업체는 가격 또는 수수료가 증가되지 않는 한 수정 또는 개정된 규격서를 따를 수 있고 그의 임가공업체에게도 따르도록 할 수 있다. 그러나 계약이 수정되는 경우에는 수정 또는 개정된 규격서를 따라야 한다. 계약업체가 수정 또는 개정된 요구서에 따를 때에는 이 선택 결정요지를 품질보증부서에 서면으로 통보하여야 하며, 이 경우 계약업체는 전적으로 수정 또는 개정된 내용에 따라야 한다.

3. 품질프로그램 관리

3.1 조직

계약업체는 품질에 관한 효율적인 관리방법을 명확히 규정하여야 한다. 품질기능을 수행하는 요원에게는 품질문제를 식별, 평가하고 해결책의 제의, 건의 또는 제시할 수 있는 충분하고 명확한 책임, 권한 및 조직상의 활동의 자유가 보장되어 있어야 한다.

품질프로그램의 현황과 적절성은 주기적으로 검토되어야 한다. 여기에서 사용된 품질프로그램 요구조건이라는 뜻은 본 규격서의 전체적인 요구조건을 뜻하는 것이다. 본 규격서의 요구조건을 이행하는 것이 계약업체 내의 어떤 특정조직이나 기능 또는 개인만의 책임을 뜻하는 것은 아니다.

3.2 최초 품질계획 수립

계약업체는 계약이행 최초 실행단계에서 계약 요구조건을 완전히 재검토하여 제품품질보증에 필요한 특수 관리, 공정, 시험장비, 고정구, 공구 및 기술에 해당되는 자체규정을 확인하고 적시에 보완하여야 한다. 이 최초 품질계획에는 검사기법, 시험기법, 기기조작, 검사와 시험간의 상관관계에 대한 개선이 필요한 경우 이에 대한 연구가 수행될 수 있도록 지원하여야 한다. 또한 이 계획에는 제조, 검사, 시험 및 문서와의 일치성을 보증하기 위한 적절한 검토와 조치가 포함되어야 한다.

3.3 작업지시서

품질프로그램에는 품질에 영향을 미치는 모든 작업들이 작업환경에 적절한 형태의 명확하고 완전하게 문서화된 지시내용으로 서술되어 있어야 한다. 여기서의 모든 작업이란 구매, 취급, 기계작업, 조립, 제작, 가공, 검사, 시험, 수정, 설치와 기타 자재주문으로부터 출하에 이르기까지 제품, 시설, 표준 및 모든 장비취급을 포함한다.

작업지시서에는 작업의 수행기준이 설정되어있어야 하며 이는 제작품 합격기준과 모순됨이 없어야 한다. 또한 작업감독, 검사 및 작업관리를 실시하는 데에도 작업지시서가 사용되어야 한다. 작업지시서의 작성, 유지 및 이의 준수가 품질프로그램 기능으로 감시되어져야 한다.

3.4 기 록

계약업체는 품질프로그램을 경제적이고 효과적으로 운용하는데 필수적인 데이터 또는 기록을 유지하고 활용하여야 한다. 이러한 기록들은 정부품질보증부서의 검토를 받을 수 있도록 준비되어야 하며 개별기록의 사본은 정부품질보증부서의 요구 시 제시되어야 한다. 이 기록은 객관적인 품질보증 증거를 표시하는 기본사항으로 간주된다.

품질프로그램은 각 기록들이 완전하고 신뢰성이 있음을 보증하여야 한다. 검사 및 시험기록에는 최소한 실시한 관찰회수, 관찰특성, 발견된 결함의 형태와 수가 명시되어야 한다. 또한 작업감독기록과 검사 및 시험기록에는 작업 또는 제품의 합격여부가 명시되어야 하며 결함사항에 대하여 취해진 조치도 기록되어야 한다. 관리활동의 기초 자료로서 기록의 분석 및 활용에 관한 사항이 품질프로그램에 포함되어야 한다.

3.5 시정조치

품질프로그램은 품질에 해로운 이상요인을 즉시 탐지하고 시정할 수 있어야 한다. 결함이 있는 제품, 용역, 설비, 기술자료, 표준 또는 과도한 손실과 비용을 초래할 요인이 발생하였거나 발생시킬 가능성이 있는 설계, 구매, 제조, 시험 혹은 기타 활동은 반드시 품질프로그램의 결과로서 확인, 변경되어야 한다.

시정조치는 모든 임가공업체와 판매업체의 작업에도 적용되며 사용자가 보낸 데이터와 제품이 시정조치에 반영될 수 있어야 한다. 시정조치에는 최소한 다음 사항이 포함되어야 한다.

(1) 결함원인 및 그 정도를 판단하기 위하여 데이터 분석 및 폐품과 재작업품의 검사.
(2) 규격불일치품을 방지하기 위하여 공정 또는 작업수행의 추세 분석.
(3) 요구되는 개선 및 수정작업의 실시, 그 조치에 대한 적합성 검토 및 시정효과 확인.

3.6 품질에 관련된 비용

계약업체는 품질프로그램의 한 관리요소로서 품질비용 데이터를 유지하고 활용하여야 한다. 이러한 데이터는 규격불일치품의 예방과 시정에 소요되는 비용을 확인하는 목적으로 이용되어야 한다(예를 들면, 결함작업에 의해 발생된 자재손실 및 인력소요, 결함작업의 시정에 사용되는 인력 및 자재, 임가공업체나 판매업체의 시설에서 계약업체가 실시하는 품질관리를 위한 인력 및 자재). 계약업체는 유지, 활용할 구체적인 품질비용 데이터를 결정하여야 하며 계약업체는 유지하고 있는 품질비용 데이터에 대하여 정부품질보증부서가 품질프로그램의 적합성을 판단하기 위하여 요청할 경우 이를 제출하여야 한다.

4. 설비 및 표준

4.1 도면, 문서 및 변경

도면의 적절성, 완전성, 최신성 및 설계변경 관리에 관련된 절차를 설정, 유지하여야 한다. 계약업체는 도면 및 설계변경내용을 최신의 것으로 적용시키기 위하여 신도면의 시행시점에 맞추어 구도면을 폐기하고 신도면을 발행부서와 모든 사용부서에서 착오 없이 사용하도록 하여야 하며 시행시점을 기록하는 방법이 운영되어 이를 정부가 알 수 있도록 하여야 한다. 설계도면과 설계 규격서에 대하여 그 공학적인 타당성과 변경제안의 타당성을 평가할 수 있는 절차가 유지되어야 한다. 평가할 때는 표준공학과 실제설계 사이에 관련된 적합성과 제품의 설계 및 용도에 관한 적합성을 공히 포함시켜야 한다.

계약업체는 특정도면에 관련된 보충규격서, 공정지시서, 생산기술지시서, 산업기술지시서, 작업지시서 등의 적합성, 최신성, 완전성 등을 검토할 책임이 있다. 품질프로그램에는 설계요구조건에 완전히 일치하는 제품을 생산하는데 필요한 모든 정보가 완전하게 망라되어 있어야 한다. 품질프로그램은 기술변경의 신청, 인가 및 그의 효과가 계약요구조건에 완전히 일치되도록 실시하고 있음을 보증하여야 한다. 도면의 기술변경은 정부의 승인 없이 하여서는 안되며, 이를 방지하기 위한 효과적인 감시조항이 품질프로그램에 마련되어 있어야 한다. 정부의 승인을 필요로 하지 않는 사소한 도면수정에 대하여도 이를 효과적으로 감시할 수 있는 조항이 마련되어 있어야 한다.

데이터획득과 관련하여 수정된 도면과 변경된 데이터를 정부에 제출하는 것은 품질프로그램에 있어서 절대 필수부분이다. 이는 소유권과 비소유권의 권리와 데이터에 공히 관계되는 계약요구조건과 완전히 일치되어야 한다. 도면과 이의 변경에 관한 품질프로그램은 계약에 관계된 임가공업체 및 판매업체의 도면과 변경에 관한 책임사항까지 포함이 된다.

4.2 측정 및 시험장비

계약업체는 제품이 기술적인 요구조건에 일치함을 보증하는데 필요한 게이지와 기타 측정 및 시험 장비를 갖추고 있어야 한다. 이러한 장비는 정확도의 유지를 위하여 설정된 주기마다 공인된 표준기 또는 상위급 기준기에 맞추어 교정되어야 한다. 이는 측정 및 시험장비가 부정확하게 되기 이전에 교정, 교환 또는 수리를 하도록 하기 위한 것이다. 측정 및 시험장비의 교정은 교정제도 요구서(KDS 0050-0030)에 따라야 한다. 이에 부가하여 계약업체의 임가공업체 및 판매업체에서도 측정 및 시험장비의 정확도를 효과적으로 관리하기 위하여 교정제도를 적용하고 있으며 이 제도에 의거 교정된 정확한 장비만을 사용하고 있음을 보증하여야 한다.

4.3 검사 매체로 사용되는 생산공구

생산용 치구, 고정구, 마스터 공구, 형판, 모형 및 기타 기구를 검사 매체로 사용할 경우 사용 전에 이의 정확도가 입증되어야 한다. 이러한 장비는 부정확하게 되기 이전에 설정한 기간마다 조정, 교체 또는 수리 등으로 정확도가 재입증 되어야 한다.

4.4 계약업체 검사장비 이용

계약업체의 게이지, 측정 및 시험장비는 계약요구조건에의 일치여부를 판단하기 위하여 필요한 경우 이를 정부에 제공하여야 하며, 만일 여건이 허락되면 그러한 장비를 운용하고 장비의 정확도와 상태를 확인하기 위하여 계약업체의 직원을 활용할 수 있다.

4.5 최신 도량형의 요구

품질프로그램에는 이미 알려진 기술보다 앞선 정밀측정의 필요성 여부를 적시에 확인하고, 이를 정부품질보증부서에 통보하는 조항이 포함되어 있어야 한다.

5. 구매 관리

5.1 책임

계약업체는 그의 공급업체(임가공업체 및 판매업체)로부터 획득한 모든 제품과 용역이 계약요구조건에 일치한다는 사실을 보증할 책임이 있다. 계약업체는 공급업체선정 및 업체관리 특성 및 범위를 선정함에 있어 공급업체로부터 획득할 제품의 형태, 가용한 품질입증자료 및 공급업체 수행능력을 고려하여야 한다. 계약업체는 공급되는 물자의 적절하고 경제적인 관리를 보증하기 위하여 공급업체에 의해 제공된 객관적 품질입증자료를 최대한으로 활용하여야 한다. 정부가 공급업체의 시설에서 검사를 실시하였을 경우, 계약업체는 정부검사의 결과를 공급업체의 품질관리 활동증거로 이용하여서는 안된다.

사전품질인증품목 목록에 포함된 제품은 단지 제조업체가 그 시점에서 규격서 요구조건에 맞는 제품을 생산하였다는 것을 의미할 뿐이며 계약 및 규격요구조건에 일치하는 제품을 납품하여야 할 계약업체의 책임과 규정된 검사 및 시험을 하여야 할 책임이 면제된 것은 아니다.

계약업체는 그의 공급업체가 실시하는 품질관리의 효율성과 완전성에 대한 평가 및 재검토를 제품의 복잡성과 수량을 고려하여 주기적으로 실시하여야 한다. 계약업체에 납품되는 제품의 검사는 적절한 품질보증을 위하여 필요한 정도까지 평가되고 검토되어야 한다. 공급업체의 품질관리에 관련된 시험보고서, 검사기록서, 증빙서류 및 기타 증거자료는 계약업체의 평가 및 검토 자료로 사용되어야 한다.

구매 관리를 함에 있어 계약업체는 그의 책임을 완수하기 위하여 다음 사항을 포함한 절차를 설정하여야 한다.

(1) 자격 있는 공급업체의 선택.
(2) 정부계약에 적용되는 도면, 품질요구조건 및 관련 기술요구조건의 전달.
(3) 조달된 품목의 적절성에 대한 평가.
(4) 신속한 피드백 및 규격불일치품의 시정을 위한 효율적인 조항.

5.2 구매제원

계약업체는 그의 임가공업체가 공급하는 물품과 용역에 대하여 임가공업체에게 정부계약에 일치하는 품질관리를 실시하도록 품질프로그램 상에 명시하여야 하며 그렇지 않을 경우 정부는 계약업체의 품질프로그램을 받아들일 수 없다. 계약업체는 그의 모든 물품주문서에 정부계약에 일치하는 모든 요구조건을 적절히 포함시켰다는 사실을 보증하여야 한다. 구매주문서에는 주문될 물품에 관한 제조, 검사, 시험, 포장에 대한 모든 요구조건과 정부 및 계약업체의 검사, 인정 또는 증명에 관한 요구조건을 포함하여 아래와 같은 기술적 요구조건을 첨부하여야 한다.

(1) 모든 관련도면, 기술변경 제안서
(2) 규격서(검사제도 요구서 혹은 품질프로그램요구서 포함)
(3) 신뢰성, 안전성, 중량 혹은 기타 특별 요구사항
(4) 특수시험 또는 검사절차 혹은 장비
(5) 특별수정 혹은 모델 식별 등

품질프로그램을 효과적으로 수행하여 생산된 제품의 품질이 완전무결함을 보증하는 것은 계약업체의 책임이며, 이러한 책임을 이행하기 위하여 필요한 경우 주문될 제품의 기술서에 임가공업체 혹은 판매업체 시설에서의 계약업체 검사에 필요한 요구조건을 포함시켜야 한다. 요구조건에는 또한 공급업체의 원자재 구매에 관련된 이화학시험 및 이의 기록에 관한 요구사항을 포함시켜야 한다. 구매주문서에는 또한 주문된 제품에 대한 설계변경이 예상될 경우에는 계약업체에게 이를 통보하고 승인을 받아야 한다는 것이 명시되어야 한다.

임가공업체로부터 정부기관에 직접 수송하도록 구매주문서 조항에 명시된 경우 이에 필요한 지침을 제공하여야 한다.

6. 제조관리

6.1 자재 및 자재관리

공급업체가 공급하는 자재와 제품은 기술적 요구조건에 일치함을 보증하기 위하여 필요한 정도까지 수입검사를 하여야 한다. 수입검사는 공급업체가 실시한 품질보증계획을 근거로 하여 즉, 공급업체가 만족한 품질관리를 하였다는 증거에 의거, 수입검사의 종류와 양을 조정할 수 있다. 품질프로그램에는 제품의 제작 또는 가공에 사용될 원자재가 물리적, 화학적 및 기타 기술적 요구조건에 일치함을

보증하여야 하며 필요시 시험분석을 실시하여야 한다. 공급업체는 계약업체에게 공급하는 부분품이나 물품의 생산에 사용되는 원자재 관리를 계약업체의 품질프로그램과 동등하게 실시하여야 한다. 시험대기 중인 원자재는 이미 시험이 완료되어 합격된 자재와 각각 식별 및 분리시켜야 하며, 식별 및 관리가 유지된 후에 최초생산에 투입하여야 한다. 시험에 합격된 자재는 식별표지가 공정진행으로 인하여 부득이 소멸될 때까지는 반드시 식별되도록 유지하여야 한다. 시험에 불합격된 자재가 잘못 사용되지 않도록 통제방법을 설정하여야 한다.

6.2 생산 공정 및 제조

계약업체의 품질프로그램은 모든 기계작업, 배선작업, 배치(batch)작업, 조형작업, 기타 모든 기본생산 작업과 제조 작업 등의 공정이 관리된 상태에서 실시되도록 하여야 한다. 관리된 상태는 문서화된 작업지시서, 적절한 생산 장비 및 모든 특별한 작업환경 등을 포함하며 문서화된 작업지시서는 대량생산, 가공 및 조립작업 등의 기준이 된다. 이런 작업지시서는 작업결과에 대한 합격, 불합격의 판정기준이 되며 품질프로그램은 작업지시서의 발행과 이의 전반적인 준수상태를 효과적으로 감시하도록 계획되어야 한다. 가공된 제품 또는 자재의 물리적 조사, 측정 또는 시험은 각 작업 활동마다 필요하며 이는 반드시 관리된 상태에서 실시되어야 한다. 만일 가공된 자재에 대한 물리적 검사가 불가능하거나 불필요한 경우에는 가공방법, 장비 및 인원을 감시하는 간접적인 통제방법을 사용하여야 한다. 그리고 물리적 검사와 공정 감시를 공히 하지 않으면 적절한 통제가 이루어지지 않거나 계약서나 규격서에 물리적 검사와 공정 감시를 같이 하도록 요구되어 있을 경우는 이를 실시하여야 한다. 가공된 제품이나 자재에 대한 검사 및 감시는 계약업체가 선택한 적절하고 체계적인 방법으로 실시하여야 하며 검사 및 감시방법이 적당치 않다는 타당한 증거가 제시되었을 때에는 언제든지 수정하여야 한다. 일단 선택된 검사 및 감시방법은 완전하게 지속적으로 준수되어야 하며 부적절함이 나타났을 때에는 시정대책을 강구하여야 한다. 계약업체는 제품의 품질과 공정의 완전성을 효과적으로 유지 및 확보하기 위하여 다음에 열거한 검사방법을 적절히 조합하여 운용하여야 한다.

(1) 기계작업자에 의한 검사

(2) 자동화된 게이지에 의한 검사

(3) 이동라인에서의 샘플링 또는 로트 샘플링에 의한 검사

(4) 작업준비(setup)승인 또는 최초품 승인에 의한 검사

(5) 생산라인 검사장에서의 검사

(6) 검사과 또는 시험과에 의한 검사

(7) 순회 검사자에 의한 검사

(8) 기타 다른 형태의 검사

제품의 모든 검사 및 검사방법과 장비 및 인원에 대한 감독을 하기 위하여 합격 및 불합격의 판정기준을 설정하여야 하며, 합격 및 불합격품의 식별수단도 강구하여야 한다. 어떤 화학적, 금속학적, 생물학적, 음향학적, 전자학적 및 방사선학적 공정은 대단히 복잡하며 전문화된 성격을 내포하고 있기 때문에 정상적인 공정보다 더 상세한 작업지시서가 필요하다. 사실상 그러한 복잡한 공정은 일반 공장에서 통용되고 있는 작업지시서와는 달리 완전한 작업규격서가 필요하다. 이러한 특수공정에 대하여는 그 공정관리절차나 규격서가 적절하여야 하며 작업환경 및 특수공정에 특별히 필요한 검증, 검사, 인가 및 감독에 대한 조항이 마련되어 있어야 한다.

6.3 완제품 검사 및 시험

품질프로그램에는 완제품의 최종검사 및 시험 조항이 포함되어 있어야 한다. 이러한 검사 및 시험은 완제품의 총괄적인 품질을 측정하고 완제품에 대한 용도와 기능을 만족하게 시뮬레이션 할 수 있어야 한다. 이와 같은 시뮬레이션에는 해당품목의 수명 및 내구시험과 검정시험이 포함되어야 한다. 최종검사 및 시험에서 발견된 어떤 비정상적인 난해점, 결함 혹은 문제점은 설계자에게 통보하여야 한다. 만일 최종검사나 시험 후에 수정, 수리 혹은 교체가 요구될 때에는 작업 후 영향을 주는 요소에 대한 재검사 및 재시험을 실시하여야 한다.

6.4 취급, 저장 및 인도

품질프로그램에는 제품의 품질을 보호하고 제품의 파손, 망실, 품질저하, 등급저하 혹은 이종품 혼입 등을 방지하기 위하여 취급, 저장, 보존, 포장 및 출하에

관한 적절한 작업 및 검사조항이 마련되어 있어야 한다. 물품취급 절차에는 물품의 취급 중 파손을 방지하기 위하여 물품취급 시 사용하는 특별운송용기, 상자, 컨테이너, 수송차량 및 기타 시설의 사용규정이 포함되어야 한다. 저장 중 제품의 품질저하 또는 손상을 방지하기 위한 보호수단을 강구하고, 이의 예방책으로 주기적인 검사를 하여야 한다. 제작 중 혹은 임시저장 중에 품질이 저하되거나 부식되기 쉬운 제품은 이를 방지할 수 있도록 닦고 보존되어야 한다. 필요시 포장설계 및 실제포장은 포장내의 중요한 환경, 예를 들면 습도함유수준, 가스압력 등을 조절 및 유지하는 방법을 강구하고 포장상태를 표시하는 표찰을 외포장에 반드시 부착하도록 하여야 한다. 품질프로그램에는 출하되는 제품에 필요한 출하설명서를 동시에 발송하도록 하고 운송관련법규에 따라 목적지에의 안전도착 및 확인을 보증하기 위하여 출하작업을 감독하도록 하여야 하며 계약요구조건에 따라 운반중의 제품품질을 보호하기 위한 감독조항을 포함시켜야 한다.

6.5 규격불일치 물자

계약업체는 규격불일치 물자의 식별, 분리 및 폐품 처리절차를 포함한 효과적이고 명확한 규격불일치 물자 관리 제도를 설정 및 유지하여야 하며, 규격불일치 물자의 수리 및 재작업은 정부가 수락할 수 있는 문서화된 절차에 따라야 한다.

규격불일치 물자의 수락여부는 정부의 권한이며 정부의 소정 규격에 따라 금액을 조정할 수도 있다.

모든 규격불일치 물자의 부당사용, 적송 및 합격품과 혼입되지 않도록 분명히 식별되어야 한다. 계약업체는 계약업체와 정부가 상호 합의할 수 있는 규격불일치물자 적치장과 그 절차를 마련하여야 한다. 계약업체는 정부의 요구 시 폐품 및 규격불일치 물자를 합격품으로 재작업 하는데 필요한 비용 및 손실에 관한 데이터를 제공하여야 한다.

6.6 통계적 품질관리 및 분석

계약서에서 요구한 통계적 방법에 부가하여 통계적 계획, 분석, 시험 및 품질관리절차가 요구된 품질관리에 적절할 경우 이를 이용할 수 있다. 샘플링계획은 파괴시험의 경우나, 제품의 고유특성 또는 제품의 중요하지 않은 대상검사 등과 같은 검사 혹은 검사 및 시험회수를 감소시켜도 품질에 위험한 영향을 미치지 않는 품목에 적용할 수 있다. 계약업체는 해당 국방규격서 및 샘플링 검사계획서를 근거로 하여 샘플링검사를 할 수 있으며 다른 방법을 사용하려면 정부의 검토를 받아야 한다. 사용되는 모든 샘플링계획은 확실한 신뢰와 품질수준을 갖추어야 한다.

6.7 검사상태의 표시

계약업체는 제품의 검사상태를 식별할 수 있는 명확한 제도를 유지하여야 한다. 이와 같은 식별의 수단으로 스탬프, 꼬리표, 가공순서카드, 이동표찰, 운반상자카드 또는 기타 통상적인 관리수단으로 이용할 수 있다. 이는 정부에서 실시하는 검사확인표시와는 뚜렷이 다른 형태로 하여야 한다.

7. 정부와 계약업체간의 협조사항

7.1 임가공업체 또는 판매업체 시설에서의 정부검사

정부는 계약업체의 시설에서 제조되지 않은 제품이나 수행되지 않은 용역을 그 제품이나 용역의 원천에서 검사할 수 있는 권한을 보유한다. 이때 실시한 정부검사 결과가 양호했다 하더라도 바로 그것이 수락을 의미하는 것이 아니며 계약업체의 검사를 대신하는 것도 아니고 또한 최종 합격품을 납품하여야 할 계약업체의 책임이 면제되는 것도 아니다. 정부가 이러한 검사를 실시하는 목적은 계약업체의 시설에서 제품 또는 용역이 계약요구조건에 일치하는지를 결정하는데 단지 참고로 하기 위한 것이다. 계약업체는 이러한 정부검사활동이 지장을 받지 않도록 임가공업체 또는 판매업체와의 계약조건에 적절한 조항을 포함시켜야 한다. 계약업체의 구매 관리가 계약요구조건에 일치하고 있는가를 판단하기 위하여 정부품질보증부서의 요구 시 모든 구매문서와 관련 자료를 정부가 원천검사를 실시한 제품에서 결함사항이 발견된 경우 그에 관한 보고서들을 정부품질보증 부서에서 활용할 수 있도록 하여야 하며 정부품질보증부서의 요청이 있을 경우 담당 정부품질보증원과 시정조치에 대하여 협의토록 공급업체에 요구하여야 한다.

7.2 정부 재산

7.2.1 관급자재

자재가 관급될 때에는 계약업체는 최소한 다음과 같은 절차를 취하여야 한다.

(1) 수송 중 손상여부 확인검사
(2) 제품완전성 및 이종품 여부 확인검사
(3) 적절한 저장조건을 유지하고 취급 시 손상을 방지하며 저장 중 변질을 방지하기 위한 주기적인 검사 및 예방대책
(4) 계약요구에 따른 정상작동 여부를 점검하기 위한 설치 전, 설치 후 또는 설치전후 기능시험
(5) 부적절한 사용이나 처분의 확인 및 예방
(6) 수량의 확인

7.2.2 손상된 관급자재

계약업체는 관급자재가 손상되었거나, 기능이 저하되었거나 또는 기타 이유로 사용상 부적합함이 발견되었을 경우에는 정부품질보증부서에 즉시 통보하여야 한다. 설치 중 또는 설치 후에 관급자재에 파손 또는 기능이상이 있는 경우, 계약업체는 예상원인과 자재사용 보류조치의 필요성을 판단하고 이를 기록하여야 한다.

7.2.3 위탁재산

계약업체는 위탁계약조항의 요구에 따라 위탁정부재산의 적절한 저장, 정비 및 검사를 실시하기 위한 절차를 수립하여야 한다. 위탁재산에 대하여 실시한 모든 검사와 정비의 기록들을 유지하여야 하며 상기와 같은 절차와 기록들에 대해 정부의 검토를 받아야 한다.

8. 주기

다음 사항은 본 규격서를 사용함에 있어서 지침을 제공할 뿐이며 계약상의 구속요건은 아니다.

8.1 사용목적

본 규격서는 검사제도요구서(KDS 0050-0029)로서는 품질보증이 불충분한 복잡한 제품, 구성품, 장비 및 장비체계에 적용된다. 이러한 경우 검사 및 시험만으로는 계약요구조건의 완전한 이행이 효과적이고 경제적으로 달성할 수 없기 때문에 검사 및 시험행이 뿐만 아니라 작업운영과 제조공정을 이행하는 것이 중요하다. 이와 같이 이행하는 목적은 계약요구조건과 일치되는 하드웨어임을 확인할 뿐 아니라 이 품목이 주요장비, 부수장비로 구성된 복잡한 하드웨어인 경우 전체적으로 조화되는가를 확인하는데 있다.

8.2 적용제외

본 규격서는 검사제도요구서(KDS 0050-0029)를 적용하고 있는 물품에는 적용하지 않으며 아래와 같은 사항에도 본 규격서를 적용하지 않는다.

(1) 개인용역

(2) 물품제작을 요하지 않는 이론적인 연구개발

8.3 발주제원

조달문서에는 본 규격서의 표제, 번호 및 일자를 명시하여야 한다.

부록 3

검 사 제 도 요 구 서 (INSPECTION SYSTEM REQUIREMENTS)

이 규격은 MIL-I-45208A를 참조하여 작성한 것이다.

1. 적용범위

1.1 범위

본 규격서에는 계약업체의 검사제도에 대한 정부의 요구조건을 제시한 것이다.

본 규격서에 제시된 요구조건은 계약업체가 계약요구조건, 규격서 및 도면에 일치하는 제품을 생산하는데 필요한 검사 및 시험에 관한 것이다. 본 요구사항은 적용규격서 및 기타 계약문서상에 명시된 검사 및 시험에 추가하여 요구되는 것이다.

1.2 적용

1.2.1 적용

본 규격서는 제품규격서, 계약서 또는 주문서에 본 규격서가 인용된 군수품 및 용역에 적용된다.

1.2.2 다른 계약요구조건과의 관계

본 규격서에 명시된 검사제도 요구조건은 계약특수조건 또는 계약서의 기타부분에 포함된 세부요구조건도 만족되어야 한다. 계약업체는 모든 계약조항을 준수하여 이에 일치하는 제품과 용역을 제공할 책임이 있다. 만일 계약조항과 본 규격서간에 일치하지 않는 점이 있을 경우에는 계약조항이 우선한다.

1.2.3 선택

본 규격서는 품질프로그램요구서(KDS 0050-0015)보다 요구조건이 적다. 계약업체는 가격 또는 수수료가 증가되지 않는 한 품질프로그램요구서의 전부 또는 일부조항을 임의 선택하여 적용할 수 있다. 이와 같이 선택할 수 있도록 함으로써 계약업체가 이미 품질프로그램요구서를 적용하고 있을 경우 시종 일관된 제도를 적용할 수 있도록 한다.

2. 적용문서

2.1 일반사항

입찰공고 일자 당시 유효한 다음문서는 여기에서 규정한 범위 내에서 본 규격서의 일부로 적용된다.

국방규격서

KDS 0050-0015 품질프로그램 요구서

KDS 0050-0030 교정제도 요구서

품보편람

편람-1 검사제도 검토기준서

편람-2 품질프로그램 검토기준서

편람-3 교정제도 검토기준서

2.2 수정 및 개정규격의 적용

계약발효일 이후에 본 규격서가 수정되거나 개정되었을 경우 계약업체는 가격 또는 수수료가 증가되지 않는 한 수정 또는 개정된 규격서를 따를 수 있고 그의 임가공업체에게도 따르도록 할 수 있다. 그러나 계약이 수정되는 경우에는 수정 또는 개정된 규격서를 따라야 한다. 계약업체가 수정 또는 개정된 요구서에 따를 때에는 이 선택 결정요지를 품질보증부서에 서면으로 통보하여야 하며, 이 경우 계약업체는 전적으로 수정 또는 개정된 내용에 따라야 한다.

3. 요구조건

3.1 계약업체의 책임

정부에 납품되는 모든 제품이나 용역을 계약업체가 제조 혹은 가공하였거나 임가공업체 또는 판매 업체로부터 구매하였거나를 불문하고 계약업체는 계약요구조건에 일치함을 보증하기 위한 자체 검사제도를 설정, 유지하여야 한다.

계약업체는 제품이 규격서, 도면 및 계약상의 요구조건에 일치하는 것을 입증하는데 필요한 검사와 시험을 실시하여야 하며 또한 계약서에 의거 별도로 요구된 모든 검사와 시험을 실시하여야 한다. 계약업체의 검사제도는 문서로 작성되어야 하며 이는 생산개시전과 계약기간 중에도 정부품질보증부서의 검토를 받을 수 있도록 되어있어야 한다. 정부는 이 검사제도의 수락여부를 서면으로 통보 할 수 있다. 계약업체가 검사제도를 변경하고자 할때에는 그 내용을 서면으로 정부품질보증부서에 통보하여야 한다. 검사제도의 변경으로 인하여 규격불일치품이 발생될 수 있다고 인정될 때에는 인가를 받지 못한다.

3.2 문서기록 및 시정조치

3.2.1 검사 및 시험의 문서화

검사 및 시험은 명확하고 완전한 최신의 지시서로 기술되어 있어야 한다. 이 지시서는 재료, 공정 및 완제품에 대한 검사 및 시험이 품목규격서 및 계약서의 요구대로 되어있음을 보증할 수 있어야 하며 합격, 불합격의 판정기준 및 기타 필요한 사항이 포함되어야 한다.

3.2.2 기록

계약업체는 모든 검사와 시험에 관한 적절한 기록을 유지하여야 한다. 기록에는 실시한 관찰특성과 회수, 발견된 결함수와 형태, 합격품 및 불합격품의 수, 그리고 이에 적절히 대응하여 취한 시정조치 등이 표현되어야 한다.

3.2.3 시정조치

계약업체는

(1) 품목규격서상의 품질보증 조항
(2) 계약서에서 요구하는 검사 및 시험
(3) 제품 합격판정에 필요한 기타 검사와 시험

등의 제반 품질보증 요구조건에 일치하지 않는 제품이나 용역이 정부에 제공되는 결과를 초래할 수 있는 사항들에 대하여는 즉각적인 시정조치를 취하여야 한다.

3.2.4 도면과 변경

계약업체의 검사제도에는 계약서에서 요구하는 최신 적용도면, 규격서 및 최신 지시서는 물론 그의 변경사항들이 제조, 검사 및 시험에 적용되고 있음을 보증하는 절차가 마련되어 있어야 한다.

3.3 측정 및 시험장비

계약업체는 제품이 기술적인 요구사항에 일치함을 보증하는데 필요한 게이지와 측정 및 시험장비를 마련하고 유지하여야 한다. 이들 장비는 정확도를 계속적으로 보증하기 위하여 일정한 주기마다 공인된 표준기 또는 상위급 기준기에 맞추어 교정을 받아야 한다. 만약 치구, 고정구, 형판 및 모형과 같은 생산공구를 검사매개체로 사용한다면 이러한 생산 공구도 일정기간 마다 정확도를 확인하여야 한다. 검사장비의 교정은 교정제도요구서(KDS 0050-0030)에 따라야 한다.

정부품질보증부서가 계약요구조건과의 일치여부를 판정하기 위하여 계약업체의 측정 및 시험장비를 사용하고자 할 때에는 계약업체는 모든 편의를 제공하여야 한다. 부가하여 조건이 허용된다면 이러한 장비를 운용하고 장비의 정확도와 상태를 확인하기 위하여 계약업체의 직원을 활용할 수 있다.

3.4 공정관리

공정관리 검사가 규격서 또는 계약서의 일부분으로써 포함되어 있는 경우 공정관리절차는 검사제도의 중요한 한 부분이 된다.

3.5 검사상태의 표시

검사업체는 제품의 검사상태를 식별할 수 있는 명확한 제도를 유지하여야 한다.

이와 같은 식별의 수단으로 스탬프, 꼬리표, 가공순서카드, 이동표찰, 운반상자카드 또는 기타 통상적인 관리수단을 이용할 수 있다. 이때 정부에서 실시하는 검사확인 표시와는 뚜렷이 다른 형태가 되어야 한다.

3.6 관급자재

자재가 관급될 때에는 계약업체는 최소한 다음과 같은 절차를 취하여야 한다.

(1) 수송 중 손상여부 확인검사.

(2) 제품완전성 및 이종품 여부 확인검사.

(3) 적절한 저장조건을 유지하고 취급 시 손상을 방지하며 저장 중 변질을 방지하기 위한 주기적인 검사 및 예방대책.

(4) 계약요구에 따른 정상작동 여부를 점검하기 위한 설치 전, 설치 후 또는 설치전후 기능시험.

(5) 부적절한 사용이나 처분의 확인 및 예방.

(6) 수량의 확인.

3.6.1 손상된 관급자재

계약업체는 관급자재가 손상되었거나, 기능이 저하되었거나 또는 기타 이유로 사용상 부적합함이 발견되었을 경우에는 정부품질보증부서에 즉시 통보하여야 한다. 설치 중 또는 설치 후에 관급자재에 파손 또는 기능이상이 있는 경우 계약업체는 예상원인과 자재사용 보류조치의 필요성을 판단하고 이를 기록하여야 한다.

3.7 규격불일치 물자

계약업체는 재작업품 또는 수리품에 대한 식별, 분리 및 처리절차를 포함한 효과적이고 명확한 규격불일치물자 관리제도를 설정 및 유지하여야 하며, 규격불일치물자의 재작업은 정부가 수락할 수 있는 문서화된 절차에 따라야 한다.

규격불일치물자의 수락여부는 정부의 권한이며 정부의 소정규정에 따라야 한다. 모든 규격불일치물자는 부당사용, 출하 및 합격품과의 혼입이 되지 않도록 분명히 식별되어야 한다. 계약업체는 정부품질보증부서와 상호 합의할 수 있는 규격불일치물자 적치장과 그 절차를 마련하여야 한다.

3.8 사전품질인증품목

사전품질인증품목 목록에 포함된 제품은 단지 제조업체가 그 시점에서 규격서 요구조건에 맞는 제품을 생산하였다는 것을 의미할 뿐이며 계약 및 규격요구조건에 일치하는 제품을 납품하여야 할 계약업체의 책임과 규정된 검사 및 시험을 하여야 할 책임이 면제된 것은 아니다.

3.9 샘플링 검사

제품의 품질일치여부를 결정하기 위하여 계약업체가 사용할 샘플링 검사절차는 계약서에 명시되거나 정부의 승인을 받아야 한다.

3.10 검사조항

검사절차의 대안과 대체검사장비의 사용은 최소한 그 대안이 계약서에서 요구한 품질을 보증할 수 있는 경우에 계약업체는 이를 사용할 수 있다. 계약업체는 이렇게 대체된 검사절차와 검사장비를 사용하기 전에 문서로 그 취지를 제출하고 정부승인을 받기 위하여 그 대안이 계약상 품질보증절차와 효력이 같거나 또는 보다 양호하다는 것을 실증하여야 한다. 계약업체의 검사제도가 동일한 품질을 보증하는지 여부에 의심이 있을 경우 본 규격서 효력, 품목규격서 및 기타 계약문서를 적용하여야 한다.

3.11 임가공업체 또는 판매업체 시설에서의 정부검사

정부는 계약업체의 시설에서 제조되지 않은 제품이나 수행되지 않은 용역을 그 제품이나 용역의 원천에서 검사할 수 있는 권한을 보유한다. 이때 실시한 정부검사 결과가 양호했다 하더라도 바로 그 것이 수락을 의미하는 것이 아니며, 계약업체의 검사를 대신하는 것도 아니고 또한 최종 합격품을 납품하여야 할 계약업체의 책임이 면제되는 것도 아니다. 계약업체는 이러한 정부검사 결과를 임가공업체의 효과적인 검사증거 자료로서 이용하여서는 안된다. 정부가 이러한 검사를 실시하는 목적은 계약업체의 시설에서 제품 또는 용역이 계약조건에 품질보증부서의 요구 또는 인가하에서만 실시될 수 있다.

3.11.1 정부검사 요구조건

계약업체는 이러한 정부 검사 활동이 지장을 받지 않도록 임가공 업체와의 계약조건에 적절한 조항을 포함시켜야 한다.

3.11.2 구매문서

계약업체의 구매관리가 계약요구조건에 일치하고 있는가를 판단하기 위하여 정부품질보증부서의 요구 시 계약업체는 모든 구매문서와 관련 자료를 제시할 수 있어야 한다.

3.11.3 참조제원

정부계약에 적용되는 구매용 모든 문서와 참조제원은 그 구매를 통제할 요구조건과의 일치여부를 결정하기 위하여 정부가 검토할 수 있어야 한다. 정부가 검사목적으로 요구하는 구매문서 사본은 정부품질보증부서 요구에 따라 제출되어야 한다.

3.12 수입검사

임가공하였거나 구매한 물자는 계약요구조건과의 일치여부를 확인하기 위하여 필요에 따라 수령 후 검사를 받아야 한다. 계약업체는 정부가 원천에서 검사한 물자에서 규격불일치물자를 발견하면 정부품질보증부서에 통보하여야 하며, 시정조치를 취하기 위하여 공급업체와 담당 정부품질보증부서가 협조하도록 공급업체에게 요구하여야 한다.

3.13 정부 평가

계약업체의 검사제도가 상세한 규격, 도면, 계약서 및 본 규격서에서의 품질요구조건대로 제품을 제조하는데 어느 정도의 효과를 발휘할 수 있는지 판단하기 위하여 정부품질보증부서는 업체의 검사제도와 이 제도에 따라 제조된 제품에 대한 평가/확인을 한다.

4. 주 기

4.1 사용목적

본 규격서는 군 조달기관에 의거 규정된 군수품과 용역의 조달에 적용된다.

4.2 발주제원

조달문서에는 규격서의 표제, 번호 및 일자를 명시하여야 한다.

5. 포장

해당사항없음

6. 주기

해당사항없음

부록 4

교정제도요구서
(CALIBRATION SYSTEMS REQUIREMENTS)

이 규격은 MIL-STD-45662를 참조하여 작성한 것이다.

1. 적용범위

1.1 범위

본 규격서는 정부에 납품하기 위한 군수품 및 용역이 규격서에 기술된 기술적 요구조건과 일치함을 보증하기 위하여 사용되는 모든 측정/시험장비 및 기준기의 정확도를 관리하기 위한 교정제도의 설정 및 유지에 관한 요구사항을 마련하는 것이다.

1.2 적용

본 규격서는 계약업체가 측정/시험장비 또는 기준기를 사용하는 모든 계약에 적용된다.

1.3 중요성

본 규격서와 이를 이행하기 위한 절차나 문서는 계약요구조건에 부가하여 사용되어야 하며 결코 계약요구조건을 약화시키거나 침해해서는 안된다.

2. 용어 정의

2.1 교정검사

정확도가 확인되지 않은 측정/시험장비 또는 기준기를 정확도가 확인된 국가 표준기 또는 상위급 기준기와 비교하고 정확도 편차를 발견하여 조정 및 기록하는 것.

2.2 측정/시험장비

측정, 시험, 검사 또는 서술된 기술요구조건과의 일치여부를 결정하는데 사용하는 모든 장치.

2.3 기준기

측정/시험장비 또는 다른 기준기를 교정하는데 사용되는 기기들로서 소급성을 제공한다.

2.4 소급성

교정검사를 통한 개개의 측정결과를 다음사항과 연관지을 수 있는 능력
국가표준 연구기관에서 유지 관리하는 국가표준기
국가표준 연구기관에서 위임하였거나 승인한 기초물리상수 또는 자연물리상수
국제표준과 상호 연관이 있는 타국의 국가표준기
비례 교정법

3. 일반요구조건

3.1 일반사항

계약업체는 계약요구조건을 이행함에 있어 사용하는 모든 측정/시험장비의 교정을 위한 제도를 설정 및 유지하여야 한다. 교정제도는 해당업체의 검사 또는 품질관리제도와 상호 연관성 있게 설정하여야 하며 측정/시험장비 및 기준기의 사용 목적에 적합하게 정확도가 계속 유지되도록 계획하여야 한다. 계약에 적용되는 모든 측정/시험장비 또는 기준기는 그것이 계약업체의 공장에서 사용되든 혹은 다른 곳에 사용되든지 간에 제품과 용역이 계약요구조건에 일치한다는 것을 보증할 수 있도록 관리되어야 한다. 교정제도는 측정/시험장비 및 기준기의 결함을 신속히 발견하여 적극적인 시정조치를 적시에 취함으로써 이들 장비의 정확도를 증명하는 객관적인 증거를 비치하고 필요시 언제든지 정부품질보증부서에서 이용할 수 있도록 하여야 한다.

3.2 품질보증규정

본 규격서에 의거 계약업체에서 수행한 모든 교정검사는 수시로 정부의 확인검사를 받아야 한다. 정부의 확인 검사에는 최소한 다음사항이 포함되어야 한다.

본 규격서의 세부 요구사항에 일치하는지 여부를 판단하기 위한 계약업체의 문서화된 교정제도의 검토.

교정검사가 계약업체의 문서화된 교정제도와 일치되는지 감독.

계약업체의 교정절차가 적합함을 보증하기 위하여 교정결과를 검토한다. 필요시 정부품질보증원이 계약업체의 측정/시험장비 및 기준기를 사용할 수 있도록 하여야 한다. 여건이 허락하면 이들 기기의 조작을 위해 업체직원을 활용할 수 있다. 업체가 본 표준서를 준수하는지 여부를 판단하기 위하여 정부는 12개월 이내에 실시한 검사 또는 감사 결과를 이용할 수 있다.

4. 세부 요구조건

4.1 교정검사제도 문서의 작성

계약업체는 본 규격서 요구조건의 각항을 만족시키기 위하여 측정/시험장비 및 기준기를 포괄하는 교정검사제도 문서를 작성, 유지하여야 한다. 본 표준서 세부 요구조건에서 다소 변경시키고저 할 경우 그 정당성을 증명하는 입증문서와 함께 요청서를 제출하여 정부품질보증부서의 승인을 받아야 한다.

4.2 기준기의 적합성

측정/시험장비 및 다른 기준기를 교정하는데 사용되는 기준기는 소급성이 유지되어야 하고 정확도, 안정성 및 사용목적에 맞는 계측범위와 분해능(Resolution)을 가져야 한다. 계약조건에 명시가 없는 한 기준기의 허용공차는 교정될 개개 특성 허용오차(Acceptable Tolerance)의 25퍼센트를 초과하여서는 안된다.

4.3 환경관리

측정/시험장비와 기준기는 온도, 습도, 진동, 청결도 및 기타 통제 가능한 요소들이 필요한 정도로 적절히 관리된 환경 하에서 교정되고 사용되어져야 한다. 적용이 가능할 경우, 인정할 수 있는 상태에서 벗어난 환경에서 얻어진 교정결과는 보정되어야 한다.

4.4 교정주기

측정/시험장비와 기준기는 만족할 만한 정확도와 신뢰도를 보증하기 위해 설정된 주기마다 교정되어져야 하며, 여기서 신뢰도라 함은 측정/시험장비와 기준기가 설정된 주기에 걸쳐 공차범위 안에 유지되어질 확률로서 정의된다.

앞서에서의 교정결과, 신뢰도를 유지하기 위해 교정주기의 조정이 합당할 것으로 판단된 경우 계약업체는 교정주기를 단축해야 하며, 때에 따라서는 연장되어질 수도 있다. 계약업체는 적시에 재 교정검사 함으로써 교정일자가 경과된 기기가 사용되어지는 것을 배제하기 위해 측정/시험장비와 기준기의 의무적 소환을 위한 소환제도를 설정하여야 한다. 진행 중인 시험의 완료가 필요한 특수상황 하에서 교정일자를 한정된 기간동안 임시적으로 연장시키기 위한 조항을 소환제도에 포함시킬 수 있다.

4.5 교정절차

모든 측정/시험장비와 기준기의 교정을 위하여 교정절차를 설정 활용하여야 한다. 교정절차에는 최소한으로 사용될 기준기와 장비(제작회사, 모델 또는 일반적 명세), 요구되는 상수, 기준기의 범위와 정확도 및 교정되어져야 할 개개기기 특성치의 허용공차를 명시하여야 한다. 교정절차는 교정 작업 종사자가 개개기기의 특성치 또는 관련 측정상수를 적절히 교정할 수 있도록 지침을 마련해야 한다. 교정절차로서 공업진흥청 또는 국가 표준연구기관에서 작성한 교정절차를 적용할 수도 있다.

4.6 공차이탈상태(Out-of-tolerance conditions)

계약업체의 교정제도는 교정작업에 측정/시험장비 또는 기준기의 심각한 공차이탈상태가 발견된 경우 기기 사용자 및 업체의 품질보증부서에서 적절한 조치를 취할 수 있도록 공차이탈상태를 통보하도록 설정되어야 한다.

4.7 교정제도의 적합성(Adequacy of the Calibration System)

교정제도의 적합성을 평가하고 본 규격서의 모든 요구조건과 일치함을 보증하기 위하여 계약업체는 문서화된 절차를 작성 유지하여야 한다.

4.8 교정검사기관

측정/시험장비와 기준기는 소급성이 유지되도록 교정된 기준기를 사용하여 계약업체(자율 교정업체로 지정된 경우) 또는 교정검사기관에 의해 교정되어져야 한다. 교정제도에서 사용되는 모든 기준기는 기기의 명칭 또는 식별번호, 교정일자, 교정값, 교정시의 불확실성 및 환경조건의 명시 등의 내용을 입증하는 증명서, 보고서 또는 성적서등에 의거 뒷받침 되어야 한다. 상기와 같은 데이터가 기준기 사용상 필요로 되지 않는 경우에는 기기상에 교정표시를 부착하는 것으로 충분하다. 국내 교정검사기관 이외의 기관으로부터 발행된 증명서 또는 보고서는 교정시 사용된 기준기가 표준기와 소급될 수 있음을 증명해야 한다.

4.9 기 록

본 규격서상의 요구조건에 대하여 수립된 교정계획과 절차가 모든 측정/시험장비와 기준기의 정확성을 유지하기 위하여 수행되고 있다는 것을 기록문서로 입증되어야 한다. 기록문서에는 개개의 측정/시험장비 및 기준기에 대한 기기 명칭, 교정주기, 교정일자, 교정검사기관, 사용되어진 교정절차, 교정결과 및 교정조치 내용을 보여주는 교정기록이나 기타 다른 관리수단이 포함되어야 한다. 추가하여 교정증명서류 또는 보고서에 의하여 정확도가 입증되어져야 할 임의의 기기에 대한 각각의 기록에는 증명서 또는 보고서 번호를 명시하여야 한다.

4.10 교정상태

측정/시험장비와 기준기에는 교정상태를 나타내는 교정검사필증을 부착하여야 한다. 교정검사필증에는 최소한으로 명확한 교정일자(년, 월, 일) 및 차기 교정일자를 표시하여야 한다. 전 범위에 걸쳐 교정되어지지 못하였거나 또는 기타 다른 사용상 제한이 있는 기기에는 그와 같은 표시 또는 제한사항을 표시하여야 한다. 게이지 블록 등과 같이 기기상에 직접 교정검사필증을 부착하는 것이 비실용적일 경우 기기상자에 부착하거나 교정상태를 나타내기 위한 기타 다른 적절한 방법을 사용할 수 있다. 변경되어지면 교정에 영향을 미치게 될 경우, 작업자가 손댈 수 있는 측정/시험장비 및 기준기상의 조정 또는 조절기에는 변경 방지 봉인을 부착해야 한다. 계약업체의 교정제도에 상기와 같은 봉인의 사용지침 및 봉인이 파괴된 기기들의 처분에 대한 지침을 마련해야 한다.

4.11 임가공업체 교정제도 관리

계약업체는 임가공업체의 교정제도가 계약요구조건에 일치함을 보증하는데 필요한 정도로 본 규격서와 일치함을 보증할 책임이 있다. 12개월 이내에 실시한 정부검사 또는 감사결과가 임가공업체의 적합성을 판단하는데 사용되어질 수 있다.

4.12 저장 및 취급

측정/시험장비 및 기준기는 장비의 교정 또는 조건에 악영향을 미치지 않도록 취급, 저장 및 운반되어야 한다.

4.13 수정 및 개정

본 규격서가 계약유효일 이후에 수정 또는 개정된 경우 가격이나 수수료가 증가되지 않는 한 계약업체는 수정 또는 개정된 규격서를 적용할 수 있다. 그러나 계약업체는 계약의 변경 없이 수정 또는 개정된 규격서를 적용할 의무는 없다. 계약업체는 수정 또는 개정된 규격서를 따르고자 할 때에는 그 내용을 서면으로 계약관에게 통보하여야 한다.

5. 포장

해당사항 없음

6. 주기

6.1 주요용어: 교정검사

국문색인

ㅇ

ㅍ

ㅎ

기 타

영문색인

편 | 저 | 자 | 약 | 력

백승호

한국항공대학교 항공공학 / 공학박사
국방기술품질원 책임연구원(품질경영본부장, 항공센터장)
공군정책발전자문위원, 국방과학기술 학술 대회장(2011)
국방품질경영 비전·전략분야, 군용항공기 감항인증·항공 무기체계 전문

최재승

고려대학교 재료공학
국방기술품질원 책임연구원(유도전자센터장, 품질총괄부장)
미해군항공체계연구소 시스템엔지니어 근무(2000), 「국방품질경영총론」(2010)
국방품질경영 정책·획득관리분야, 항공·기동 무기체계 전문

우 순

경북대학교 전자공학
국방기술품질원 책임연구원(품질총괄부장, 유도전자 기술기획부장)
미공군연구소(AFMC ROME Labratory) 엔지니어 근무(1993-4)
국방품질경영 정책·전략관리분야, 유도전자 무기체계 전문

김인식

인하대학교 응용물리학
국방기술품질원 책임연구원
국방품질경영 이론·실무 전문강사
국방품질경영 제도·기법관리 분야, 유도전자 무기체계 전문

이계림

고려대학교 기계공학
국방기술품질원 책임연구원
국방품질경영 이론·실무 전문강사
국방품질경영 제도 분야, 국방부품국산화관리, 기동·화력 무기체계 전문

김덕환

포항공과대학교 산업경영공학 / 공학박사
국방기술품질원 선임연구원
한성대학교 산업공학 강사, 국방품질경영 이론·실무 전문강사
「국방품질경영총론」(2010), 국방품질이론·제도·기법 연구분야 전문

이상석

미국 남가주대학교 전자공학
국방기술품질원 연구원
삼성휴먼테크 논문상 학부부문 동상
국방품질이론·제도·기법 연구분야 전문

국방품질보증방법론

2011년 6월 15일 초판 인쇄
2011년 6월 20일 초판 1쇄 발행

편저자 백승호 · 최재승 · 우 순 · 김인식
이계림 · 김덕환 · 이상석

발행인 배 효 선

발행처 도서출판 法 文 社

413-756 경기도 파주시 교하읍 문발리 526-3
등 록 1957년 12월 12일 제2-76호(윤)
TEL 031)955-6500~6 FAX 031)955-6525
e-mail (영업) bms@bobmunsa.co.kr
(편집) edit66@bobmunsa.co.kr
홈페이지 http://www.bobmunsa.co.kr

정가 35,000원 ISBN 978-89-18-00070-1